Avec Le Vin Mondial

세계의 와인과 함께

고종원
김경한
이정훈

🅑 (주)백산출판사

머리말

최근의 와인에 대한 관심은 국내에 많이 수입되어 알려진 프랑스, 이탈리아, 스페인, 미국, 칠레, 호주 외에도 새로운 경험을 위한 차원에서 그리스 와인, 그리고 이탈리아 와인 가운데서도 시칠리, 사르데냐섬의 와인 등 상대적으로 많이 경험하지 못한 지역에 대한 관심과 경험을 통한 호기심으로 공부를 하며 또 다른 지식을 쌓게 된다.

와인의 매력은 새로운 사람과 지역을 방문해서 경험하고 내가 몰랐던 것을 발견하는 것이라고 생각한다. 각자 추구하는 와인의 지향점이 다를 것이다. 인지도와 브랜드 있는 와인을 경험하는 것을 최우선으로 하는 사람도 있을 것이고, 어느 정도 경험이 있는 사람은 새로운 경험을 원할 수도 있을 것이다. 초보자의 경우는 품종을 중심으로 와인의 무한한 세계에 진입하여 하나하나 알아가는 것이 중요할 것이다. 아무튼 어떤 상황에서건 와인은 공부하고 테이스팅하면서 알아가는 묘미와 즐거움이 있을 것이다.

익히 잘 알려진 프렌치 패러독스(French Paradox)와 같이 프랑스인들은 상대적으로 고지방식을 많이 하고 와인을 많이 마시는데도 수명이 길고 건강하다는 역설이다. 이것은 바로 와인 때문이다. 적절한 와인 섭취는 심장병을 예방하고 고지방식에도 비만을 방지하고 건강증진을 돕는다는 연구결과가 바로 레드 와인에 있다는 보고이다. 안토시아닌, 폴리페놀, 레스베라트롤의 효능이 이렇게 긍정적인 작용을 한다는 것이다. 사실 심장질환은 암과 같이 사망률이 높은 질병이다. 이러한 질병을 예방하고 수명을 늘릴 수 있는 기호식품이라면 참으로 긍정적일 수밖에 없다.

물론, 적절한 양 조절이 중요할 것이다. 지나치면 오히려 건강을 잃을 수 있다는 점을 인식해야 할 것이다.

최근 기후 온난화로 인하여 여러 문제들이 발생하고 있다. 포도밭에도 이러한 영향이 미치고 있다. 미국의 캘리포니아에서는 산불이 나고 가뭄으로 포도농사에 많은 어려움을 겪고 있다. 포도를 생산하기 어려운 상황까지 내몰리는 경우가 많다고 한다. 걱정스러운 일이다. 기후변화로 인해 우리 삶이 어려워지고 있다. 작년(2023)의 장마로 이미 우리나라에서도 많은 피해를 보았기 때문이다. 자연이 선순환을 해야 포도나무 등의 결실이 좋은 수확으로 이어진다는 의미이다.

금번 저서에는 실무분야의 최고 전문가인 이정훈 소믈리에와 대학에서 오래 강의하고 호텔업에서의 오랜 경험을 갖고 있는 김경한 교수님 그리고 와인에 대한 오랜 강의와 연구 등을 해온 본인의 공저로 출간하게 되었다. 본서가 학생들의 교육에 도움이 되었으면 하는 바람이 첫 번째이고 와인에 관심이 있고 새로운 내용에 접근하고자 하는 분들에게도 도움이 되기를 바라는 마음이다. 아울러 마니아들에게도 공유의 기회가 되었으면 한다.

포도 재배, 와인양조, 와인서비스, 와인테이스팅에 대한 내용과 프랑스, 독일, 미국, 남아공을 중심으로 불가리아, 루마니아, 조지아, 일본 파트는 이정훈 소믈리에가 담당하였다.

와인의 종류, 와인의 역사, 와인관광 내용과 스페인, 포르투갈, 칠레, 캐나다, 뉴질랜드를 중심으로 체코, 슬로베니아, 슬로바키아, 튀니지, 모로코, 알제리, 중국 파트는 김경한 교수님이 담당하였다.

공저자인 고종원은 포도품종 전반의 내용과 이탈리아, 그리스, 오스트리아, 아르헨티나, 호주를 중심으로 헝가리, 스위스, 크로아티아, 이스라엘, 몰타, 튀르키예(터키), 한국을 담당하였다.

여러 나라를 포함시키고 호텔 외식업에서의 서비스, 와인에 대한 이론까지 포함시켜서 와인 전반에 대한 이해를 도모하도록 하였다. 그러한 차원에서 '세계의 와인과 함께(Avec le vin mondial)'라고 책이름을 결정하였다.

공저자들은 그동안 『세계의 와인』(기문사, 2011) 저술에 3명이 동참하였고 『세계와인산책』(대왕사, 2013)에 2명이 참여하였다. 그리고『와인의 세계』(기문사, 2017)에 2명이 참여했고『와인소믈리에 워크북』(Workbook WINE/신화전산기획, 2018)에 3명이 동참하였다.『세계와인수업』(백산출판사, 2023)에 2명이 참여하였다. 그간 공동의 연구와 작업이 있었다는 것을 확인하게 된다.

이 책을 출간하는 데 도움을 주신 백산출판사 진욱상 대표님과 진성원 상무님, 그리고 편집부에 감사의 말씀을 드린다. 더불어 저자 3명이 모두 참여하고 있는 주제여행포럼 회원 여러분께도 감사를 드린다. 한국의 관광 발전 특히 주제여행에 대한 콘텐츠를 연구하고 함께 고민하는 포럼의 회원들이 와인영역에서의 결과물을 별도로 내놓게 되어 감사드린다.

와인은 행복입니다. 와인은 새로운 도전과의 만남입니다. 와인은 역사와 문화를 알아가는 길이기도 합니다. 와인을 통해 세계를 이해하고 문화를 이해하고 새로운 세계를 열어 가시기를 독자분들께 권하고 감사말씀 드립니다. 고맙습니다.

마지막으로 늘 지지와 사랑 그리고 믿음을 주시고 평생 기도해 주신 나의 사랑하는 어머님, 천국에서도 함께하심을 믿으며 우리 저자들의 어머님께도 깊은 존경과 감사의 마음을 전하는 바입니다.

2024년 저자를 대표하여

고종원

차례

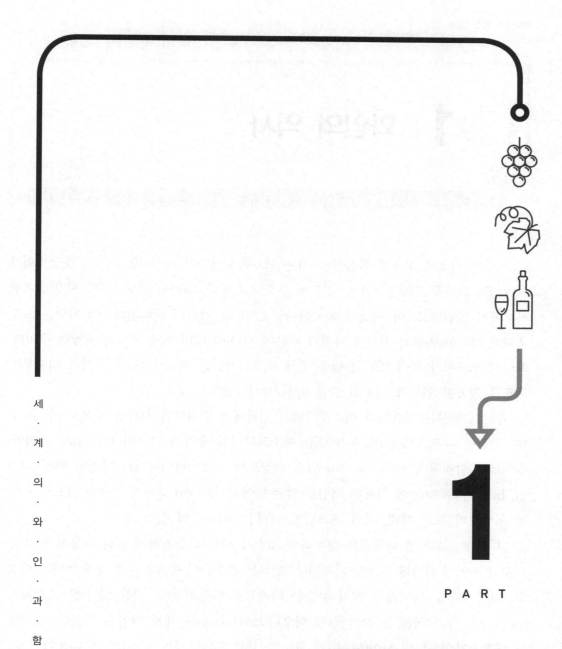

세
·
계
·
의
·
와
·
인
·
과
·
함
·
께

1

와인 입문

CHAPTER 01 와인의 역사

인류가 최초로 포도를 활용한 시기는 크로마뇽인들이 라스코(Lascaux) 동굴벽화에 그린 포도그림을 통해 3~4만 년 전으로 추정하고 있다. 재배된 포도나무의 씨앗이 이란 북부에서 발견됐고, 이 씨앗이 9000년 전 것이라는 사실이 밝혀졌다. 이 지역은 포도 재배에 적합한 기후와 지형을 가졌기 때문에, 이전에 이미 야생 포도가 자랐던 곳이다. 따라서 포도씨가 모여 있는 유물을 통해 고고학자들은 BC 9000년경 신석기 시대부터 포도를 활용한 인류가 최초의 술을 마시기 시작했다고 보고 있다.

와인의 역사는 이집트와 메소포타미아 지역에서 발전하기 시작한 것으로 볼 수 있다. 관련한 유적으로는 BC 8000년경 메소포타미아 유역의 그루지야(Georgia 조지아) 지역에서 발견된 압착기, BC 7500년경 이집트와 메소포타미아에서 발견된 와인 저장실, BC 4000~3500년에 사용된 와인을 담은 항아리, BC 3500년경에 사용된 것으로 보이는 이집트의 포도 재배, 와인 제조법이 새겨진 유물 등이 있다.

그 후 BC 2000년 바빌론의 함무라비 법전에 와인의 상거래에 대한 내용이 있으며, 이것이 와인에 관련된 최초의 기록이다. 인류는 자신들이 숭배하는 신에게 와인을 바쳤고, 의식·축제·상거래 등에서 중요한 매개물로 활용되었다. 이집트인들은 오시리스(Osiris)신, 그리스인들은 술의 신인 디오니소스(Dionysos)에게 와인을 바쳤다. 성경에도 대홍수가 끝난 뒤 노아(Noah)가 포도를 재배하고 와인을 만들었다는 내용이 있다.

그리스 신화 속 디오니소스(Dionysos)는 풍작과 식물의 성장을 담당하는 자연신으로, 특히 술과 황홀경을 대표하는 신이다. 이 디오니소스에게 늘 따라다니는 것이 포도와 와인이다.

지중해 연안의 온난한 기후와 최대의 자연환경에서 자라던 포도는 그리스인들에 의해 발전되었고, 로마시대에 이르러 더욱 부흥기를 맞는다. 로마가 식민지로 지배했던 곳은 유럽 전역, 영국 일부, 지중해 연안의 아프리카 지역이었다. 로마 군인에게 보급할 와인이 필요해지자 프랑스의 론, 마르세유, 보르도, 부르고뉴, 독일의 라인강 유역에 포도밭을 구축하였다. 이것이 현재 유럽 포도주 생산의 기반이 되었다고 할 수 있다.

로마제국 멸망 후 중세시대에 이르러 와인 기술은 수도원을 중심으로 보급되었다. 특히 부르고뉴 지역의 시토(Citeaux) 수도원 수사들에 의해 현대적 형태의 포도 재배와 와인 양조기술이 전수되었다. 샴페인과 코르크 마개를 개발한 동 페리뇽(Dom Perignon)은 샹파뉴 지방의 오트빌에 있는 수도원의 와인 양조담당 수사였다. 이처럼 기독교의 전파와 함께 종교와 의료목적으로 와인을 공급하던 것이 점차 프랑스와 이탈리아, 독일 등으로 퍼져 나갔다.

1152년 프랑스 공국의 아키텐(Aquitaine) 공주가 훗날 헨리 2세가 되는 앙주 지방의 백작과 결혼하면서 보르도와 서남부 일대의 영토가 영국의 속령이 되고, 영국과 프랑스 사이에 백년전쟁이 일어나게 된다. 전쟁이 끝나고 보르도를 소유하지 못하게 된 영국은 그 대체시장을 찾아 스페인과 포르투갈로 눈을 돌렸고, 이 나라의 와인이 발달하는 계기가 된다. 프랑스 혁명 이후 수도원과 영주가 소유하고 있던 포도밭이 여러 소유주들에게 나누어지고 보르도 지역은 신흥금융자본에 의해 포도경작지가 대규모로 재통합된다. 이후 1800년부터 20년간 포도나무에 필록세라(Phylloxera)라는 전염병이 돌아 포도원이 황폐해지나 미국의 포도나무를 접붙여 해결된다. 이후 프랑스는 1919년 와인의 품질보장을 위해 원산지통제명칭 'AOC'(Appellation d'Orgine Controlee) 제도를 도입한다. 1874년에는 355개의 포도품종이 구분되어 명명되었다. 19C 말부터 신세계 국가인 미국, 칠레, 호주, 뉴질랜드 등의 눈부신 활약을 바탕으로 세계적으로 와인산업이 발달되고 생산량도 증가하였다.

참 / 고 / 문 / 헌

고종원 외 4명(2013), 세계 와인과의 산책, 대왕사
고종원 외 7명(2011), 세계의 와인, 기문사
두산백과 두피디아, http://www.doopedia.co.kr
최영수 외 5명(2005), 와인에 담긴 역사와 문화, 북코리아

CHAPTER 02 와인의 분류

1 색에 의한 구분

1) 레드 와인(Red Wine)

적포도의 껍질을 씨와 함께 으깨어 양조한 것으로 껍질에 함유된 안토시아닌(antho-cyanin)으로 인해 붉은색을 띤다. 레드 와인은 양조 중에 껍질과 씨에서 얻은 타닌(tannin) 등의 성분이 침출하여 떫은맛이 나고 깊은 풍미를 가지며, 차가울 때 쓴맛이 더 강하다.

세계적으로 레드 와인 양조에 주로 사용되는 품종은 까베르네 소비뇽, 메를로, 피노누아, 시라 등이 있다.

2) 화이트 와인(White Wine)

포도를 포도액으로 만들어 양조한 것으로, 적포도의 껍질과 씨를 제거하여 화이트 와인을 만들 수도 있다. 대부분은 백포도를 사용하여 화이트 와인을 만들며, 포도알맹이의 색으로 인해 노란빛을 띤다. 포도알맹이의 산 성분에 의해 상큼하고 가벼운 맛이 나며, 약 8℃의 온도에서 산미와 향이 가장 좋다.

화이트 와인을 만들기 위한 품종은 세계적으로 잘 알려진 샤르도네, 소비뇽 블랑, 리슬링, 세미용 등이 있다.

3) 로제 와인(Rose Wine)

장밋빛을 띠는 와인으로 발효 중인 레드 와인의 색이 우러나온 후에 적포도의 껍질을 제거하고, 포도액으로만 다시 발효해서 만든다. 대량으로 생산되는 로제 와인의 경우 화이트 와인과 레드 와인을 섞어서 제조하기도 한다. 프랑스 남부지역의 로제 와인이 유명하며, 기본적으로 보존기간이 짧고 과일 향미가 많이 난다. 차갑게 마시는 것이 좋다.

4) 옐로 와인(Yellow Wine)

프랑스 동부 쥐라(Jura) 지역에서 만드는 화이트 와인의 특별하고 독특한 유형의 와인으로 뱅 존(Vin Jaune)이라 부른다. 주로 사용되는 품종은 특히 사바냉(Savagnin)품종 100%로 제조되고 최소 6년 이상 숙성시키며, 드라이 셰리(Sherry)의 향과 비슷하다. 샤또-샬롱(Chateau-Chalon)이 유명하다.

2 | 와인 당도에 의한 구분

와인의 단맛은 발효 후 와인에 남은 잔류 당분에서 나온다. 잔당은 와인의 발효 기간이 길어질수록 알코올로 전환된다. 이 과정을 통해 잔당이 거의 발효되어 당분이 적은 와인은 드라이 와인(Dry Wine), 발효를 의도적으로 중단하여 당분이 많고 알코올 도수가 낮은 와인은 스위트 와인(Sweet Wine)이 된다. 이때 스위트 와인은 일반 와인에 비해 당도가 높은 포도가 쓰이는데, 포도의 당분을 높이기 위해서는 수확일이 지나 당분이 아주 높은 포도를 사용하거나 건조 혹은 냉동하기도 한다. 또한 포도의 탈수를 유발하는 귀부균(Botrytis cinerea)을 번식하여 당분을 농축하기도 한다. 유럽 연합에서는 잔당의 총량을 법으로 규제하여 잔당이 리터당 4g 이하면 드라이(dry), 4~12g이면 미디엄 드라이(medium dry), 12~45g이면 미디엄(medium), 45g 이상이면 스위트(sweet)로 구분한다.

1) 스위트 와인(Sweet Wine)

단맛이 나는 화이트 와인이 이에 속한다. 와인 발효과정에서 자연적 또는 인위적인 방법으로 당분함량을 높여 달콤한 와인을 생산한다. 이외에 제조과정에서 당분을 첨가해서 만든 스위트 와인도 일부 생산된다. 와인 초보자 또는 단맛을 좋아하는 사람들이 주로 선호하는 와인으로 식사 중 디저트와 잘 어울리는 와인을 말한다. 프랑스의 알자스나 독일 와인 생산지 등의 화이트 와인이 유명하다.

2) 미디엄 드라이 와인(Medium Dry Wine)

당분을 발효시켜 알코올로 변화시킨 상태로 약간의 당분을 포함한 와인을 의미하며, 주로 드라이 와인과 스위트 와인의 중간 정도의 맛을 내는 것을 말한다.

3) 드라이 와인(Dry Wine)

포도즙을 발효시키는 과정에서 포도당이 완전히 발효되어 단맛이 없는 와인을 의미한다. 주로 식사 전에 식욕을 촉진하기 위해서 마시거나 식사 도중에 마시는 와인이다.

3 제조방식에 따른 구분

와인은 제조방법에 따라 스틸와인[순(純)와인]과 특수와인으로 구분할 수 있다.

1) 스틸와인(Still Wine)

첨가물 없이 포도만으로 만든 비발포성 와인을 뜻한다. 스틸 와인, 내추럴 와인(natural wine)이라고도 한다.

시럽이나 꿀 같은 당분을 첨가하지 않고 순수한 자연 그대로의 포도만을 가지고 양조한 비발포성 와인이다. 알코올 도수는 일반적으로 8~14% 정도이며, 식사 중에 즐겨 마신다.

2) 특수와인

(1) 스파클링 와인(Sparkling Wine)

와인에 탄산가스가 함유되어 기포가 생기는 와인을 발포성 와인이라고 한다. 크게 두 가지 방식으로 제조된다. 첫 번째는 발효를 마친 와인에 당분, 효모를 첨가하여 2차 발효를 진행하여 자연적으로 탄산가스를 발생시키는 방법이다. 두 번째는 이산화탄소 를 인위적으로 주입하여 고압으로 용해시키는 방법이다. 알코올 도수가 낮은 편으로 보 통 숙성하지 않고 마시는데, 8~10℃ 정도로 차갑게 마시는 것이 좋다.

대표적인 스파클링 와인이 샴페인(Champagne)인데, 이는 프랑스 샹파뉴 지방에서 생산되는 스파클링 와인을 지칭한다. 샹파뉴 지역에서 생산되는 와인만을 샴페인이라 칭하며, 그 밖의 다른 지역에서 생산되는 스파클링 와인은 무쏘(Mousseux) 또는 클레 망(Cremant)이라 한다. 이탈리아의 스푸만테(spumante), 스페인의 까바(cava), 독일의 젝트(Sekt) 등이 있다.

(2) 강화와인(Fortified Wine)

발효시킨 와인이나 발효 중인 와인에 브랜디(brandy)를 첨가하여 발효를 정치시켜 알코올 함유량을 높인 와인이다. 포르투갈의 포트 와인(Port Wine), 스페인의 셰리 와 인(Sherry Wine) 등이 있다. 일반적으로 알코올 도수는 16~23% 정도이다.

(3) 가향와인(Aromatized Wine)

디저트 와인의 일종으로 내추럴 와인에 과일즙이나 향료를 첨가하여 만든 와인이다. 알코올 도수는 15~20%이며, 대표적인 가향와인으로는 이탈리아의 베르무트(Vermouth), 스페인의 상그리아(Sangria)가 있다.

4 식사용도에 의한 구분

서양 식사문화에 있어서 와인은 중요한 요소이며, 식욕을 촉진하거나 식사 도중 음식과의 조화를 통해 식사의 완성도를 높인다.

와인은 식사 시 용도에 따라서도 구분이 가능한데, 크게 애피타이저 와인(Appetizer Wine), 테이블 와인(Table Wine), 디저트 와인(Dessert Wine)으로 구분할 수 있다.

1) 애피타이저 와인

아페리티프 와인(Aperitif Wine), 식전주라고도 하는데, 본격적인 식사 전에 식욕 촉진을 위해 전채요리와 함께 가볍게 마시는 와인을 의미한다. 스위트하지 않고 산뜻한 와인을 즐겨 쓰는데, 스파클링 와인, 로제와인, 베르무트를 베이스로 만든 와인 칵테일 등이 여기에 해당된다.

2) 테이블 와인

메인요리와 함께 마시는 와인으로, 음식 맛을 돋우되 맛을 방해하지 않는 와인을 뜻한다. 스위트하지 않은 드라이한 레드 와인이나 화이트 와인이 주로 쓰인다.

3) 디저트 와인

식후 입안을 개운하게 하기 위해 마시는 와인으로, 달콤한 맛의 스위트 와인이나 다소 알코올 도수가 높은 와인이 쓰인다. 포트 와인(Port Wine)이나 셰리 와인(Sherry Wine)은 애피타이저 와인 또는 디저트 와인으로 사용된다. 또한 캐나다에서 생산되는 아이스 와인(Ice Wine)을 마시기도 한다.

5 숙성 정도에 의한 구분

와인은 숙성 정도에 따라 영 와인(Young Wine), 에이지드 와인(Aged Wine), 그레이트 빈티지 와인(Great Vintage Wine)으로 구분할 수 있다.

1) 영 와인

가장 짧은 기간 숙성하는 와인을 말하며, 오래 숙성하지 않고 병입해서 생산과 동시에 소비되기도 한다. 생산국에서 주로 소비되는 와인이 이에 속한다. 장기 보관을 할 수 없고, 품질이 낮은 저가의 와인이 이에 해당한다.

2) 에이지드 와인

발효 후 몇 년 이상의 숙성을 거친 후에 판매되는 와인을 뜻한다. 숙성 기간은 5~15년 정도이며, 품질이 우수한 와인이다.

3) 그레이트 빈티지 와인

장기 숙성용 와인으로 보통 15년 이상 저장하여 50년 이내에 마시는 질 좋은 와인을 뜻한다. 코르크 마개 수명이 25년인 것을 감안하면, 25년 이상 저장할 경우 코르크 마개를 교체해 주어야 한다.

6 바디에 의한 구분

와인에서 바디(Body)란 와인을 입안에 머금었을 때 느낄 수 있는 무게감을 뜻한다. 와인의 바디감은 알코올과 산도에 영향을 받는데, 알코올 도수가 높고 산도가 낮으면

바디감이 높고, 알코올 도수가 낮고 산도가 높으면 바디감이 낮다고 표현한다. 일반적으로 풀바디 와인(Full Bodied Wine), 라이트 바디 와인(Light Bodied Wine), 미디엄 바디 와인(Medium Bodied Wine)으로 구분된다.

1) 라이트 바디 와인

가볍고 섬세하면서 신선한 맛을 가진 와인으로 화이트 와인이 대표적이다. 알코올 도수가 낮으며, 차갑게 먹는 것이 좋아 여름철에 특히 즐긴다.

2) 미디엄 바디 와인

풀바디 와인과 라이트 바디 와인의 중간 정도의 농도와 질감을 가지며, 균형 잡힌 탄닌과 산도를 지녀 음식에 곁들일 와인으로 적합하다.

3) 풀바디 와인

농도가 진하고 묵직한 와인으로, 주로 레드 와인이나 오래 숙성된 와인에서 이러한 질감을 느낄 수 있다. 더운 기후의 지역에서 생산되는 와인이 이러한 특성을 갖는데, 알코올 도수가 높고 텁텁한 맛이 난다.

참 / 고 / 문 / 헌

고종원 외 4명(2013), 세계 와인과의 산책, 대왕사
고종원 외 7명(2011), 세계의 와인, 기문사
두산백과 두피디아, http://www.doopedia.co.kr

CHAPTER **03** 술의 종류

1 양조주(발효주)

발효주는 과일이나 곡류 및 기타 원료에 들어 있는 당분이나 전분을 곰팡이와 효모의 작용에 의해 발효시켜 만든 술이다. 발효방식에 따라 단발효식과 복발효식이 있다. 단발효식으로 만든 것에는 처음부터 당분을 포함한 과즙을 발효시켜 음료용으로 하는 포도주 등의 과실주가 있다. 복발효식은 곡류를 원료로 하여 이것을 어떤 방법으로 당화(糖化)시켜 발효시킨 것으로, 맥주·청주·노주(老酒)·탁주 등이 있다.

알코올 함량은 1~18%로 낮은 편이다. 증류주와 달리 알코올 발효와 함께 휘발성의 향기에 관계되는 여러 가지 성분 외에 익스트랙트(extract)라 하여 맛에 관계되는 당분·아미노산·불휘발산을 2~8% 포함하는 것을 특징으로 한다. 이 술은 알코올성분이 비교적 낮아 변질되기 쉬운 단점이 있으나, 원료성분에서 나오는 특유의 향기와 부드러운 맛이 있다. 여기에는 맥주, 와인, 막걸리, 약주, 청주 등이 있다.

2 증류주

발효된 술 또는 술덧을 다시 증류하여 얻는 술이다. 알코올 농도가 비교적 높으며, 증류방법에 따라 불순물의 일부 또는 대부분의 제거가 가능하다. 알코올 함량이 20~

50%로 높아서 마셨을 때 독하게 느껴지며 취하게 된다. 풍미는 원료와 알코올 외에 발효할 때 부산물로 생성되는 미량의 휘발성분과 증류 시 가열하면 생기는 휘발성분 등에 의해 좌우된다. 특히 우리나라에서 많이 음용되는 소주는 불순물을 제거한 주정을 원료로 제조되고 있다.

이 밖에도 브랜디, 위스키, 보드카(Vodka), 럼(Rum), 테킬라(Tequila) 등이 여기에 속한다. 증류주는 인류가 만든 가장 후대의 술로서 스코틀랜드나 아일랜드의 위스키, 북유럽 각지의 화주(火酒)는 16세기경부터 만들었다.

3 혼성주

양조주나 증류주에 과실, 향료, 감미료, 약초 등을 첨가하여 침출하거나 증류하여 만든 술이다. 여기에 속하는 술은 인삼주, 매실주, 오가피주, 진(Gin), 각종 칵테일(Cocktail) 등으로 그 종류가 매우 다양하다.

참 / 고 / 문 / 헌
두산백과 두피디아, http://www.doopedia.co.kr
한국주류산업협회, www.kalia.or.kr

CHAPTER 04 포도 재배

1 포도 생육 1년 사이클

보통 한 해의 시작은 1월부터 시작되지만 포도 재배자에게 포도밭 1년의 시작은 수확 후에 다시 시작된다.

또한 북반구와 남반구의 계절은 정반대이기에 여기서는 북반구 프랑스의 수확 후 겨울 준비 시기인 11월을 기준으로 살펴보고자 한다.

[겨울]

11월

다음해 포도 생산에 관계없는 가지를 잘라내는 가을 가지치기를 시작한다. 또한 상태가 좋지 않은 포도나무를 뽑고 다시 심을 포도밭을 관리하며 땅을 골라준다. 겨울서리를 방지하기 위해 포도나무 밑동 뿌리 위에 두둑을 쌓듯 흙을 쌓아준다. 이는 겨우내 포도나무 뿌리가 동사하는 것을 방지하기 위함이다.

포도나무는 잎이 떨어지고 이때부터 3월까지 휴면기로 들어서며 포도나무는 겨울잠을 자게 된다.

12월

11월에 이어 밑동에 두둑 쌓는 작업을 계속 한다. 이 작업은 큰 추위가 오기 전에 끝내야 하는 중요한 작업이다.

1월

겨울 가지치기를 시작한다. 새순을 줄여 포도 산출량을 줄이고자 이전 해에 자란 가지를 잘라내는 작업을 시작한다. 이 작업은 포도나무의 생장 균형을 유지하며 수명을 길게 유지하기 위한 것이다. 보통 프랑스에서 이 시기는 포도 재배자의 수호성인인 성 빈센트(Saint Vincent)의 축제일인 1월 22일 후에 실시한다.

포도밭의 겨울

2월

겨울 가지치기를 계속 실시하고 2월 중에 가지치기를 마무리한 후 잘라낸 잔가지를 태우는데 이 시기 포도밭에서 흔히 볼 수 있는 광경이다. 이때의 잔가지들을 모았다가 바비큐 장작으로 사용하기도 한다.

[봄]

3월

포도 재배자는 비료를 살포하고 새로운 포도나무를 대목에 접붙이기 작업을 실시한다. 비료를 주는 것은 포도나무의 생장을 돕고 병충해와 서리로부터의 저항성을 기르기 위함이다. 이때부터 포도나무가 성장하기 시작한다.

이 시기의 성장과정으로 "포도나무의 눈물"이라는 단계가 있는데 수액이 올라

포도밭의 봄

와 가지 끝자락에 맺히는 현상을 말한다. 이를 포도나무가 운다고(crying) 표현하는데 이로써 뿌리 조직이 겨울잠을 마치고 활동을 시작하였음을 알 수 있다.

4월

포도나무 밑동 위를 덮었던 흙(두둑)을 제거하고 나무의 열 가운데로 흙을 모아주는 작업을 실시한다. 이 작업으로 자연스럽게 제초작업이 되면서 토양이 숨을 쉬고 빗물이 잘 스며드는 작업도 함께 이루어진다. 화학 제초제를 사용하는 경우도 있다.

이즈음 기온이 10°C 정도가 되고 알맞은 습도가 이어지면 봉우리의 싹이 트기 시작한다. 이는 식물 성장의 시작으로 초록색 싹이 튼 후, 곧 나뭇잎이 돋아나게 된다.

5월

이 시기 포도나무는 곰팡이, 바이러스, 해충 등에 취약하기 때문에 이에 대비해 포도 재배자의 관리가 집중되는 시기이다. 서늘하거나 습기가 많은 지역에서는 더 자주 약을 살포한다.

포도나무의 성장 시작

[여름]

6월

기온이 20°C가 되면 개화가 시작되고 10여 일 후 꽃이 피어나는 개화기이다. 개화는 수확시기를 결정짓는 중요한 조건이 된다. 이때부터 포도나무는 열매를 맺게 되는데 꽃가루가 묻지 않은 꽃들은 떨어지게 된다. 이 시기 온도가 조금 낮으면 낙화로 수확량이 줄어들 수 있다. 포도 재배자는 가지를 철사줄에 묶는 작업을 한다.

7월

계속 자라면서 포도 열매가 흡수할 영양분을 가져갈 수 있는 포도나무의 가지 끝을 치는 작업을 한다. 이를 여름 가지치기라고 한다.

포도밭의 여름

8월

포도 재배자는 포도송이 주변의 잎들을 제거하여 일조량을 늘려 포도 껍질의 착색과 포도알의 성숙을 촉진시킨다.

포도알 당분이 높아지고 산도가 낮아지며 말랑말랑해진다. 수확 직전까지 탄닌(타닌), 색소, 아로마의 함량이 계속해서 증가한다.

포도알의 착색

[가을]

9월

포도 재배자의 수확이 시작되는 시기이다.

과거에는 포도 수확이 허가되는 고시를 따랐으나 현재는 포도알을 수시로 체크하여 수확시기를 정하며 요즘은 더욱 완숙한 포도를 수확하기 위해 과거에 비해 시기를 늦춰 10월에 수확하는 경우도 많다.

10월

중점을 두는 것은 잘 익은 포도를 수확하는 것이기 때문에 수확은 9~10월에 걸쳐 실시한다.

10월 말경부터 포도나무 잎사귀가 서리를 맞아 색이 변하고 떨

포도밭의 가을

어지기 시작한다.

이 시기를 포도나무의 순환기라 하는데 포도 나무는 식물 성장기 중 휴식기에 들어가게 된다.

수확 후 와인 양조와 함께 그 외의 업무가 시 작된다.

수확한 포도가 여러 과정을 거쳐 와인이 되 어 오크통에 들어가면 몇 차례 다른 오크통으로

오크통 숙성

이동하면서 가라앉은 찌꺼기를 제거하는 과정을 거치고 불필요한 탁함을 유발하는 물 질을 제거하는 청징작업을 한 뒤 병입될 때까지 오크통에서 숙성되는 안정화 과정에 들 어간다.

2 재배방법

1) 수형방법(Grape Vine Training System)

더블 귀요(Doble Guyot): 평지에서 양질의 포도를 얻을 때 사용하는 수형방법 – 보 르도 등

바스켓 트레이닝(Basket Training): 바람이 강한 곳에서 바람을 막는 수형 방법 – 그리스 산토리니 등

고블릿 트레이닝(Goblet Training) : 햇볕이 강렬한 곳에서 포도를 잎으로 가려 포도 송이를 보호하는 수형 방법 – 프랑스 남부 론 등

2) 포도나무 병충해

병충해는 수확량 감소와 품질 저하를 초래하며 나무의 성장에도 치명적인 손상을 입힌다. 병으로 인한 피해는 포도알에 발생하는 탄저병, 포도나무 잎, 새순, 포도알에 발생하는 흰가루병, 노균병 등 10여 가지가 있다.

벌레로 인한 피해에는 대표적으로 필록세라(Phylloxera)가 있다. 이 해충은 진딧물과 유사하며 유충과 성충이 잎과 뿌리에 기생하여 잎혹과 뿌리혹을 만들고 수액과 양분을 흡수하여 포도나무를 말려 죽인다. 이외에 풍뎅이, 포도유리나방, 포도호랑하늘소도 벌레에 속한다.

3) 자연친화적인 농법 와인

(1) 지속가능한 와인(Sustainable Wine)

지속가능한 와인은 환경을 보호하고, 사회적 책임을 지원하며, 경제적 타당성을 유지하고, 고품질의 와인을 생산하는 와인 제조과정을 목표로 한다. 유기농 농법 및 바이오다이내믹 농법의 선택 시 비용 증가와 생산량 감소로 가격이 상승하고, 반대로 일반 농법의 적용 시 환경 및 인체에 악영향을 줄 수 있기 때문에 고안되었다. 유기농법으로 전환하기 전 중도농법으로도 사용한다.

자연친화적 비료 사용

(2) 유기농 와인(Organic Wine)

유기농 농업의 원칙에 따라 재배된 포도로 만든 와인으로, 화학비료, 살충제, 살균제 및 제초제의 사용을 배제한다. 포도에 해가 되는 해충이나 질병이 발생한 경우에는 천적이나 다른 자연치유방식을 도입해서 해결한다. 유기농 와인의 기본 정의는 "유기적으로 재배된 포도로 만든 와인"을 뜻한다.

해충 퇴치용 오리

(3) 바이오다이내믹 와인(Biodynamic Wine)

경작과 전용 비료

바이오다이내믹은 오스트리아 철학자 루돌프 슈타이너가 1924년 기술한 포괄적이고 실용철학적인 개념에 유기농법(Organic Culturer)을 더욱 강화시킨 것으로 포도 재배를 화학적인 작용에 의지하지 않고 작물 자체의 힘을 길러 해충과 질병을 예방하는 데 목적이 있다. 이를 위한 퇴비조성과 지구, 해, 달, 태양계의 순환으로 생성되는 에너지의 형태에 의한 전반적인 개념으로 관리하는 것으로 자연 순응적인 의미가 강하다.

05 와인 양조

1 와인 양조 개론

영어로는 와인(Wine), 불어로는 뱅(Vin), 독일어로는 바인(Wein), 포르투갈어로 비뉴(Vinho), 이탈리아어 및 스페인어로 비노(Vino)라 한다.

포도에는 과실의 당분과 포도당이 함께 존재하고 발효는 그러한 당분이 효모의 활동에 의해 알코올과 탄산가스로 변화하는 과정을 말하며 와인은 그 결과로 생성된 알코올음료이다.

와인의 발효에는 자연적으로 존재하는 야생효모와 인위적으로 배양하여 첨가하는 인공효모가 사용된다.

와인 생산국에서 와인의 법적 정의는 "다른 과실을 제외한 신선한 포도 또는 포도 과즙의 발효제품"으로 한정한다.

경북 청도의 감 그린(감와인)

그러나 한국에서는 다른 원료 사용 시 원료를 명시한 후에 와인이라 명명할 수 있다. 그 예로 감와인, 사과와인 등을 들 수 있다.

1) 포도의 구성요소

포도는 크게 포도알이 달린 꽃자루와 과육 및 껍질, 씨 등으로 이루어진 포도알로 되어 있다.

(1) 꽃자루(Stalks)

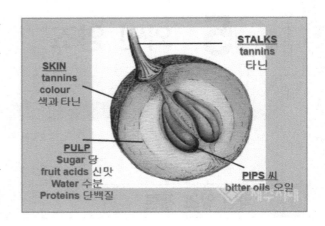

꽃자루는 포도송이의 3~5%를 차지하고 수분과 광물질이 함유되어 있으며 탄닌을 갖고 있다.

이를 통상 줄기 탄닌이라고 부르는데 과거에는 탄닌이 거칠어서 제거하고 포도알만으로 와인을 양조했지만 최근에는 와인에 개성을 부여하는 역할로 양조자에 의해 섬세히 사용되는 경우도 있다.

(2) 포도알

가. 과육(Pulp)

포도송이의 80%를 차지하며 가장 중요한 부분이다. 수분, 당분, 세 가지 중요한 산(주석산, 사과산, 구연산), 광물질 중 특히 칼륨, 질소 등의 물질로 구성되어 있다.

나. 껍질(Skin)

포도송이의 10%를 차지하며 표면에 희끗희끗한 부분이 효모의 착상을 돕는다. 껍질은 탄닌과 색소가 풍부하며 품종마다 특유의 방향성 물질이 껍질 속의 얇은 막에 담겨있다.

다. 씨앗(Pips)

2~4개까지 들어 있으며 포도송이의 4~5%를 차지한다.

탄닌성분과 지방성분이 함유되어 있으며 일반적으로 씨앗에서 나오는 탄닌은 껍질에 비해 거칠고 쓸쓸해서 되도록 추출되지 않도록 양조하였으나 최근에는 양조자에 따라 씨의 겉부분을 살짝 갈아내어 부족한 탄닌을 더하거나 개성을 부여하는 데 사용하기도 한다.

2 와인의 양조과정

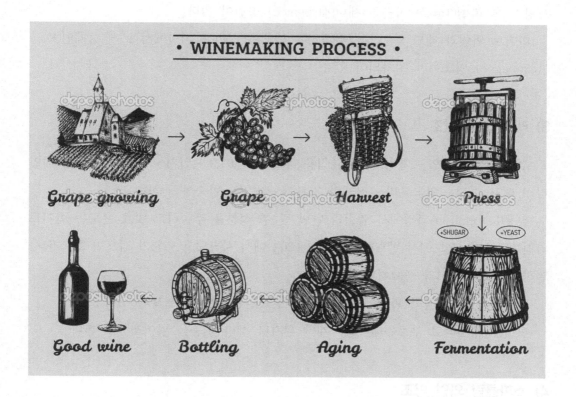

1) 화이트 와인 양조

수확 – 선과 작업 – 제경, 파쇄 – 압착 – 과즙 발효(15~20°C) – 오크통 또는 스테인리스 탱크 숙성 – 앙금분리 – 정제와 거르기 – 병입 – 병 숙성 – 출하

화이트 와인은 포도의 산화 위험요소가 높고 과실 풍미가 중요하기 때문에 저온에서 2~3시간 침용기간을 짧게 거친 후 압착해서 과즙만 발효시키는 과정을 거친다.

2) 로제 와인 양조

침용(Maceration)하지 않고 바로 압착해서 옅은 색의 과즙으로 로제 와인을 만드는 직접 압착법과 레드, 화이트 품종을 섞어서 만드는 독일의 로틀링(Rotling) 방법이 있으며 그 외에 고급 로제 와인을 만드는 방법으로 침용기간에 따라 추출 색조를 결정하는 프랑스 론 따벨(Tavel) 마을의 세니에(segniee) 방법이 있다.

화이트 와인과 레드 와인을 블렌딩하는 방법은 샹파뉴 지방에서 로제 샴페인(Rose Champagne) 양조에만 허가되어 있다.

3) 레드 와인 양조

수확 – 선과 작업 – 제경, 파쇄 – 침용, 발효(25~30℃) – 압착 – 오크통 또는 스테인리스 탱크 숙성 – 앙금분리 – 정제와 거르기 – 병입 – 병숙성 – 출하

침용(Maceration)과정에서 껍질의 탄닌 및 향 성분을 추출하고 발효 온도는 화이트 와인보다 높은 온도에서 발효한다. 발효는 20℃에서 시작되고 35℃가 넘으면 효모가 사멸하므로 온도관리가 중요하다.

병입되기 전 안정화 과정에서 발생하는 불순물을 걸러줄 필요가 있다.

이것은 정제라고 부르는데 보통 계란 흰자나 젤라틴 등을 넣어서 제거한다.

4) 스파클링 와인 양조

(1) 전통적 방식(Traditional Method)

알코올 발효를 마친 와인 병 속에 다시 당분과 효모를 첨가하여 병 속에서 두 번째 발효시키는 방식으로 흔히 샹파뉴(샴페인) 방식이라고도 한다.

그러나 샴페인 지방 외에 '샴페인 방식으로 만든 스파클링'을 샴페인이라 칭하지 못하기 때문에 샴페인 지방 외의 산지에서는 "크레망(Creman)"이라는 명칭을 사용하고 있다. 일반적으로 프랑스의 각 지방에서 전통적 방식(샴페인 방식)으로 만든 스파클링을 가리키지만 광범위하게는 유럽

샴페인 양조방식

안에서 전통적 방식으로 만드는 스파클링 와인의 명칭으로도 사용된다.

가장 고급스러운 스파클링 와인 생산방법으로 나라별로 독일의 젝트(Zekt), 스페인에서는 까바(Cava)가 이 방법으로 양조된다.

(2) 스테인리스 탱크 방식(샤르마 메서드: Charmat Method)

알코올 발효를 마친 와인을 다시 커다란 밀폐식 스테인리스 탱크 내에서 2차 발효시킨 후 앙금을 제거하여 병입하는 방식으로 샤르마 메서드(Charmat Method)라고도 부른다. 포도의 아로마를 남기고 싶은 발포성 와인을 만

스테인리스 스틸 양조

들거나 대량의 스파클링 와인을 만들 때 사용하는 방식이다. 이탈리아의 아스티 스푸만테(Asti Spumante), 프로세코(Prosecco)가 이 방법으로 양조된다.

(3) 루랄 방식(Rural Method)

알코올 발효 중 잔당이 남아 있는 와인을 병입하여 병 안에서 계속 발효시키는 방식으로 다른 스파클링 양조방법과는 달리 포도 주스상태에서 시작하여 한번의 발효로 마치는 방식이다.

최초의 스파클링 와인 생산에 사용된 방식으로 선조 전래 방식(Methode Ancestrale) 이라고도 부르며 프랑스 랑그독 지방의 블랑케뜨 메토드 앙세스트랄레(Blanquette Methode Ancestrale)가 이 방식으로 양조된다.

(4) 가스 인젝션(Gas Injection)

콜라와 같이 탄산가스를 단순 주입하는 방식의 스파클링 와인으로 가장 수준 낮은 스파클링 와인을 만들 때 사용하는 방법이다.

5) 디저트 와인 양조

(1) 늦 수확 와인(Late Harvest)

포도를 완숙을 넘어 과숙시켜 당도를 응축시키는 방법으로 그 당도의 응축도에 따라 다양한 수준의 스위트 와인이 된다. 독일의 슈패트레제(Spatlese), 알자스의 방당주 따르디브(Vendanges Tardives)를 예로 들 수 있다.

(2) 말린 포도 와인(빠시토: Passito)

이탈리아의 빠시토라는 방식으로 만드는 디저트와인으로 수확한 포도를 말리는 과정을 통해 생산하는데 통상적으로 70%의 수분이 증발될 때까지 건조시켜 당분의 응축미를 높인다.

빠시토 와인

(3) 귀부 와인(노블 랏: Noble Rot)

보트리티스 시네리아라는 곰팡이균이 포도알에 끼어 부패해서 만들어지는 와인으로 귀하게 부패하였다는 뜻으로 귀부 와인이라고 부른다. 껍질이 얇은 포도품종, 높

은 습도의 아침 안개, 충분한 일조량의 상관관계의 떼
루아(테루아)에 의해 만들어지는 와인으로 세계 3대
귀부와인이라 불리는 와인 중 프랑스 소테른의 샤또
디켐, 독일의 트로켄 베렌아우스레제가 이 방식으로 만
들어진다.

귀부와인

(4) 아이스바인(Ice Wein)/아이스 와인(Ice Wine)

포도밭에서 언 상태의 포도송이를 수확하여 바로 착즙해서 만든 스위트 와인으로 독
일에서는 아이스 바인, 캐나다에서는 아이스 와인이 생산된다.

오스트레일리아에서는 인공적으로 포도를 얼린 후 아이스 와인을 만든다.

아이스 와인

6) 주정 강화와인(Fortified Wine)

주정 강화와인은 발효 전에 주정을 넣어서 만드는 방식과 발효 중에 주정을 넣어서
만드는 방식으로 크게 나눈다.

전자는 프랑스의 뱅 드 리꿰르(V.d.L: Vin de Liqueur)를 만드는 방식이고 후자는
프랑스의 뱅 뒤 나뛰렐(V.D.N: Vin doux Natural)과 포르투갈의 포트(Port) 와인을 만
드는 방식이다. 이러한 주정 강화와인은 포도의 천연당분이 주는 달콤함이 가득 느껴
진다.

| PX | Rutherglen Muscat | Fortified Muscat Blanc | Vin Santo Liquoroso | Tawny Port | Fortified Red Wines | Vintage & LBV Port | Bual Madeira | Fino Sherry | Sercial Madeira |

MORE SWEET ← → LESS SWEET

while this is true for most wines, there are always exceptions to the rule.

7) 오렌지 와인(Orange Wine) 또는 앰버 와인(Amber Wine)

오렌지 와인은 와인의 기원인 기원전 8000년 조지아에서 시작되었다. 흙으로 구워서 만든 도자기 암포라(Amphora)인 크베브리(Qvevri)를 땅속에 양조하는 방식으로 시작하였다.

현재는 생산자에 따라 나무 재질, 콘크리트, 스테인리스 스틸 탱크, 플라스틱 등 다양하게 사용한다. 그렇기 때문에 오렌지 와인은 내추럴 와인 양조 중 하나의 방식이지만 모든 오렌지 와인이 곧 내추럴 와인은 아니다.

포도품종은 화이트 와인품종으로 조지아 및 인근 지방의 토착품종부터 국제 품종까지 폭넓게 사용되고 있다.

일반적인 화이트 와인은 껍질을 분리하고 포도 주스만을 발효하여 양조하는데 오렌지 와인은 화이트 와인 포도품종을 껍질과 포도주스를 같이 침용시켜 짧게는 며칠부터 길게는 1~2년 동안 접촉시켜 포도 껍질의 탄닌과 풍미 등 여러 성분을 추출해 낸다.

오렌지 와인은 대부분 오렌지색이지만, 옅은 로제 와인색부터 진한 분홍색까지 다양하다. 미감에서는 쓴맛이나 떫은맛이 느껴지며, 풍미가 강렬하다. 이는 껍질 혹은 줄기에서 타닌 성분이 녹아 나왔기 때문이며 와인이 껍질과 접촉한 시간이 길수록 강도가 강해진다.

가벼운 스타일은 10~12도, 묵직한 스타일은 14~16도의 온도가 적정 시음 온도이다. 그릴로 구운 정통 비프 스테이크는 물론 특색 있는 아시아 음식에 잘 어울린다.

◆ 빈티지 차트

최초 빈티지 차트는 해당 연도의 기후 등을 토대로 양조한 와인을 테이스팅한 후 점수화하여 표기한 차트를 뜻하였으나 지금의 빈티지 차트의 점수는 이제 단순히 포도를 수확한 해의 기후 여건만을 가리키지 않는다.

1990년대 중반 이후 지금까지 빈티지 차트의 점수를 보면 2002년 프랑스 론 지방 같은 극단적인 해를 제외하고 대부분 평균이상의 좋은 상태를 유지하고 있음을 볼 수 있다. 이것은 1990년대 중반 이후 양조기술의 비약적인 발전의 영향이 크다고 볼 수 있다. 또한 유명 사이트 및 평론가의 빈티지 차트의 점수는 고정적이지 않으며 주기적인 테이스팅을 시행한 이후에 수정된다.

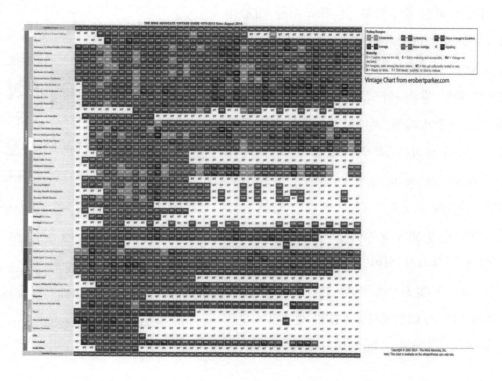

3 와인 규정

포도는 수천 년 동안 여러 나라에서 재배되었고 와인 또한 일상적 또는 사치품으로 사용되었다.

그런데 무슨 이유로 프랑스의 A.O.C(Appellation d'origine controlee: 원산지통제명칭)가 전 세계 와인 생산국 와인 규정의 롤 모델이 되었는가?

이 규정의 배경은 다음과 같다.

19세기 말 필록세라에 의해 포도밭이 황폐해진 시기에 특히 프랑스 샹파뉴(샴페인) 지방에서 위조 샴페인 사기가 극성에 달했다. 위조 샴페인 수량이 전체 샴페인 생산 수량을 배로 웃도는 상황까지 이르자 샹파뉴 지역에서 시민 폭동까지 일어나게 되었다.

이에 정부는 폭동을 진정시키기 위해 급하게 샴페인 지방에서 생산된 스파클링 와인에만 샴페인이라는 라벨을 허가하게 된다.

이러한 와인 품질악화 및 위조 유통 상황에서 Chateau Fortia의 피에르 르 로아(Pierre Le Roy) 남작이 1923년 남부 론 지방의 샤또 네프 뒤파프 와인 생산자와 조합을 결성하여 포도 생산구역, 품종의 제한, 재배방법 규정을 제창하였다. 르 로아 남작은 그 후 INAO(institut national de l'origine et de la qualite=원산지 품질 관리 전국 기관)의 회장으로 근무, 프랑스 와인 품질의 유지 및 향상에 노력했다.

이것이 유래가 되어 1935년 프랑스의 전국적인 제도로 발전하여 현재 전 세계 와인법의 표준이 된 A.O.C(원산지통제명칭, 현재의 A.O.P: Appellation d'Origine Protegee)가 시행된다.

지자체 농산물 브랜드

지방행정부의 법률에 따르는 이 AOC규정은 포도의 "원산지통제명칭" 제도로서 와인의 원료인 포도가 생산되는 구역과 명칭을 해당 구역별로 관리하는 제도이다. AOC 제도는 전통적으로 유명한 고급와인 생산지의 명성을 보호하고, 그 품질을 보존하기 위해서 만들어진 제도이다. 이 법률은 각 포도 재배 구역의 지리적 경계와 그 명칭을 정하고, 사용되는 포도의 품종, 재배방법, 단위면적당 수확량의 제한, 그리고 제조방법과 알코올 농도에 이르기까지 최소한의 세부 규정을 정하고 있다.

대한민국에서도 이러한 원산지통제명칭 제도를 벤치마킹하여 지역 농축산물의 브랜드 이미지 및 마케팅 활성화에 도입, 적용하고 있다.

참 / 고 / 문 / 헌

㈜제주시대
http://evjoo.tistory.com
http://hyodon.nonghyup.com
http://mashija.com/
http://www.sommeliertimes.com/
http://www.wineok.com/
https://closcachet.com.au/terroir-definition/
https://glassofbubbly.com/
https://infonavi.tistory.com/
https://m.news1.kr
https://swartlandindependent
https://www.bordeaux.com
https://www.broadsheet.com.au/
https://www.eatmart.co.kr/
https://www.google.co.kr
https://www.health.harvard.edu
https://www.joongang.co.kr
https://www.kj.com/
https://www.robertparker.com
https://www.sommeliertimes.com
https://www.tastinggeorgia.com
https://www.thecheeseshopofsalem.com/
https://www.winepleasures.com/
winefolly.com

CHAPTER 06 포도품종

1 품종

1) 화이트

(1) 샤르도네(Chardonnay)

샤도네로도 발음된다. 화이트 와인의 대표주자이다. 따스한 곳과 서늘한 곳에서도 잘 자라는 품종이다. 가장 우아하다는 품종이다. 강건함을 보유한다. 화이트 품종 가운데 특별히 오크숙성으로 복합성을 더한다. 프랑스 부르고뉴, 샹파뉴 지역과 캘리포니아, 칠레, 호주, 뉴질랜드, 남아공 등에서 생산된다.

(2) 소비뇽 블랑(Sauvignon blanc)

화이트 품종의 주요한 품종이다. 산도가 높은 것이 특징적이다. 상큼, 경쾌, 발랄, 화사한 뉘앙스를 지닌다. 미네랄 향이 많다. 프랑스의 보르도, 루아르 지방, 뉴질랜드의 말보로 등 남섬과 혹스베이 등 북섬, 칠레, 호주, 미국 등에서 생산된다. 일반적으로는 서늘한 곳에서 잘 자라는 품종이다. 야성적이고 개성이 강하다. 동물적인 성향, 아로마틱의 다양성을 느끼게 되는 품종의 특징이 있다.

(3) 리슬링(Riesling)

화이트의 대표적 품종으로 저장성이 강한 품종이다. 산도와 당도가 가장 잘 조화된 품종이다. 만생종의 특징을 지닌다. 독일의 라인가우, 모젤, 라인헤센, 팔츠, 나헤 등과 프랑스의 알자스 지방, 호주와 뉴질랜드, 미국 등에서 재배된다. 섬세하고 기품있다.

(4) 피노 그리(Pinot gris)

피노 그리지오(Pinot grigio)라고도 불린다. 알코올이 상대적으로 높다. 산미는 중간 정도이다. 진한 향과 힘참을 지니고 있다. 사과, 배의 풍미 등 과실의 풍미를 지닌다. 이탈리아 토스카나주 피노 그리는 산미가 좋다. 프랑스 알자스와 루아르 지방, 미국 캘리포니아와 오리건, 뉴질랜드 등 서늘한 지역에서 많이 재배된다.

(5) 비오니에(Vionier)

비오니에는 향이 풍부하고 좋다. 살구향, 복숭아향 등이 감지된다. 미디엄 바디 이상으로 풀바디하다. 연한 초록빛에서 황금빛까지의 색채를 띤다. 알코올 함량이 높다. 크리미한(Creamy: 크림 같은) 질감을 지닌다. 오일리(Oily: 기름기가 있는)하며 산도는 중간이다. 미디엄 바디 이상이다. 프랑스의 북부 론(Rhone) 지역에서는 레드품종 시라와 블렌딩된다. 캘리포니아, 이탈리아 중부, 호주, 남아공 등에서 생산되는 이국적인 품종이다.

(6) 게뷔르츠트라미너(Gewurztraminer)

향신료라는 의미를 지닌다. 향이 강한 특징이 있다. 장미, 망고, 리치 등 농축된 화장품의 향을 표출한다. 구아바향도 감지된다. 당분은 많고 산도는 적다. 독일, 프랑스 알자스 등 서늘한 지역에서 잘 재배되는 품종이다. 중성적이라는 평가가 있는 독특한 품종이다.

알코올 도수는 상대적으로 높고 과일향이 강하게 표출된다. 프랑스 외에 몰도바, 우크라이나, 호주, 독일, 미국, 헝가리 등에서 생산된다.

(7) 뮈스까(Muscat)

진하고 섬세하고 우아하다. 열대 과일향이 많이 난다. 달콤하고 이국적이다. 이탈리아 모스까토 다스티(Moscato d'Asti)는 국내에서 인기가 높은 와인이다. 달콤하고 스위트하며 밸런스가 좋다. 밸런스(Balance)는 와인의 균형감으로 산도, 알코올, 아로마가 조화롭다는 평가를 갖는다.

(8) 세미용(Semillon)

묵직한 스타일이다. 프랑스 보르도 소비뇽 블랑과 블렌딩되어 와인의 완성도를 높이는 품종이다. 보르도 소테른 지방의 귀부포도로 만드는 디저트 와인을 만든다. Botrytis 곰팡이에 걸린 포도로 만드는 세계 최고의 디저트 와인으로 품격과 바디감이 있다. 샤토(샤또) 디켐은 명성이 있다.

(9) 쉬냉블랑(Chenin blanc)

프랑스 루아르 지방의 대표적인 화이트 품종이다. 남아공에서도 많이 생산되고 있다. 산도가 높아 장기 보관할 수 있는 스타일의 품종이다. 다양한 스타일의 와인을 생산할 수 있는 품종으로 평가되고 있다. 과일향이 잘 나며 발랄한 느낌으로 평가된다.

(10) 뮐러투르가우(Muller Thurgau)

독일에서 많이 생산된다. 헝가리, 오스트리아, 체코 등 동유럽국가에서도 생산된다. 산도는 보통 이하이며 장기보관용은 아니라는 평가이다.

이탈리아 북부에서도 생산된다. 리슬링과 마드렌느 로얄을 교배한 품종으로 옅은 풀색이 반영된 노란색이다. 넛맥과 야생허브류 그리고 산뜻한 풀향의 특성을 보여준다. 구조감이 좋고 즙이 많다. 조생종이며 수확량도 많고 과일향이 많고 산도는 낮다(비노비노 와인정보). 유럽현지에서 대중적으로 만날 수 있는 와인이다. 들판의 풀의 야성적인 향이 감지되는 와인이다(고종원, 2021: 33).

(11) 트레비아노(Trebbiano)

위니 블랑(Ugni blanc)으로도 불린다. 이탈리아산 품종으로 세계에서 가장 널리 심어진 포도품종으로 평가된다. 이탈리아 전체 백포도주의 3분의 1을 차지하는 품종으로 신선하며 발사믹 식초를 생산하는 데도 쓰인다(요다위키). 산도는 보통 이상이다. 바디는 미디엄 바디로 배, 사과, 꽃, 아카시아, 라벤더, 만다린 아로마가 표출된다. 파스타, 생선, 새우, 해산물, 스시 등과 어울린다(wine21.com).

이탈리아의 화이트 와인으로 가볍고 화사한 느낌의 품종이다. 봄철 따사로운 햇빛이 비칠 때 가볍게 테이스팅하면 좋은 와인으로 평가하고자 한다.

(12) 베르데호(Verdejo)

스페인 지역에서 가장 대중적이면서도 선호되는 화이트 품종이다. 여러 가지 향이 발산되는 품종이다. 특히 스페인 루에다 지역의 베르데호가 품질이 좋다. 스페인 지역에서 가장 잘 판매가 되며 인기있는 품종으로 평가된다.

블렌딩 시에는 비우라, 소비뇽 블랑이 사용된다. 이 품종은 구조와 균형이 좋아 장기숙성이 잘 된다. 숙성된 와인은 견과류, 꿀향이 난다. 아로마틱하면서 부드럽고 풀바디한 와인이다. 라임, 레몬, 시트러스, 레몬, 풀향이 난다. 조개류, 샐러드, 스파이시한 음식, 치킨, 생선, 치즈 등과 잘 어울린다(와인21닷컴).

(13) 토론테스(Torrontes)

아르헨티나의 대표적인 화이트 품종이다. 매우 아로마틱하고 화이트 와인 가운데는 바디감도 있고 유질도 느껴지는 품종으로 가치가 있다. 이 품종은 프란치스코 교황께서 아르헨티나 추기경으로 있을 때 많이 시음하신 품종으로도 알려져 있다.

레몬, 복숭아, 장미, 시트러스 등의 향이 주요한 향이다. 뮈스까향, 스파이스하며 숙성 잠재력도 지닌다. 뮈스카 오브 알렉산드리아와 칠레산 빠이스 품종의 교배를 통해 생산된 아르헨티나 품종이다. 실타 지역 등 높은 고도에서 좋은 토론테스가 생산된다. 육류, 농어 등과 잘 어울린다(와인21닷컴).

산미는 대체로 강한 편이다. 바디감은 미디엄 바디 이상이며 열대과일향, 나무과일향이 감지되는 육감적이며 신선한 품종으로 긴 여운도 특징으로 평가된다(Vivino; business.veluga.kr).

(14) 실바너(Sylvaner)

프랑스 알자스 지방, 독일 등에서 생산되는 품종이다. 바디감은 가볍다. 프레쉬하고 프루티한 타입이다(고종원·이정훈, 2023: 127).

(15) 루산느(Roussanne)

프랑스 론 북부지역의 화이트 품종이다. 배, 허브차, 꽃 향이 특징이다. 숙성 시 견과류도 감지된다. 미국, 이탈리아, 호주 등에서도 재배된다(wine21.com).

마르산느와 블렌딩이 많이 된다. 북부 론의 세이트 조셉, 크로즈 에르미타주, 에르미타주 지역에서 허용되는 유일한 화이트 와인품종이다. 미국의 캘리포니아, 워싱턴주, 텍사스, 이탈리아 투스카나, 남아공 외에도 그리스 크레타섬, 스페인 등에서도 재배된다. 가뭄과 바람에 대한 저항력이 약하며 불규칙한 수확량 등으로 재배가 어렵다는 평가이다. 서늘한 기후에서 더 섬세하며 높은 산도의 포도를 생산한다(요다위키; yoda.wiki).

(16) 마르산느(Marsanne)

아몬드, 복숭아, 살구, 사과, 오렌지, 아카시아, 자스민, 호두, 아몬드, 트러플 등이 감지되는 품종이다. 아몬드가 주요 향으로 밀랍향도 감지된다. 프랑스 론 지역에서 루산느(Roussane)와 블렌딩되어 조화로운 와인을 만든다. 강하고 유연하다는 평가를 받는 품종이다. 론 지역은 더운 기후와 돌이 많은 토양으로 이러한 환경에 적합하다. 프랑스의 랑그독루시옹, 호주, 미국 캘리포니아 등에서도 재배된다(오펠리네만, 2020: 85).

(17) 알바리뇨(Albarino)

스페인과 포르투갈에서 주로 생산된다. 산도가 높고 바디감은 가볍다. 시트러스향,

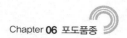

오렌지, 아카시아, 레몬, 살구, 복숭아 등이 감지된다. 스페인의 갈리시아, 리아스 바익사스 해안지역에서 잘 재배된다. 이국적인 과일향 등 향기가 풍부하다.

(18) 알리고테(Aligote)

프랑스 부르고뉴 지방에서 재배되는 화이트 품종이다. 신선하고 상큼한 산미, 균형감, 가벼운 바디를 지닌다. 레몬, 버터, 밀크의 아로마가 특징이다. 황금빛을 띤다.

(19) 샤슬라(Chasselas)

라보 등 스위스를 중심으로 생산된다. 프랑스, 독일, 포르투갈, 헝가리, 뉴질랜드, 크로아티아, 칠레 등에서도 생산된다(위키백과). 토종품종으로 산도는 높은 편이다. 색은 연한 금빛의 색조이다.

우크라이나에서도 생산된다. 고대품종으로 이집트에서 유래되었다고 한다. 꿀, 꽃향, 너트 등 견과류 향도 감지된다. 화이트 와인으로 바디감도 있는 편이다. 화강암 토양에서는 꽃향이 나고 산미가 좋다. 백악질 토양에서는 과실향이 좋고 꿀향이 난다. 점토에서는 무게와 바디감이 상당하다(wine21.com)는 평가이다.

하얀 또는 장밋빛의 과피를 갖는 이 포도는 기름지고 따뜻하고 수분을 머금는 토양을 좋아하며 생산량은 불안정하다. 중성적이며 신선한 와인을 생산한다. 크레망 달자스 등 블렌딩용으로도 사용된다(이정훈, 2023: 128).

(20) 페드로 히메네즈(Pedro Ximenez)

건포도, 초콜릿, 커피, 감초가 주요한 향이다. 단맛을 첨가해 달콤하고 색이 짙은 셰리와인[1]을 만들 때 많이 사용된다(와인21닷컴). 스페인 팔로미노와 함께 셰리와인의 주요 품종이다.

---

1) 스페인 남부 안달루시아 지방 헤레스 델라 프론테라(Jerez de la frontera) 근처의 지역에서 자란 백포도주로 만든 강화 포도주이다(나무위키). 발효가 끝난 일반와인에 브랜디를 첨가하여 알코올 도수를 높인 스페인의 주정 강화와인이다. 포르투갈의 포트와인(Port wine)과 함께 세계 2대 주정 강화와인이다. 주로 식전와인(Aperitif wine)으로 이용된다(두산백과 두피디아).

(21) 마카베오(Macabeo)

스페인의 화이트품종이다. 스페인의 리오하 등 북부지방, 프랑스의 랑그독루시용 지역에서 많이 생산된다. 프랑스에서는 비우라(Viura)로 불린다. 향은 중성적으로 산화가 잘 되는 편이다. 블렌딩 시 와인에 무게감을 준다. 스페인 카탈루냐에서 스파클링 와인인 카바(Cava) 와인을 만드는 데 쓰인다. 프랑스에서는 주정 강화와인인 뱅 두 나투렐(Vin Doux Naturel) 와인을 만드는 데 쓰인다. 덥고 건조한 기후에서 잘 자란다. 산미가 두드러지며 신선하고 꽃향, 꿀, 자몽 등이 감지된다(와인21닷컴).

산도가 좋다. 좋은 비우라 품종으로 만든 와인은 오래 저장할 수 있다는 평가를 갖는다.

(22) 말바지아(Malvasia)

이탈리아 전역에서 생산된다. 트레비아노나 모스카토 품종과 함께 다양한 변종과 더불어 이탈리아에 가장 널리 퍼진 품종이다. 그리스에서 전해진 것으로 보인다(조셉 바스티아나치 · 데이비드 린치, 2010: 411).

(23) 팔로미노(Palomino)

스페인과 남아공에서 자라는 화이트 품종이다. 스페인의 셰리(Sherry)와인을 만드는 데 쓰이는 품종이다. 셰리 와인은 페드로 시메네즈(Pedro Ximenez)를 포함하여 만들어진다. 팔로미노 품종은 껍질이 얇고 잘 썩기도 하며 밋밋하고 개성 없는 결과가 나오므로 카디즈[2] 일대에서 재배하는 것이 좋다는 평가이다. 건초 매트 위에서 건포도처럼 말린 다음 발효하여 말린 과일향이 나며 아주 달고 진한 질감을 갖게 하는 품종이다. 셰리는 검은색에 가깝다. 숙성방식은 솔레라(Solera)[3] 시스템으로 만든다(aligalsa.tistory.com, 2018.3.19).

---

[2] 스페인의 남부지역 작은 해안가 마을이다. 세비야 근교이다.
[3] 주정 강화와인을 블렌딩하는 스페인의 전통적인 방법이다. 순차적으로 다른 빈티지의 와인을 섞는 방식이다. 매년 30%의 와인이 첨가되는 시스템이다(와인21닷컴).

(24) 프티망상(Petit manseng)

이 품종에서는 다양한 과일향이 난다. 파인애플, 망고, 바나나 등 아열대 과일의 향기가 느껴진다. 탁월한 산도는 매혹적이며 리슬링에 버금가는 밸런스를 이룬다(죽기 전에 마셔봐야 할 와인 1001; terms.naver.com)는 평가이다.

프랑스 남서부에서 스위트 와인을 만드는 고급 청포도품종이다. 특히 남서부의 쥐랑송AOC, 파슈렁 뒤 빅-빌 AOC의 주요 포도품종이다. 최근에는 랑그독에서 재배되어 전체 생산량이 증가되는 추세이다. 당도와 산도가 매우 높다(와인지식연구소).

쥐랑송의 따뜻한 돌 토양(Pudding stone)에서 고품질 포도가 재배된다. 감귤류, 생강, 꿀, 검은 트러플, 말린 과일향 등도 감지된다. 일찍 수확한 그로 망상(Gros manseng)[4]은 드라이 타입, 껍질이 두껍고 늦게 수확한 프티망상은 므왈레라는 스위트 와인을 만든다(주간경향, 2014.10.21).

(25) 푸르민트(Furmint)

헝가리에서 잘 재배되며 전역에서 생산된다. 토카이(Tokay)[5] 와인의 주요한 품종이다. 바삭한 산미, 두드러지는 미네랄 풍미, 라이트한 바디감, 꿀향, 복숭아 등 과일향이 감지된다.

귀부현상이 잘 일어난다. 당도가 매우 높다. 산도도 꽤 높다.

---

4) 호박색을 띤 맑은 금빛이다. 꿀향, 아카시아 향 등이 느껴진다.

5) 헝가리 동북쪽에 위치한 토카이(Tokaj) 지방에서 만드는 유서깊은 귀부와인이자, 귀부와인의 원조로 불린다(나무위키). 귀부와인은 noble rot(고귀한 썩음)으로 곰팡이가 피고 심하게 쪼그라든 것으로 와인을 만든다. 꿀처럼 달고 부드러우며 복합적인 풍미를 지니게 된다(www.wine21.com). 곰팡이균의 일종인 보트리티스 시네레아(Botrytis cinerea)가 포도껍질에 번지는 현상이 귀부병이다. 그래서 포도껍질에 미세한 구멍이 만들어지고 포도의 수분이 날아가 당분이 농축된 쪼글쪼글한 포도가 되어 높은 당도와 산미 그리고 풍미가 좋은 토카이 와인이 만들어진다.

참고

세계 3대 귀부와인

프랑스 보르도 지역의 소테른(Sauternes)은 세미용, 소비뇽 블랑으로 만들어진다. 샤토 디켐이 세계적으로 유명하다. 헝가리 토카이는 푸르민트 품종으로 만들어진다. 독일의 라인가우 지방 등에서 만들어지는 트로켄 베렌 아우스레제(TBA)는 리슬링 품종으로 만들어진다.

귀부와인은 보통 달고 바디감이 있어서 디저트 와인으로 적합하다. 오렌지, 살구, 자몽, 감귤 등 열대과일 그리고 꿀, 밀랍, 캐러멜, 버섯, 견과류 향 등이 감지된다. 복합적이며 다양한 풍미를 지닌 매력적인 와인이다. 산도와 당도가 높다는 특징도 갖는다.

(26) 베르멘티노(Vermentino)

진한 녹색을 지니며, 어떤 경우에는 은은한 금빛을 보이는 와인도 있다. 이탈리아 사르데냐(Sardinia)섬에서 많이 재배된다. 사르데냐의 푸른 보물로 평가된다(aligalsa. tistory.com).

리구리아(Liguria) 지역에서도 잘 재배된다. 프랑스 랑그독 루시옹, 프로방스, 코르시카 북단, 캘리포니아에서도 재배되고 있다. 이탈리아 토스카나 또는 스페인에서 기원했다고 알려진다. 라임, 자몽, 청 사과, 아몬드 등 견과류 향 등이 감지된다.

(27) 소아베(Soave)

이탈리아 베네토 지역에서 주로 생산된다. 라임, 흰 복숭아와 멜론, 망고향 등이 감지된다. 소아베의 포도밭은 경사진 언덕에 위치해서 좋은 와인이 생산된다. 산도는 매우 강하다. 알코올은 중간 정도이다. 아몬드향도 감지된다. 가볍고 화사한 느낌의 건조한 화이트 와인이다.

(28) 코르테세(Cortese)

피에몬테 지방의 원산종이다. 가비(Gavi) 화이트 와인을 만드는 데 사용되는 품종이

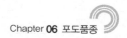

다(조셉 바스티아나치 · 데이비드 린치, 2010: 409). 가비 와인은 건조하며 화사한 느낌의 산도가 좋은 라이트한 바디의 와인이다.

유럽식 분위기의 리조트: 강원도 영월 동강에 위치한 동강시스타 리조트 전경

2) 레드

(1) 까베르네 소비뇽(Cabernet sauvignon)

레드 와인의 대표주자이다. 만생종이다. 두꺼운 껍질과 굵은 씨가 특징이다. 탄닌이 풍부한 품종으로 색상이 짙고 과일향이 강하다. 블랙커런트[6], 체리, 자두 등 검은 과일과 붉은 과일향이 난다. 와인의 골격을 갖추게 하는 구조감을 주는 품종이다. 추운 지역이든 더운 지역이든 재배가 잘된다. 프랑스 보르도 블렌딩의 주요한 품종이다. 프랑스 프로방스 지방, 남서부, 랑그독루시옹에서도 생산된다. 미국 캘리포니아, 칠레, 호주, 남아공, 아르헨티나 등에서 재배된다. 오크숙성으로 장기숙성이 가능한 품종이다. 남성적이라는 평가를 받는다. 고급품종으로 평가된다. 까베르네 소비뇽은 레드품종의 대표주자이다.

---

6) 블랙커런트는 까시스(Cassis)향과 같다. 프랑스인이 가장 좋아하는 향으로 보면 된다.

(2) 메를로(Merlot)

부드러운 품종으로 평가된다. 아울러 강한 성향을 동시에 갖는 품종이다. 보통은 여성적이라고 평가된다. 프랑스 보르도 우안 포므롤 지역의 진흙토양에서 재배되는 메를로는 파워와 농밀함을 갖추고 있다. 대표적인 와인이 샤토 페트뤼스이다. 프랑스 보르도 지역의 블렌딩에 까베르네 소비뇽, 까베르네 프랑과 함께 주요한 품종이다. 조생종이며 타닌은 적절한 편으로 부드러운 와인을 만들게 한다. 자두, 딸기향 등 과일향이 풍부하다.

(3) 피노 누아(Pinot noir)

재배하기 어려운 품종으로 와인재배업자들의 좋은 와인에 대한 선망의 대상이다. 즉 포도 재배자가 수확의 완성도를 높이고 싶어하는 포도품종이다. 선선하고 서늘한 기후대를 선호한다. 색상은 연하나 숙성 시 복합적이고 깊이있는 향을 표출해 낸다. 과일향이 풍부하다. 산도는 높다. 최고의 피노 누아는 장기숙성이 가능하다. 프랑스의 부르고뉴, 독일, 캘리포니아, 미국 오리곤, 뉴질랜드, 호주, 칠레 등에서 생산된다. 와인의 우아함과 깊이를 갖춘 세계 최고의 와인인 로마네콩티도 피노 누아로 만들어진다.

(4) 쉬라/쉬라즈(Sirah/Siraz)

덥고 건조한 기후대에서 잘 재배된다. 색이 진하며 색상은 보랏빛의 자주색이다. 과일향이 풍부하다. 향신료향이 난다. 풀바디하다. 주로 프랑스의 론 지방, 호주의 남호주 등 전 지역, 캘리포니아, 칠레 등에서 생산된다. 호주 쉬라즈는 감미롭고 타닌이 부드럽다는 평가를 받는다. 알코올은 높다. 스파이시하며 코코아, 바닐라 향 등이 난다.

상대적으로 서늘한 프랑스에서는 올리브, 자두향 중심으로 향이 표출되며 더운 호주 지역에서는 블랙베리 잼, 블루베리 향 등이 감지된다. 담배, 밀크 초콜릿, 그린 페퍼 등도 특징이다(Wine folly: 152~153).

이 품종은 세계의 많은 지역에서 생산되는 품종이기도 하다. 프랑스, 호주, 스페인, 아르헨티나, 남아공, 미국, 이탈리아, 칠레, 포르투갈 등에서 생산된다.

(5) 그르나쉬/가르나챠(Grenache/Garnacha)

더운 지역에서 잘 자라는 품종이다. 산도는 적고 알코올은 높다. 스페인이 원산지로 프랑스 남부의 지중해 지역, 캘리포니아, 포르투갈 등에서 생산된다. 스페인에서는 템프라니요 품종과 블렌딩된다. 전문가들의 주목을 받는 품종이기도 하다. 가성비 좋은 와인으로 평가된다.

(6) 네비올로(Nebbiolo)

이탈리아 최고의 품종으로 평가된다. 피에몬테 지역에서 바롤로, 바르바레스코 와인을 만드는 품종이다. 네비올로(Nebbiolo) 안개라는 의미로 만생종, 장기숙성이 가능하다. 구조감이 좋고 탄닌이 강하다. 바디감도 있고 힘찬 뉘앙스를 지닌 와인이다. 피노누아처럼 색은 연하나 풍미가 좋고 강렬한 스타일이다. 바이올렛, 송로버섯, 타르, 자두, 감초, 야성적인 향이 특징이다. 이탈리아 피에몬테 지역, 미국 캘리포니아 등지에서 생산된다.

멕시코, 아르헨티나, 호주, 미국 등에서도 생산된다. 와인마니아들에게는 프랑스의 피노 누아 품종과 함께 이탈리아에서 가장 인기 있고 황제의 와인이라고 불릴 만큼 최고의 와인으로 평가된다. 아니스, 점토 또는 찰흙향, 장미향 등이 감지되는 품종이다. 산도도 높다.

(7) 템프라니요(Tempranillo)

스페인의 주요 품종이다. 껍질이 두껍고 색상은 진하며 산도는 낮다. 강한 탄닌이 특징이다. 스페인의 리오하 지역이 전통 산지이다. 리베라델두오, 토로 지역의 와인은 진하고 강한 와인을 생산한다. 탄닌의 질감이 좋고 숙성 시 부드럽다. 가죽향, 다크초코릿, 담배, 산딸기, 오디, 커피, 향신료 등이 감지된다.

포르투갈, 아르헨티나, 프랑스, 호주 등에서도 생산된다. 말린 무화과, 건포도도 감지된다.

(8) 산지오베제(Sangiovege)

높은 산도를 나타낸다. 그리고 탄닌감도 좋다. 알코올은 높은 편이다. 까베르네 소비뇽, 메를로, 까베르네 프랑 등과 블렌딩되어 슈퍼토스칸 와인을 완성하였다. 이탈리아 토스카나 지방에서 많이 생산한다. 미국의 캘리포니아에서도 생산된다. 키안티, 브루넬로 디 몬탈치노, 비노 노빌레 디 몬테풀치아노의 품종으로 장기숙성이 가능한 품종이다.

전통방식의 산지오베제는 토마토향, 가죽향이 특징이다. 현대적인 산지오베제는 체리향, 열대성 정향나무의 말린 꽃향 등이 감지된다. 산도도 부드러운 편이다. 투스카니 지방을 중심으로 움브리아, 캄파니아 지역 등에서 생산된다. 이탈리아에서는 산지오베제가 최고의 품종으로 평가된다. 미국 캘리포니아에는 1980년에 전래되었다. 아르헨티나, 프랑스, 튀니지, 호주 등에서 생산된다(Wine folly: 125).

(9) 진판델(Zinfandel)

미국의 대표적인 품종이다. 이탈리아 남부 풀리아 지방 등에서 생산된 프리미티보 품종이 원조이다. 더운 기후를 선호하여 캘리포니아에서 잘 재배된다. 알코올이 높다. 만생종이다. 고목[7]에서 경쟁력 좋은 와인이 생산된다. 블랙베리, 후추향 등이 감지된다. 진판델은 화이트에서 레드 와인까지 다양한 와인으로 만들어진다. 로제와인도 많이 출시된다. 이 품종은 이탈리아 풀리아 지방, 호주, 칠레, 남아공 등에서 재배된다.

(10) 몬테풀치아노(Montepulciano)

이탈리아 동부 아브루쪼, 마르케, 움브리아 등 지역에서 생산된다. 과일향이 많고 색이 진하며 산도도 부드럽고 좋은 와인품종이다. 자두, 딸기 등이 감지된다. 타닌(탄닌)이 잘 익은 느낌으로 다가온다. 바디감과 탄닌감이 꽤 있는 와인이다.

---

7) 고목은 50~100년 정도 수령의 포도나무이다. 복합미, 숙성력 있는 풀바디의 와인을 만들 수 있다. 농축미도 매운 좋은 와인이 생산된다.

이탈리아에서 두 번째로 많이 재배되는 품종이다. 전형적으로 메를로와 유사한 레드 과일 풍미를 지닌다. 좋은 몬테풀치아노는 10년 이상 숙성시킬 수 있는 풀바디 레드 와인을 생산한다(wine21.com).

가성비가 가장 좋은 레드 와인품종으로 평가된다. 만화『신의 물방울』[8]에서 요리오 와인은 몬테풀치아노 품종으로 가성비 최고의 와인으로 평가되고 있다.

(11) 말벡(Malbec)

탄닌이 가장 많은 와인품종이다. 색이 가장 진하고 검게 표출된다. 반면에 상대적으로 부드럽고 연한 스타일의 밸런스[9] 좋은 와인으로 만들어진다. 조생종으로 더운 기후를 선호한다. 석회질 토양도 선호한다. 프랑스 남서부 카오르 지역의 오세후아 품종이 아르헨티나에 전해져서 말벡으로 성공한 품종이다. 자두, 과일, 담배, 탄닌, 광물질, 스파이시한 향이 표출된다. 오디, 블랙베리, 오크뉘앙스, 농축미, 부드러운 재질감 등이 있다. 프랑스 보르도, 아르헨티나[10] 멘도사, 칠레, 남아공 등에서 생산된다.

(12) 까베르네 프랑(Cabernet franc)

보르도의 주요한 블렌딩 품종이다. 까베르네 소비뇽, 보르도에서는 메를로와 함께 3대 대표주자로 평가된다. 프랑스의 루아르 지방에서도 잘 재배된다.

바디와 타닌감이 꽤 있다. 검은 과일, 딸기, 구운 파프리카, 자두, 후추, 발사믹, 오크향 등이 감지된다. 체리, 부서진 자갈향, 칠리 후추향도 난다.

루아르의 쉬농, 부르게이에서 생산된 와인이 좋다는 평가이다. 루아르 지역의 까베르네 프랑에서는 붉은 고추향도 감지된다는 평가이다. 이탈리아 북부 등에서도 생산된

---

8) 일본인 아기 타다시가 스토리, 오키모토 슈는 작화를 담당한 와인을 소재로 한 일본의 만화이다. 2004년부터 2014년까지 연재했고 44권이 발행되었다. 프랑스 와인을 중심으로 긍정적으로 평가하고 있다는 평가이다(나무위키, 2023.2.18). 와인에 대한 평가와 표현이 매우 미적이고 잘 정리하고 있다는 점에서 전문서적으로 잘 만들어졌다고 사료된다.

9) 탄닌, 알코올, 산도가 조화롭다. 균형감을 밸런스라고 한다.

10) 아르헨티나 이스까이 와인은 말벡과 메를로 또는 말벡과 까베르네 프랑과 블렌딩된 완성도 있는 와인으로 말벡이 주요 품종이다.

다. 향수, 라즈베리, 블랙커런트, 바이올렛, 흑연, 녹색 및 야채 계열의 아로마를 지닌
다. 부드러운 감촉을 지닌다(와인21닷컴).

좋은 까베르네 프랑은 높은 산도를 지니며 장기숙성용으로 15년 정도의 저장성도
갖는다.

(13) 가메(Gamay)

프랑스 보졸레 지방에서 만들어지는 보졸레 누보(Boaujollais nouveau)[11] 와인을 만
드는 품종이다. 가메품종은 색이 다소 진한 옅은 보라색 또는 루비 퍼플색이다. 산도는
적당하다. 과일향이 풍부하다. 딸기, 체리, 석류 등 붉은 과일향이 감지된다. 좋은 가메
품종에서는 블랙베리향도 난다. 가볍고 숙성된 맛보다는 햇포도로 만든 와인으로서의
가치를 지닌다. 수확 후 6개월 이내에 만들어져 출시되는 햇와인으로 가치가 있다.

화강암이 많은 화산재 토양에서 잘 자란다. 다른 품종보다 성장이 빠르다. 타닌 성
분은 낮아 떫은맛은 적고 알코올 함량도 낮은 편이다. 프랑스 루아르 밸리, 미국 캘리
포니아 나파밸리에서도 재배된다(두산백과 두피디아).

(14) 무르베드르(Mourvedre)

프랑스 보르도에서 블렌딩 시 사용되는 와인품종이다. 야성적인 향이 표출된다. 스
페인에서는 모나스트렐(Monastrell)로 불린다.

블랙베리, 감초, 수풀, 계피, 후추, 무스크 등 향이 특징이다. 색이 짙고 검다. 알코올
도수도 높고 타닌이 많다. 스파이시하며 흙향도 특징이다. 충분히 익지 않으면 허브향
이 느껴진다. 숙성 시에는 가죽, 들짐승 등 향이 표출된다. 프랑스 남부에서는 블렌딩되
어 와인의 구조감을 높인다. 프로방스에서는 방돌(Bandol)와인 생산에 사용된다. 프랑
스의 론, 랑그독루시옹, 호주, 스페인 등에서 주로 생산되는 품종(오펠리네만, 2020: 97)

---

11) 매년 11월 3째주 목요일 0시에 전 세계에서 동시에 출시되어 사람들의 관심과 이목을 집중시켜 온 보졸레 누보는
가메로 만든다. 마케팅의 참신함으로 주목을 받아온 와인이다. 이 와인은 배가 아닌 비행기로 이동되어 전 세계에서
같은 날 동시에 출시되는 특징을 갖는다.

으로 더운 기후에 적합하다.

일조량이 많은 곳에서 잘 자란다. 스페인의 중부 후밀라(Jumilla) 지역은 여름에 매우 덥고 뜨거운 날씨로 이 품종이 잘 자란다. 구세계의 강한 스타일의 가성비 와인의 대표적인 품종이다.

(15) 투우리가 나시오날(Touriga Nacional)

이 품종은 포르투갈에서 거의 생산된다. 제비꽃, 블루베리, 자두, 민트, 산딸기 등의 향이 난다. 과일향이 많고 풀바디, 많은 탄닌, 높은 알코올이 특징이다. 산도도 높은 편이다. 색이 짙다. 포르투갈의 도우루(Douro) 지역에서 식재를 시작하였다. 검은 과일향이 특징이며 강한 탄닌, 섬세한 제비꽃향이 주요한 성격이다.

도우루 지역의 품종은 구조감과 세밀한 타닌이 특징이다. 다웅 지역의 품종은 붉은 과일향이 좋고 베르가모, 제비꽃, 스파이시함과 산도가 좋다는 평가이다. 남부 일렌테호 지역은 풍부하며 즙이 많은 성격으로 과일향이 좋고 제비꽃, 정향, 오크 숙성으로 바닐라향의 특징을 지닌다(Wine folly, 2015: 156~157).

알렌테호 지역은 와인 생산량이 많다. 평지와 구릉이 많다. 장기숙성을 위해서는 투우리가 나시오날 품종이 좋다. 강건한 품종으로 평가된다. Douro는 스페인에서는 두에로, 포르투갈에서는 도우루로 불린다(고종원, 2021: 154~155). 도우루는 알코올 도수 20도 정도의 주정 강화와인인 포트와인의 생산지로도 유명하다.

(16) 바르베라(Barbera)

이탈리아 피에몬테 지방의 주요한 품종의 하나이다. 산도가 꽤 높고 야성적인 특성도 갖추고 있다. 과일향, 바디감, 알코올 도수가 높은 편이다. 미국, 아르헨티나 등에서도 생산된다. 체리, 자두를 중심으로 블랙체리, 블랙베리 등이 감지된다.

특히 이탈리아 바르베라에서는 멀베리, 허브향이 특징이다. 오크숙성 시에는 초콜릿향이 나며 오크숙성을 하지 않으면 체리, 정향, 허브 등 붉은 과일향이 난다(Wine folly: 105)는 평가이다. 최근에는 프렌치 오크통 숙성을 통해 고급화하여 좋은 바르베라 와인

의 경쟁력이 높아졌다는 평가이다.

(17) 돌체토(Dolcetto)

돌체토는 작고 달콤한 것이라는 뜻이다. 페에몬테 지역과 리구리아 지역에서 생산된다. 색감이 깊고 타닌이 부드러운 품종이다. 조생종이며 부드럽고 과일 향이 풍부하다. 다양한 음식과 잘 어울린다. 피에몬테 원산종이며 리구리아 지방에서는 오르메아스코(Ormeasco)라고 부른다(조셉 바스티아나치·데이비드 린치, 2010: 409).

바디감은 미디엄 이상이며 색은 진하다. 산도는 이탈리아 와인 중에서는 상대적으로 낮은 품종이다. 과일향, 아몬드향, 호두, 감초향, 블랙체리, 스파이시, 흙향 등이 난다. 이탈리아 외에도 호주 등에서 생산된다.

(18) 생쏘(Cinsault)

프랑스 남부, 랑그독루시옹에서 태어난 적포도품종이다. 피노 누아와 교배하여 남아공의 피노타지 품종을 만든 품종이기도 하다. 열과 가뭄에 강하다. 프랑스 남부의 뜨거운 태양에 적합한 품종이라는 평가이다. 그리고 남아공에서도 19세기 이후 팔(Paarl), 브리드크루프(Breedekloof) 지역에서도 재배된다. 과일향이 강하며 신선한 산도와 타닌이 부드럽다(와인지식연구소).

(19) 쁘띠 시라(Petit Sirah)

이 품종은 미국에서 주로 생산된다. 자두, 블랙베리, 블랙체리 등이 주요한 향이다. 다크초콜릿, 검은 후추, 흑차 향이 감지된다. 산도는 상대적으로 적고 과일향, 바디감, 타닌, 알코올 많고 높다. 미국에서는 바디감을 높이기 위해 진판델과 블렌딩된다. 풀바디한 특징을 지닌다. 소량의 진판델과의 블렌딩은 높은 탄닌을 부드럽게 하기 위해서이다(Wine folly: 105).

시음하면 풀바디하며 과일향이 많고 알코올도 높은 와인으로 캘리포니아의 덥고 건조한 날씨가 반영된 품종이라는 것을 느낄 수 있다.

(20) 피노타지(Pinotage)

이 품종은 프랑스의 피노 누아와 생쏘가 교배하여 만들어진 품종이다. 남아프리카공화국의 대표적인 레드품종이다. 주로 남아공에서 생산된다.

블랙베리, 무화과, 체리 향이 주요한 향이다. 박하향이 감지되는 품종이기도 하다. 검은 과일향이 많이 나며 밸런스도 좋고 복합적이라는 평가를 받는다. 산도는 낮은 편이다. 풀바디하며 알코올 도수는 높다(Madeline Puckette and Justin Hammack, 2015: 150~151).

국내에 남아공 피노타지 와인이 가성비 와인으로 수입되고 있다. 마니아를 중심으로 피노타지가 구입되어 시음되고 있는 상황이다.

(21) 까리냥(Carignan)

블랙베리, 말린 자두, 바나나 등 과일향과 수풀, 감초, 규석 등이 감지되는 품종이다. 산도가 높고 과일향은 좋고 향은 상대적으로 적다는 평가이다. 탄닌은 중간 정도이다. 색은 진하고 알코올은 높은 편이다. 허브향, 가갈향 등도 감지된다. 블렌딩 시 많이 사용된다.

재배가 어렵다는 평가이다. 단일품종으로 와인을 생산하기도 한다. 더운 기후[12]와 충분한 일조량이 있는 곳에서 잘 자란다. 바람을 좋아하는 품종이다. 프랑스의 론, 랑그독, 프로방스, 스페인, 아프리카 북서부, 캘리포니아, 아르헨티나, 칠레 등에서 생산된다 (오펠리 네만, 2020: 99).

론 지역의 경우, 미스트랄[13]이 불어와 더워진 토양을 식히며 포도 병충해를 막아주는 역할을 하고 있다. 이탈리아 사르데냐섬에서도 생산된다. 정향, 빵냄새, 까시스 향도 감지되는 품종이다.

까리냥 품종은 타닌이 강하다. 그래서 블렌딩을 하기도 한다. 고목일 경우 타닌이

---

12) 까리냥은 덥고 건조한 지역에서 생산성이 좋다.
13) Mistral은 프랑스 론강을 따라 리옹만으로 부는 강한 북풍이다. 남프랑스에서 지중해 쪽으로 부는 차고 건조한 지방풍이다(나무위키).

부드러워지는 등 잘 조절된다는 평가이다. 토양에 따라 특히 결이 있는 편마암 등에서 생산되는 까리냥 와인은 타닌이 우아하다(Wines of Chile academy, 2023.7.7)는 평가이다.

(22) 타나(Tannat)

프랑스 남서부의 마디랑이 고향으로 알려진 품종이다. 우르과이 대표 적포도품종으로 자리 잡고 있다. 장기 숙성이 가능한 품종이다. 색이 짙고 산도가 높다. 타닌도 매우 높다는 평가이다. 장기숙성용 와인으로 보통 만들어진다. 점토질 토양인 마디랑에서 높은 타닌으로 힘이 넘치는 와인을 생산하고 있다(와인지식연구소).

(23) 프리미티보(Primitivo)

프리미티보는 이탈리아 풀리아 등 남부지역의 진하고 알코올 도수가 높은 품종이다. 이 품종은 미국의 진판델과 유사한 품종으로 평가된다. 검붉은색으로 진하며 타닌이 강한 품종이다.

프리미티보는 매우 오래된 품종으로 1700년경 그리스, 알바니아가 속한 발칸반도를 통해 여러 국가로 유입되었고 이탈리아에서는 프리미티보로 불리게 되었다(wine21.com).

좋은 프리미티보는 저장성도 좋다. 산미가 풍부하고 적절한 타닌과 균형감이 좋고 마시기에 편하다는 평가를 갖는다. 진판델은 바디감도 있다. 이 품종의 원산지는 크로아티아라는 의견도 있다.

(24) 오세루아(Auxerrois)

프랑스 남서부, 가오르 지역에서 생산되는 색이 매우 짙고 탄닌 성분이 가장 강한 품종이다. 삼나무향, 민트, 블랙커런트(까시스), 풀바디 성향을 지닌다. 장기숙성이 가능한 품종이다. 그러나 의외로 탄닌이 강하지만 밸런스도 좋은 품종이다. 오세루아는 아르헨티나로 전해져 말벡이라는 명칭으로 성공을 거둔 품종이기도 하다. 프랑스 보르도, 루아르에서도 생산된다.

프랑스 까오르 지역의 이 품종은 대서양의 영향을 받는 고원지대에서 생산되어 과일향이 풍부하고 좀 더 섬세한 복합미와 산도가 특징이다. 장기숙성도 10년 정도 가능하다. 까오르(Cahors)는 BC 50년 갈로-로만(Gallo-Romaine)시대부터 와인 생산지로 명성을 떨치던 오세루아 즉 말벡의 본고장이다. 1800년대까지 유구한 역사를 이어온 와인 생산지였고 필록세라[14] 이후 황폐화되었다가 다시 명성을 재건해 왔다(세계일보, 2016.10.5)는 평가이다.

(25) 까르미네르(Carmenere 카르미네르)

칠레의 대표적인 토착품종이다. 원래는 메를로로 평가했으나 칠레의 단독품종으로 밝혀졌다. 딸기, 피망, 자두, 블랙베리 등의 향이 감지된다. 과일향이 나며 중국, 이탈리아 등지에서 재배된다. 원래는 보르도의 오래된 품종이었고 메를로, 까베르네 소비뇽과 맛에서 유사성이 많다는 평가이다. 가벼운 스타일의 와인에서는 파프리카, 코코아 향도 난다. 오크숙성을 한 와인에서는 블루베리, 초콜릿, 피망, 캐러멜 향 등이 난다(Madeline Puckette and Justin Hammack, 2015: 111).

(26) 네그로아마로(Negroamaro)

이탈리아 남부 풀리아 지방의 대표적인 품종이다. 향수 같은 향에 쓴맛을 낸다. 색은 매우 진하다. 와인은 강하며 약용 허브, 농장 냄새를 풍겨 양조 시 주의를 기울여야 한다(와인21닷컴)는 평가이다. 네그로는 검은색, 아마로는 쓴맛을 의미한다. 블랙베리, 자두를 중심으로 블랙체리, 허브향이 감지된다. 후추의 스파이시, 무화과잼의 맛도 느껴진다. 이탈리아 남부의 프리미티보 품종과 블렌딩되기도 한다.

---

14) 포도의 흑사병으로 불리는 필록세라(Phylloxera)는 진드기가 주범으로 유럽의 포도밭을 황폐화시켰다. 19세기 후반인 1860년대 보르도에 퍼진 이 병으로 유럽의 포도나무는 전멸하였다. 그러나 칠레는 1851년 비니페라 품종을 수입하였고 유일하게 피해가 없었던 나라였다.

이 품종은 이탈리아에서만 생산된다는 특징이 있다. 최근 와인의 다양성 추구로 국내에서도 많이 출시되어 관심을 받고 있다.

(27) 멘시아(Mencia)

스페인을 중심으로 포르투갈에서 생산되는 품종이다. 산도가 높고 알코올, 탄닌, 바디감도 꽤 있다. 체리, 블랙베리, 딸기, 정향, 부서진 자갈 향이 감지된다. 메를로와 유사하며 서늘한 지역에서 잘 자란다. 스페인의 북서부 Bierzo, Ribeira Sacra 그리고 포르투갈 다옹 지역에서 주로 생산된다(Wine folly: 115).

다옹은 진하고 견고한 레드 와인을 생산한다. Dao에서 재배되는 자엥(Jaen)품종은 스페인의 멘시아 품종과 같다(고종원, 2021: 154).

(28) 아글리아니코(Aglianico)

이탈리아 대부분의 지역에서 생산되는 품종이다. 남부지역에서 주로 생산된다. 자두, 블랙베리, 무화과, 스모키, 흰 후추 등이 감지된다. 깊고 진한 색상을 나타낸다. 탄닌이 많고 산도도 높다. 이 와인을 시음하기 위해서는 2시간 전에는 열어두는 것이 좋다는 평가이다. 풀바디 와인이며 알코올 도수도 높은 편이다(Madeline Puckette etc., 2015: 133)는 평가를 한다.

(29) 네로다볼라(Nero D'avola)

이탈리아 남부에서 생산되는 품종이다. 특히 시칠리아섬에서 많이 생산된다. 과일향이 많고 바디감도 풀바디하다. 타닌, 산도, 알코올 높은 편이다. 좋은 네로다볼라에서는 붉은 과일, 검은 후추, 정향, 스파이시, 케이크 향이 표출된다. 스모키하기도 하다. 미리 1시간 정도 와인을 열어두면 부드러워진다는 평가이다. 체리향, 딸기향, 블랙베리, 자두, 담배, 정향이 감지된다(Wine folly: 145)는 평가이다.

광주 홀리데이인 호텔 와인숍 : 1층의 레스토랑 앞에서 와인을 판매한다. 우리나라 호텔과 레스토랑에서는 와인을 판매하는 곳들이 계속 늘어나는 상황이다.

참 / 고 / 문 / 헌

고종원(2021), 와인테루아와 품종, 신화
고종원 · 이정훈(2023), 세계와인수업, 백산출판사
나무위키, 2023.2.18
두산백과 두피디아
비노비노 와인정보
오펠리 네만(2020), 와인은 어렵지 않아, Greencook
와인21닷컴
와인지식연구소, 와인품종 공부
요다위키
조셉 바스티아나치 · 데이비드 린치(2010), 이탈리아 와인가이드, 바롬웍스
주간경향, 2014.10.21
최현태기자의 와인홀릭, 말벡의 고향 프랑스 까오르, 세계일보, 2016.10.5
Madeline Puckette and Justin Hammack(2015), Wine Folly, Avery an imprint of Penguin Random
        House: New York
aligalsa.tistory.com
business.veluga.kr
Vivino
Weely.khan.co.kr
wine21.com
Wines of Chile academy, The unexpected Chile 92+Seminar, 2023.7.7
yoda.wiki

2

PART

와인국가

01 프랑스(France)

프랑스 전체 와인산지

〈와인 개요〉

프랑스 와인 역사는 800년경 페니키아인이 현재의 마르세유로 건너오면서 시작된다. 로마시대부터 포도 재배가 확산되었고 1121년 그리스도교 시토파의 수도원인 끌로 드 부조(Clos de Voget)에 의해 부르고뉴 와인의 품질 향상이 이루어졌다.

1152년부터 1452년 동안 영국 왕 헨리 2세와 전 프랑스 왕비였던 아키텐(현재 보르도) 공국의 엘레노어르가 결혼하여 당시 관례대로 보르도는 결혼 지참금 명목으로 영국령이 된다.

샹파뉴(Champagne) 지방에서는 1600년경 유리병과 코르크 마개가 도입되어 샹파뉴(영: 샴페인)가 발전되었고 1789년 프랑스 혁명에 의해 부르고뉴 지방의 교회, 영주의 포도밭이 민간에 불하된다.

1855년에는 파리만국박람회 개최로 보르도의 레드 와인과 스위트 와인의 등급체계가 정립되었고 이것은 향후 프랑스 와인의 정통성을 대변하는 중요한 등급체계로 자리 잡게 된다.

1850년경부터 1900년대까지 포도나무 병충해 및 포도나무 뿌리 진딧물인 필록세라로 인하여 큰 위기를 겪게 되지만 1935년에 원산지통제명칭제도(A.O.C)를 시행하여 와인의 품질 관리에 근대적인 표준을 제시하며 와인 왕국 프랑스의 위치를 확고히 한다.

이 책에서는 프랑스 산지를 보르도, 샴페인, 부르고뉴, 꼬뜨 뒤 론, 발 드 루아르, 알자스, 프로방스, 쥐라, 사부아, 남부 프랑스, 남서부 지방으로 나누어 살펴보고자 한다.

〈프랑스 와인의 품질분류〉

프랑스 와인은 AOC(Appellation D'origine Contriolee: 아펠라시옹 도리진 콩트롤레): 최상위 원산지통제명칭 와인, VDQS(Vin Delimites De Qualite Superieure: 뱅 델리미테 드 쿠알리트 쉬페리에): 우수 품질 와인, VDP(VIn De Pays: 뱅 드 뻬이)는 지방명 와인, VDT(Vin De Table: 뱅 드 따블)은 일상 소비용 테이블 와인의 4단계로 구분되었다.

지역에 상관없이 AOC, VDQS, VDP, VDT 4단계로 나뉘어 적용되었으나 2009년 9월 1일 와인 법 개정으로 프랑스 와인등급에서 2014년에 VDQS가 삭제되었다. 이로써 상당수의 VDQS가 AOC로 승격되었고 프랑스의 품질 분류는 현재 AOC/AOP, Vin de pays/IGP, Vin de France의 3단계로 구분된다.

1 보르도(Bordeaux)

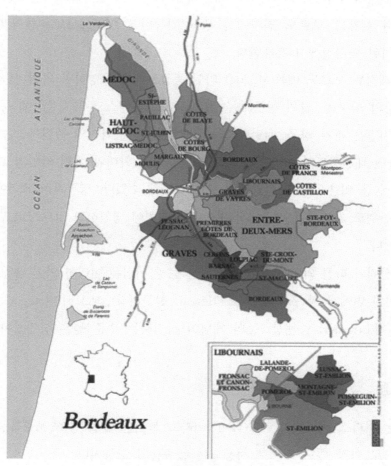

보르도 전체 와인산지

1) 지역 개관

지롱드 전체에 해당하는 세계적인 와인 명산지로 거대한 산림지역이 대서양의 바람을 막아주고 여름의 부드러운 온난 해양성 기후의 산지로 포도 재배에 적합하다.

프랑스 남서부를 흐르는 도르도뉴(Dordogne)와 가론(Garonne)강이 지롱드(Gironde)강으로 합류하여 대서양으로 흘러간다.

세계적으로 명성 높은 와인부터 일상 소비용 와인까지 화이트, 로제, 레드, 발포성 와인, 스위트 화이트 와인까지 다양한 와인을 생산하는 지방이다.

중세시대 영국에서 클라레(Clairet)라는 이름의 색이 옅은 레드 와인 스타일로 인기가 높았으며 현재도 보르도 전역에서 생산 가능한 A.O.C 보르도 클라렛(Bordeaux Clairet)은 이런 역사성에서 유래한다.

1855년 제정된 보르도 메독(Medoc) 와인 등급체계가 유명하며 와인 선적항으로 유명한 가론강의 항구는 "달의 항구(초승달 항구)"로 유네스코 세계유산에 등재되었다.

보르도 지방은 과거 영국, 네덜란드와의 교역을 통해 와인의 품질향상을 이루어 왔다. 예를 들면 네덜란드인은 간척기술로 포도밭 면적 확대와 함께 와인의 보존성을 높여주는 오크통을 이용해 유황 살균기술 등을 전파해 주었다. 영국과의 교역에서는 와인을 오크통 단위로 거래하던 관습에서 벗어나 유리병에 병입하고 코르크로 밀봉하여 거래하게 되었다.

보르도 산지가 다른 와인산지와 다른 가장 큰 차이점은 이러한 와인 품질 향상에 더불어 상업적인 면에서 엉 프리뫼르(En Primeur: 선물시장), 네고시앙(Negociant: 도매상인), 꾸르띠에(Courtier: 중개상) 등의 개념이 상징하는 수준 높은 상업성이다.

2) 포도품종

보르도는 비티스 비티페라(Vitis vinifera)라고 불리는 유럽 양조 포도품종 중에서도 전 세계적으로 가장 대표 격으로 사용되는 품종들의 고향이다.

레드 와인은 까베르네 소비뇽, 메를로, 까베르네 프랑을 주품종으로 쁘띠 베르도, 까르미네르 보조 품종의 블렌딩으로 양조한다.

세계에서 이 블렌딩을 기초로 하여 와인을 양조할 경우 통상적으로 보르도 블렌딩이라고 부른다.

화이트 와인은 소비뇽 블랑, 세미용을 주품종으로 뮈스까델 보조품종의 블렌딩으로 양조한다.

3) 생산지역

보르도는 크게 지롱드강의 상류에서 하류로 흐르는 방향을 기준으로 지롱드강 왼쪽을 보르도 좌안, 지롱드강 오른쪽을 보르도 우안이라고 부른다. 그리고 페샥 레오냥, 소테른 & 바르삭, 앙트르 두 메르까지 총 5개 구역으로 나눈다.

(1) 보르도 좌안(Light Bank)

가. 마고(Margaux)

지롱드강 좌안에 길게 이어진 메독의 마을명 A.O.C로 가장 남쪽에 위치하고 있으며 마르고, 깡뜨냑, 수상, 라바르드, 아르삭 5개 행정구역 마을의 A.O.C이다. 다른 오메독에 위치하는 A.O.C에는 까베르네 소비뇽 비율이 많지만 A.O.C 마고는 인근의 A.O.C 뽀이약이나 A.O.C 생쥴리앙보다 메를로(멜롯)의 비율이 비교적 많은 특징이 있다. 섬세하고 기품이 있어 메독 와인 중에서 가장 여성적인 와인이라고 평가받는다.

1855년 메독 등급체계에서 선정된 샤또가 21개(현재 20개)로 전체 생산량의 65%를 차지하고 있다. 대표적인 샤또는 1등급 샤또 마고로 이 샤또는 17세기부터 포도 재배 및 와인을 생산하여 18~19세기에 걸쳐 높은 명성을 쌓았다.

마고 마을은 1855년 등급체계에서 가장 많은 포도원이 선정되었으나 1등급 샤또 마고의 위상과 시대 취향의 영향으로 과대평가되었다는 평가도 적지 않다.

나. 생줄리앙(Saint-Julien)

지롱드강 좌안을 따라 오메독 구역의 거의 중앙에 위치하는 마을명 A.O.C로 레드 와인의 명산지이다. 1855년 메독 등급체계에서 11개의 샤또가 선정되었으며 이 중 5개의 샤또가 2등급 와인이다. 메독 구역에서 가장 면적이 적고 토양은 균일하여 와인 스타일이나 품질이 비교적 상향평준화되어 있는 것이 특징이다. 1등급 와인은 없지만 1등급에 견줄 수 있는 평가를 받는 샤또 레오빌 라스가즈, 샤또 뒤크뤼 보까이유 등이 있다.

다. 뽀이약(Pauillac)

메독에서도 가장 우수한 레드 와인산지로 명성이 높다. 이곳은 까베르네 소비뇽을 중심으로 풍부한 향과 탄닌, 강인함, 우아함을 갖춘 고품격 레드 와인산지로 유명하다.

1855년 메독 등급체계에서 18개의 샤또가 선정되어 전체 생산량의 85%를 차지하고 1등급 와인 5개 중 3개의 와인이 이곳에 위치하고 있다.

라. 생떼스테프(Saint-Estephe)

토양의 표토층에서는 메독의 자갈 지층이 보이나 심토층에는 이회토와 석회질의 지층이 주를 이루는데 이것이 생떼스테프 와인의 특징을 가져다준다. 메독의 좌안에서 이례적으로 멜롯(메를로) 품종 비율이 많으며 우수한 품질의 크뤼 부르주아 와인산지로도 유명하다.

마. 물리(Moulis-en-Medoc)

메독의 6개 마을 A.O.C 중에서 가장 면적이 작은 A.O.C이다. 서쪽의 방풍림이 포도밭을 바람으로부터 막아준다. 명칭은 과거 이곳에 건설되었던 많은 "풍차"에서 유래되었다.

1855년 메독 그랑크뤼 샤또는 없지만 이후 도입된 우수한 평가를 받는 "크뤼 부르주아" 등급 샤또가 많다.

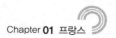

바. 리스트락(Listrac-Medoc)

오메독에 속하는 레드 와인의 6개 A.O.C 중 바다로부터 가장 먼 곳에 있다. 해발 43m로 메독에서 가장 높은 곳에 있다. A.O.C 인정은 1957년으로 메독의 마을명으로서 는 가장 최근의 A.O.C이다.

메독의 다른 마을들이 까베르네 소비뇽 중심의 멜롯 블렌딩에 보조품종으로 소량의 까베르네 프랑, 쁘디 메르도, 말벡을 블렌딩하는 방식이지만 리스트락은 다른 마을에 비해 멜롯 품종의 비율이 많은 편이다.

사. 오메독(Haut Medoc)

지롱드강 좌안에 길게 뻗은 총길이 120km의 와인산지 중 상류로 남쪽의 29개 꼬뮌 을 감싸고 있는 구역을 오메독이라고 부른다. 이 구역 내에 위치한 위의 6개 A.O.C 이 외의 포도밭에서 법으로 정한 기준을 충족한 레드 와인은 오메독 A.O.C 와인으로 판매 된다.

이곳에는 또한 1855년 그랑크뤼로 지정된 5개의 그랑크뤼 클라세 오메독 A.O.C 와 인도 있다.

아. 메독(Medoc)

지롱드강 좌안에서 상류의 오메독보다 대서양에 가까운 중, 하류 지역의 A.O.C이다.

메독(Medoc)의 의미는 "물의 한가운데"라는 뜻의 라틴어에서 유래하였다. 지대가 "높은"을 의미하는 오메독(Haut-Medoc)에 비해 지대가 "낮은"을 의미하는 바메독(Bas-Medoc)을 의미하지만 그 의미가 품질이 낮다는 의미로 오인될 여지가 있어서 통상 단순히 메독(Medoc)으로 부른다.

보르도의 등급체계

1. 1855년 메독 등급체계

정식명칭 : 크뤼 클라세 뒤 메독(Crus Classes du Medoc)

Chateau(First wine)	Second wine	A.O.C
Premiers Crus(1등급, 5개)		
Chateau Lafite Rothschild	Carruades de Lafite Rothschild	Pauillac
Chateau Latour	Les Forts de Latour	Pauillac
Chateau Margaux	Pavillon Rouge du Ch.Marguax	Marguax
Chateau Mouton Rothschild	Le Petit Mouton de Mouton Rothschild	Pauillac
Chateau Haut Brion	Ch. Bahans Haut Brion	Pessac–Legognan
Deuxiemes Crus(2등급, 14개)		
Chateau Rauzan Segla	Segla	Marguax
Chateau Rauzan Gassies	Le Chevalier de Rauzan Gassies	Marguax
Chateau Leoville Las Cases	Clos du Marquis	St–Julien
	Le Petit Lion du Marquis de Las Cases(from 2007 Vintage)	
Chateau Leoville Poyferre	Ch. Moulin Riche	St–Julien
Chateau Leoville Barton	La Reserve de Leoville Barton	St–Julien
Chateau Durfort Vivens	Le Second de Vivens	Marguax
Chateau Gruaud Larose	La Sarget de Graud Larose	St–Julien
Chateau Lascombes	Chevalier de Lascomes	Marguax
Chateau Brane Cantenac	Le Baron de Brane	Marguax
Chateau Pichon Longueville Baron	Les Tourelle de Longueville	Pauillac
Chateau Pichon Longueville Comtesse de Lalande	La Reserve de Comtesse	Pauillac
Chateau Ducru Beaucaillou	La Croix de Beaucaillou	St–Julien
Chateau Cos d'Estournel	Les Pagodes de Cos	St–Esterhe
Chateau Montrose	La Dame de Montrose	St–Esterhe
Troisiemes Crus(3등급, 14개)		
Chateau Kirwan	Les Charmes de Kirwan	Marguax
Chateau d'Issan	Les Remparts de Ferriere	Marguax
Chateau Lagrange	Les Fiefs de Lagrange	St–Julien
Chateau Langoa Barton	Lady Langoa	St–Julien
Chateau Giscours	La Sirene de Giscours	Marguax
Chateau Malescot st–Exupery	Dame de Malescot	Marguax

Chateau Cantenac Brown	Brio de Cantenac Brown	Marguax
Chateau Boyd Cantenac	Jacques Boyd	Marguax
Chateau Palmer	Alter Ego de Palmer	Marguax
Chateau la Lagune	Moulin de la Lagune	St-Julien
Chateau Desmirail	Initial de Demirail	Marguax
Chateau Calon Segur	Ch. Marquis de Calon	St-Esterhe
Chateau Ferriere	Les Remparts de Ferriere	Marguax
Chateau Marquis d'Alesme Becker	Marquise d Alesme	Marguax

Quatriemes Crus(4등급, 10개)

Chateau Saint Pierre		St-Julien
Chateau Talbot	Connetable de Talbot	St-Julien
Chateau Branaire Ducru	Ch. Duluc	St-Julien
Chateau Duhaire Milon Rothschild	Moulin de Duhart	Pauillac
Chateau Pouget	Antoine Pouget	Marguax
Chateau La Tour Carnet	Les Douves de Carnet	Haut-Medoc
Chateau Lafon Rochet	Les Pelerins de Lafon Rochet	St-Esterhe
Chateau Beychevelle	Amiral de Beychevelle	St-Julien
Chateau Prieure Lichine	Le Cloitre du Prieure Lichine	Marguax
Chateau Marquis de Terme	Les gondats de Marquis de Terme	Marguax

Cinquiemes Crus(5등급, 18개)   Pauillac

Chateau Pontet Canet	Les Hauts de Pontet Canet	Pauillac
Chateau Batailley		Pauillac
Chateau Haut Btailley	Ch. La Tour d Aspic	Pauillac
Chateau Grand Puy Lacoste	Lacoste Borie	Pauillac
Chateau Grand Puy Ducasse	Ch. Artigues Arnaud	Pauillac
Chateau Lynch Bages	Ch. Haut-Bages Averous	Pauillac
Chateau Lynch Moussas	Les Haut de Lynch Moussas	Pauillac
Chateau Dauzac	La Bastide Dauzac	Margaux(Labarde)
Chateau d'Armailhac		Pauillac
Chateau du Tertre	Les Haut du Tertre	Margaux(Arsac)
Chateau Haut Bages Liberal	Ls Chapelle de Bages	Pauillac
Chateau Pedesclaux	Ch. Bellerose	Pauillac
Chateau Belgrave	Diane de Belgraves	Haut-Medoc(St-Laurent)
Chateau Camensac	La Closerie de Camensac	Haut-Medoc(St-Laurent)

Chateau Cantemerle	Les Allees de Cantemerle	Pauillac
Chateau Cos Labory	Le Charme de Labory	St-Esterhe
Chateau Clerc Milon		Pauillac
Chateau Croizet Bages	La Tourelle de Croizet Bages	Pauillac

*Ch.는 Chateau를 의미한다.
*1등급의 Chateau Haut-Brion은 당시 Graves A.O.C 와인이었지만 영국 시장에서 이미 유명한 보르도 와인으로 인기가 높은 와인으로 특별히 Medoc 등급체계에서 평가받게 되었다. 1987년 분류된 페샥레오낭의 크뤼 클라세 드 그라브 등급에도 속한다.

2. 크뤼 부르주아(Cru Bourgeois)

Haut-Medoc, Medoc 구역 안의 A.O.C 샤또를 평가 대상으로 한 새로운 보드로의 등급체계로 2003년 3개의 등급체계를 공표하였으나 소송 등의 이유로 폐기되었다가 2008년 빈티지부터 "Cru Bourgeois" 하나만 인정되는 등급 체계이다.

3. 크뤼 아르티잔(Crus Artizan)

"장인의 포도밭"이란 뜻으로 포도밭 면적이 5ha 이하로 자신이 재배 양조 판매를 하는 소규모 가족경영의 소규모 와이너리를 대상으로 한 등급체계이다.
규모의 경제를 우선시하는 보르도에서는 소규모가 고급 와인을 뜻하지는 않는다.
주로 메독과 오메독 지방에서 사용하며 2005년 빈티지부터 적용하고 있다.

▶ 샤또 무똥 로칠드(Chateau Mouton Rothschild)

나폴레옹 3세의 명으로 우수한 보르도 레드 와인과 스위트 화이트 와인에 대해 역사상 처음으로 1855년 보르도 메독 지방에서 레드 와인의 등급 발표가 있었다.

시장의 거래가격을 기준으로 등급이 선정되는데 이날 샤또 무똥 로칠드는 샤또 라피트 로칠드와 비슷한 시장가격임에도 불구하고 1등급에 선정되지 못한다.

이때 무똥의 오너인 필립 로칠드 남작은 와인 모토를 다음과 같이 남긴다.

"1등이 될 수 없고, 2등은 내가 원한 것이 아니었다. 나는 무똥이다."

그 후 1973년 샤또 무똥 로칠드는 그토록 원했던 1등급으로의 지위를 획득하게 된다.

최초 등급 선정 후 118년이 지난 후의 일이었다.

그날 이후 무똥은 라벨의 와인 모토를 바꾸게 된다.

"무똥은 1등이다. 한때 2등이었으나… 무똥은 변하지 않는다."

1855년 이후 단 한 번의 승급을 로비스트로서의 막대한 로비의 성과로 보는 시각도 있으나 무똥이 남긴 업적에 비추어보면 당연한 일이기도 하였다.

더군다나 무똥의 땅 일부는 원래 라피트의 일부분이기도 하였으며 과거부터 동급대우를 받아왔기 때문이다.

샤또 무똥 로칠드의 업적

1. 샤또 병입(Mis en bouteille au Chateau)

포도 재배부터 양조 병입까지 전 과정을 샤또에서 마무리하는 샤또 병입을 업계 최초로 도입하였다. 기존의 유명 샤또들도 포도를 재배하고 수확하고 양조까지 샤또에서 마치고자하는 움직임이 있었지만 당시 네고시앙이 포도를 구매 양조하고 중개상인이 소매로 넘겨서 중간 수수료를 챙기는 상업 구조가 형성되어 있기 때문에 샤또에서 직접 병입하려 하면 구매하지 않는 등의 압력으로 사실상 실패할 수밖에 없는 구조였다.

무똥은 6개의 유명 샤또 협의체를 구성하여 의지를 관철하였고 이후 보르도에서 샤또 병입이 도입되었다.

2. 세컨드 와인(Second Wine)

1927년 최악의 빈티지로 샤또 무똥 로칠드는 와인의 명성을 잃을 수 없는 일이기에 그해 샤또 무똥 로칠드를 생산할 수 없다는 판단을 내린다. 그래서 샤또 무똥 로칠드 와인이 아닌 무똥의 막내라는 뜻의 무똥 까떼(Mouton Cadet)를 세컨드 와인(Second wine)으로 저렴한 가격에 출시하였고 결과는 성공이었다.

그전까지 1등급 와인을 만들고 나머지 와인을 일반상품으로 판매했었는데 세컨드 와인이라는 부가가치 높은 새로운 상품이 개발된 것이다.

이에 무똥은 세컨드 와인으로 르 쁘띠 무똥 드 로칠드(Le Petit Mouton de Rothschild)를 만들고 기존의 무똥 까떼는 네고시앙처럼 포도를 사서 만드는 브랜드 와인(Brand Wine)의 포트폴리오를 구축하게 된다.

3. 아트 라벨(Art Label)

무똥은 1945년 2차대전 종전을 기념하여 승리의 "V"를 넣은 라벨을 출시한다.

몇 번의 예외적인 빈티지를 제외하고 Salvador Dali, Francis Bacon, Picasso 및 Miro와 같은 예술가가 Chateau Mouton Rothschild의 와인 라벨을 디자인했다.

이후 무똥의 라벨을 그리는 화가는 유명 화가로 인식되고 수집가들에 의해 무똥 와인의 가치도 더 높게 평가되었다. 2013년 빈티지의 작가는 한국의 이우환 화백이다.

(2) 보르도 우안 와인(Right Bank)

가. 생떼밀리옹(Saint-Emilion)

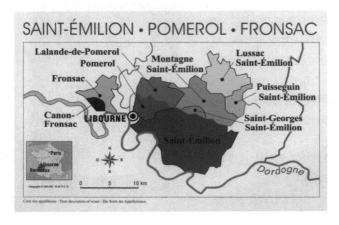

보르도의 우안을 나누는 도르도뉴강은 19세기 말경 철도 개통까지 리부른네 남서지방의 와인을 영국, 네덜란드 등 유럽 각국으로 수출하는 중요한 운송로로 활용되었다.

생떼밀리옹은 지롱드 북동부에 위치하고 있으며 도르도뉴강 우안에 있다. 리부른네 마을에 가까운 레드 와인의 명산지로 포도밭은 생떼밀리옹 마을을 중심으로 9개 마을에 위치하고 있으며 지형은 평지, 언덕, 구릉으로 다채롭다.

전체적으로 점토질을 다량 함유한 석회질의 토양으로 멜롯 품종에 적합하기 때문에 메독에 비해 멜롯이 많은 것이 특징이다. 그 다음 품종은 까베르네 프랑으로 이곳에서 까베르네 소비뇽 품종의 비율은 5~15%로 낮은 편이다.

언덕 위에 포도밭이 위치한 생떼밀리옹 마을은 중세시대 돌로 만든 마을 건물들이 남아 있는 풍광이 아름다운 마을로서 마을의 이름은 이곳에서 은둔생활을 하던 성인 에밀리옹에서 유래하였다.

중세시대에는 스페인 성지 순례의 경유지로 영화로웠던 이 마을은 1999년 세계 문화유산으로 등록되었다. 포도밭의 경관이 세계문화유산으로 등록된 것은 세계 최초의 일이다.

나. 위성 생떼밀리옹(Satellites de Saint-Emilion)

뤼삭 생떼밀리옹, 몽따뉴 드 생떼밀리옹, 뾔스껭 생떼밀리옹, 생조르주 생떼밀리옹으로 구성된 각 A.O.C의 생산자 협력기구인 생떼밀리옹 위성구역생산자협회가 조직되어 있다.

가) 몽따뉴 생떼밀리옹(Montagne-Saint-Emilion)

도르도뉴강 우안의 A.O.C 생떼밀리옹 지구의 북동쪽에 위치하는 4개의 생떼밀리옹 위성지구 중 하나로 포도밭은 1,600ha로 가장 넓다. 해발 114m의 가장 높은 곳에 위치하고 있다.

"몽따뉴"는 프랑스어로 "산"을 의미하지만 라틴어로는 "언덕"을 의미하기도 한다.

A.O.C 생 죠르주 생떼밀리옹과 일부 겹치고 있다.

나) 뤼삭 생떼밀리옹(Lussac-Saint-Emilion)

4개의 위성 생떼밀리옹(Satellites de Saint-Emillion) 중 가장 북쪽에 위치하고 있다. 리부른네 내에서도 갈로 로만 시기에 포도 재배가 이뤄진 흔적이 가장 강하게 남아 있는 산지이다.

그 후 12세기경 베네딕트파에 의해 부흥하여 영국 왕실에까지 이름을 알리게 되었다. 와인은 부드러우면서 비교적 젊은 시기에 즐길 수 있는 와인을 생산한다.

약 1500ha의 포도밭은 도르도뉴강 우안의 점토질 토양과 멜롯 주품종으로 이루어져 있다.

다) 뾔스껭 생떼밀리옹(Puisseguin-Saint-Emilion)

도르도뉴강 우안의 A.O.C 생떼밀리옹 지구의 위성지구 중 하나로 북에는 뤼삭 생떼밀리옹, 서쪽으로는 몽따뉴 드 생떼밀리옹, 동쪽으로는 꼬뜨 드 가스띠용의 밭이 있다.

뿨스껭의 뿨(Puy)는 산을 의미하고 스껭(sseguin)은 샤를마뉴 대제의 중신의 이름에서 유래되었다.

라) 생조르주 생떼밀리옹(Saint-Georges Saint-Emilion)

생조르주 마을에 몽따뉴 드 생떼밀리옹의 밭도 있기 때문에 이 마을에서 2개의 A.O.C와인이 생산가능하다.

Classification of Saint-Emilion wine

St-emillion Premiers Grands Crus classes
St-emillion Grands Crus Class
St-emillion Grands Crus
St-emillion

2012 St-Emillion Premiers Grands Crus classes(A, B)
지롱드 리부른네 시의 동쪽 도르도뉴강 우안에 위치하는 생떼밀리옹에서 생산되는 와인 중에서 품질이 특히 우수하다고 평가받는 와인을 생떼밀리옹 그랑크뤼(Saint-Emilion Grand Cru Classes)로 선정한다.
최상위 등급은 프리미에르 그랑크뤼 클라쎄 A와 B로 나뉘며 1955년 등급이 시행된 이후 1958년, 1969년, 1984년, 1986년, 1996년, 2006년 등급이 재조정되었다. 2006년 등급조정의 결과에 따른 등급 소송을 거쳐 2012년에 결정된 내용은 다음과 같다.
2012년에는 그동안 변화가 없던 A클래스에 2개의 샤또가 진입한 것이 가장 큰 특징이다.

Premiers grands crus classes A
Chateau Ausone
Chateau Cheval Blanc
Chateau Angelus(2012년 승급)
Chateau Pavie(2012년 승급)

Premiers grands crus classes B
Chateau Beausejour(Duffau-Lagarrosse)
Chateau Beau-Sejour Becot
Chateau Belair-Monange
Chateau Canon
Chateau Canon-la-Gaffeliere(2012년 승급)

Chateau Figeac
Clos Fourtet
Chateau La Gaffeliere
Chateau Larcis Ducasse(2012년 승급)
La Mondotte(2012년 승급)
Chateau Pavie-Macquin
Chateau Troplong Mondot
Chateau Trotte Vieille
Chateau Valandraud(2012년 승급)

다. 뽀므롤(Pomerol)

리부르느 시의 북쪽에 있는 레드 와인의 명산지이다. 전체 포도밭의 면적이 80ha로
보르도 지방에서는 작은 A.O.C 중 하나이다. 메독 지방과 비교하면 샤또라고 부르기
힘들 정도로 작고 소박하지만 이곳에서 희소성 높은 우수한 레드 와인이 생산된다. 백
년 전쟁으로 황폐해진 포도밭을 15~16세기에 부활시켜 각국의 와인 애호가로부터 높은
평가를 받는 곳이다.

멜롯 중심의 섬세하고 풍만한 와인으로 그중에는 멜롯 100%로 만드는 샤또 르 팽,
샤또 페트뤼스 등 명성 높은 명주가 있다.

라. 라 랑드 드 뽀므롤(Lalande-de-Pomerol)

뽀므롤 바로 북쪽에 위치하는 곳으로, 포도밭은 도르도뉴강과 일르강의 합류점에 가
까운 네악 마을에 걸쳐 있다. 멜롯 중심의 와인을 생산하는 곳으로 근접한 뽀므롤 와인
과는 다르게 영한 빈티지로도 충분히 즐길 수 있다.

마. 프롱삭 & 까농 프롱삭(Fronsac & Canon Fronsac)

두 A.O.C는 도르도뉴강 우안과 좌안에 서로 마주보고 위치하며 리부른네에 속하는
A.O.C로 점토석회질 언덕 경사면에 있는 레드 와인 생산지이다.

보르도에서 작은 A.O.C 중 하나이며 멜롯 품종 중심으로 풍부한 향기와 부드러운
와인을 생산한다.

바. 꼬드 드 블라이예 & 꼬뜨 드 보르도 A.O.C(Blaye Cotes de Bordeaux)

레드 와인은 멜롯, 까베르네 프랑이 주품종으로 말벡이나 까베르네 소비뇽도 조금 사용된다.

사. 꼬뜨 드 브르그(Bourg & Cotes de Bourg) A.O.C

아. 보르도 꼬뜨 와인 통합 A.O.C(2009년)

블라이예 꼬뜨 드 보르도(Blaye Cotes de Bordeaux)

까띠악 꼬뜨 드 보르도(Cadillac Cotes de Bordeaux)

가스띠용 꼬뜨 드 보르도(Castillon Cotes de Bordeaux)

프랑 꼬뜨 드 보르도(Francs Cotes de Bordeaux)

위 4개의 A.O.C.가 Cote de Bordeaux A.O.C로 통합되었다.

따라서 2008년까지의 빈티지에는 각각의 4개의 A.O.C로 사용되었다.

서로 다른 위치이면서도 통합 A.O.C를 사용할 수 있는 근거는 각각 꼬뜨(Cotes: 언덕)이라는 공통적 떼루아가 있기 때문이다.

자. 그 외 A.O.C로 그라브 드 베레(Graves de Vayres), 쌍트 푸아 보르도(Sainte-Foy-Bordeaux)가 있다.

(3) 그라브(Graves)

가. 페샥 레오냥(Pessac-Leognan)

1987년 독립 A.O.C 승인으로 오크통에서 숙성 중이던 1986년 빈티지부터 적용되었다. 1953년과 1959년 그라브 지구의 와인 등급체계인 크뤼 클라세 드 그라브에 인정받은 16개의 샤또가 모두 페샥 레오냥 A.O.C에 위치한다.

또한 크뤼 클라세 드 그라브는 보르도에서 드라이 화이트 와인으로는 유일하게 크뤼 클라세 등급을 갖고 있는 등급체계이다.

Graves Classifications - Crus Classes de Graves

– 레드 와인 –

Chateau Bouscaut(Cadaujac)

Chateau Carbonnieux(Leognan)

Domaine de Chevalier(Leognan)

Chateau de Fieuzal(Leognan)

Chateau d'Olivier(Leognan)

Chateau Haut-Bailly(Leognan)

Chateau Haut-Brion(Pessac)

Chateau La Tour-Martillac(Martillac)

Chateau La Mission-Haut-Brion(Talence)

Chateau Latour-Haut-Brion(Talence)

Chateau Malartic-Lagraviere(Leognan)

Chateau Pape-Clement(Pessac)

Chateau Smith-Haut-Lafitte(Martillac)

– 화이트 와인 –

Chateau Bouscaut(Cadaujac)

Chateau Carbonnieux(Leognan)

Chateau Couhins-Lurton(Villenave d'Ornan)

Chateau Couhins(Villenave d'Ornan)

Chateau Domaine de Chevalier(Leognan)

Chateau d'Olivier(Leognan)

Chateau Haut-Brion(Pessac)(added in 1960)

Chateau La Tour-Martillac(Martillac)

Chateau Laville-Haut-Brion(Talence)

Chateau Malartic Lagraviere(Leognan)

나. 그라브(Graves)

북쪽 가론강과 그 지류, 피레네 산맥과 중앙산악지대에서 굴러온 자갈로 뒤덮여 있는 "그라브"는 프랑스어로 "자갈"을 뜻한다.

이처럼 토양의 성질이 A.O.C명칭을 갖고 있는 곳은 프랑스에서 그라브와 도르도뉴 강의 좌안에 위치한 그라브 드 베레(Graves de Vayres) 2곳밖에 없다.

다. 그라브 쉬뻬리외르 A.O.C

그라브 지역에서 늦수확한 세미용과 소비뇽 블랑종을 블렌딩해서 세미 스위트와인을 생산한다. 수확량은 40hl/ha, 발효 후 알코올은 12% 이상, 잔여 당분 18g/l~45g/l를 갖게 된다.

(4) 소테른 & 바르삭(Sauterne & Barsarc)

보르도시의 남동쪽으로 40km, 가론강 우안의 화이트 스위트 와인의 명산지이다. 그라브에 둘러싸인 이곳은 소테른, 바르삭 마을을 중심으로 5개 마을로 구성되어 있다.

가. 소테른(Sauterne)

가을이 되면 뜨거운 가론강과 차가운 시롱강이 만나는 일대가 아침 안개로 포도밭을 뒤덮는다. 이 아침안개가 오후의 따뜻한 햇살과 상호작용을 거쳐 포도알의 귀부환경을 조성, 보트리티스 시네레아균의 발생을 촉진한다. 과즙은 황금색의 잼 같은 형태로 농축되고 당도와 아로마가 높은 귀부와인이 탄생하게 된다. 포도의 선별 및 양조에 손이 많이 드는 작업으로 생산량은 아주 적다.

나. 바르삭(Barsac)

소테른과 동일한 생산기준을 따르고 있는 귀부와인의 명산지이다. 깊은 토양의 토질이 소테른의 4개 마을과 상이하여 독자의 A.O.C를 갖게 되었다. 일반적으로 이곳의 귀부와인은 소테른보다 감미가 조금 억제되어 있다. 이 지방 등급체계인 총 27개 샤또 중에서 1등급 2샤또, 2등급 8샤또가 선정되었다.

1855년 Cru Classes des Sauterne & Barsac

1855년 메독 등급체계에서 보르도 레드 와인과 함께 스위트 화이트 등급체계로 총 27개의 샤또를 선정 특등급 1샤또, 1등급 11샤또, 2등급 15샤또를 선정하였다.
크뤼 클라세의 포도밭은 소테른 & 바르삭 전체 포도밭의 45%를 차지하고 있다.

Premier cru superieur :
Chateau D'Yquem /*sauternes*

Premier cru :
Chateau Climens/ *barsac*
Chateau Clos Haut-Peyraguey/ *sauternes*
Chateau Coutet/ *barsac*
Chateau Guiraud/ *sauternes*
Chateau Lafaurie-Peyraguey/ *sauternes*
Chateau Rabaud-Promis/ *sauternes*
Chateau Rayne Vigneau/ *sauternes*
Chateau Rieussec, *sauternes*
Chateau Sigalas-Rabaud/ *sauternes*
Chateau Suduiraut/ *sauternes*
Chateau La Tour Blanche/ *sauternes*

Second cru :
Chateau D'Arche/ *sauternes*
Chateau Broustet/ *barsac*
Chateau Caillou/ *barsac*
Chateau Doisy D ne/ *barsac*
Chateau Doisy Dubroca/ *barsac*
Chateau Doisy Vedrines/ *barsac*
Chateau Filhot/ *sauternes*
Chateau Lamothe/ *sauternes*
Chateau Lamothe Guignard/ *sauternes*
Chateau De Myrat/ *sauternes*
Chateau De Malle/ *sauternes*
Chateau Nairac/ *barsac*

다. 세롱(Cerons)

세롱의 명칭은 이곳을 지나는 시롱강으로부터 유래되었다.

이곳에서 생산되는 와인은 과즙의 천연당도가 212g/l로 소테른이나 바르삭의 221g/l 보다 조금 낮아 감미가 억제되어 있는 특징이 있다.

소테른, 바르삭 같은 깊은 농도의 감미와인(Sweet wine)을 뱅 리꾀르(Vin Liquoreux)라고 하고 중감미의 와인(Semi sweet)을 뱅 무왈레(Vin Moelleux)라고 한다.

(5) 앙트르 두 메르(Entre-deux-Mers)

가. 앙트르 두 메르(Entre-deux-Mers)

도르도뉴강과 가론강 사이에 걸쳐진 삼각형 지대를 앙트르 두 메르라고 부른다. 프랑스어로는 "두 개의 바다 사이"란 의미를 가지고 있다.

소비뇽 블랑을 중심으로 한 드라이 화이트 와인이 A.O.C로 인정된 곳으로 이곳의 특산물인 생굴과 좋은 마리아주를 연출한다.

나. 프르미에 꼬뜨 드 보르도: 레드 와인과 화이트는 뱅 리꾀르(Vin Liquoreux)를 생산한다.

다. 까디악(Cadillac): 스위트 와인산지- 뱅 리꾀르(Vin Liquoreux)

라. 루피악(Loupiac): 스위트 와인산지- 뱅 리꾀르(Vin Liquoreux)

마. 상트 크로아 뒤몽(Sainte-Croix-du-Mont): 스위트 와인산지-뱅 리꾀르(Vin Liquoreux)

바. 꼬뜨 드 보르도 생마께르: 세미 스위트 와인산지-뱅 무왈레(Vin Moelleux)

사. 그 외 보르도 A.O.C

보르도 전체에서 생산할 수 있는 A.O.C로 Bordeaux, Bordeaux Superieur, Bordeaux Rose, Superieur, Rose, Bordeaux Clairet, Boreaux Sec, Bordeaux Mousseux, Cremant de Bordeaux가 있다.

참/고/문/헌

김의겸 · 최민우 · 정연국 공저, 와인 소믈리에 실무, 백산출판사

로드 필립스(2002), 도도한 알코올 와인의 역사, 시공사

손진호, 손진호와 함께 배우는 와인의 세계, 프랑스 와인편

飯山敏道(2005), Grand Atlas des Vignobles de France, 飛鳥出版

児島速人(2008), CWE Test Your Knowledge of Wine, ワイン教本, イカロス出版

日本 ソムリエ 協會教本, 社團法人 日本 ソムリエ 協會, 飛鳥出版

田辺由(2009), 美のWine Book, 飛鳥出版

佐藤秀良, 須藤海芳子, 河清美(2009), Vins AOC de France, 三星堂

최신덕 · 백은주 · 문은실 · 김명경 공역(2010), The Wine Bible Karen Macneil, WB by Barom Works

프랑스 와인산지 지도 제공: 소펙사 코리아

휴 존슨 · 잰시스 로빈슨, The World Atlas Of Wine, 와인 아틀라스, 세종서적

The Wine & Spirit Education Trust 編(2009), Exploring wines & Spirits by Christopher Fielden, 上級ワイン教本, 柴田書店

http://wikipedia.com/Bordeaux Wine Official Classification of 1855

http://www.chateauloisel.com/degustation/classement-sauternes-1855.htm

http://www.winemega.com/classification_pessac_leognan.htm

https://winefolly.com/

2　부르고뉴(Bourgogne)

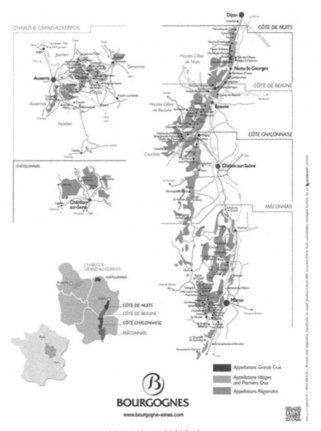

부르고뉴 와인산지

　떼루아의 은혜와 자가 제조법이 전승되어 온 부르고뉴 지방은 다수의 전문가가 와인의 진수를 인정하는 위대한 산지이다.

　행정구역상 부르고뉴는 디종에서 리옹까지를 말하지만 와인산지로서의 부르고뉴는 북쪽의 샤블리에서 남쪽의 보졸레까지를 말한다.

　주요 포도품종은 화이트는 샤르도네, 레드는 피노 누아이다.

　크게 샤블리(Chablis), 꼬뜨 도르(Cote D'or: 꼬뜨 드 뉘Cote de Nuit, 꼬뜨 드 본Cote de Beaune), 꼬뜨 샬로네즈(Cote Chalonnaise), 마꼬네(Maconnais), 보졸레(Beaujolais)

다섯 구역으로 구분한다. 그러나 통상적으로 부르고뉴 와인은 보졸레를 제외한 피노 누아 와인산지를 말한다. 때문에 부르고뉴 산지를 보졸레 지방을 제외하고 정의하는 경우도 있다.

부르고뉴는 십자군 전쟁기간 동안 전쟁에 나서는 기사들이 영혼의 안식을 위해 교회에 포도밭을 기증함으로써 번성하였으나 프랑스 대혁명 때 교회 소유 포도밭의 분할 매각과 나폴레옹의 장자 상속법의 영향으로 현재 소규모 소유의 특징을 갖게 되었다.

부르고뉴 와인은 대부분 AOC와인이며 부르고뉴 A.O.C 내의 등급체계는 다음과 같다.

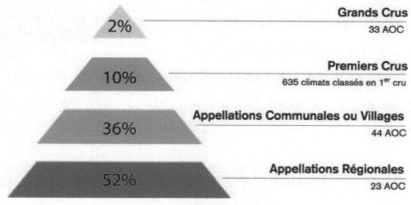

부르고뉴 AOC 내의 와인 분포

1) 샤블리(Chablis)

세계 최고의 드라이 화이트 와인 명산지 중 하나인 샤블리 마을은 부르고뉴 지방의 최북단에 있는 욘(Yonne)에 위치하고 있다. 이곳은 파리에서 180km, 디종에서 160km의 거리로 두 도시의 중앙이다.

중세시대부터 평가가 높았으며 스랭(Serin) 강으로 물류를 파리에 운반하는 이점도 있었다.

대륙성기후의 부르고뉴 지방에서 가장 추

얼음 코팅작업

운 지역상 포도가 익어가는 과정에서 4~5월의 늦은 서리는 일상적으로 피해를 준다. 이를 막기 위해 석유 스토브나 대형 선풍기, 미리 물을 뿌려 표면을 코팅시켜 포도나무가 얼지 않게 막는 스프링쿨러 작업 등을 하고 있다.

토양은 키메르지앙(Kimmeridgia)으로 과거 바다였던 시대의 조개류, 특히 굴 등의 어패류 화석을 함유하고 있다. 이 토양에서 재배된 포도로 만든 와인은 미네랄성분이 풍부하다.

부르고뉴 화이트 와인의 대부분을 샤르도네 품종으로 만들고 프랑스 샤르도네 포도밭의 1/3은 샤블리에 있다.

샤블리 마을의 포도밭은 언덕의 경사면에 퍼져 있고 최상부의 그랑크뤼(특급밭)가 위치하며 햇볕이 잘 들지 않는 평지에 쁘띠 샤블리의 포도밭이 위치한다.

샤블리의 키메르지앙 토양

샤블리의 이름을 표기하는 화이트 와인은 상위 등급 순서부터 그랑크뤼(특급밭), 프리미에르 크뤼(1급밭), 샤블리, 쁘띠 샤블리의 4개의 A.O.C 와인이 만들어진다.

(1) 쁘띠 샤블리(Petit Chablis)

샤블리에서 가장 낮은 위치라 할 수 있지만 실제로는 품질과 가격의 밸런스가 훌륭하여 가볍게 즐길 수 있는 화이트 와인으로 현지에서 인기가 높다. 끌리마(포도밭)의 명칭을 에티켓에 표시할 수도 있다.

(2) 샤블리(Chablis)

샤블리에서 재배 면적이 가장 넓은 A.O.C이다.

표토층에는 굴 등의 조개류 화석이 많이 섞여 있어 미네랄성분이 다량 함유되어 있어 샤블리는 굴 음식과의 궁합이 좋다는 평판이 있다.

이곳의 포도밭은 12세기경 그리스도교 시토파의 폰티니(Pontigny) 수도원에 의해 개척되어 영국, 플랑드르(현재의 네덜란드, 벨기에) 등지에 수출되었다.

1955년 550ha에 불과했던 포도밭 면적이 2007년에는 4,845ha로 크게 증가하였다.

(3) 샤블리 프리미에 크뤼(Chablis Premier Cru)

A.O.C 샤블리 중에서 특히 품질과 개성을 인정받은 "리우 디(Lieu-dit: 작은 구획 포도밭)"를 프리미에 크뤼 1등급 포도밭으로 지정하였다. 실제 개수는 79개이지만 실제로는 40개의 리우 디 명칭을 사용하고 있다.

잘 알려지지 않은 리우 디보다는 잘 알려진 리우 디를 사용하는 편이 마케팅에 유리하기 때문이다.

주요 샤블리 프리미에 크뤼는 다음과 같다.

바이용(Vaillons), 몽맹(Montmains), 보로와(Beauroy), 보그로(Vosgros), 꼬뜨 드 리세(Cote-de-Leche), 보르갸르(Beauregards), 보쿠팽(Vaucoupin) 등이 있다.

(4) 샤블리 그랑크뤼(Chablis Grand Cru)

샤블리 마을의 동북쪽 바로 위에 위치하고 스랭강 좌안의 높이 200m 이상의 경사면에 위치한다. 샤블리 그랑크뤼 와인은 그들의 끌리마(Climat)명을 병기할 수 있도록 인정되어 있다. 끌리마는 프랑스어에서는 통상 "기후, 풍토"를 의미하지만 와인용어에서는 "특정의 구획"을 가리킨다.

샤블리 그랑크뤼 포도밭

샤블리 전역 4000ha의 포도밭 중에서 특급밭은 98ha뿐이다.

부그로(Bourgros), 프레즈(Preuses), 보데지르(Vaudesir), 그루누이(Grenouilles), 발뮈르(Valmur), 블랑쇼(blanchet), 레 끌로(Les clos)의 총 7개이다. 그 외에 무똔느(Moutonne)는 예외적으로 특급밭 표기가 가능하다.

2) 꼬뜨 도르(Cote D'or)

(1) 꼬뜨 드 뉘(Cote de Nuit)

부르고뉴 지방의 디종시에서 본시의 북쪽까지를 "꼬뜨 드 뉘"라고 부른다. 레드 와인이 주류로 부르고뉴 와인의 발전에 기여한 그리스도교 시토파의 총본부가 있으며 이곳에서 1925년부터 아베이 드 시토(Abbaye de Citeaux)란 이름의 우유로 만든 치즈가 수도사에 의해 만들어지고 있다.

가. 마르샤네(Marsannay)

디종시의 남쪽에 이어진 마을로 레드, 로제, 화이트 모두 A.O.C 와인을 생산할 수 있는 곳은 부르고뉴 지방에서 이곳 마르사네 마을밖에 없으며 특히 로제가 유명하다.

나. 픽셍(Fixin)

꼬뜨 드 뉘의 최북단에 위치하고 있는 작은 마을이다. 나폴레옹이 특히 사랑했던 샹베르땡에 가까워서인지 이 마을에는 나폴레옹 박물관이 있으며 박물관 바로 옆에 끌로 나폴레옹(Clos Napoleon)이라는 프리미에 크뤼 포도밭이 있다.

다. 지브리 샹베르땡(Gevrey Chambertin)

유명한 "그랑크뤼 가도"의 제일 북쪽에 위치하는 지브리 샹베르땡 마을은 부르고뉴에서 가장 많은 9개의 그랑크뤼 포도밭이 있는 마을로 600년경부터 와인이 제조된 역사 깊은 마을이다. 그랑크뤼의 면적은 전체 433ha 중에 1/5의 큰 면적을 차지하고 있다. 그중 가장 대표적인 포도밭은 샹베르땡과 샹베르땡 끌로 드 베즈를 들 수 있다.

샹베르땡이란 호칭은 13세기경 "베르땡"이라는 농부가 소유하고 있던 밭이름 샹(Chamb)에서 유래한다고 전해진다. 나폴레옹이 사랑한 와인으로 특히 유명하다.

• 샹베르땡 끌로 드 베즈

7세기 교회의 베즈 수도회에서 개척한 부르고뉴에서 가장 오래된 포도밭이다.

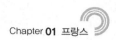

이 밭에서 생산되는 와인은 특별히 "샹베르땡"으로 명칭 사용이 허락된다.

단, 역으로 "샹베르땡" 밭에서 만들어진 와인은 "샹베르땡 끌로 드 베즈"의 명칭 사용이 금지되어 있다.

• 샤펠 샹베르땡

12세기부터 프랑스혁명까지 마을의 예배당이 있었던 장소였다. 또 모레이 생 드니 마을에 북쪽에 접하고 있는 높이 250m의 포도밭에는 샤름 샹베르땡과 마죠와이에르 샹베르땡이 있다. 이 둘은 일반적으로 샤름으로 표시하는 경우가 많다.

그랑크뤼 중 가장 북쪽에 위치하고 있는 루쇼뜨 샹베르땡과 마지 샹베르땡이 있으며 그리오뜨 샹베르땡은 그랑크뤼 중에서 가장 일조량이 좋은 그랑크뤼이고 라트리시에르 샹베르땡은 가장 남쪽에 위치하고 있다.

라. 모레이 생 드니(Morey Saint Denis)

인구 700명의 모레이 생 드니 마을은 북으로는 지브리 샹베르땡 마을, 남으로는 샹볼 뮈지니 마을에 접하고 있다.

이 마을의 그랑크뤼는 총 5개로 끌로 드 라 로슈(Clos de la Roche), 끌로 생 드니(Clos Saint Denis), 끌로 데 람브레이(Clos des Lambrey), 끌도 드 따르(Clos de Tar) 있으며 샹볼 뮈지니에 함께 걸쳐 있는 본 마르(Bonnes Mares)가 있다.

마. 샹볼 뮈지니(Chambolle Musigny)

이웃하고 있는 모레이 생 드니와 지브리 샹베르땡은 석회암과 점토의 혼합토양이지만 샹볼 뮈지니 마을은 거의 석회암으로 밭의 위치도 그들보다 높은 곳에 위치하고 있다. 2개의 그랑크뤼 본마르(Bonnes Mares), 뮈지니(Musigny)와 24개의 프리미에 크뤼를 갖고 있으며 프리미에 크뤼 중 가장 유명한 포도밭은 "연인들"이란 뜻의 레 자무레즈(Les Amoureuses)이다.

• 본마르(Bonnes Mares)

샹볼 뮈지니 마을에 있는 2개의 그랑크뤼 포도밭 중 하나로 샹볼 뮈지니뿐만 아니라 북쪽에 접하고 있는 모레이 상드니에도 걸쳐 있다. 모레 상드니 마을의 그랑크뤼인 끌로 드 타르(Clos de Tart)와 같은 경사면에 위치한다.

토양은 모레이 상드니와 비슷한 다량의 점토를 포함하고 있다. 마르(Mares)라고 하는 의미는 프랑스의 고대어로 "재배하다"라는 의미의 "Marer"에서 유래되었다. 본 마르(Bonnes Mares)는 "좋은 밭"을 뜻한다.

• 뮈지니(Musigny)

A.O.C 뮈지니는 샹볼 뮈지니 마을의 남쪽. 즉 부죠마을, 플라제 에세죠 마을쪽의 A.O.C 에세죠 밭 근처에 있다. 높이 260~300m의 경사면에 위치하고 있는 포도밭의 토양은 이 마을의 또 다른 그랑크뤼인 본 마르보다 석회질 함량이 높다.

레드와 화이트 2종류의 그랑크뤼를 생산한다. 그중 피노 누아의 레드 와인이 주류를 이루지만 아주 적은 양의 샤르도네 화이트 와인은 그 희소성 때문에 환상의 와인이라 불린다. 꼬뜨 드 뉘의 유일한 화이트 그랑크뤼인 뮈지니의 포도밭은 0.66ha로 가장 작은 그랑크뤼이며 조르주 드 보귀에(Gerge de Vogue) 가문 단독 소유의 모노폴(monopole)이다.

바. 끌로 드 부죠(Clos de Vougeot)

서쪽으로 3~4도의 완만한 경사면에 위치한다. 현재 약 50ha 면적의 포도밭을 80명 이상의 소유자가 분할 소유하고 있어 부르고뉴 그랑크뤼 중에서 가장 품질 편차가 크다는 평가를 받고 있다. 이 밭 최상부에는 유명한 샤또 끌로 드 부죠가 위치하고 있는데 원래 시토 수도회의 고객 연회장으로 건설되었다가 현재

따스뜨 뱅 기사단(Chevaliers du Tastevin)

는 와인 기사단인 콩프레리 데 슈발리에 뒤 따스뜨뱅(Confreries des Chevaliers du Tastevin)의 본부가 되었다. 영광스러운 부르고뉴 와인의 품질 지킴을 목적으로 하는 이 기사단은 1934년 발족하여 세계적으로 10,000명 이상의 회원을 구성하고 매해 여러 행사를 개최하고 있다.

• 끌로 드 라 로슈(Clos de la Roche)

끌로 드 라 로슈는 모레이 생 드니의 그랑크뤼 중 가장 넓은 면적으로 토양에는 커다란 돌이 많이 섞여 있어 프랑스어로 암석을 뜻하는 라 로슈(la Roche)란 명칭이 붙었다.

끌로(Clos)는 부르고뉴 지방에서 밭과 밭 사이의 경계를 나누는 "석벽". 즉 돌 울타리를 의미한다. 우리나라 제주도에서 흔히 볼 수 있는 풍경과 비슷하다.

• 끌로 데 람브레이(Clos des Lambrey)

끌로 데 람브레이는 그랑크뤼인 "끌로 생 드니"와 "끌로 드 따르" 사이의 높이 250~320m 경사면에 위치한다. 밭의 대부분을 도멘 데 람브레이(Domaine des Lambrey)에서 소유하며 아주 작은 일부의 포도밭을 "Domaine Taupenot Merme"가 소유하고 있다.

• 끌로 드 따르(Clos de Tart)

1141년 시토파의 수도사들에 의해 개척된 이후 3번밖에 소유자가 바뀌지 않은 흔치 않은 포도밭이다. 현재는 모멍생(Mommessin) 가문이 모노폴(Mono pole)로 단독 소유하고 있다. 끌로 드 따르의 석벽은 수세기 전의 것으로 15세기 건조물과 함께 깊은 인상을 준다.

사. 본 로마네(Vosne Romanee)

본 로마네 마을은 레드 와인의 최고봉이라고 칭송받는 로마네 꽁띠(Romanee Conti)를 비롯하여 라 로마네(La Romanee), 로마네 생 비방(Romanee Saint Vivant), 리쉬부르(Richebourg), 라 타셰(LaTache), 라 그랑 뤼(La Grande Rue) 총 6개의 그랑크뤼 포도밭이 위치하고 있다.

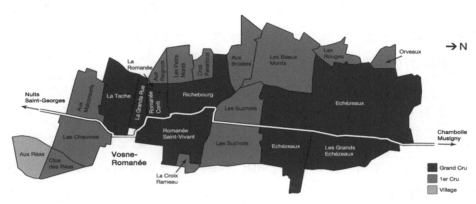

Vosne-Romanée
Grand Cru and 1er Cru Vineyards

본로마네 와인산지

• 에세죠, 그랑 에세죠(Echezeaux, Grands Echezeaux)

본 로마네 마을에 접한 프라제 에세죠 마을의 유명한 그랑크뤼로 에세죠 밭은 그랑 에세죠의 서쪽과 남쪽의 작고 낮은 경사면에 있으며 84명의 생산자가 분할 소유하고 있다.

• 로마네 꽁띠(Romanee Conti)

밭의 기원은 로마시대로 거슬러 올라간다. 10세기 초반 이래 그리스 도교의 수도원에 의해 관리되었고 18세기 프랑스 국왕 루의 15세의 애첩 퐁파두르 부인과 왕의 종친 형제인 꽁띠 공의 쟁탈전 끝에 최종적으로 꽁띠공의 소유가 되어 그 이후 로마네(Romanee)에 꽁띠(Conti)가 붙게 되었다. 현재 도멘 드 라 로마네 꽁띠(Domaine de la Romanee Conti)의 단독 소유 모노폴이다.

그리고 도멘 드 라 로마네 꽁띠사는 리쉬부르(Richebourg)에서 가장 넓은 면적의 포도밭을 소유하고 있다.

로마네 꽁띠

• 로마네 생 비방(Romanee Saint Vivant)

로마네 생 비방 대수도원의 이름이 붙여진 포도밭으로 대수도원으로 향하는 작은 길

에 이어져 있다.

• 라 로마네(La Romanee)

꽁떼 리제 벨레르(Comete Liger Belair) 가문의 도멘인 샤또 드 본 로마네(Domaine Chateau de Vosne Romanee)의 단독 소유 모노폴로 그동안 병입, 숙성, 양조에서 판매까지 르루아, 부샤드 페레 & 필 등 여러 도멘에 의탁해 오다가 2006년부터 소유주인 꽁떼 리제 벨레르 가문에서 직접 관리하고 있다.

• 라 타슈(LaTache)는 도멘 드 라 로마네 꽁띠의 단독 소유 모노폴이다.
• 라 그랑 뤼(La Grande Rue)는 프랑수아 라마르슈(Francois Lamarche)의 단독 소유 모노폴이다.

아. 뉘생 조르주(Nuits Saint Georges)

보통 이 마을 이름의 뉘(Nuit)를 프랑스어 "밤"으로 해석하여 "생 조르주의 밤"이라고 잘못 해석하는 경우가 있는데 이 "Nuit"는 호두나무를 뜻하는 오래된 말이다.

이 마을은 꼬뜨 드 뉘에서 가장 넓은 마을로 그랑크뤼는 없지만 41개의 가장 많은 프리미에 크뤼를 갖고 있다.

자. 그 외의 꼬뜨 드 뉘 A.O.C(Cote de Nuit의 A.O.C)

부르고뉴 오뜨 꼬뜨 드 뉘(Bourgogne Hauts Cote de Nuits) 앞에서 언급한 유명 마을 A.O.C가 아니지만 요즘 한국시장에서 수입되기 시작한 A.O.C이다. 오뜨(Haut)는 높다는 뜻으로 꼬뜨 드 뉘에서 지형상으로 높은 위치에 있다는 뜻을 나타낸다.

꼬뜨 드 뉘에서 바로 서쪽에 위치하는 300~400m의 고지부분에 밭이 위치하고 있다. 이전에는 부르고뉴 알리고떼의 생산이 많았던 지역이었지만 현재는 피노 누아로 로제와 레드 와인을 샤르도네와 피노 블랑, 피노 그리로 화이트 와인을 생산하고 있다.

(2) 꼬뜨 드 본(Cote de Beaune)

가. 뻬르낭 베르쥴레스(Pernand Vergelesses)

알록스 꼬르똥(Aloxe Corton), 라도와(Ladoix)마을과 함께 A.O.C Corton과 A.O.C 꼬르똥 샤를마뉴의 그랑크뤼를 생산하는 마을로 8개의 프리미에 크뤼가 있다.

나. 알록스 꼬르똥(Aloxe Corton)

부르고뉴 지방의 유명한 명주가 집중되어 있는 꼬뜨 도르 지구 중 남반부의 꼬뜨 드 본이 시작되는 구역에 있는 알록스 꼬르똥 마을은 A.O.C 꼬르똥(Corton)과 A.O.C 꼬르똥 샤를마뉴의 그랑크뤼를 생산하는 곳으로 명성이 높은 인구 200명의 작은 마을이다. 이 마을과 이웃하는 2개의 마을에 걸쳐 있는 특급밭의 면적은 부르고뉴 지방 최대 면적이다. 꼬뜨 드 본에서 유일하게 화이트, 레드 그랑크뤼를 모두 갖고 있다. 특급밭은 완만한 곡선을 그리며 꼬르똥 언덕의 높은 곳에 있으며 그 주위를 둘러싼 프리미에 크뤼의 13개 끌리마가 이어지고 마을명의 포도밭은 보다 낮은 경사면에 위치하고 있다.

▲ 꼬르똥(Corton) 언덕과 샤를마뉴(Charlemagne) 대제

부르고뉴 "꼬뜨 드본"에서 가장 북단에 위치하는 뻬르낭 베르쥴레스, 라도와 세리니, 알록스 꼬르똥. 이 세 마을에 걸쳐 있는 그랑크뤼 포도밭이다. 그랑크뤼는 모두 꼬르똥 언덕 남서향 사면에 고지대의 높이 280~330m에 위치하여 부르고뉴 그랑크뤼로는 가장 높은 곳에 위치한다.
이 세 마을은 화이트 와인 그랑크뤼인 A.O.C 꼬르똥 샤를마뉴의 포도밭도 공유하고 있다.

꼬르똥 언덕(Corton)

부르고뉴에서 화이트와 레드 그랑크뤼를 생산하는 것은 이 꼬르똥(Corton)밖에 없으며 꼬뜨 드 본에서 유일하게 그랑크뤼를 생산하는 포도밭이다.
생산량은 레드가 압도적으로 많으며 레드 와인에 한해서 Corton 명칭 뒤에 레마레쇼드(Les Marechaude), 르 끌로 뒤 로아(Le Clos du Roi) 등 포도밭의 이름을 표기가 가능하다.

샤를마뉴는 800년 서로마제국의 황제로서 중세에서 유럽 전체를 지배했던 영웅의 이름이다. 독일에서는 칼 대제라고 부른다.

이 포도밭은 포도 재배와 와인 생산을 장려한 대제가 775년 로마 교회에 기부하고 그 후 1789년 프랑스 혁명 때까지 교회의 소유였던 유서 깊은 포도밭이다.

A.O.C 샤를마뉴는 법적으로는 존재하지만 현재 실제로는 사용하고 있지 않다.

꼬르똥 샤를마뉴는 화이트 와인 그랑크뤼를 생산하는데 이는 대제가 자랑하는 풍성한 턱수염을 붉은 와인으로 적시지 않기 위해 백포도품 종만 재배시켰다는 전설이 남아 있다.

A.O.C 꼬르똥과 A.O.C 꼬르똥 샤를마뉴의 그랑크뤼를 생산하는 곳 외에 11개의 프리미에 크뤼가 있다.

라도아(라도아 세르니: Ladoix or Ladoix Serrigny)는 꼬뜨 드 본의 북쪽 출발점인 마을로 레드 와인과 화이트 와인을 생산한다.

샤를마뉴 대제

다. 사비니 레 본(Savigny Les Beaune)

북쪽의 꼬르똥 언덕 포도밭은 자갈질, 남쪽 본쪽의 포도밭은 석회점토질 구성으로 밭(끌리마)에 따라 토양 성질이 많이 다르다. 레드와 화이트 와인을 생산하며 프리미에 크뤼는 22개가 있다.

라. 쇼레이 레 본(Chorey Les Beaune)

레드와 화이트 모두 생산하고 레드 생산량이 90%를 차지한다.

마. 본(Beaune)

꼬뜨 도르(황금의 언덕)의 중심에 있는 본마을은 와인의 가도라고 불리는 인구 2만 명의 마을이다. 시의 근교에는 와인 관련 공장, 창고가 많으며 시내에도 네고시앙 사무소나 와인숍, 와인바가 즐비한 와인의 마을이다. 시가지에는 중세의 마을 풍광이 남아 있는데 그중에서도 부르고뉴 대공국의 필립 아르디 시대의 재무장관 니콜라 롤랑이 가난한 이들을 구제하기 위해 사재를 털어 설립한 요양원 호스피스 드 본(Hospice de Beaune)은 반드시 둘러볼 명소이다.

• 오스피스 드 본(Hospices de Beaune)

대법관이었던 '니콜라 로랭(Nicolas Rolin)' 재상과 그의 부인 '기곤느 드 살랭(Guigone de Salins)'에 의해 빈민 구제병원으로 1443년에 건립되었다.

15세기부터 기증받은 포도밭이 60ha(18만 평)가 넘고, 꼬르똥(Corton), 에쉐조(Echezeaux), 샹베르땡(Chambertin), 몽라쉐(Montrachet), 뫼르소(Meursault) 등 부르고뉴 유명 와인들이 다수 포함되어 있다. 1794년부터 11월 셋째 주 주말에 경매를 통한 판매대금은 오로지 빈민구제 병원 유지에 사용하는 전통을 갖고 있다.

중부유럽에서 시작된 것으로 추정되는 울긋불긋한 독특한 문양의 지붕과 붉은색, 갈색, 노란색, 초록색 유약을 바른 기와지붕의 건물 안에 들어가면 당시 병원 모습이 그대로 간직되어 있는데, 병실, 수술도구, 식당, 예배당 등 다양한 볼거리를 제공하고 있다.

바. 뽀마르(Pommard)

레드 와인만 생산하는 마을로 그랑크뤼는 없지만 24개의 프리미에 크뤼가 있다. 과거부터 명성이 높았으며 "본 와인의 꽃"이라 칭송받았다. 루이 15세 프랑스 국왕, 『레미제라블』의 빅토르 위고가 사랑한 와인으로 알려져 있다. 대표적인 프리미에르 크뤼로는 레 뤼지엥(Les Rugiens), 레 제쁘노(Les Epenots)가 있다.

사. 볼레이(Volnay)

레드 와인만 생산하며 그랑크뤼 포도밭은 없지만 프리미에 크뤼가 30개 있다. 밭의

대부분은 볼네이 마을에 있지만 프리미에 크뤼 상뜨노(Santenots)의 28ha는 인접하고 있는 뫼르쏘 마을에 속한다.

쌍뜨노(Santeno)에서 생산되는 레드는 그대로 A.O.C 볼네이로 판매하지만 화이트인 경우에는 A.O.C 뫼르소로 판매된다. 이유는 뫼르소(뫼르쏘)에서는 레드 와인을 생산할 수 없기 때문이다.

부르고뉴 레드 와인 중에서도 여성적 와인이라는 평가가 많으며 최근 주목받고 있는 마을이다.

아. 몽뗄리에(Monthelie)

볼네이 마을 바로 남쪽에 위치하고 뫼르쏘 마을 서쪽에서 남동향의 높은 경사면에 포도밭이 있다. 레드, 화이트 모두 생산하며 15개의 프리미에 크뤼가 있다.

자. 생 로만(Saint Romain)

레드, 화이트 모두 생산하며 그랑크뤼도 프리미에 크뤼도 없는 마을이지만 오크통 제작업자가 많은 마을이다.

차. 오제이 뒤레스(Auxey Duresses)

오 꼬뜨 드 본의 중심지에 있는 본 시의 남서쪽 약 8km에 위치하는 인구 350명의 마을이다. 드라이 화이트 와인으로 유명한 뫼르쏘 마을에서 서쪽의 높은 언덕 쪽으로 들어가는 곳에 위치하는 높은 오뜨 꼬뜨 구역에 접하고 있다.

레드, 화이트를 생산하는데 화이트 포도밭은 뫼르쏘 마을 쪽 경사면에, 레드 포도밭은 몽텔리에 마을 쪽에 있다.

카. 뫼르쏘(Meursault, 뫼르소)

"부르고뉴 화이트 와인의 도시"라고 불리는 마을로 그랑크뤼는 없지만 21개의 프리미에 크뤼가 있으며 그중에서 레 페리에르(Les Perrieres), 레 샴(Les Charmes) 등 유명한 포도밭이 있다.

타. 블라니(Blany)

화이트 와인으로 유명한 뫼르쏘 마을과 뿔리니 몽라셰 마을에 걸쳐 있는 곳으로 행정구역으로서 블라니 마을은 존재하지 않는다.

A.O.C 블라니는 레드 와인만 인정되어 있으며 레드 와인과 같은 포도밭에서 만들어지는 화이트 와인은 뫼르쏘 마을에 걸쳐있는 밭의 경우 A.O.C 뫼르쏘, 뿔리니 몽라셰 마을에 걸쳐 있는 마을은 A.O.C 뿔리니 몽라셰로 판매된다.

블라니의 레드 와인은 부르고뉴산 A.O.P 치즈인 에뿌아스(Epoisses)처럼 농후한 치즈나 야생 멧돼지, 산토끼 같은 가금류 요리와 궁합이 좋다.

파. 생 또뱅(Saint Aubin)

화이트 와인으로 유명한 뿔리니 몽라셰 마을과 사샤뉴 몽라셰 마을의 바로 서쪽에 위치한 작은 마을로 화이트, 레드 모두 생산하며 그중 화이트 와인의 평가가 높다. 프리미에 크뤼 20개가 있다.

하. 뿔리니 몽라셰(Puligny Montrachet)

포도밭은 마을의 서쪽에 이어져 있는 블라니 언덕 동향의 완만한 경사면에 펼쳐져 있으며 4개의 화이트 와인 그랑크뤼가 있다. 사샤뉴 몽라셰 마을과 공동으로 몽라셰(Montrachet), 바따르 몽라셰(Batard Montrchet)를 공동 생산하고 있으며 그 외 그랑크뤼로는 슈발리에 몽라셰(Chevalier Montrachet), 비엥비뉴 바따르 몽라셰(Bienvenus Batard Montrachet)가 있다.

• 몽라셰(Montrachet)

"세계 최고봉의 화이트 와인", "화이트 와인의 왕자"로 칭송받는 와인이다. 몽라셰는 산(Mont), 대머리(Rachet)란 뜻으로 민둥머리 산을 의미한다. 포도나무 이외에는 무엇도 살아남기 힘든 석회질 성분이 많은 토양이기 때문에 이렇게 이름이 지어졌다고 한다.

- 바따르몽라셰(Batard Montrchet)

몽라셰 포도밭의 동쪽 작은 도로를 사이에 두고 마주보고 있다. 높이 240~270m로 동남향의 경사면에 있어 최상의 조건을 갖추고 있다.

- 슈발리에 몽라셰(Chevalier Montrache)

"몽라셰의 기사"란 의미로 뿔리니 몽라셰 마을의 그랑크뤼로 몽라셰보다 서쪽에 있고 높이 265~290m의 경사면에 있어 그랑크뤼 포도밭 중 가장 높은 곳에 위치하고 있다.

- 비엥비뉴 바따르 몽라셰(Bienvenus Batard Montrachet)

비엥비뉴 바따르 몽라셰도 뿔리니 몽라셰 마을에 있으며 몽라셰, 바따르 몽라셰 밭의 동쪽에 위치하고 높이는 240~250m이다.

거. 사샤뉴 몽라셰(Chassagne Montrachet)

19세기까지는 레드밖에 만들지 않았으나 현재는 레드와 화이트 모두를 생산하며 그중 화이트의 생산량이 많다.

세계적으로 유명한 화이트 와인으로 그랑크뤼인 A.O.C 몽라셰(Montrachet)와 A.O.C 바타르 몽라셰(Batard Montrchet)가 있는데 이 마을과 밭에 걸쳐진 옆마을 뿔리니 몽라셰에서 공동 생산하고 있다. 그 외 그랑크뤼는 크리오 바타르 몽라셰(Criots Batard Montrchet)가 있다.

크리오 바타르 몽라셰(Criots Batard Montrchet)는 사샤뉴 몽라셰 마을의 그랑크뤼로 바타르 몽라셰 밭의 남쪽에 위치한다.

너. 상트네이(Santenay)

레드와 화이트를 생산하며 좋은 물로 유명한 온천지구로 알려져 있다.

더. 마랑쥐(Marange)

부르고뉴 꼬드 드 본 최남단의 산지로 레드, 화이트 모두 생산하며 프리미에 크뤼가 7개 있다.

3) 꼬뜨 샬로네즈(Cote Chalonnaise)

부르고뉴의 "꼬뜨 도르"를 지나 남쪽의 낮고 완만한 구릉지가 꼬뜨 샬로네즈이다. 실제로는 A.O.C 부르고뉴로 출하되는 경우가 많고 A.O.C 크레망 드 부르고뉴용 포도의 최대 공급지이기도 하다. 주요 A.O.C로는 부즈롱(Bouzeron), 륄리(Rully), 메르뀌레(Mercurey), 지브리(Givry), 몽따니(Matagny)가 있다.

(1) 부즈롱(Bouzeron)

부즈롱은 알리고떼(Aligote) 품종으로 만드는 화이트 와인 중 유일한 마을 A.O.C 산지로 명성이 높다. 1998년 A.O.C로 승격되기 전까지는 1979년 인정된 "A.O.C 부르고뉴 알리고떼 부즈롱"으로 판매되었다.

알리고떼 품종은 피노 누아와 지금은 존재하지 않는 "구에"의 품종 교배로 만든 백포도품종으로서 뜨거운 여름과 추운 겨울이 있는 부즈롱 마을에서 재배되는데 다른 산지와 비교해서 과피가 얇고 금색을 띠고 있어 도레(Dore)라고도 불린다.

4) 마꼬네(Maconnais)

피노 누아와 가메이로 로제, 레드 와인을, 샤르도네로 화이트 와인을 생산하며 예로부터 가격대비 품질이 좋은 와인으로 유명한 마을이다.

주요 A.O.C로는 뿌이 퓌세(Pouilly Fuisse), 뿌이 로셰(Pouilly Loche), 뿌이 뱅젤(Pouilly Vinzelle), 생 베랑(Saint Veran)이 있으며 그중 뿌이 퓌세(Pouilly Fuisse)는 전 세계 레스토랑에서 접할 수 있을 정도로 가장 높게 평가된다.

5) 보졸레(Beaujolais)

부르고뉴 지방 마꼬네의 남쪽에서부터 리옹까지 50km의 언덕지대에 위치한 와인산지로 도시에서 떨어진 장소에 위치한 가메이 품종의 낙원으로 소박하고 목가적인 풍경의 산지이다. 가메이 품종은 과실미가 풍부하고 맛있는 맛을 특징으로 하는 부르고뉴 원산의 품종이다.

와인이 지역 기간산업 1위인 곳으로 부르고뉴에서 유일하게 가메이(Gamay)로 레드 와인을 생산하는 산지이다. 산미가 적고 푸르티하며 마시기 쉬운 레드 와인을 주로 생산하지만 소량의 화이트와 로제도 생산하고 있다.

매년 11월 셋째 주 목요일 자정에 전 세계적으로 판매를 개시하는 보졸레 누보(Beaujolais Nouveau)로 유명한 지역이다.

보졸레 와인산지

1950년대부터 리옹 시민은 매년 11월의 3번째 목요일에 보졸레 누보 출하일을 축하했다. 양조 후 바로 병입되어 몇 주간의 기간 이내에 마시는 햇술로 매년 2주 이내에 110개국에 수출된다.

이 대단한 마케팅 전법을 위해 누보의 존재가 보졸레 지방의 와인 이미지를 위협하고 있다는 우려가 있다. 젊을 때 마시는 가벼운 와인이라는 이미지가 정착되었지만 보졸레 지방에는 장기 숙성에 적당한 복합미가 있는 와인을 생산하는 10개의 크뤼가 존재한다.

지리적으로 북쪽과 남쪽으로 나눌 수 있으며 북부에는 10개의 마을에서 생산하는 장기 숙성 타입의 크뤼 보졸레(Cru Beaujolais)와 과실 풍미가 강한 보졸레 빌라쥐를 생산한다.

보졸레 누보

남부 넓은 지역에서는 가벼운 과일 풍미의 보졸레가 생산된다. 전형적 프랑스 전원 풍경과 자연의 보고로 치즈, 햄, A.O.C로 지정된 샤롤레 비프 등 식재료도 풍부한 곳이다.

(1) 생따므르(Saint Amour)

보졸레 최북단에 위치한 마을로 "성스러운 사랑"을 의미한다.

(2) 줄리에나(Julienas)

명칭은 "갈리아 전기"의 현자의 이름에서 유래되었다.

(3) 셰나(Chenas)

보졸레 크뤼 중 가장 생산량이 적은 희소성이 있는 크뤼이다. 마을의 명칭은 과거 이 땅이 오크나무(Chene) 숲으로 덮여 있었다는 전설에서 유래한다.

(4) 물랭아방(Moulin a Vent)

보졸레 지방 와인은 신선하고 프루티한 풍미의 가볍게 마시는 타입의 와인이 대부분 이지만 이 와인은 장기 숙성에 적합한 와인으로 숙성을 거치면서 부케가 증가해 스파이 시함과 트러플향까지 갖게 된다. 이러한 숙성 능력 때문에 새로운 오크통에서 숙성시키 는 경우도 있다.

(5) 플뢰리(Fleurie)

북쪽의 물랭아방, 남쪽의 쉬르블에 접하고 있는 크뤼다. 보졸레 크뤼 중 가장 여성 스러운 와인이라는 평가로 "크뤼 보졸레의 여왕"이라 표현하기도 한다.

(6) 쉬르블(Chiroubles)

크뤼 중 가장 높은 언덕의 경사면(400m)에 위치하고 있다. 인접한 플뢰리와 함께 여 성적이라는 평가를 받고 있다.

(7) 모르공(Morgon)

면적은 1,108ha로 크뤼 중에서는 A.O.C 브루이 다음으로 넓은 면적을 갖고 있다. 프랑스에서 내추럴 와인 움직임이 가장 먼저 시작된 곳이다.

(8) 레니에(Regnie)

10개의 Cru 중 가장 최근인 1988년에 A.O.C 승인되었다. 세계 최고의 자선 옥션인 오스피스 드 본이 소유하는 80ha 중 56ha가 레니에에서 재배되고 있다.

(9) 브루이(Brouilly)

보졸레 크뤼 중 가장 남쪽에 위치하며 가장 넓은 생산 면적을 갖고 있다.
꼬뜨 드 브루이를 감싸고 있는 크뤼이다.

(10) 꼬뜨 드 브루이(Cote de Brouilly)

밭은 높이 약 480m의 "브루이의 언덕"이라는 햇볕이 잘 비치는 경사면에 위치하고 있다. 보졸레 크뤼 중 가장 먼저 알려진 크뤼이다.

(11) 그 외 A.O.C Bourgogne

가. Bourgogne 그랑 오르디네르(Grand Ordinaire) 또는 Bourgogne 오르디네르
   (Ordinaire)

부르고뉴 지방 전역에서 생산되는 일상소비용 와인. 실제로는 생산자가 적고 가장 유명한 산지는 샤블리이다. "오르디네르"는 "일상의"라는 의미이며 "그랑"은 "커다란" 또는 "사치스러운"을 의미한다. 이 호칭은 부르고뉴 지방에서 일찍이 오래전 안식일인 일요일에 마시는 와인을 "그랑 오디네르", 일요일 이외의 일상적으로 마시는 와인을 "오디네르"라고 불러온 것에서 유래한다. 현재는 "부르고뉴 그랑 오디네르" 호칭은 거의 사용되지 않는다.

로제, 레드는 가메이, 피노 누아, 세자르, 뚜르쏘로 만들고 화이트는 샤도네이, 알리고떼, 뮈쓰까떼(뮬롱 드 부르고뉴), 싸씨로 만든다.

다른 부르고뉴 와인과 달리 보기 힘든 토착 품종을 사용하는 경우가 많다.

나. 부르고뉴 빠스 뚜 그랑(Bourgogne Passe Tout Grains)

부르고뉴에서 레드는 피노 누아, 화이트는 샤르도네 품종. 이렇게 단일품종으로 만들어지는 것이 대부분이지만 예외적인 예 중 하나가 A.O.C 부르고뉴 빠스 뚜 그랑이다.

보졸레의 중 품종인 가메이와 피노 누아를 블렌딩해서 레드와 로제를 생산한다. 블렌딩에 최소 1/3의 피노 누아를 원칙으로 한다.

생산량의 대부분인 2/3가 꼬뜨 샬로네즈에서 생산되며 남은 1/3이 꼬뜨 도르와 욘에서 생산된다.

이외에 가메이와 피노 누아를 블렌딩하는 레드 와인은 A.O.C 마꽁, A.O.C 부르고뉴 그랑 오르디네르 등이 있다.

다. 부르고뉴 알리고떼(Bourgogne Aligote)

부르고뉴 지방의 화이트 와인은 샤르도네 품종으로 만들어지는 것이 대부분이지만 이 와인은 알리고떼 품종을 사용하여 부르고뉴 알리고떼라고 불린다.

알리고떼 품종은 샤르도네보다 포도송이, 포도알이 좀 더 크며 포도알의 개수도 많은 품종이다.

A.O.C로 인정된 생산지는 부르고뉴 전역이지만 꼬뜨 샬로네즈(Cote Chalonnaise)가 가장 유명한 생산지이다.

가격이 적당하여 카페나 비스트로(Bistro)에서 인기있는 알리고테는 프랑스의 식전주를 대표하는 "키르"에 사용하는 화이트 와인으로 유명하다. 제2차 세계대전 직후 디종의 시장이었던 키르(Kir)가 고안한 와인 칵테일로 차가운 알리고테 와인에 디종의 명산물인 카시스 리큐르를 섞은 식전주로 고안했다. 이후 이 키르는 프랑스에서 가장 대중적인 아페리티프(식전주)로 보급되었다.

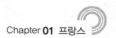

또한 카시스에 A.O.C 크레망 드 부르고뉴 같은 발포성 와인을 섞은 것은 키르 임페리얼(Kir imperial)이라고 부른다.

라. 크레망 드 부르고뉴(Cremant de Bourgogne)

부르고뉴 지방의 스파클링 와인으로 화이트, 로제가 있다. 샴페인과 같은 전통적인 병내 2차 발효방식으로 만들어진다. 산지는 부르고뉴 지방 전역에서 만들어지며 기후나 지질이 샹파뉴 지방과 비슷한 꼬뜨 샬로네즈의 뤼이(Rully) 마을이 특히 유명하다. 일찍 수확한 포도를 사용하여 병내 2차 발효 후 9개월 이상의 숙성을 거쳐 20°C에서 3.5기압 이상이 되도록 만든다. 코르크에 "Cremant de Bourgogne"라고 표기해야 한다.

마. 부르고뉴 무스(Bourgogne Mousseux)

부르고뉴 무스는 프랑스에서 보기 드문 레드 발포성 와인으로 크레망 드 부르고뉴와 동일 방식으로 만들어진다.

참 / 고 / 문 / 헌

http://algogaza.com/
http://m.blog.naver.com/cocrystal
http://www.vin-terre-net.com
https://m.hankookilbo.com/
https://www.pearlofburgundy.com/
wines of the world Dk

3 샹파뉴(Champagne)

과거 17세기 후반까지 화이트, 로제, 레드의 비발포성 와인만 만들었다가 현재는 화이트, 로제의 발포성 와인의 대표 산지 샹파뉴(영: 샴페인)가 되었다.

와인에 기포만 있다고 해서 샴페인이 되는 것은 아니다. 샴페인이라고 이름 붙일 수 있는 것은 프랑스 북동부의 샹파뉴(Champagne) 지방에서 밭이나 포도품종, 제조법에 있어서 일정의 기준을 만족시켜야만 샴페인(Champagne)이라고 이름 붙일 수 있다.

샹파뉴(Champagne)는 프랑스에서 발포성 와인인 샹파뉴(Champagn)를 생산하는 지역 샹파뉴(Champagne)를 뜻한다. 즉 와인이름과 지역이름이 동일하며 샴페인(Champagne)은 샹파뉴의 영어식 표현이다.

프랑스 샹파뉴 지방은 전 세계에 오직 샹파뉴에서 만드는 스파클링 와인만이 '샴페인'이라고 대대적인 교육과 홍보, 법적 조치를 통해 알렸지만 아직도 많은 이들이 "스파클링 와인=샴페인"라는 인식을 가지고 있다. 샴페인의 법적 보호장치는 1891년 마드리드 협정을 통해 정해졌으며 유럽연합 및 다른 국가들에게 조치가 취해졌다. 그리고 1차 대전 이후 베르사유 조약을 통해 재확인되었다.

따라서 샴페인이라는 용어의 사용이 제재된 상황에서 여러 나라는 다른 용어들을 사용하게 된다. 스페인의 카바(Cava), 이태리의 스푸만떼(Spumante: 단 이태리 Asti 마을의 스파클링 와인은 DOCG Asti라 불림), 남아프리카의 캡 클래식(Cap Classic), 독일의 젝트(Sekt), 프랑스 부르고뉴(Burgogne), 알자스(Alsace) 등 프랑스 전역에서 전통방식으로 제조할 경우 크레망(Cremant) 등을 사용하고 있다.

이런 정확한 명칭 외에 샴페인과 구별하기 위해 간단히 스파클링 와인이라고도 한다.

"샴페인이라면 무조건 다른 스파클링 와인보다 우수하다."라고는 말할 수는 없으나, 최고의 샴페인은 섬세함과 풍부함 및 신선한 생기가 부드러운 자극성과 조화를 이룬다.

Champagne

샹파뉴 와인산지

이는 다른 어떤 스파클링 와인도 갖지 못한 특성이다.

또한, Champagne란 명칭은 높은 부가가치를 갖는 브랜드로서 주류 업계뿐만 아니라 화장품, 향수 등 지금까지 다수의 명칭 도용 사건으로도 그 이름의 품격을 엿볼 수 있다.

이 지방의 주요 도시는 랭스(Reims)와 에페르네(Epernay)이다.

1) 역사

샹파뉴의 중심 랭스(Reims)는 로마시대부터 중요한 도시이다. 샴페인이 왕의 와인이 된 배경에는 거의 모든 프랑스 국왕의 대관식이 거행되던 랭스 대성당과 관계가 있다.

496년 프랑크 왕국 클로비스 1세의 세례식 장소였음을 상징적으로 나타내며 클로비스의 세례식 때부터 가톨릭이 프랑스의 국교가 되었고 이후 프랑스 왕가의 대관식이 행해지게 되었다. 그중에서도 샤를 7세의 대관식(1429년)은 잔 다르크가 입회한 것으로 알려져 있으며 그 무대인 랭스 대성당은 13세기 고딕 건축의 걸작으로 세계문화유산에 등재되어 있다.

2) 떼루아(테루아)

샹파뉴 마을은 북풍과 겨울 고기압의 영향을 받아 추운 지방이다.

파리의 북동 약 145km, 포도 재배의 북방한계선인 49~50°에 위치하고 연평균기온은 약 10.5℃로 프랑스의 와인산지로서 가장 혹독한 대륙성 기후이다.

강우량은 650~750mm이고, 연간 규칙적으로 내린다. 4월 말이나 5월 초순에 포도의 순이 나온 후 서리의 위험에 직면하게 된다.

그래서 서리에 의한 피해를 막기 위해 포도밭에 스토브가 있는 모습이 익숙한 풍경이다. 밭은 랭스와 에페르네 마을 근처의 일조량이 가장 좋은 언덕 경사면에 위치하고 있으며 두터운 백악질 석회암질 토양이 랭스 마을까지 전체에 펼쳐져 있다. 지하에는 수세기에 걸쳐서 굴착된 250km에 이르는 와인 저장고가 있다.

포도밭이 구릉지대에 위치하기 때문에 최대한 햇볕도 받으며 흰색의 백악층 토양은 배수가 좋고 미네랄이 풍부하며 태양광을 반사하고 대지를 따뜻하게 유지하여 포도의 성숙을 촉진시킨다.

샹파뉴 지방은 마른(Marne), 오브(Aube), 센 엣 마른(Saine et Marn), 오뜨 마른(Haute-Marne) 4개의 구역으로 구분되며 그 대부분은 마른으로 전체 면적의 80%에 달한다.

샹파뉴는 몽따뉴 드 랭스, 발레 드 라 마른과 그 지류, 꼬뜨 데 블랑에서 생산된다.

3) 샴페인의 발전과정

돔 페리뇽

샴페인은 전 세계 특권층이 마시는 와인으로 자리 잡으면서 제조방식과 특징에 중대한 변화를 겪었다. 과거 샹파뉴 지방만의 특별한 제조방식은 와인을 병에 넣고 발효시킨 뒤 그대로 소비자에게 전달하는 것이었다. 그런데 이 방식에는 두 가지 문제점이 있었다.

첫 번째 문제점은 샴페인이 발효과정에서 생기는 탄산가스의 압력 때문에 병이 종종 폭발하는 경우이다. 오늘날 생산되는 샴페인은 기압이 6이다. 즉 병 내부의 압력이 외부의 여섯 배에 달한다는 의미이다. 이 문제는 "샴페인의 아버지"라고 불리는 오빌레의 수도사 돔 페리뇽이 강화된 유리병 사용을 통해 해결하게 된다. 이외에도 그의 업적으로는 포도품종의 블렌딩, 레드 와인품종으로 화이트 와인 제조, 코르크 사용 등을 들 수 있다.

두 번째 문제점은 발효과정에서 생기는 앙금(효모의 잔해)의 처리방법이었다. 19세기 초반에는 앙금을 걸러낸 다음 다시 마개를 닫았지만 이렇게 하면 기포가 너무 많이 빠져나갔다. 그러다 1810년대의 어느 해에 지금은 뵈브 클리코라고 알려진 젊은 미망인 니콜 바르브 크리코 퐁샤르댕(Nicole-Barbe Clicquot-Ponsardin)이 운영하던 샴페인 양조장에서 리들링(르뮈아쥬: Remuage) 기법을 만들어냈다. 리들링(Riddling)이란 샴페인 병을 꽂을 수 있는 A형 선반(뿌삐뜨르)에 샴페인을 거꾸로 꽂고 발효기간 동안 정기적으로 돌리면서 병 내에서 발효를 마치고 죽은 이스트균을 병목 근처로 모으는 방식을 말한다.

병목에 모인 죽은 이스트

뿌삐뜨르(Pupitre)

이렇게 해서 모인 찌꺼기는 마개를 열면 압력으로 인해 밖으로 튀어나오는데 걸러낼 때보다 마개를 훨씬 빨리 닫을 수 있기 때문에 빠져나가는 기포와 와인 양이 줄어들었다.

뵈브 클리코는 몇 년 동안 이 기법을 비밀에 부쳤지만 1820년대에는 다른 샴페인 양조장에서도 똑같은 기술을 사용하게 된다.

뵈브 끌리꼬 퐁샤르댕

기포를 보존하는 방법과 압력에 견디는 유리병의 발명으로 샴페인 산업은 급속한 성장기에 접어들었다.

4) 샴페인(Champagne)의 제조공정

(1) 수확(방당주: Vendange): 통상 9~10월에 걸쳐서 수확한다.

(2) 압착(프레스라쥐: Pressurage): 포도가 터지지 않도록 운반 후 통의 깊이가 얕고 넓은 압착기에서 포도송이째 부드럽게 누른다. 4,000kg에서 2,550리터를 얻은 후 중지한다.

알코올발효

(최초 추출한 2050L를 뀌베(Cuvee), 이후 압착해서 얻은 500L를 라 따이유(la

Taille)라고 부른다.

(3) 일차 발효(Fermentation alcoolique): 포도 생산 구역, 포도품종, 포도나무 수령 등을 더욱 상세히 나누어 선별하여 오크통이나 탱크에서 일차 발효를 시킨다.

(4) 조합(아상블라쥬: Assemblage): 일차 발효에서 얻은 와인을 마을, 품종별로 테이스팅을 하고 블렌딩하는 조합을 한다. 논 빈티지의 경우 수년 전에 양조한 뱅 드 리저브(Vin de Reserve)도 사용하면서 각 브랜드 메이커에 맞게 맛을 조합한다.

조합

(5) 병입(띠라쥬: Tirage): 조합된 와인에 리꿰르 드 따라쥬라고 불리는 효모와 당분을 첨가하여 병입하고 금속마개로 막아 까브에서 숙성한다.

(6) 병내 2차 발효(Deuxieme Fermentation): 병 속에서 효모가 당분을 분해하고 알코올과 탄산가스를 만들어낸다. 이 과정을 통해 화이트 와인에서 발포성 와인으로 변화하게 된다.

병내 2차 발효

(7) 병내 숙성(비에리스멍 쉬 르리: Vieillissement Sur lie): 병내의 효모가 자기 분해를 통해 시간과 함께 특유의 풍미를 형성한다. 논 빈티지 샴페인은 병 속에서 최저 15개월, 빈티지 샴페인은 최저 3년간 병 속에서 숙성시킨다.

병내 숙성

(8) 리들링(르뮈아쥬: Remuage): 뿌삐뜨르(Pupitre)라고 부르는 A형 선반에 병 입구를 아래를 향하게 꽂아서 정렬한다. 5~6주에 걸쳐 매일 병을 조금씩(1/8씩 회전) 돌려서 병 측면에 고인 앙금을 병 입구에 모이게 한다.

리들링

현재는 거의 모든 샴페인 하우스가 자동 시스템을 사용하고 있다.

(9) 앙금 제거(데고르주멍: Degorgement): 병 입구를 −20℃의 염화칼슘 수용액에 담가 모인 앙금을 얼린다. 마개를 제거하면 앙금이 날아가게 된다.

(10) 도자주(Dosage): 액체의 양이 적어진 병에 나온 만큼의 리큐르(샴페인의 원료가 된 와인에 당분을 더한 것)를 첨가한다. 이 단계에서 Doux~Brut 등의 당도의 타입이 결정된다.

르뮈아쥬 앙금 제거

(11) 코르크 밀봉(부샤쥬: Boucharge): 코르크를 꼽고, 철사로 고정한다.

(12) 라벨 부착(아빌라쥬: Habilage): 에티켓(라벨)을 붙인다. 샴페인 제조의 최종 공정에 해당한다.

코르크, 철사, 라벨 부착

샴페인 대표 브랜드

5) 샴페인 라벨

원산지통제명칭

생산자 이름

당도

용량

알코올 도수

생산자 범주

샴페인 라벨

(1) 당도 표기

Brut Nature 3g/liter 이내

Extra Brut 0~6g/liter 당도 0~0.6%

Brut 15g/liter 이내 당도 1.5%

Extra Sec 12~20g/liter 당도 1.2~2%

Sec 17~33g/liter 당도 1.7~3.5%

Demi Sec 33~50g/liter 당도 3.3~5%

Doux 50g/liter 이상 당도 5% 이상

(2) 샴페인의 타입

샴페인은 크게 전체의 3/4을 차지하는 여러 해의 와인을 섞어서 만든 논 빈티지 샴페인(Non Vintage Champagne: 프랑스에서는 빈티지가 하나가 아닌 여러 해를 섞었기 때문에 멀티 빈티지 샴페인(Multi Vinatage Chamapgne)이라고도 부른다. 좋은 수확해의 포도로만 만든 빈티지 샴페인(Vintage Champagne)으로 나눌 수 있다.

양조와 품종으로 나눈다면 화이트 품종인 샤르도네(Chardonnay)만으로 만든 블랑

드 블랑(Blanc de Blanc), Pinot Noir, Pinot Meunier, 레드 와인품종으로만 만든 블랑 드 누아(Blanc de Noirs), 블렌딩 시점에서 레드 와인을 첨가해서 만드는 방법과 레드 와인 품종을 로제 와인 만드는 방식으로 만드는 2가지 방법의 로제 샴페인(Rose Champagne)으로 나눌 수 있으며 각 샴페인 생산 회사들이 만드는 각 회사의 고급 샴페인인 뀌베 프레스티지(Cuvee Prestige)가 있다.

(3) 샴페인 생산자의 업무형태

샴페인 지방에는 100개가 넘는 샴페인 하우스들이 있다. 이들 생산자들의 업무형태를 레이블에 새겨진 이니셜을 통해 구분할 수 있다.

가. NM(Negociant Manipulant): 네고시앙. 포도를 구매해서 만든다.

나. CM(Cooperative de Manipulation): 협동조합. 조합원들이 직접 생산한 포도를 사용한다.

다. RM(Recoltant Manipulant): 부르고뉴 메종. 자신이 재배하고 와인도 만든다.(5%의 구입은 허용)

라. RC(Recoltant Cooperateur): 조합에서 만들지만 판매는 각자의 레이블로 하는 샴페인

마. MA(Marque Auxiliaire): 브랜드가 아닌 대형 유통사(코스트코 등)의 이름이 표기되거나 주문자 요청으로 생산되는 샴페인

6) 비발포성 와인(Still wine) 산지

(1) 꼬또 샹뿌누아(Coteaux Champenois)

과거 이곳은 주로 레드 와인산지였고 현재는 샹파뉴의 비발포성 와인산지로 레드 와인을 주로 생산하고 화이트와 소량의 로제가 만들어지고 있다.

레드는 부지(Bouzy), 아이(Ay), 실르리(Sillery), 뀌미에르(Cumieres), 베르테스(Vertus)에, 화이트는 쉬이(Chouilly), 메닐 쉬르 오제(Le Mesnil-sur-Oger)가 있다. 이 중에서 유명한 것은 에페르네 북동 20km에 있는 부지(Bouzy)이다.

115

이외에 이 지방의 특산품으로 포도 착즙 후 남은 부산물인 껍질 등으로 만든 브랜디인 마르 드 샹파뉴(Eaux de vie de Marc de Chapagne)도 유명하다.

(2) 로제 데 리세(Rose des Riceys)

샹파뉴 지방 남부의 꼬뜨 데 바르는 부르고뉴 지방과 경계를 이루는 오브에 속한다.

뜨로아(Troyes)시에서 남동 약 40km 지점의 레 리세를 중심으로 작고 좁은 지구가 비발포성 로제 와인 AOC 로제 데 리세(Rose des Ricey)의 산지이다.

로제 데 리세

4 꼬뜨 뒤 론(Cotes du Rhone)

꼬뜨 뒤 론(발레 뒤 론) 와인산지

프랑스 남동부의 비엔느에서 아비뇽까지 남북 200km에 이르는 론 강변에 위치한 산지이다.

화이트, 로제, 레드, 발포성 와인, 천연 감미와인 등 다양한 와인을 생산한다.

론강 유역은 천혜의 자연 혜택을 받고 있으며 관광지로도 인기가 높다.

론강 유역에 최초로 포도나무를 심은 이는 마르세유를 건설한 고대 그리스인으로 기원전 4세기경부터 현재의 AOC 꼬뜨 로띠나 AOC 에르미따쥐 부근에서 포도를 재배하였다. 기원전 125년경 로마인에 의해 와인 양조가 비약적으로 발전하고 본국 로마에서도 인기를 얻게 되었다. 당시 와인 수출에는 암포라(Amphora)라고 하는 항아리가 사용되었는데 그 항아리 제조 유적이 몇 곳에서 발굴되었다.

12세기 템플 기사단이 포도나무를 심었고 14세기에는 아비뇽의 로마 교황청이 와인 생산을 장려했다.

북부와 남부는 서로 다른 기후와 토양의 차이 등에서 특성이 다른 와인이 만들어진다. 북부는 더운 여름, 추운 겨울의 대륙성 기후이고 산미와 탄닌이 강한 맛의 밸런스가 좋은 와인을 생산하는 반면, 남부는 여름은 덥지만 겨울은 미스트랄(Mistral)에 의해 서리가 없는 지중해성 기후로 농축미가 있으면서 알코올 성분이 높은 와인을 만든다. 트러플, 치츠, 올리브 오일, 멜론 등의 식재료의 명산지로 유명하다.

AOC 꼬뜨 뒤 론(Cotes du Rhone)은 론강 따라 남북으로 200km 정도 이어진 론 지방 전체에 적용되는 지방 A.O.C이다.

론 지방은 북부(Septentrional)와 남부(Meridional)로 크게 나누어진다.

북부와 남부에 전체 171개 마을이 있지만 밭의 대부분은 몽뗄리마(Montelimar)시부터 론강 하구의 123개 마을에 집중되어 있다.

AOC 꼬뜨 뒤 론 빌라쥐(cotes du Rhone Villages)는 AOC cotes du Rhone Villages 와 AOC cotes du Rhone Villages + Commune(18)을 붙일 수 있는 2가지 AOC가 존재한다. AOC cotes du Rhone Villages는 AOC Cote du Rhone보다 품질이 높다. 생산지구는 아르데슈에서부터 남쪽 4개 구역의 95개 마을에 있다.

그중에서도 18개의 꼬뮌은 좋은 떼루아로 우수한 품종으로 생산되기 때문에 개별의 꼬뮌명을 같이 기재하는 것을 정부명으로 인정한다.

이 18개 꼬뮌은 캐랑(Caranne), 슈스 크랑(chusclan), 로당(Laudon), 마시프 뒤쇼(Massif d'Uchaux), 쁠랑 드 디유(Plan de Dieu), 쀠메라스(Puymeras), 라스또(Rasteau), 로애(Roaix), 로슈귀드(Rochegude), 로세레 비뉴(Rousset-les-Vignes), 세귀렛(Seguret), 시나르규(Signargues) 생 제르베(Saint Gervais), 생 모리스(Saint Maurice), 생 판타레옹 레 비뉴(Saint-Pantaleon les vignes), 발레아스(Valreas), 비장(Visan), 사브레(Sablet)이다.

1) 북부 론 와인산지

지금은 세계 전역에서 재배되고 있지만 시라와 비오니에의 고향은 본래 이곳 북부 론 지역이다. 론의 북부지역에서 에르미따쥐와 모든 AOC 포도밭이 일사량이 특히 좋은 동향의 우안에 집결되어 있는데 와인 생산에 이상적인 환경이다. 1446년 부르고뉴 공작이 론 와인의 부르고뉴 공국 내의 유통을 금지했는데 그것은 디종에서 론 와인이 인기가 급증해 부르고뉴 와인을 위협하는 것을 두려워했기 때문이었다. 이 시기부터 이미 와인산업에 로비활동이 있었다는 사례이다.

(1) 꼬뜨 로띠(Cote Rotie)

리옹(Lyon)에서 남으로 약 40km 지점에 있는 론강의 마을 비엔느(Viennes)의 바로 남쪽에 위치한 AOC로 론 지방 북부 최고봉 레드 와인의 명산지이다.

꼬뜨 로띠는 "불타는 언덕"을 의미하는데 이 밭은 태양이 내리쬐는 급경사면에 자리하고 있다.

242ha의 재배지 중에서 특히 우수한 토양을 가지는 유명한 것은 엉쀠(Ampuis) 마을에 이어진 언덕이다.

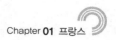

언덕은 작은 개천과 경계로 꼬뜨 브론드(cote Blonde)와 꼬뜨 브륀(cote Brune)이라
는 2개의 구획이 있다.

〈꼬뜨 로띠의 유래〉

오래전 이 지방 영주였던 모지롱(Mauguron) 공작에게 2명의 딸이 있었는데 한쪽 언
덕을 금발 머리(Blonde)의 딸에게, 다른 한쪽 언덕을 갈색머리(Brune)의 딸에게 주었다
는 이야기에서 유래한다고 한다. 실제 이 두 곳 땅의 색깔이 갈색과 금색이다.

과거 이 지방 와인은 로마시대(기원전 121~5세기)에 큰 영화를 누렸다.

당시에는 비엔느 와인으로 불렸으며 본국인 로마의 고위층 사이에서 인기가 높았다.

다시 AOC 꼬뜨 로띠로서 두각을 나타내기 시작한 것은 1970년대이다.

젊은 양조가의 정열과 노력에 의해 론 지방을 대표하는 레드 와인으로 성장하여 최
고급 보르도, 부르고뉴 와인과 필적하는 세계 명산지로 인정받고 있다.

포도품종은 레드 와인품종인 시라 90~100%에 화이트 와인품종인 비오니에 10% 이
내로 블렌딩이 허가되어 있다.

(2) 꽁드리유(Condrieu)

AOC 꽁드리유는 화려하고 향이 좋은 비오니에 품종에 의해 화이트 와인만을 생산
한다. 필록세라, 제2차 세계대전으로 인한 전멸의 위기를 피한 귀중한 품종이다. 1960
년대 말에 꽁드리유 지역의 비오니에 포도밭이 20ha 정도밖에 남지 않았지만 현재 이
재배면적은 세계 전체에서 6,300ha까지 늘어났다. 그중에 150ha가 이 품종이 자랑하는
꽁드리유의 산지이다.

향기로운 꽃과 같은 꽁드리유는 북으로는 레드 와인의 명산지 꼬뜨 로띠가 있고 남
으로는 AOC 생 죠셉의 밭과 일부 겹쳐져 있다.

재배되는 품종은 100% 비오니에 품종으로 "론의 아름다운 꽃"이라 불리는 향기롭고
기품있는 화이트 와인이 만들어진다.

(3) 샤또 그리예(Chateau Grillet)

AOC 꽁드리유(Condrieu) 포도밭에 둘러싸인 불과 4ha의 샤또 그리예는 프랑스에서 가장 작은 아펠라시옹 중 하나이면서 론 지방에서 유일하게 샤또 이름이 AOC 명칭이자 와인 이름인 전통적인 명산지이다.

1836년부터 네이예 가세(Neyret)가가 단독소유(Monopole)해 왔으나 2011년

샤또 그리예

보르도 뽀이약(Pauillac) 지역의 샤또 라뚜르(Chateau Latour)와 부르고뉴 지역의 도멘 되제니(Domaine d'Eugenie)와 같은 와이너리를 소유하고 있는 프랑스의 대그룹 아르테미스(Artemis)사의 주인인 프랑수아 삐노(Francois Pinault) 회장이 인수하였다.

샤도 그리예는 "불타는 성"을 의미하고 이 밭은 "불타는 언덕"을 의미하는 AOC 꼬뜨 로띠와 동일하게 급경사면에 위치하고 있다.

"론의 몽라셰"라고도 불리며 적은 면적과 재배에 까다롭고 수확량도 적은 비오니에 품종으로 생산하여 연간 1만 병도 안 되는 희소가치 높은 환상의 와인이다.

(4) 생 죠셉(Saint Joseph)

론 지방 북부의 화이트, 레드 와인산지이다. 생 죠셉은 18세기에 뚜르농 쉬르 론(Tournon sur Rhone) 마을의 예수회수도원이 작은 언덕에 부여한 성인의 이름에서 유래한다.

즉 이 AOC명칭은 꼬뮌(Commune)명칭이 아니라 뚜르농 쉬르 론 마을에 있는 언덕의 이름이다.

AOC 생 죠셉은 토양의 다양성을 고려해서 몇 개의 구획 포도밭(리우 디: Lieux-dits)으로 분류되고 각각에 그 명칭이 붙어 있다. 따라서 라벨에 밭 이름이 표기되어 있는 것이 많다. 이러한 구획명의 표기는 북부 론 지방의 AOC에서 자주 보이는 형태이다.

(5) 꼬르나스(Cornas)

레드 와인만을 생산하는 생산면적 100ha의 AOC 꼬르나스는 북으로 AOC 생 죠셉, 남으로 AOC 생 페레에 사이에 있다.

켈트어로 "불타는 대지"를 의미하는 꼬르나스의 밭은 언덕의 급경사면에 계단형으로 위치하고 있다.

시라 100%인 꼬르나스 와인의 특징은 시라 품종 특유의 강한 맛을 유화시키기 위해 비오니에, 마르산느, 루산느 등의 화이트 포도품종과의 블렌딩이 인정되어 있지 않다는 점이다.

때문에 좀 더 야성미가 넘치는 탄닌과 강한 색조의 짙은 와인이 생산되어 론에서 가장 농후한 레드라고 평가된다.

(6) 에르미따쥐(Hermitage)

에르미따쥐는 론강 좌안에 위치하고 AOC 생 죠셉 반대편에 있다. 꼬뜨 로띠와 견주는 북부 론을 대표하는 명산지로 태양이 내리쬐는 남향 언덕 경사면의 포도밭은 복잡한 모자이크 토양으로 인해 몇 개의 리우디(Lieu-Dit)로 구분되어 있다.

각각의 포도밭에는 르 메알(Le Meal), 레 그레프(Les Greffieux) 등의 명칭이 붙는다.

양조자 중에서는 특별히 우수한 토양의 와인임을 나타내기 위해 라벨에 함께 구획명을 기재하는 경우도 있다.

시라 품종을 85% 이상 사용하는 농후하고 강한 레드 와인으로 명성 높지만 마르산느(Marsanne)와 루산느(Roussanne)로 부드러운 화이트 와인을 생산하고 짚 위에서 포도를 말려서 만드는 진귀한 뱅 드 빠이유(Vin de Paille) 스위트 화이트 와인도 생산한다.

이곳에 처음 포도나무를 심은 이는 기원전 4세기경으로 13세기 십자군원정에서 돌아온 기사 가스빠르 드 슈테람베르그(gaspard de Sterimberg)가 이 언덕 위에서 은둔 생활을 하면서 토지를 개간하고 포도를 재배했다는 일화가 남아 있다. 은둔자를 뜻하는 "레르미따(L'Ermite)"라고 하는 구획은 특별한 토양으로 명성이 높다. AOC 명칭은 프랑스어로 "은둔자의 집"을 뜻하는 에르미따쥐(Ermitage)에서 유래되었다고 한다.

(7) 크로즈 에르미따쥐(Crozes Hermitage)

발랑스(Valence)에서 북쪽 20km, 론강 우안에 위치하는 크로즈 에르미따쥐 마을과 땡 레르미따쥐(Tain-l'Hermitage) 마을 주위의 11개 마을에 걸쳐서 화이트, 레드 와인을 생산한다.

생산 면적은 약 1,467ha로 북부 론 지방에서 가장 넓은 면적을 가지고 있다. 밭은 북부 론를 대표하는 AOC 에르미따쥐 밭과 이어지는 작고 높은 언덕의 완만한 경사지에 위치한다. 토양은 에르미따쥐보다 비옥하여 부드럽고 푸르티한 레드 와인과 상큼한 꽃향기가 나는 화이트 와인을 생산한다. 레드 와인 생산량이 압도적으로 많고 론 지방의 가성비가 높은 와인으로 인기가 있다. 'Crozes-Ermitage, Crozez-l'Hermitage, Crozes-l'Ermitage'라고 표기하는 경우도 있다.

이 기갈 에르미따쥐 와인

(8) 생 페레(Saint-Peray)

북부 론 발랑스(Valence) 서쪽의 약 65ha의 작은 산지로 마르산느와 루산느로 만드는 화이트 와인과 스파클링 와인을 생산하는 산지이다. 화이트 와인은 15세기 때부터 유명하여 앙리 4세 등의 프랑스 국왕들에게 사랑받았다.

(9) 꼬또 드 디(Coteaux de Die)

디 산지는 론강 동쪽의 웅대한 베르코르(Vercors) 산맥의 드롬강 계곡의 구릉지대에 위치하고 있다.

5개의 AOC 화이트 와인이 만들어지는데 그중 가장 오래된 와인은 스파클링 와인인 끌레렛뜨 드 디이다.

1세기경 이 땅의 갈리아인이 와인이 든 항아리를 겨울 동안 추운 강에 방치해 두었다가 봄이 되어 열었더니 미세한 거품이 올라오는 달고 아름다운 와인이 만들어졌다는 설화가 남아 있다.

현재의 스파클링 와인인 끌레렛뜨 제조법 2가지이다.

끌레렛뜨 드 디 메토드 디와즈(Methode dioise)는 앙세스트랄레(ancestrale) 방식으로 만들며 뮈스까 75% 이상과 끌레렛뜨 품종을 사용한다.

과즙 발효가 완전히 끝나지 않은 도중에 병입해서 포도에 함유된 당분만으로 약 12℃의 저온 환경에서 4개월 이상 병속에서 자연 발효시키는 방법으로 만들어진다. 단 한번의 발효과정을 통해서 얻어진 기포로 만들어지는 선조 전래방식의 최초의 스파클링와인 스타일이다.

끌레렛뜨 품종만 사용하고 샹파뉴와 동일한 방식으로 효모와 당분을 첨가하여 병내 2차 발효방식으로 9개월 이상 숙성시키는 방식은 끌레렛뜨 드 디라고 부른다.

1993년 AOC를 취득한 크레망 드 디는 병내 2차 발효방식으로 만들어지는 스파클링 와인으로 끌레렛뜨종(55% 이상) 이외에 뮈스까, 알리고떼종을 보조품종으로 사용하는 것이 허가되어 있고 12개월 이상 숙성시킨다.

AOC 꼬또 드 디(Coteaux de Die) 발포성 와인인 AOC 끌레렛뜨 드 디와 같은 생산구역으로 끌레렛뜨 100%를 사용한 비발포성 화이트 와인이지만 생산량은 적다.

(10) 샤띠옹 엉 디우아(Chatillon en Diois)

AOC 끌레렛뜨 드 디와 생산지구가 일부 겹쳐 있으며 영할 때 마시는 타입의 푸르티한 화이트, 로제, 레드 와인을 생산하고 있다.

특이사항으로 알리고떼종과 샤르도네종을 만든 화이트 와인을 생산한다.

2) 남부 론 와인산지

(1) 꼬뜨 뒤 비바레(Cotes du Vivarais)

20세기에 들어서 수십 년간 남불 와인이나 알제리 와인을 블렌딩한 저가의 지방와인을 생산하였으나 1960년대 변혁을 시작하여 그르나슈, 시라, 무르베드르 품종 와인을 만들기 시작했다.

(2) 꼬또 뒤 트리까스탱(Coteaux du Tricastin)

프랑스 최고의 식재료 블랙 트러플의 명산지이다.

"검은 다이아몬드"라고 불리는 블랙 트러플은 드롬(Drome)과 남으로 이어지는 보클르즈에서 프랑스 트러플의 약 80%가 채취된다. 화이트, 로제, 레드 와인과 함께 햇와인인 프리뫼르(Primeur)를 생산한다.

(3) 꼬뜨 드 루베롱(Cotes de Luberon)

프로방스에서 론강으로 흘러들어 오는 뒤랑스(Durance)강과 그 지류 카라봉(Calavon)강의 사이에 위치한 론 지방 남부 중에서도 가장 동쪽에 위치한 산지이다.

쁘띠 루베롱(petit Luberon) 산맥의 계곡 사이에 포도밭이 위치한다.

(4) 리락(Lirac)

론강 우안에 위치하는 갸르(Gard)에 4개의 마을에 있는 작은 산지로 바로 남쪽에는 로제 와인의 명산지 따벨, 강 건너 동쪽에는 남부 론 와인을 대표하는 샤또네프 뒤 파프가 위치하고 있다.

화이트, 로제, 레드 와인이 생산되고 레드와 로제 와인은 그르나슈 누아를 중심으로 만들고 화이트는 그르나슈 블랑, 부르블렝, 끌레렛뜨종과 전형적인 남부 론 품종을 사용한다.

(5) 따벨(Tavel)

1936년 최초의 AOC 로제 와인으로 로제의 왕족이라고도 불리는 따벨은 로제 와인만 생산하는 개성적인 산지이다. 세니에 방법으로 만드는 따벨 로제는 오렌지 빛이 감도는 신선한 로즈 색과 깔끔한 맛이 특징이다.

(6) 샤또네프 뒤 파프(Chateauneuf-du-pape)

론강 우안에 비옥한 평양지에 넓게 위치한 산지이다.

"교황의 새로운 별장"을 의미하는 마을이름은 아비뇽에 로마교황청이 있었던 14세기에 2대째 교황이었던 요하네스 22세가 여름별장을 이 마을에 건설한 것에서 유래한다.

지금은 폐허만 남아 있지만 교황이 장려한 포도 재배는 현대에도 이어져 명실공히 론 남부 최고 레드 와인 명산지로 군림하고 있다.

이곳의 포도밭은 열을 저장해서 포도의 성숙을 도와주는 크고 매끈매끈한 둥근 돌 갈레(galet)가 지표에 노출되어 있다. 이 돌이 열을 저장 포도의 성숙을 도와주는 역할을 한다. 샤또네프 뒤 파프는 그르나슈, 생쏘, 무르베드르, 시라종 등 주로 15종의 포도 품종을 블렌딩에 사용할 수 있다.

화이트 와인의 수요도 늘어나고 있다. 화이트, 레드 모두 풀바디 스타일에 알코올 함유량이 높다. 교황을 상징하는 3중 왕관 아래 2개의 열쇠가 교차하는 문장이 병에 들어 있는 경우가 많고 레드뿐만 아니라 부드러운 향이 강한 화이트 와인의 인기도 높아지고 있다.

샤또네프 뒤 파프는 현대의 원산지 호칭제도법의 기초가 발의된 와인 역사상 중요한 산지이기도 하다. 이 활동은 곧 각지로 퍼져나가 1935년 프랑스 전국에 이르는 공적인 제도로 발전했다.

(7) 지공다스(Gigondas)

론강 좌측의 고대 로마시대의 흔적이 남은 오랑쥬(Orange) 마을 동쪽에 위치한다.

인구 700명의 작은 지공다스 마을 중심의 광장에는 까브와 레스토랑이 즐비하다.

그르나슈 누아 품종을 주 품종으로 한 농후하고 골격이 있는 레드와 소량의 로제가 생산된다. 특히 레드 와인의 품질향상이 눈부시고 우수한 도멘의 와인은 샤또네프 뒤 파프와 견줄 만한 론 지방 남부를 대표하는 레드 와인으로 성장했다.

(8) 바케라스(Vacqueyras)

지공다스의 바로 남쪽 아래에 위치하고 있다.

지공다스의 와인만큼 풍부하진 못하지만 적당한 가격에 남부 론의 허브와 향신료 향을 즐길 수 있는 와인이다. 주요 품종은 그르나슈, 시라, 무르베드르, 생쏘이다.

지공다스는 그르나슈를 위주로 만드는 반면 바케라스는 시라의 비중이 훨씬 높은 편이다.

(9) 뱅소브르(Vinsobres)

비교적 최근인 2006년 신규 AOC로 그르나슈, 시라, 그르나슈로 만드는 레드 와인을 생산한다.

(10) 라스또(Rasteau)

뱅 뒤 나뛰렐(VDN) 레드, 로제, 화이트 산지로 유명하다. 레드와 로제는 그르나슈 누아로, 화이트는 그르나슈 블랑으로 만든다.

(11) 뮈스까 드 봄므 드 브니즈(Muscat de Beaume de Venise)

뮈스까 품종으로 뱅 뒤 나뛰렐(VDN)을 생산하며 그르나슈와 시라를 중심으로 한 드라이 레드 와인 봄므 드 브니즈(Beaume de Venise)도 생산하고 있다.

론 밸리 산지별 와인

5 발 드 루아르(Val de Loire)

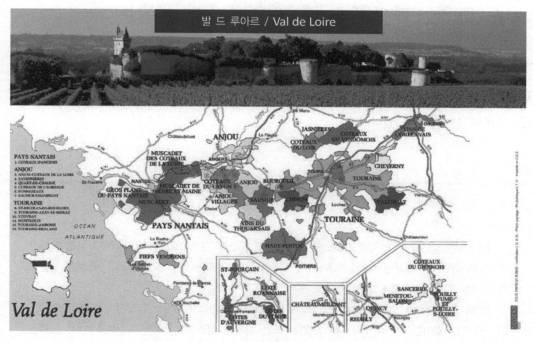

루아르 와인산지

1) 지역 개관

루아르 지방은 자르댕 드 라 프랑스(Jardin de la France: 프랑스의 정원)라고 불리는 관광지로 아름다운 경관은 세계유산으로 등재되었다.

과거 지역 와인(Vin de pay)의 명칭이 루아르의 정원(Vin de Pay du Jardin de la Liore)이었다는 점에서도 잘 알 수 있다. 현재는 뱅드 뻬이 뒤 루아르(Vin de pay du Loire)로 명칭이 변경되었다.

프랑스에서 가장 긴 루아르강은 전체 길이 1,000km에 이르고 중앙 산맥을 수원지로 고성이 곳곳에 서 있는 강가를 흘러 대서양으로 이어지는 큰 강이다.

생산구역은 뻬이 낭떼(Pay Natais), 앙주 & 쏘뮈르(Saumur), 뚜렌느(Touraine), 중앙 프랑스(Centre de la France)의 4구역으로 구분된다.

이곳에서는 White(Dry, Semi Sweet, Sweet), Rose, Red, Vin Mousse(발포성 와인) 등 다양하고 우수한 와인이 생산된다.

A.O.C의 수는 60개 이상으로 지방별 개수로는 세 번째로 많다.

이 지역은 루아르강의 어류, 대서양의 어패류 등 수자원은 물론, 과일, 가축을 기르는 데 적합한 온난한 기후의 혜택을 받고 있다. 특히 산양우유로 만드는 쉐브르 치즈(Chevre Cheese)가 유명하다. 백년전쟁의 시발점이 된 곳으로 우선 그 배경과 전개사항을 이해해 볼 필요가 있다.

참고

백년전쟁

백년전쟁(百年戰爭)은 영국과 프랑스의 전쟁으로 프랑스를 전장으로 하여 여러 차례 휴전과 전쟁을 되풀이하면서, 1337년부터 1453년까지 116년 동안 계속된 영·프 전쟁이다. 명분은 프랑스 왕위 계승 문제였고, 실제 원인은 영토 문제였다.

윌리엄 1세(William I of England, 프랑스어: Guillaume de Normandie, 1028년 9월 9일~1087년) 또는 정복왕 윌리엄(William the Conqueror) 또는 사자왕 윌리엄(William the Bastard)은 노르만 왕조의 시조이자 잉글랜드의 국왕이다. 1035년 노르망디 공작이 된 그는 노르망디 공국을 서프랑크왕국과 대등할 정도로 발전시켰다. 1066년 도버해협을 건너 잉글랜드를 점령함에 따라 잉글랜드의 왕조는 노르만 왕조가 되었다.

영국은 1066년 노르만 왕조의 성립 이후 프랑스 내부에 영토를 소유하였기 때문에 양국 사이에는 오랫동안 분쟁이 계속되었다. 13세기에 이르러서는 영국 왕의 프랑스 내 영토가 프랑스 왕보다 더 많은 지경에 이른다. 그러나 중세 봉건제도하에서 영국 왕은 영국의 왕이면서 동시에 프랑스 왕의 신하라는 이중 지위를 갖고 있었다.

상황이 이렇게 된 것은 중세 봉건제도의 특징상, 결혼을 하면 여자가 남자에게 자신의 봉토를 결혼 지참금으로 넘기기 때문이었다. 노르만 왕조 성립 이후 영국 왕은 역시 애초 프랑스 왕의 봉신이었던 노르망디 공국의 영주였고, 노르만 왕조의 뒤를 이은 플랜태저넷 왕가(1154~1399) 역시 본래 프랑스의 앙주 백작이었다. 플랜태저넷 왕조는 영국 왕으로서 노르망디도 당연히 계승하게 되었고, 이렇게 되자 프랑스 내에서 영국 왕의 입김은 프랑스 왕보다 더욱 셌지만, 법률상으로 영국 왕은 프랑스 왕의 신하였다.

1328년 프랑스 카페 왕조의 샤를 4세가 남자 후계자 없이 사망하자, 그의 4촌 형제인 발루아 왕가의 필리프 6세(재위: 1328~1350)가 왕위에 올랐다. 그러나 여자가 직접 왕위를 계승하는 것이 불가능하다 하더라도 만일 그녀의 아들에게 계승시킬 수 있다면 영국 왕 에드워드 2세의 왕비

이사벨라(마지막 카페 왕조의 국왕이었던 샤를 4세의 누이)의 아들인 에드워드 3세(재위 : 1327~1377)가 왕위 계승자가 된다는 주장도 성립되었다. 이것을 핑계 삼아 영국왕 에드워드 3세는 프랑스 왕위를 자신이 계승해야 한다고 주장하여, 양국 간에 심각한 대립을 빚게 되었다.

영토 문제와 왕위계승권 문제로 인한 두 왕가의 갈등은 대화로 풀 수 있는 상황이 아니었다. 이렇게 해서 결국 116년간의 기나긴 전쟁의 서막이 오르게 되었다.

2) 주요 산지

(1) 뻬이 낭떼(Pay Nantais)

낭떼는 루아르 지방 최대의 도시로 로마제국 시대부터 교통의 요지였던 곳이다.

17~19세기에는 유럽과 아프리카 아메리카를 연결하는 삼각 교역의 거점으로서 영화를 누린 무역항이었다.

가. 주요 와인

AOC Muscadet, AOC Muscadet-Sevre-et Maine, AOC Muscadet-Sevre-et Maine Sur lie AOC Muscadet Sur lie 등이 있다.

나. 품종

White는 Muscadet, Gros Plant 등이 있고, Red는 Gamay, Cabernet Franc 등이 있다.

뮈스까떼(Musacdet)는 지명이 아닌 포도품종명으로 멜론(Melon)을 닮은 잎을 갖고 있다.

17세기 전반에 도입된 품종으로 물롱 드 부르고뉴(Melon de Bourgogne)라 불리는 품종으로 원산지인 Bourgogne에서는 사라졌는데 이곳 낭떼(Nantes) 지구에서는 뮈스까떼라는 명칭으로 정착하게 되었다. 뮈스까떼의 산지는 루아르강 하구의 약 50km 상류에 있는 낭떼(Nantes)시의 남쪽으로 이어져 있다.

다. 특징

이 지역 라벨에서 종종 보이는 뮈스까떼 쉬르 리(Muscadet Sur lie)라는 명칭은 전통적인 양조법에 관련된 사항을 가리킨다. 전통적으로 발효 중 병입하여 그 후 수개월간 앙금을 거르지 않고 숙성하기 때문에 뮈스까떼 쉬르 리(Muscadet Sur lie)의 Sur는 "위에" lie는 "앙금"을 뜻하여 Sur lie는 "앙금 위에서"를 뜻하게 된다.

이 와인은 수확 다음해 봄에 발효 오크통 또는 탱크에서 직접 병입하는데 여과시키는 경우도 있지만 대부분 도멘(Domaine)에서 여과 없이 병입한다.

이 방법에는 2가지의 효과가 있다.

첫째, 앙금을 거르지 않았기 때문에 산화를 예방하고 발효에서 얻어진 탄산가스의 손실을 피할 수 있어서 미감에 신선함과 발랄함을 남길 수 있다.

둘째, 발효를 마친 효모인 앙금으로부터 나오는 복잡한 아로마가 숙성 중 와인의 향을 발달시켜 준다.

(2) 앙주(Anjou) & 쏘뮈르(Saumur)

가. 앙주(Anjou)

9세기에 백작령이 된 앙주의 영주로 널리 알려진 인물은 제프리 백으로 그의 아들 앙리는 영국 Plantagenet 왕조(1154~1399)의 시조 앙리 2세가 된다. 후에 이 땅을 차지한 프랑스 카펜 왕조의 루이 9세는 자신의 동생을 앙주 백작으로(1246년) 하여 새로운 앙주 가문을 창시한다.

가) 주요 와인

AOC Anjou, AOC Cabernet d'Anjou, AOC Coteaux du Layon, AOC Bonnezeaux, AOC Quarts de Chaume, AOC Savennieres 등이 있다.

품종은 White는 Chenin Blanc, Sauvignon Blanc, Chardonnay 등이 있고, Red는 Cabernet Franc, Cabernet Sauvignon, Gamay, Cot 등이 있다.

나) 특징

일반적으로 루아르의 4대 로제 와인(Rose wine)으로 까베르네 당주(Cabernet d'Anjou), 로제 당주(Rose Anjou), 로제 드 루아르(Rose de Loire), 까베르네 드 소뮈르(Cabernet de Saumur)를 지칭한다.

Rose d'Anjou는 그롤로(Grolleau) 품종을 사용한 Sweet Rose Wine을 생산하고 Cabernet d'Anjou는 Cabernet Sauvignon, Cabernet Franc 품종을 사용한 Semi Sweet에서 Sweet wine까지 생산한다.

앙주 쏘뮈르 최고의 와인은 화이트 슈냉 블랑으로 만들며 드라이 와인부터 스위트 와인까지 만들 수 있다.

포도밭이 위치한 계곡 사이에서는 보트리티스 씨네레아가 자주 발생하기 때문에 대부분은 어느 정도의 잔당을 갖고 있다.

이 현상은 특히 레이용강에서 자주 일어나는 현상으로 앙제의 서쪽에서 남쪽으로 루아르강으로 흘러오기 때문에 이곳에서는 스위트 와인 꼬또 뒤 레이용(Coteaux du Layon)이 만들어진다.

이 스타일은 슈냉 블랑의 산미에 독일의 스위트 와인보다 알코올성분이 높다. 그중에서도 가장 좋은 조건을 갖추고 있는 지역은 꺄르 드 숌므(Quarts de Chaume), 본느죠(Bonnezeaux). 두 곳으로 각각 독자적인 AOC를 갖는 위대한 스위트 와인으로 인정받고 있다. 이렇게 루아르의 4대 귀부와인으로 꼬또 뒤 레이용(Coteaux du Layon), 까르 드, 숌므(Quarts de Chaume), 본느죠(Bonnezeaux)를 지칭한다.

바이오다이내믹(Biodynamic) 농법 & 니콜라 졸리

사브니에르는 앙주 쏘뮈르에서 가장 훌륭한 드라이 와인을 생산하는 곳으로 세계에서 가장 뛰어난 드라이 슈냉 블랑 와인산지이다.

포도밭들은 남향의 가파른 비탈 위에 위치하고 있으며 이들 포도밭의 포도 생산량은 루아르에서 가장 적은 축에 속한다.

사브니에르에서 가장 훌륭한 화이트 와인은 니콜라 졸리의 끌로 드 라 꿀레 드 세랑(Clos de la Coulee de Serrant)이다. 모노폴에서 만드는 끌로 드 라 꿀레 드 세랑은 간단히 꿀레 드 세랑으로도 불린다.

이 포도밭을 소유하는 졸리는 바이오다이내믹(비오디나미: Biodynamie) 농법에 따라 포도를 재배한다.

쿨레 드 세랑은 17에이커밖에 안 되지만 포도밭 자체에 고유 원산지 명칭(A.O.C)을 표기할 만큼 특별하다.

나. 쏘뮈르

가) 주요 와인

AOC Saumur, AOC Saumur Champigny, AOC Cabernet de Saumur

루아르(Loire), 뚜에(Thpuet), 디브(Dive) 이 3개의 하천이 흐르는 쏘뮈르시는 "앙주 지방의 진주"라고 불리는 아름다운 도시이다. 앙제시에서 루아르강을 40km 거슬러 오른 곳에 있는 지리적 이점으로 12세기부터 현재까지 루아르 와인 거래의 거점으로 번영해 왔다.

이곳의 대표적인 로제 와인인 까베르네 드 쏘뮈르(Cabernet de Saumur)는 잔당 10g/liter 이하의 Rose wine으로 약간의 단맛이 느껴진다.

쏘뮈르 포도 재배지는 앙주의 동부와 경계를 이루고 있어 앙주와 동일한 품종이 재배되고 있다. 이곳의 화이트 와인은 드라이 화이트 와인은 물론 좋은 해에는 스위트 와인까지 만들 수 있다. 최상의 레드 와인은 카베르네 프랑 품종으로 만드는 쏘뮈르 쌍피니(Saumur Champigny)이다.

강 양쪽은 구멍이 많은 석회암질 토양인 투포(Tufa)로 형성된 가파른 경사면으로 이루어져 있으며 곳곳을 파서 만든 와인 저장고가 자리 잡고 있다.

(3) 뚜렌느(Touraine)

가. 주요 와인

AOC Touraine(Red, White), AOC Chinon, AOC Bourgueil, AOC Saint-Nicolas-de-Bourgueil, AOC Vouvray, AOC Montlouis, AOC Cheverny가 있다.

나. 품종

White는 Chenin Blanc, Sauvignon Blanc, Chardonnay 등이 있고, Red는 Cabernet Franc, Gamay, Groslot(grolleau), Cabernet Sauvignon, Pineau D'aunis 등이 있다.

다. 특징

뚜렌느의 중심 도시 뚜르(Tours)는 와인의 역사를 말하는 데 있어 중요한 장소이다. 뚜르의 대주교인 생 마틴(Saint Martin, 316~397)이 수도원을 짓고 포도 재배를 시작한 장소가 이곳이기 때문이다.

대서양 기후의 영향은 루아르 지방에서 중요한 요소이지만 이곳에서 뚜르는 바다로부터 약 200km 떨어져 있기 때문에 큰 영향을 받지 않는다.

뚜렌느 지방은 크게 2곳으로 나뉜다.

하나는 쏘뮈르에 이르는 남부지구로 시농(Chinon), 브르게이(Bourgueil)의 레드 와인 생산지이다.

또 하나는 동부지구로 부브레(Vouvray)의 화이트 와인 생산지이다.

뚜렌느는 여러 작은 지구 전체를 지칭하는 명칭으로 주로 까베르네 프랑과 가메이 종으로 만들어지는 레드 와인과 소비뇽 블랑과 슈냉 블랑 종 위주로 만들어지는 드라이한 화이트 와인이 있다.

이곳 와인에서는 소비뇽 드 뚜렌느(Sauvignon de Tourine)나 가메이 드 뚜렌느(gamay de Touraine) 등 포도품종이 지명과 같이 라벨에 명시되는 경우가 자주 있다.

루아르에서 가장 중요한 레드 와인은 시농으로 시농의 대부분은 레드 와인으로 소량의 로제와 화이트가 생산된다.

레드는 이곳에서 브르똥(Breton)이라 불리는 까베르네 프랑(Cabernet Sauvignon) 품종으로 만들어지고 로제는 대개 까베르네 프랑, 까베르네 소비뇽, 가메이 품종으로 만들어진다.

시농의 북쪽에는 브르게이(Brougueil)와 생 니콜라 브르게이(Saint Nicolas de Brougueil)라는 생산지구가 있다. 이들은 나무가 무성한 평지에 있어서 북풍으로부터 보호받고 있다.

위 3곳 중 가장 빨리 숙성되는 것은 시농으로 브르게이는 수년간 숙성이 필요하다.

• 부브레(Vouvray)

몇 세기 동안 부브레에서 생산되는 와인의 대부분은 네덜란드가 루아르의 스위트 와인을 선호했기 때문에 배로 네덜란드에 수출해 왔다.

부브레에서는 드라이 와인부터 스위트 와인까지 여러 가지 와인을 만들어 왔는데 스위트 와인은 귀부의 영향을 받은 슈냉 블랑으로 작황이 좋은 해에만 생산된다.

뚜르(Tour)시의 북쪽, 뚜렌느에서 떨어진 곳에 로아르(Loir)라고 하는 강이 흐르는 곳에 2개의 자스니에르(Jasnieres)와 AOC 꼬또 뒤 로아르(coteaux du Loir)가 있다.

또 루아르강을 거슬러 올라가면 슈베르니(Cheverny)라고 불리는 지구에서 소비뇽 블랑으로 만드는 화이트 와인과 가메이종으로 만드는 레드와 로제 와인이 생산된다.

이곳의 꾸르 슈베르니(Cour Cheverny)라는 AOC에서는 로모랑땅(Romorantin)이라는 특이한 품종으로 만드는 화이트 와인이 생산되고 있다.

(4) 중앙 프랑스(Centre de la France)

루아르 산지의 동쪽 끝부분 지역으로 중앙 프랑스 지구(Centre de la France)라고 부른다. 생산량은 4개의 구역 중에서 가장 적다. 최고의 와인은 상세르(Sancerre)와 뿌이 퓌메(Pouilly-Fume)이며 루아르강을 사이로 거의 서로 마주보는 마을 주위에서 만들어진다.

기후는 대륙성 기후로 여름은 덥고 겨울은 추워 대서양에 가까운 구역보다 서리 피해 위험성이 높다.

가. 주요 와인

AOC Sancerre, AOC Pouilly-Fume, AOC Menetou-Salon, AOC Quincy, AOC Reuilly 가 있다.

나. 품종

White는 Sauvignon Blanc, Chasselas 등이 있고 Red는 Pinot Noir가 있다.

다. 특징

상세르의 토양은 바다의 화석을 풍부하게 포함한 석회질로 배수가 좋다.

상세르는 주로 소비뇽 블랑종으로 만들고 600liter 오크통에서 천천히 숙성시키는 드라이 화이트 와인이다.

일반적인 특성으로 특징적인 풀향이 있어서 이 향을 싫어하는 사람들은 "고양이 오줌"향으로 표현하기도 한다. 산미가 강하고 장기 숙성에는 적합하지 않다.

그 외 약 20%의 비율로 피노 누아 품종으로 만드는 레드와 로제가 있는데 이 품종은 루아르의 다른 곳에서는 재배하지 않는다. 이곳은 부르고뉴나 샹파뉴 지방과 가깝기 때문에 잘 자란다.

단 상세르의 피노 누아는 부르고뉴 지방의 피노 누아보다 밝고 가벼운 스타일이다.

뿌이 퓌메(Pouilly-Fume)는 루아르강의 반대편으로 상세르와 거의 비슷하지만 부싯돌을 포함하는 토양에서 만들어진다.

같은 생산구역에서 뿌이 퓌메(Pouilly-Fume)는 소비뇽 블랑 품종으로 뿌이 쉬르 루아르(Pouilly sur loire)는 샤슬라(Chasselas) 품종으로 화이트 와인을 만든다.

6   알자스 Alsace

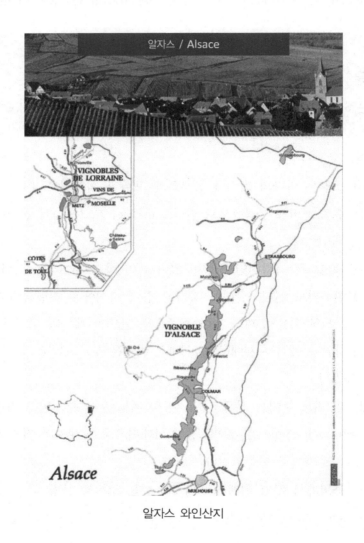

알자스 와인산지

1) 지역 개관

약 2500년 전 당시 알자스 평야가 서쪽에 보쥬산맥을 동쪽에 슈바르츠발트(Schwarzwald: 검은 숲)를 남기고 함몰하여 정중앙에 라인강이 만들어지게 되었다.

그 결과 알자스 포도원이 자리하는 보쥬 산맥의 동쪽 경사면은 지각 활동과 퇴적 작용에 의하여 복합적이 토양을 갖게 되었다.

이것이 알자스 지방이 다채로운 와인을 생산하는 중요한 요소이다.

알자스 와인은 역사적으로 프랑스와 독일 두 나라 국경의 상황을 반영한다.

이곳의 국경은 2가지로 달라지곤 했는데

중세시대풍의 알자스 거리

라인강을 기준으로 나뉘거나 서쪽 25km 지점에서 강과 평행을 이루며 이어지는 보쥬 (Voges)산맥을 따라 정해지곤 했다.

역사적으로는 라인강이 정치적 국경일 때가 많았지만 기후, 문화, 언어적 차이를 만드는 것은 보쥬산맥이었다.

1648년 베스트팔렌 조약으로 신성 로마제국으로부터 프랑스 영토가 된 알자스 지방은 독일, 프랑스의 요충지에 위치하므로 로렌 지방과 함께 때때로 분쟁지대가 되어 왔다.

이전에 라인강과 그 지류를 이용하는 하천 교역의 거점이 빠르게 형성되고 꼴마르, 뮐르즈 등 다수의 자유도시가 영화로웠던 때도 있었다.

특히 독일어로 "가도의 마을"이라는 뜻의 스트라스브르그는 중세 3대 도시 중 하나로 불렸다. 활판 인쇄의 구텐베르그, 신학자 칼뱅, 스트라스브르그 대학에서 법학을 배운 괴테 등, 이 땅에 머물렀던 문학인이 많고 현재는 EU 등 국제기관이 위치하고 있는 한편 옛 시가지가 세계문화유산으로 등재되어 관광지로도 알려져 있다.

일반적으로 프랑스의 포도원이 와인 라벨에 와인 생산지의 명칭을 붙이지만 알자스 지방에서는 포도품종의 이름을 라벨에 명시한다. 이와 함께 날씬하게 쭉 뻗은 와인병을 사용하는데 이 와인병을 "푸르트 달자스(Flute d'Alsace)"라고 부른다. 1972년 AOC Alsace가 탄생하였다.

푸드르(Fudre)

2) 양조방법의 특징

일반적인 화이트 와인이 스테인리스 스틸이나 작은 오크통 바리끄(Barrique)에서 숙성시키는 것과 달리 이곳의 화이트 와인은 푸드르(Fudre)라는 크고 오래된 나무 오크통에 보관한다.

일반적으로 보르도나 부르고뉴에서는 오크통을 3년 정도 사용하면 오크통의 수명이 다했다고 판단하고 오히려 와인을 변질시킬 수 있는 위생문제를 우려하여 더는 사용하지 않는 경우가 많다.

그러나 알자스에서의 푸드르는 와인 숙성보다

주석산염 결정

푸드르와 주석산염

는 보관의 개념으로 쓰인다는 것이 정확하다고 말할 수 있다. 통의 안은 오랜 기간 사용으로 인해 내부에 두꺼운 주석산염으로 덮여 있고 이로 인해 통에 의한 변질의 우려 없이 와인을 보관할 수 있다.

3) 떼루아(Terroir, 테루아)

알자스의 포도밭은 보쥬산맥에서 라인 평야에 이르는 구릉성 산지에 위치하고 있다.

토양은 프랑스 어느 곳보다 복합성을 갖는 토양이며 이 토양이 와인에 다채로움을 주는 큰 역할을 하고 있다.

기후적인 요소로는 연평균 기온 섭씨 10℃, 강수량 연간 600~700mm로 적고 연평균 30mm의 강우량은 보쥬산맥 정상의 2,500mm 이상과 비교해서 알자스 포도밭이 바다의 영향을 받지 않는다는 것을 가리킨다. 동서 간의 극심한 강우량의 차이는 프랑스의 다른 지역에서는 찾아볼 수 없는 특별한 기후이다.

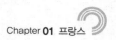

4) 포도품종과 와인

화이트 와인에는 Sylvaner, Chasselas, Chardonnay, Muscat, Riesling, Gewurztraminer
가 있고 로제와 레드 와인에는 Pinot Noir가 있다.

(1) 노블 품종(Noble Grapes)

가. 리슬링(Riesling)

15세기 라인 지방에서 건너온 품종이지만 알자스의 리슬링은 독일이나 세계 여러
나라의 리슬링과는 구분되는 품종으로 인식된다.

알자스의 리슬링은 만생종으로 와인의 바디와 아로마는 알자스의 복합적인 토양이
갖는 여러 가지 떼루아의 뉘앙스를 그대로 반영한다.

드라이하며 섬세하고 기품 있는 품종으로 상쾌한 과실향이 살아 있는 산미가 좋은
와인을 만들며 장기 숙성능력을 갖는 품종이다.

나. 게뷔르츠트라미너(Gewurztraminer)

알자스에 있어서 특징을 최대한 표현하는 품종으로 트라미너 또는 사바냉 로즈와 동
종 계열의 향기가 강한 품종이다. 빨리 익는 조생종으로 와인은 골격이 있으며 입에 머
금으면 부드럽고 과실, 장미, 스파이스(독어-향신료) 등 아로마가 풍부하게 난다. 알자
스를 대표하는 와인으로 장기 숙성이 가능하다.

다. 뮈스까(Muscat)

알자스에서 뮈스까는 가장 오래된 포도품종으로 1510년의 문헌에도 등장한다.

과피는 때때로 장밋빛을 띠며 두 가지 종류의 뮈스까가 있다.

뮈스까 아 쁘띠 그랑 품종은 지중해 연안에서 재배되는 것과 동일하지만 지중해와는
달리 알자스에서는 늦게 숙성한다. 이 때문에 상당히 빨리 성숙하는 뮈스까 오또넬 품
종으로 자주 대용되기도 한다.

이 두 종류의 뮈스까를 블렌딩하면 가볍고 드라이하며 아로마틱한 독특한 품미를 지니게 되며 알자스에서 식전주로 애용한다.

라. 피노 그리(Pinot Gris)

프랑스어로 그리(Gris)는 회색을 뜻하며 피노 그리는 피노 누아에서 파생된 화이트 와인품종이다.

이태리에서는 피노 그리지오(Pinot Grigoi)라고 불린다. 알자스의 피노 그리 와인은 이태리 피노 그리지오의 강한 산미와는 달리 스위트한 모과, 복숭아 등의 핵과일의 풍성한 향을 담고 있으며 종종 오프 드라이 스타일의 약간의 단맛을 남기기도 한다. 향이 풍부하고 미감이 기름지며 산미와 알코올의 균형이 뛰어나 육류와 매칭할 수 있는 힘 있는 와인이다.

(2) 기타 품종

가. 피노블랑 & 오세루아(Pinot Blanc & Auxerrois)

이 두 품종 모두 만생종으로 동일 계통의 품종이며 이 중 오세루아는 로렌 지방에서 유래되었다.

재배가 쉽고 진흙토양을 좋아하며 실바네르보다 골격이 있고 좋은 산이 있으며 향이 풍부하다.

나. 실바네르(Syvaner)

이 품종으로 만들어지는 와인은 가볍고 프레시하고 프루티한 타입이다.

다. 샤슬라(Chasselas)

18세기 오랭현에서 발견된 품종으로 하얀 또는 장밋빛의 과피를 갖는 이 품종은 조생종인 실바네르에 비교하면 기름지고 따뜻하고 수분을 머금은 토양을 좋아하기 때문에 생산량은 불안정하다. 중성적이고 신선한 와인을 생산하며 크레망 달자스 또는 에델즈비케르 등의 블렌딩용으로 사용되는 경우가 많다.

라. 샤르도네(Chardonnay)

만생종으로 부르고뉴 지방의 유명한 포도품종으로 알자스에서는 크레망용으로만 사용이 허가되어 있다. 우아하며 밸런스를 갖춘 아로마가 가득하다. 석회암질 토양을 좋아한다.

마. 피노 누아(Pinot Noir)

이 부르고뉴의 고귀한 품종은 중세시대 알자스에서 많이 재배되었다. 석회질 토양에서 최적의 조건을 갖는 품종이지만 알자스에서는 화강암질의 거친 자갈 토양에서도 좋은 와인을 생산한다. 체리의 향기를 내며 좋은 밸런스를 갖는 로제, 전통적인 레드 와인은 좋은 평가를 받고 있다.

5) 특수한 와인

(1) 에델쥐비케르(Edelazwick)

"고귀한 블렌딩" 와인을 의미하는 이 와인은 여러 구획의 포도를 섞어서 수확하거나 품종이 다른 복수의 와인을 블렌딩한 옛날 방식의 명칭이다. AOC 알자스에 사용되는 각 포도품종의 배합규정은 없다. 생산자에 따라 조화로운 와인을 만드는 데 대부분 이 지역의 윈스텁(Winstub: 선술집)에서 애용된다.

(2) 정띠(Genti)

알자스의 고귀한 포도품종. 리슬링, 피노 그리, 게뷔르츠트라미너, 뮈스까 중 한 가지 또는 복수 품종을 최소 50% 이상 사용 블렌딩해서 만든 와인이다.

(3) 방당주 따르디브(Vendanges Tardives) & 셀렉시옹 드 그랑 노블(Selection de Grains Nobles)

이 두 가지 표현은 게뷔르츠트라미너, 피노 그리, 리슬링, 뮈스까, 알자스의 노블 품종인 4종의 품종에 한하여 완숙한 과일을 손 수확해서 만든 와인에 부여된다.

방당주 따르디브는 포도 송이가 포도나무에서 건조될 정도의 시기에 늦수확하고 발효시켜 스위트한 와인을 만들고, 셀렉시옹 드 그랑 노블은 포도알에 보트리티스 시네레아균의 영향을 받은 포도알을 선별 수확하여 높은 천연 농축 당분을 갖는 최상의 스위트 와인을 생산한다.

6) A.O.C 체계

이곳의 A.O.C는 AOC 알자스(Alsace), AOC 알자스 그랑크뤼(Alsace Grand Cru), AOC 크레망 달자스(Cremant d'Alsace) 3가지로 나눈다.

(1) AOC 알자스(AOC Alsace)

AOC Alsace는 알자스의 8품종 모두 사용 가능하다. 그리고 방당주 따르디브, 셀렉시옹 드 그랑 노블도 AOC 알자스로 생산된다.

(2) AOC 알자스 그랑크뤼(AOC Alasce Grand Cru)

일반적으로 알자스 와인은 와인의 품종에 의해 알려졌다고 한다.

그렇지만 알자스에는 긴 시간에 걸쳐 평가되어온 위대한 와인을 생산하는 위대한 떼루아를 갖는 51개의 "리우 디(Lieux-dits)" 포도밭이 있어 AOC 알자스 그랑크뤼라는 별도의 AOC를 갖는다.

알자스 그랑크뤼는 이 51개의 리우 디에서 4개의 고급 품종인 리슬링, 피노 그리, 게뷔르츠트라미너, 뮈스까로 만든 와인이다.

(3) AOC 크레망 달자스(AOC Cremant d'Alsace)

로제, 화이트 크레망을 생산한다. 로제는 피노 누아 100%로 만들고 화이트는 오세루아, 샤르도네, 피노 블랑, 피노 그리, 피노 누아, 리슬링 품종으로 만든다.

7 프로방스 Provence

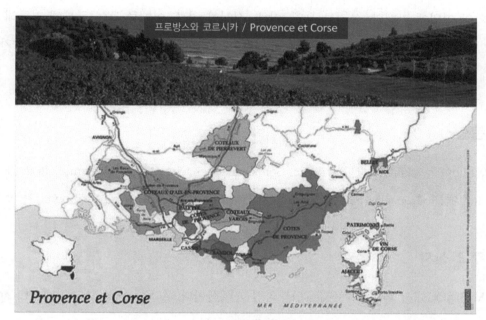

프로방스 와인산지

1) 지역 개관

프로방스 지방은 연중 태양의 햇살이 쏟아지는 온난한 기후의 땅으로 관광객 및 해안 리조트로 인기가 높다.

프랑스에서 가장 오래된 와인 생산지로 2600년 전 마르세유를 건설한 포카이아(현대의 터기 인근)에 그리스인이 포도나무를 처음 심은 후 프랑스 내에서 처음 포도 재배를 시작한 곳이다.

풍부한 일조량과 배수가 좋은 석회질 토양이 포도 재배에 최적의 환경을 이루고 있으며 론강, 지중해 연안에서 바다를 향해 부는 강렬한 북풍 "미스트랄"은 공기 중 습기를 날려 포도를 건강하게 보호해 준다.

생생하고 화려한 향기를 지닌 로제 와인도 아주 유명하고 근래에는 화이트와 레드 와인의 평가도 높아지고 있다.

특히 로제의 생산으로 유명해서 전체의 70%가 로제 와인이다. 이어서 레드 와인이 25%, 화이트 와인이 5%를 구성하고 있다.

와인 이외에 라벤다, 올리브 오일, 야채, 신선한 허브, 어패류 등이 풍부해 지중해 요리인 부야베스는 세계적으로 유명하다. 세잔, 고흐, 마티스, 파카소 등 수많은 예술가들에게 사랑받은 땅이기도 하다.

2) 품종

White에는 Clairette, Ugni Blanc, Semilion, Grenache Blanc, Marsanne, Rolle가 있고, Red에는 Grenache Noir, Cinsault, Mourvedre, Carignan, Syrah, Tibouren가 있다.

3) 주요 산지

모든 AOC에서 화이트, 로제, 레드 와인을 생산한다. AOC Cassis, AOC Palette, AOC Bellet, AOC Cotes de Provence, AOC Coteaux d'Aix Provence, AOC Les Beaux de Provence, AOC Coteaux Varois가 있다.

(1) 프로방스 대표 AOC

가. AOC 방돌(Bandol)

프로방스 지방은 특유의 동풍과 "미스트랄"이라 불리는 강한 북서풍으로부터 보호되는 안전한 항구이기 때문에 와인 수출항으로 번영했다.

19세기 말까지 많은 상선에서 방돌의 "B"가 새겨진 오크통 나르는 광경을 보았다고 한다.

와인 상업의 번영은 오크통 제조업의 발전을 가져왔고 1850년경에는 100여 개의 통 제조업자가 존재했다.

미식가로도 잘 알려진 루이 15세에게도 사랑받아 궁중의 식탁을 장식하기도 하였으며 화이트, 로제, 레드 와인을 생산하는데 그중 로제 와인이 가장 유명하다.

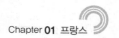

로제 와인은 직접압착법(Pressurage)으로 만들어지고 엷은 들장미, 고급 연어빛 핑크색이 특징적이다. 고블릿(Goblet) 재배방식으로 재배된 무르베드르 품종으로 장기 숙성이 가능하다.

8 꼬르스(Corse)

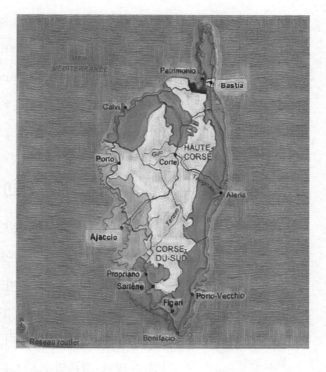

나폴레옹의 출생지로 아름다운 꼬르시카(꼬르스)는 프랑스와 이탈리아 사이에 위치하는 지중해에서 4번째로 큰 섬이다. 2,710m의 친트산을 중심으로 섬의 평균은 해발 586m로 항구는 아름다운 자연환경으로 세계자연유산에 등재되었다.

섬의 해안 계곡에 있는 포도밭은 관목지대를 개척하여 만들어졌다. 온난한 섬이지만 밤에는 서늘하다. 밤의 해풍이 낮 동안 받은 태양의 열기를 부드럽게 식혀주고 산미가 있으면서 밸런스가 좋은 와인을 만들어준다. 화이트, 로제, 레드, 천연감미 와인(V.D.N) 등 다양한 와인이 있지만 대부분은 레드 와인이다.

기원전 6세기부터 그리스(현재의 터키 부근)의 포카이아인에 의해 와인이 만들어졌다. 1769년 제노바 조약에 의해 프랑스령이 되었지만 지금도 주인은 독자성을 강하게 갖고 있고 본토에는 없는 포도품종으로 와인을 만든다.

9   쥐라(Jura)

부르고뉴 지방의 동쪽, 스위스의 국경에 가까운 쥐라산맥의 기슭에 위치한 지역으로 쥐라란 켈트어로 산림을 의미하고 지질시대 쥐라기의 어원이기도 하다. 포도밭은 쥐라 고원에서 평야로 내려오는 해발 250~500m 언덕의 사면에 위치하고 있다. 화이트, 로제, 레드, 발포성 와인을 생산하지만 이 지방 특유의 뱅죤(Vin Jaune: yellow wine: 옐로 와인)과 뱅 드 빠이유(Vin de Paille: Straw wine: 짚와인)가 유명하다.

쥐라 지방은 과거 14~15세기에 걸쳐서 프랑스 왕조를 위협할 정도의 세력으로 지금의 벨기에나 네덜란드를 지배하던 부르고뉴 공국의 백작(꽁떼 Comte)령으로서 번영했던 역사가 있어 지금도 프랑슈 꽁떼(Franche-Comte) 지방으로 불리고 있다.

세균학의 연구자로서 저온 발효법을 고안하고 와인 발효의 근대화에 공헌한 파스퇴르는 쥐라 지방의 수도 아르부아에서 자라났다.

1) 뱅죤(Vin Jaune: yellow wine: 옐로 와인)

사바냥(Savagnan) 포도품종으로 만든 화이트 와인으로 오크통에서 숙성시키는 동안 와인 표면에 생긴 특유의 곰팡이를 통한 풍미를 얻는 와인으로 쉐리(셰리)와 비슷한 특유의 산화 풍미를 갖는 와인이 만들어진다. 최저 숙성기간은 6년이며 620ml의 클라브랭(Clavelin)이라는 병을 사용한다.

가장 유명한 뱅죤의 A.O.C는 샤또 샬롱이다.

샤또 샬롱
(Chateau Chalon)

2) 뱅 드 빠이유(Vin de Paille: Straw wine: 짚와인)

늦수확한 샤르도네, 뿔사르를 사용해서 최저 2개월간 짚 위에서 건조시켜 당분을 농축시킨다. 1년 이상 발효한 뒤 통에서 숙성 후 375ml

뱅 드 빠이유

의 뽀(Pots)나 325ml의 드미 클라블랭(Demi Clavelin)병으로 판매한다. 최소 10~15년
병 숙성 후 본연의 모습을 보여주고 최고의 빈티지일 경우 100년의 시간을 견딜 수 있
는 장기 숙성 와인이다.

10 사부아(Savoie)

웅대한 알프스산맥이 아름다운 산림, 호수로 자연이 풍요로운 지방이다.

스위스, 이탈리아와 국경을 접하고 4,810m, 유럽 최고봉의 몽블랑을 감싸고 있어 프
랑스 알프스산맥으로 등산이나 스키를 즐기는 사람들이 세계 각지에서 찾아온다.

화이트, 로제, 레드, 발포성 와인이 생산되지만, 생산량의 대부분은 신선한 화이트
와인이다.

햇빛을 가장 잘 받을 수 있도록 하기 위하여 포도밭은 남동이나 남동향으로 되어 있
다. 토양은 점토 석회질이다.

역사적으로는 1032년 신성로마제국에 병합되어 긴 기간 이탈리아 사보이아가(후이
탈리아 왕조)의 영토로서 번창했기에 이탈리아와 연관성이 깊고, 1860년 프랑스에 병합
되었다. 우유 보존성이 높은 치즈 세미하드타입 치즈(Semi-Hard Type Cheese)와 하드
타입 치즈(Hard Type Cheese)의 명산지로도 알려져 있다. 전통적인 치즈 요리로는 라
끄레뜨(Raclette)가 유명하다.

11 남부 프랑스(Sud-France)

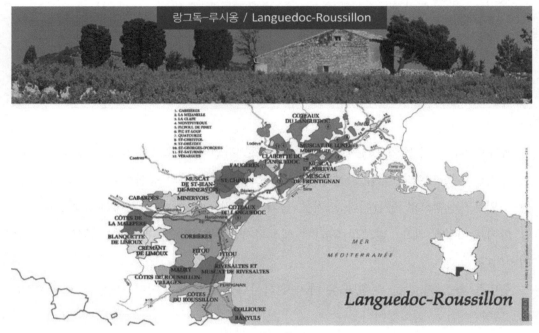

남부 프랑스 와인산지

1) 랑그독(Languedoc)

기원전 6세기부터 포도 재배를 시작한 와인산지로 론강의 하구부터 지중해 연안에 이어져 있다. 지중해성 기후로 포도 재배에 적합한 곳이다.

프랑스 최대의 포도 재배면적을 차지하는 광대한 산지이고 AOC 와인 외에도 많은 수의 지역 와인(Vin de Pay)을 생산하고 있다.

와인의 풍미에서 특유의 갸리끄(석회질의 황무지에 자생하는 식물) 풍미가 느껴지는 것이 특징이다. 오랫동안 대량 벌크 와인 생산지였으나 1980년경부터 품질 와인의 변혁이 시작되어 근래에는 가격대비 품질이 높은 와인산지로 주목받고 있다.

현대의 이 지방은 프랑스 내에서 등급, 규정 변화의 폭이 가장 큰 곳으로 가장 창의적인 지방이라 할 수 있다.

요즘 놀라울 정도로 발전을 이루고 있는 이 지방은 AOC 제도의 규제 범위에서 벗어났다고 말할 수 있는 곳으로 등급은 지역 와인(Vin de Pay)이면서도 양질의 와인을 만들려는 새로운 흐름이 발생하고 있다.

남반구의 오스트레일리아 양조가를 비롯 많은 와인 양조자의 방문과 외국의 투자가 병행되어 과거의 저렴한 대량 와인에서 지금은 고품질 와인을 생산하고 있다.

레드 품종으로 까베르네 소비뇽, 메를로, 시라, 무르베드르 품종 그리고 화이트 품종으로 샤르도네, 소비뇽 블랑, 비오니에 품종들과 새로운 양조기술 도입으로 프랑스에서 가장 흥미로운 와인 생산지가 되었다.

과거 소량이라도 까베르네 소비뇽, 메를로를 블렌딩했다는 이유로 AOC로 인정받지 못한 경우도 많았지만 현재는 규제 완화와 더불어 AOC 규정이 변경되어 AOC로 승격, 신설되는 경우가 다수 있으며 그 예로 리무(Linoux), 포제르(Faugeres), 까바르드(Cabardes), 말페레(Malepere) 등을 들 수 있다.

라벨에 품종명을 표시하는 와인이 자주 보이는데 이것은 프랑스에서는 기존에 없었던 일로 국제 지향적인 프랑스 와인의 새로운 스타일을 표시한다.

화이트, 로제, 레드, 발포성 와인, 천연 감미 와인(VDN: Vin de Naturel), VDL(Vine de Liqueur) 등 다양한 와인을 생산한다.

(1) 주요 와인

AOC Blanqutte de Limoux, AOC Blanqutte de Limoux Ancestrale, AOC Cremant de Limoux가 있다.

가. AOC 리무(Limoux)

1531년 리무 마을에 가까운 세인트 힐라리(Saint Hilaire)수도원의 까브(Cave)에서 코르크로 막아 놓은 병의 와인이 발효해 기포가 생긴 것을 베네딕트파의 수도사가 우연히 발견했다고 한다. 이 방식을 선조전래 방법(Methode Ancestrale)이라 부른다.

샹파뉴의 아버지라고 불리는 같은 베네딕트파의 돔페리뇽 수도사의 전설보다도 1세

기나 먼저 발견했기 때문에 세계에서 가장 오래된 역사의 발포성 와인으로 불린다.

발포성 와인은 여러 가지로 부르는데 샹파뉴의 샴페인처럼 랑그독 지방에서는 전통적으로 브랑께트(Blanqutte)라고 불린다.

리무의 AOC 발포성 와인은 3종류가 있는데 그중에서도 선조전래 방법(Methode Ancestrale)으로 만들어지는 브랑께트 메토드 아세스트랄레가 독특하다. 모작(Mauzac) 품종이 100% 사용되고 포도가 본래 갖는 당분과 기온 변화의 힘만으로 자연 발효가 병 속에서 일어나 탄산을 함유하는 방식이다.

리무에는 이러한 스파클링 와인뿐만 아니라 레드, 화이트 모두 AOC로 인정되어 있는데 화이트는 1981년에, 레드는 2004년에 AOC로 승격되었다.

2) 루시옹(Roussillon)

랑그독 지방에 이웃한 루시옹 지방은 포도밭이 이어진 좁은 계곡과 천혜의 혜택을 받은 곳이다. 스페인과 국경을 접하고 피레네산맥의 고지와 지중해에 둘러싸여 있다.

피레네 오리엔탈에 속하고 프랑스 본토에서도 가장 남쪽에 위치하며 랑그독 지방처럼 지중해성 기후의 영향을 받는다. 태양의 혜택을 충분이 받은 포도로 만든 화이트, 로제, 레드 와인을 생산하고 천연 감미와인(Vin de Naturel), VdL(Vine de Liqueur)의 명산지로도 잘 알려져 있다.

중세시대 이 지방은 바르셀로나를 거점으로 발전한 아란곤 까딸루냐 연합왕국의 영지였던 이유로 스페인 까딸루니아(Catalua) 지방과 연관이 깊다. 이곳 사람들은 까딸루냐어로 말하고 이곳을 북까딸루냐라고 부른다. 독자의 문화를 지켜 나가고 있다.

랑그독 & 루시옹(Languedoc & Roussilo)의 포도품종은 Red는 Grenache Noir, Carignan, Cinsault, Syrah, Mourvedre 등이 있고, White는 Clairette Blanche, Mauzac, Ugni Blanc, Maccabeo, Bourboulenc 등이 있다.

(1) 천연감미 와인 & 리꿰르 와인(VDN & VdL : Vin Doux Natural & Vin de Liqueur)

천연감미 와인 & 리꿰르 와인의 레드 품종에는 Grenache Noir, 화이트 품종에는

Greache Blanc, Grenache Gris, Muscat blanc, Maccabeu, Malvoisie가 있다.

가. 천연 감미와인(VDN: Vin Doux Natural)

뮈따쥐(Mutage)라는 방식으로 발효 도중 알코올을 첨가하여 발효를 중지시켜 감미를 남긴 와인이다. 레드, 화이트, 로제가 있고 최저 알코올 함유량은 15%이다.

랑그독의 생산지로는 Frontignan(Vin de Frontignan, Muscat de Frontignan), Muscat de Lunel, Mucat de Mirval, Muscat de St-Jean de Minervois, Clairette du Languedoc이 있다.

루시옹의 생산지로는 Banyuls, Banyuls Grand Cru, Grand Roussion, Maury, Rivesaltes, Muscat de Rivesaltes가 있다.

나. 리꿰르 와인(VdL: Vin de Liqueur)

발효 전 과즙에 알코올을 첨가하여 만드는 주정 강화와인이다. 첨가하는 알코올은 지방에 따라 오 드 비, 마르, 꼬냑, 아르마냑을 사용하며 알코올 함량 15~22%이다.

랑그독의 생산지로 Frontignan(Vin de Frontignan, Muscat de Frontignan)과 루시옹의 생산지로 Clairette du Languedoc이 있다.

그 외 타 지방에는 꼬냑의 Pineau des Charentes, 샹파뉴의 Ratafia de Chapagne, 부르고뉴의 Ratafia de Bourgogne, 아르마냑의 Floc de Gascogne, 쥐라의 Macvin de Jura, 지중해 연안 미디의 Carthagene du Midi가 있다.

다. 천연감미 와인 란시오(VDN Rancio)

고의적으로 산화시킨 V.D.N이다. 온도가 높은 실내, 선반에 통에 담은 와인을 방치하여 산화를 촉진시키거나 본본느(bonbonnes)라고 불리는 약 30리터의 대형 유리병을 실외에 방치하여 낮과 밤의 기온차로 산화를 촉진시킨다.

루시옹 지방의 Rancio로는 Banyuls, Banyuls Grand Cru, Grand Roussion, Maury, Rivesaltes, Muscat de Rivesaltes가 있고, 다른 지방의 Rancio 생산지로는 론 지방의 Muscat de Beaumes de Venise, Rasteau, 코르스의 Muscat du Cap Corse가 있다.

12 남서부 지방(Sud-Ouest)

보르도의 남쪽에 위치하여 미디라고 불리는 지중해 연안의 서쪽, 랑드숲이 대서양의 해풍을 막아주는 남서부 지방에 여러 와인 지역들이 흩어져 있다.

음식에서도 지방색이 강한 지방으로 유명하며 대부분의 지역은 강을 끼고 있다.

이곳 구릉지대의 와인을 수로를 통해 장거리 운송했는데 보르도 와인 상인들은 자신들의 와인이 다 팔릴 때까지 이곳 와인상인들의 배가 항구에 들어오지 못하게 막기도 했다.

남서부의 와인은 2개의 그룹으로 분류 가능하다. 하나는 보르도 지방의 포도 재배지의 연장상에 있는 보르도 와인과 같은 품종의 포도로 만드는 와인이고 다른 하나는 토착 품종으로 만드는 와인으로 보르도 와인과는 명확히 다른 고유의 개성을 갖는 와인이다. 많은 마을들이 자신만의 고유 AOC를 가지고 있다.

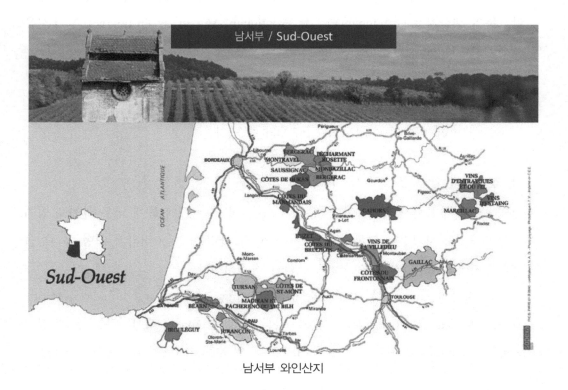

남서부 와인산지

보르도 스타일의 와인산지로는 AOC Bergerac, AOC Cotes de Duras, AOC Pecharmant, AOC Cotes du Marmandais, AOC Monbazillac, AOC Buzet을 들 수 있다.

도르도뉴강과 앙트르 두 메르의 동쪽에 위치한 AOC 베르주락(Bergerac), AOC 뻬샤르망(Pecharmant)에서는 보르도 지방의 포도품종을 사용한 레드와 로제를 생산한다. 이 중에서 최고의 와인은 AOC 뻬샤르망(Percharmant)으로 작은 산지에서 품질 좋은 레드 와인을 생산한다. 또한 스위트 와인으로 몽바지약(Monbazillac)이 유명하다.

몽바지약은 귀부의 영향을 받은 포도로 만들어지며 소테른만큼 고가가 아니면서 품질이 좋아 가격대비 품질이 높은 와인이다.

앙트르 뒤 메르의 부근 남쪽지구에는 꼬뜨 드 뒤라와 꼬뜨 드 마르망데가 있는데 둘 다 보르도 와인과 비슷한 특성을 갖고 있으며 그중 꼬뜨 드 마르망데의 화이트 와인은 높은 평가를 받는 소비뇽 블랑으로 만든 화이트 와인과 소비뇽 블랑에 모작(Mauzac), 온덕(Ondec) 같은 토착품종의 블렌딩 와인도 생산한다.

가론강 부근의 뷔제에서는 보르도 지방 스타일의 레드, 로제, 화이트를 생산하여 아르마냑(Armanac)을 만드는 증류용 와인도 생산하고 있다.

남서부 고유의 토착품종 와인 생산지로 AOC Cahors, AOC Fronton, AOC Gaillac, AOC Madiran, AOC 쥐라송(Jurancon), AOC Pacherenc du Vic Bilh을 들 수 있다.

롯(Lot)강 상류의 까오(Cahors)에서는 일명 "검은 와인(Black wine)"이라고 불리는 검은 색조의 와인이 만들어진다.

이곳에서는 오세루아(Auxerrois)라고 불리는 말벡(Malbec) 품종을 중심으로 만드는 와인으로 최소 70% 이상의 말벡에 멜롯(메를로), 따나(Tannat)를 보조품종으로 블렌딩을 할 수 있다.

와인은 오크통에서 숙성되고 좋은 까오 와인은 색조가 특히 깊고, 풀바디에 장기 숙성이 가능하다.

뚤루즈 시 북쪽의 프롱뜨(Front)는 주로 네그레뜨(Negrette)품종을 중심으로 만드는 레드, 로제 와인으로 블랙베리 같은 개성 있는 아로마를 갖는 풀바디 와인을 생산한다.

프랑스에서 가장 오래된 포도 재배지 중 하나인 가이약(Gaillac)에서는 토양 대부분인 석회질 토양에서 자란 렁드렐(Len de l'el)품종과 모작(Mauzac) 품종으로 드라이 화이트 와인부터 스위트 화이트 와인까지 생산한다. 보조품종으로는 세미용, 소비뇽 블랑을 사용한다.

과거 한때 스위트 와인으로 유명했으며 요즘은 미디엄 스위트 화이트 와인을 많이 생산하며 스파클링일 경우에는 약간의 기포를 갖는 타입부터 선조전래 방식으로 만드는 메토드 가이약 꼬아즈(Methode Gaillacoise), 샴페인 방식으로 만든 크레망(Cremant)이 있다.

레드와 로제는 뒤라, 페르, 가메이 품종을 사용한다.

남서부 지방의 다른 AOC에는 보르도 지방의 강보다는 피레네산맥과 관계가 더 깊다.

샤또 몽투스

이곳에서는 화이트 품종으로 그로멍상(Gros Manseng), 쁘띠멍상(Petit Manseng), 꾸르브(Courb), 레드 품종으로는 따나(Tannat), 페르(Fer) 등 토착품종이 주로 사용된다.

대표적인 화이트 와인으로 빠슈렝드빅빌(Pacherenc du Vic Bih)의 고전적인 벌꿀 풍미의 드라이 화이트 와인과 레드 와인으로는 마디랑(Madiran)이 있다. 아르마냑(Armagnac)의 남부에 접하고 있고 따나품종은 마디랑의 주요 품종으로 60%까지 허가가 되어 있다.

따나품종은 와인에 강한 탄닌과 깊은 색조를 부여하고 장기 숙성을 가능하게 해준다. 이외 보조품종으로 까베르네 소비뇽, 까베르네 프랑, 페르(Fer) 품종이 마디랑 와인에 향신료적인 역할을 하고 있다.

이곳의 화이트 품종은 그로멍상(Gros Manseng), 쁘띠멍상(Petit Manseng), 꾸르브(Courb)로 작황이 좋은 해에는 스위트 와인을 생산하는 쥐라송(Jurancon)이 있다. 늦수확 포도, 또는 귀부의 영향을 받은 포도로부터 스파이시한 스위트 화이트 와인을 만들고 요즘은 드라이 화이트 와인도 많이 생산되고 있는데 이런 경우에는 쥐라송 섹(Jurancon Sec)이라고 라벨에 표시된다. 이 와인도 마찬가지로 특유의 스파이시한 풍미가 있다.

마지막으로 스페인과 국경 지대인 피레네 산악지대에 위치한 이룰레기(Irouleguy)가 있다. 바스크 지방에 위치한 이룰레기는 따나(Tannat) 품종을 주요 품종으로 한 레드 와인과 토착품종으로 만드는 화이트 와인을 생산한다.

참 / 고 / 문 / 헌

김의겸·최민우·정연국 공저, 와인 소믈리에 실무, 백산출판사

로드 필립스(2002), 도도한 알코올 와인의 역사, 시공사

최신덕·백은주·문은실·김명경 공역(2010), The Wine Bible Karen Macneil, WB by Barom Works

최훈, 와인과의 만남, 자원평가연구원(IR)

飯山敏道(2005), Grand Atlas des Vignobles de France, 飛鳥出版

児島速人(2008), CWE Test Your Knowledge of Wine, ワイン教本, イカロス出版

日本 ソムリエ 協會教本, 社團法人 日本 ソムリエ 協會, 飛鳥出版

田辺由(2009), 美のWine Book, 飛鳥出版

佐藤秀良·須藤海芳子·河清美(2009), Vins AOC de France, 三星堂

Hough Johnson, Jancis Robinson, The world Atlas of Wine, 세종서적

The Wine & Spirit Education Trust 編(2009), Exploring wines & Spirits by Christopher Fielden, 上級ワイン教本 柴田書店

http://blog.daum.net/thewines/7?srchid=IIM9xZbO0000&focusid=A_177FDF0C4AB8D3AC3C033C

http://blog.naver.com/macallan1973/120022683932

http://electronica.tistory.com/275

http://palatepress.com/wp-content/uploads/2010/03/Nicolas-Joly-plowing.jpg

http://wineandchamp.lebonami.com/content/vin-ros%C3%A9-du-sud-ouest

http://www.bing.com

http://www.bing.com/images/

http://www.champagne.fr/wpFichiers/1/1/Mediatheque/11/Associes/11/Fichier/appellation.pdf

http://www.google.co.kr

http://www.internetwineguide.com/structure/ww/v&w/europe/fr/sud-ouest/sudouest.htm

http://www.la-cave-a-vin.fr/vin-corse.php

http://www.omnimap.com/catalog/access/winemaps/wine-fra.htm#p4

http://www.snooth.com

http://www.wikipedia.org/
http://www.winepictures.com/france/joly.
http://www.winetour-france.com
www.christmasmagazine.com/…/label.jpg
www.wine21.com
www.wineok.com

CHAPTER

02 독일(Germany)

1 지역 개관

독일 와인의 역사는 로마시대로 거슬러 올라간다. 고대 로마인이 기원전 100년경에 지금의 독일지역을 정복하였고 이윽고 포도 재배가 시작되었다. 당시 라인강과 모젤강 일대에 리슬링(Riesling) 품종으로 계량 발전된 야생 포도가 무성했다고 한다.

3세기에 들어서 와인황제로 불리는 로마 황제 프로브스(276~282)에 의해 포도 재배가 장려되었다.

4~6세기 동양계 훈족의 침입으로 게르만 민족은 남서부의 식량과 경작지를 찾아 대이동을 시작했다. 이 시기 많은 포도나무를 뽑고 다른 작물을 심어버리고 만다. 이 대이동에 의해 로마제국의 멸망과 함께 와인역사도 350년간 암흑의 중세시대를 보내게 된다.

8~9세기에는 서유럽을 정복 통일한 프랑크 왕국의 칼 대제(742~814)가 황폐한 포도밭의 재건에 착수하여 교회와 수도원은 물론 일반 농민에게도 포도 재배나 와인의 양조 전수, 보급에 힘썼다. 다시 와인 양조가 발전하고 품질이 향상되었으며 라인가우에서도 포도 재배가 시작되었다.

1130년경에 지금의 요하니스베르그(Schloss Johannisberg)성의 전신인 베네딕트파의 수도원이 요하니스베르그 언덕에 건설되었다. 1135년에는 중세시대 최대 규모인 시토파의 수도원 클로스터 에버바흐(Kloster Eberbach)가 설립되었다.

1618년 30년전쟁이 발발하여 1648년까지 계속되었고 이 전쟁으로 독일 전 국토가 황폐해졌고 1863년에 유럽대륙을 강타한 필록세라가 1895년 독일에 퍼지는 등의 피해로 당시 15만ha였던 포도밭이 5만ha로 감소했고 다시 10만ha까지 포도밭이 회복된 때는 1914년이 되어서였다.

독일 와인은 과거에는 대부분 드라이한 와인이었으나, 이 시기 여과기술과 스테인리스 탱크에서 발효를 도중에 중지시켜 만드는 슈스레제르베(Sussreserve)의 기술을 도입하여 대부분의 독일 와인은 약간 단맛이 있는 와인으로 생산하였다. 이것은 1930년경부터 시작되었으나, 본격화된 것은 1950년 이후로 이것이 독일 와인의 특징이 되어 세계에 널리 알려진 요인이기도 하다.

그 이후 포도 재배에 대한 국가적인 사업의 일환으로 광범위한 지역에 뮐러투르가우(Müller-Thurgau)를 비롯한 다른 신 품종의 포도를 심고 포도 생산성 향상을 위해 화학비료, 살충제와 제초제를 사용하여 와인의 산업화를 가속화한다.

그 결과 타펠바인(Tafelwein: 테이블 와인)과 같은 저렴한 와인을 대량 생산하여 해외 소비자에게 독일 와인의 이미지는 추락하게 된다.

1996년 독일의 리슬링 재배 면적이 다시 1위로 올라서고 2005년 뮐러투르가우(Müller-Thurgau)의 재배면적은 14%를 겨우 웃도는 수준으로 감소했다.

2000년대 중반에 들어서면서 독일의 재배자들 사이에선 레드 품종들의 인기가 급상승했다. 현재 독일 전체 포도밭의 약 40%가 레드 품종을 재배하는데 가히 혁명적 변화라 할 수 있다.

이에 반비례하여 재배면적이 크게 줄어든 것은 1980년대 라인헤센(Rheinhessen)과 팔츠(Pfalz) 지역에서 인기를 끌었던 화이트 교배 품종들이었다. 조악하고 지나치게 강한 향과 겨울의 추위에 취약하여 도태되었다.

최근 다시 한번 드라이 와인에 대한 수요가 증가하고 있다. 즉 요리와 와인의 조화를 중시한 드라이 와인(Troken), 세미 드라이 와인(Half Troken) 타입의 와인이 만들어지고 있고 현재는 독일 국내 생산의 50%를 넘고 있다.

2 독일 와인의 특징

독일 와인은 당분과 산미의 밸런스를 기본으로 한 신선하고 프루티한 맛과 향을 갖는 비교적 알코올 도수가 낮은 우아한 와인 스타일과 다른 한편으로는 오크통을 이용한 양조 과정을 거친 탄닌이 강조되고 농후하며 복잡한 타입의 와인 스타일의 두 가지로 구분할 수 있다. 와인의 당도는 드라이 타입이 56%, 스위트 와인이 44%이다.

최근에는 도른펠더(Dornfelder)나 슈페트부르군더(Spaetburgunder)의 드라이 레드 와인과 리슬링(Riesling), 그라우부르군더(Grauburgunder), 바이스부르군더(Weissburgunder) 등으로 만드는 드라이 화이트 와인이 높은 평가를 받기 시작했다.

1) 독일 와인용어

(1) 바이스 바인(Weisswein): 화이트 와인

(2) 바인(Wein): 레드 와인

(3) 로트 바인(Rotwein): 옅은 로제 와인

① 바이스헤르프스트(Weissherbst): 로제 와인의 일종이다. 조건은 최소한 크발리테츠바인(Qualitaetswein: 품질와인) 이상, 포도품종은 라벨에 명시되어야 한다.

② 로트링(Rotling): 적포도와 백포도를 혼용 파쇄 또는 각 포도즙을 혼용하여 생산하는 방식이다.

③ 쉴러와인(Schillerwein): 로트링의 일종으로 뷔르템베르크 지방의 크발리테츠바인(품질와인) 또는 프레디카츠바인(Prädikatswein)등급에서만 사용 가능하다.

④ 바디쉬 로트골드(Badisch Rotgold): 로트링의 일종으로 바덴 지방에서 그라우부르군더와 슈페트부르군더 품종으로 생산된 품질와인 또는 프레디카츠바인 등급에서만 사용 가능하다. 포도품종은 함유량에 따라 라벨에 적어야 하며, 그라우부르군더를 더 많이 사용해야 한다.

(4) 젝트(Sekt)

도이처 젝트(Deutscher Sekt: German Sparkling Wine)라는 상표를 가진 스파클링 와인은 독일산 포도로만 만들어진다. 최고의 젝트 중 몇 가지는 크발리테츠샤움바인 b.A(Qualitaets schaumweine b.A) 또는 젝트 b.A(Sekt b.A.)로 포도 재배지역이 명시된 스파클링 와인으로 생산한다.

2) 와인 라벨

(1) 와인 라벨

① 와인 브랜드

② 빈티지

③ 품종

④ Kabinett 등급

⑤ 당분 함유량

⑥ 생산마을 & 포도밭

⑦ 생산지역

⑧ 생산자

⑨ 프레디카츠 등급

⑩ Amtliche Prüfungs nummer(A.P. Nr)

크발리테츠바인(Qualitätswein), 프레디카츠바인(Prädikatswein) 기재사항

A. P. Nr 1 234 567 090 07

• 1: 지역 컨트롤 센터 번호

• 234: 병입자 소재지 인식 번호

• 567: 병입자 인식 번호

• 090: 특정 로트 번호

• 07: 검사연도

(2) 대표적인 와인 라벨 용어

양조장관련: Weingut(와이너리), Winzergenossenschaft(와인 생산조합), Kellerei(양조장)

당도관련: Trocken(드라이), Halbtrocken(미디엄드라이), lieblich/sues(스위트), edelsuess (노블스위트)

---

3 포도품종

1) 화이트 주요 품종

라인가우와 모젤 지방의 화이트 와인이 특히 세계적으로 유명하다. 독일의 화이트 와인은 알코올 함량이 비교적 낮은 편이며, 신선하고 균형 잡힌 맛으로 유명하다.

(1) 리슬링(Riesling)

독일을 대표하는 가장 위대한 독일 품종이고 재배 면적은 전체의 21%로 라인가우와 모젤 지방이 유명 산지이다. 통상 10~11월 초에 걸쳐서 늦게 성숙하는 만숙종 품종으로 늦수확 와인용으로 적합하다.

긴 생육기간에 풍부한 아로마가 형성되며, 숙성에 의한 감미와 산미의 균형이 생긴다. 풍부한 과일향과 높은 산미와, 강한 구조감으로 장기 숙성에 적당하다.

(2) 뮐러투르가우(Mueller-Thurgau)

1880년대 초에 개발되어 아직도 널리 재배되는 품종으로 재배 면적은 전체의 17%를 차지한다. 리슬링과 실바너의 교배종으로 투르가우(Thurgau) 출신의 밀러(H. Mueller) 박사가 1882년 독일의 가이젠하임연구소에서 개발하였다.

장점은 조생종으로 빠르면 9월에 충분히 익기 때문에 가을 수확기에 날씨가 좋지 않은 경우에도 수확을 기대할 수 있는 것이다.

(3) 실바너(Silvaner)

실바너는 고전적 품종으로 재배면적은 전체의 6%를 차지하고 있다.
포도알의 크기는 중간 정도이며 포도즙의 농도는 묽은 느낌을 주며 리슬링보다 약간 일찍 익는다.

(4) 샤르도네(Chardonnay)

1990년대에 독일에서 재배되기 시작하여 1992년 이래로 매년 약 60ha 재배 면적의 꾸준한 상승을 보이고 있다. 샤르도네는 백지장 같은 품종으로 발효와 숙성의 방식에 따라 다양한 와인 스타일의 창조가 가능하며 다양한 음식과 조화를 이루는 장점이 있다.

2) 레드 주요 품종

프렌치 패러독스(French Paradox)의 영향으로 건강에 대한 인식이 높아져 레드 와인의 소비가 증가하였고 지구 온난화에 따른 독일 내 포도 재배 환경의 변화로 레드 와인 품종 재배가 급격히 증가하였다.

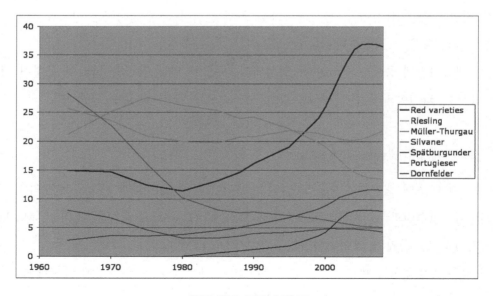

독일 품종 증감 현황표

독일 레드의 수준은 화이트에 많이 뒤처졌다는 평가를 받아왔으나 최근 독일의 슈페트부르군더(Spaetburgunder)가 좋은 평가를 받기 시작했다.

기존의 과일향이 풍부한 가벼운 스타일의 대중 와인 생산에서 벗어나 프렌치 오크 숙성과 같은 양조기술의 도입으로 와인의 복합미와 구조, 바디를 보강한 고급 와인을 생산하고 있다.

(1) 슈페트부르군더(Spaetburgunder)

프랑스에서는 피노 누아(Pinot Noir)로 불리는 품종으로 독일 레드 와인의 대표 품종이다. 프랑스의 부르고뉴 지방에서 도입된 품종으로 우아하며 독특한 향을 가졌고 포도 알은 작으며 생육기간이 원래는 짧은 품종이나 독일에서는 만숙종이다.

팔츠와 바덴의 떼루아에 가장 적당하며 과실향미가 풍부한 와인을 만든다.

(2) 포르투기저(Portugieser)

포르투기저는 포르투갈과는 아무 관련이 없으며 오스트리아의 다뉴브강 유역 지방에서 독일에 유입된 품종이다. 생육기간이 짧은 품종으로 와인은 풍부한 풍미가 부드러워 가볍게 마실 수 있어 일반 식탁에서 폭넓게 사용된다.

(3) 트롤링거(Trollinger)

약 2,600ha의 재배면적으로 뷔르템베르크(Wuerttemberg) 지방에서만 재배되고 있다. 품종명에서 북이탈리아의 남부 티롤(Sued Tirol) 지방이 원산지로 추정된다.

와인은 향기가 많고 화려하며 과실 풍미로 경쾌한 산미와 풍부한 맛이 있다.

(4) 도른펠더(Dornfelder)

1979년, 124ha의 재배면적에서 시작한 도른펠더는 오늘날 약 6,600ha의 면적에서 재배되며, 독일의 레드 와인용 품종으로서 슈페트부르군더 다음의 중요한 품종이다.

팔츠와 라인헤센(Rheinhessen)에서 약 40% 재배된다.

와인의 빛깔은 진한 검붉은색을 나타내며, 과실향이 풍부하며 가끔은 담배잎향이 나기도 한다.

4 독일 와인의 등급체계

1971년에 시행한 와인법에 의해 품질분류가 이루어졌으며 1982년 수정되고 1990년 10월 3일 독일이 통일됨에 따라 다시 개정, 이후 2006년 개정을 통해 현재에 이르고 있다.

EU의 유럽 표준(European Standard)에 의해 와인 등급을 2개의 품질영역으로 나누고 있다. 그 하나가 테이블 와인(Table wine)이고 다른 하나가 퀄리티 와인(Quality wine)이다.

테이블 와인은 타펠바인(Tafelwein)과 란트바인(Landwein)을 말하고 퀄리티 와인은 크발리테츠바인(Qualitätswein), 프레디카츠바인(Prädikatswein)을 말한다.

이 중 프레디카츠바인(Prädikatswein)은 최상위 품질을 가진 와인으로 수확 시의 포도 당도에 따라 6개의 레벨로 다시 구분된다.

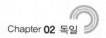

1) 테이블 와인(Table wine)

독일 타펠바인(Deutscher Tafelwein)은 평범한 테이블 와인으로 독일 내에서 대부분 소비된다.

2) 도이처 란트바인(Deutscher Landwein)

지역 와인으로 프랑켄을 제외한 19개의 지역에서 생산된다. 반드시 생산지역을 표시해야 하며 보당이 허용된다. 트로켄과 할프트로켄만 생산된다.

3) 퀄리티 와인(Quality wine)

독일의 물리학자 페르디난드 옥슬레(Ferdinand Oechsle, 1774~1852)가 1830년에 획기적인 과즙의 당도를 조사할 수 있는 비중계를 발명했다.

이 방법은 지금까지도 독일의 품질 평가에 큰 공헌을 했고 지금도 이 방법이 품질의 등급을 분류하는 데 사용되고 있다. 포도즙 비중은 와인의 기대 품질을 가늠케 하며 비중계로 표시되는 수치를 옥슬레(Oechsle)라고 부른다.

포도즙의 비중은 20℃의 온도에서 물 1리터의 비중에 대한 포도즙 1리터의 비중을 나타낸다. 포도즙의 특별한 밀도라고 할 수 있다. 만일 이 비중이 1,076이라고 한다면 포도즙은 76°Oe.(옥슬레)이다. 이 당도에 의해서 예상 가능한 최대의 알코올 수치가 계산된다.

(1) 크발리테츠바인(Qualitätswein) 51~72°Oe

2006년 법 개정으로 크발리테츠바인 베슈팀터 안바우게비테(QbA: Qualitätswein Bestimmter Anbaugebiete)가 2년의 유예기간을 거친 후 크발리테츠바인(Qualitätswein)으로 간략하게 표기하게 되었다.

그 조건은 다음과 같다.

- 13개의 와인 생산지 중 하나의 지구에서 재배된 포도만으로 만든 와인일 것
- 그 지구에서 고급와인품종으로 추천 또는 허가된 품종으로 만든 와인일 것
- 최저 알코올이 7° 이상일 것
- 좋지 않은 빈티지일 경우 가당이 허가되어 있지만 제한적이다.
- 품질 검사합격번호(A. P. Nr): 공인된 테스트 넘버를 라벨에 명시할 것

(2) 프레디카츠바인(Prädikatswein)

2006년 법 개정으로 크발리테츠바인 미트 프레디카츠(QMP: Qualitätswein mit Prä-dikats)가 2년의 유예기간을 거친 후 프레디카츠바인(Prädikatswein)으로 간략하게 표기하게 되었다.

그 조건은 다음과 같다.

이 Prädikatswein은 Qualitätswein보다 당도(oechsle(옥슬레))가 높은 고급와인 등급이다.

Prädikatswein은 수확된 포도알의 당도를 기준으로 한 것으로 특별한 밭에 정해진 것이 아닌 독일 전역에서 생산된다.

Prädikatswein은 다음 6단계로 구별된다.

수확한 포도의 최소 당도 수준	원산지명칭보호(P.D.O.)	와인 스타일
Low ⬇ High	크발리테츠바인 / 프레디카츠바인 Qualitätswein/ Prädikatswein	드라이~미디엄 스위트
	카비넷 Kabinett	드라이~미디엄 스위트
	슈페트레제 Spatlese	드라이~미디엄 스위트
	아우스레제 Auslese	드라이~ 스위트
	아이스바인 Eiswein	스위트만
	베렌아우스레제 Beerenauslese	스위트만
	트로켄베렌아우스레제 Trockenbeerenauslese	스위트만

가. 카비넷(카비네트 Kabinett): 67~82°Oe

프레디카츠바인에서 가장 낮은 등급의 와인으로 일반적으로 비슷한 시기에 수확한다.

크발리테츠바인보다 좋은 위치에 있는 포도밭에서 잘 익은 포도이기 때문에 가당은 하지 않는다. 최저 알코올 7° 이상이다.

카비넷은 독일 와인 중에서 음식과 가장 잘 어울리는 와인으로 손꼽힌다.

나. 슈페트레제(Spatlese): 76~90°Oe

늦수확이란 뜻을 가진 슈페트레제는 늦게 수확해서 충분히 잘 익은 포도로 만든다. 최저 옥슬레는 산지나 품종에 따라 다르고 포도 수확시기는 통상적인 수확이 끝난 후 적어도 1주가 지난 후가 일반적이다. 최저 알코올 7° 이상이다.

다. 아우스레제(Auslese): 83~100°Oe

최저 옥슬레는 산지나 품종에 따라 달라진다. 포도알이 충분히 익은 과숙한 포도알을 선별하여 수확한다. 일반적으로 아우스레제는 날씨가 충분히 따뜻한 최고의 해에만 만들 수 있다. 대부분의 아우스레제는 향과 감미가 풍성한 와인이다. 최저 알코올 7° 이상이다.

라. 베렌아우스레제(Beerenauslese): 110~128°Oe

귀부(Botritis Cinerea) 영향을 받은 포도와 과숙상태의 포도로 만들어진다. 최저 알코올 5.5° 이상이다.

마. 아이스 바인(Ice Wine:): 110~128°Oe

최저 당도는 베렌아우스레제 규정과 같다. 사람의 손이 개입하지 않고 자연상태의 상태로 나무에 둔 채 날씨에 의해 언 포도를 수확해서 압착한 과즙으로 만든다.

아이스 바인은 독일에서 가장 위대하고 또 가장 희귀한 특산품 가운데 하나다.

당도와 산도가 서로 쌍벽을 이루면서 놀라울 정도의 강도를 자랑한다. 일반적으로

수확은 다음 연도에 행해지고 온도가 올라가면 포도의 수분이 녹아서 와인에 희석되기 때문에 수확은 새벽에 시작해서 아침 일찍 마무리짓는다. 언 포도로 만든 아이스바인은 귀부포도로 만드는 베렌아우스레제나 트로켄베렌아우스레제와는 상당히 다른 맛을 낸다. 최저 알코올 5.5°이상이다.

바. 트로켄베렌아우스레제(Trokenberrenasulese): 150~154°Oe

독일의 트로켄베렌아우스레제(T.B.A)는 프랑스의 소테른과 매우 비슷한 방식으로 만들어지지만 맛은 현저히 다르다. T.B.A는 대체로 알코올 함량이 반 정도에 불과하기 때문에 입안에서 훨씬 더 가볍게 느껴진다. 소테른보다 두 배가량 더 달콤하면서도 산도 또한 훨씬 높아서 더 멋진 균형을 자랑한다. 최저 알코올 5.5°이상이다.

• 독일 스위트 와인등급의 시초: 슈페트레제(Spätlese)

독일의 와인등급체계 중 최고급에 속하는 과거 Q.m.P-현 프레디카츠바인(Prädikatswein)은 현재 여섯 가지 등급으로 세분되나 과거에는 존재하지 않았다.

그러나 아무도 예측하지 못한 사고로 '슈페트레제'가 탄생하면서 독일의 포도주 등급은 지금같이 복잡한 체계를 갖추게 되었다. 왜냐하면 슈페트레제 이상의 등급인 아우스레제 등은 실상 우연히 잘못 태어난 슈페트레제에서 아이디어를 얻어 파생된 연관제품이기 때문이다.

1775년 독일에서 있었던 일이다. 라인가우(Rheingau) 지역에 소재한 요하니스베르크(Johannisberg)성에는 주변에 많은 포도원을 소유하고 있던 한 수도원이 있었다. 때는 늦은 여름, 수도원의 포도 재배와 포도주 제조를 책임지고 있던 수사는 예년과 같이 포도를 수확해도 좋은지를 알아보려고 전령편으로 150km 떨어져 있는 풀다(Fulda)에 주재하고 있던 대주교에게 잘 익은 포도 몇 송이를 보냈다. 대주교의 허락 없이 포도수확을 할 수 없기 때문이다. 그런데 통상 일주일이면 돌아오던 전령이 웬일인지 돌아올 때가 지났는데도 오지를 않았다. 설상가상으로 날씨가 너무 좋아 하루가 다르게 포도는 익어갔고, 급기야는 포도가 썩어가기 시작했다.

3주일이 지나서야 돌아온 전령은 "대주교님께서 포도를 수확해도 좋다고 말씀하셨다."는 말을 전한다.

일부는 썩었지만 부랴부랴 그때까지 운 좋게 남아 있던 포도를 수확하여 와인을 만들었다. 제대로 와인이 만들어지리라는 기대는 애당초 하지도 않은 채 와인이 숙성되어 갔다.

이듬해 봄, 풀다에는 인근 각 지역의 포도원에서 생산된 포도주의 샘플이 집결되었다. 풀다 대교구에서 인근 수도원에서 생산된 포도주를 시음해 보고, 사용 여부를 점검하기 위해서다.

포도주 전문가인 신부님이 각 샘플을 차례로 맛보다가 갑자기 완전히 다른 술맛을 보게 되자 깜짝 놀란 표정으로 이 술을 가지고 온 전령에게 물어보았다.

"이게 무슨 포도주냐?"

갑작스레 질문을 받은 전령은 엉겁결에 대답했다.

"슈페트레제(Spätlese: 늦게 수확했다)."

이로써 독일 최초의 늦수확 와인인 슈페트레제가 탄생하게 되었고 이를 근거로 과숙한 포도로 만든 아우스레제(Auslese)와 아우스레제를 만들려는 욕심에 갑자기 닥친 겨울에 얼린 포도로 만들어진 아이스 바인(Ice Wein)의 시초가 되었다. 또한 과숙 중 생성된 귀부 포도로 만들게 된 베렌아우스레제(Berrenasulese)와 트로켄베렌아우스레제(Trokenberrenasulese)의 시초도 되기 때문에 독일 스위트 와인등급의 역사적 사건이라 불리고 있다.

요하니스베르크(Johannisberg)성에는 슈페트레제 와인을 최초로 만들게 한 이 전령의 동상이 서 있다.

1775년 전령의 동상과 슐로스 요하니스베르크의 슈페트레제 와인

(3) 새로운 품질 등급

해외시장에서 유명한 독일 와인은 스위트 와인의 이미지가 강하지만 독일에서 주로 생산되는 와인은 드라이 와인이다.

독일의 품질등급에 관한 분류는 독일 와인의 판매에 어려움을 주었던 것이 사실이다.

이에 독일은 전 세계적으로 증가하는 드라이 와인 판매에 2000년 빈티지부터 새로이 클래식과 셀렉션이라는 드라이한 고급와인의 명칭을 도입했다.

"라벨에 클래식이나 셀렉션이 적혀 있다면 이는 드라이한 고급와인을 뜻하며, 또한 그 품질의 보증이기도 하다. 클래식은 평균 이상의 드라이 와인을 뜻하며, 셀렉션은 최고급 드라이 와인을 뜻한다. 클래식과 셀렉션은 소비자로 하여금 와인의 구매 시 보다 간편한 선택을 가능하게 한다."라고 언급하고 있으나 이 등급은 유명 생산자들에게 호응을 받지 못해 일상 소비용 드라이 와인이라는 이미지가 강하다.

(4) 생산자협회 인증 와인

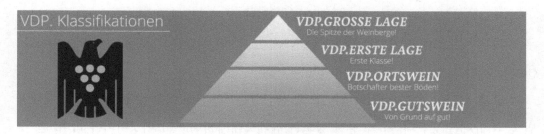

독일 우수 와인양조협회(VDP)

VDP(Verband Deutscher Prädikatsweingüter)는 독일 와인의 최고 등급인 프레디카츠바인을 생산하는 회원의 단체이다.

1910년 설립되었으며 2003년에는 회원 수가 200이 넘었으며 독일 포도밭의 3%를 차지하며 병목이나 라벨에 VDP로고와 독수리 로고가 붙어 있다. 이 마크가 붙으면 독일에서 가장 고급와인에 속한다고 볼 수 있다.

VDP는 4단계의 품질기준을 갖고 있으며 이것은 보르도의 샤또 등급과 부르고뉴의 토양등급을 합친 방식으로 와인은 포도원별, 토양별, 등급체계의 포도밭별로 특정 토지에 품종별로 구분하였다. 각 지역의 VDP는 인정된 각 지역 전통품종을 80% 이상 사용하고 수확량은 75hl/ha 이하로 아우스레제 및 완숙한 품질이 높은 포도는 손 수확 등의 규정이 있다.

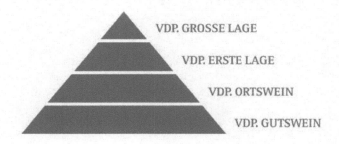

가. 그로세스 라게(Grosses Lage)

부르고뉴의 그랑크뤼급 와인으로 모젤 지역에서 에르스테 라게(Erste Lage), 라인가우 지역은 에르스테스 게벡스(Erstes Gewächs), 그 외 지역은 그로세스 게벡스(Grosses Gewächs)라고 한다.

최고급 드라이 혹은 스위트 와인으로 생산량은 50hl/ha 이하이며 포도품종, 재배방법 등의 규제를 받는다. 수확 당시 당도는 슈페트레제(Spatlese) 이상이어야 하며, 손 수확 및 선별과 VDP 관능검사가 의무이며, 전체 1등급 생산량의 1/3만 받을 수 있다.

이 등급에 와인 중에서 드라이한 와인에는 Grosses Gewächs(그로세스 게벡스)라고 표시한다. 약자인 GG가 각인된 병을 사용한다.

나. 에르스테 라게(Erste Lage)

부르고뉴의 프리미에 크뤼급 와인으로 전통방법으로 수확하고 훌륭한 떼루아를 가지고 있는 와인 농장에 부여되며, 60hl/ha로 수확량을 제한한다. 포도는 모두 손으로 수확해야 한다.

다. 오르츠바인(Ortswein)

부르고뉴의 빌라쥐급 와인으로 전통방법으로 재배, 수확하고 75hl/ha로 수확량을 제한한다.

라. 굿츠바인(Gutswein)

부르고뉴의 지역 와인급 와인으로 80% 이상의 비율로 전통적인 방법으로 재배 수확하고 수확량은 75hl/ha로 제한한다.

5 주요 생산지

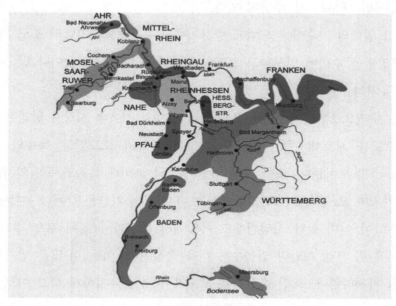

독일 와인산지

〈독일 와인 생산지〉

독일의 포도밭은 아주 다양한 토양을 보여준다. 이는 기후와 함께 포도밭의 지리적 위치에 따른 중요한 조건이다. 독일 와인이 획일적이지 않고 다양함을 보여주는 이유이다.

남서부와 남부의 계곡은 라인강과 그 지류인 엘베강, 잘레강, 운슈트루트강을 따라 포도 재배의 최고 조건을 충족시킨다. 태양은 평야보다 비탈진 재배지에 더 강하게 내리쬐고 남부의 재배지는 더 긴 일조시간을 갖는다.

가을에는 안개가 포도밭을 뒤덮어 한기로부터 포도밭을 지켜준다. 이러한 자연조건이 비교적 수확이 늦은 북쪽에 위치한 포도밭의 혹독한 기후조건을 완화시켜 준다.

독일의 여름 아침은 빨리 밝아오고 해는 아주 늦게 진다. 이 긴 일조시간으로 기온은 낮지만 포도는 부드럽게 익어간다. 급경사면의 땅에 돌이 많은 포도밭이나 슬레이트석이 많은 포도밭 등에서는 그 돌이 낮 동안의 열을 흡수해서 야간 동안 포도밭에 열을

173

공급해 준다. 이처럼 독일의 포도밭에는 포도 재배에 좋은 조건들이 있다.

독일의 대표적인 포도밭은 남향의 급경사면에 있다. 계곡과 강줄기가 내려다 보이는 지역에도 있지만 대부분 강 주변에 있다.

강물이 그 일대의 기후를 부드럽게 만들어주고 추운 북쪽 지방의 포도 재배를 도와준다. 즉 태양열을 수면에 반사하고 포도밭에 햇볕을 반사하여 낮이나 밤 동안 안정적인 온도를 유지하는 역할을 하고 있다.

가을에는 수면으로부터 일어나는 노을이나 안개가 겨울의 시작을 알리는 최초의 한파로부터 포도를 보호해 주는 이러한 기상이 각각의 포도밭들 특유의 미세 기후(Micro-climate)를 보여준다. 또한 다른 와인 생산국에 비해 북쪽인 독일의 위치는 온화한 기후를 가지며 포도들은 남쪽 지역에서 보다 긴 성숙기간을 갖는다. 때문에 다른 나라에서는 수확이 이미 끝난 시점임에도 독일에서 10월과 11월에 포도 수확을 한다. 포도는 나무에 더 오래 매달려 있을수록 더욱 숙성된다. 이는 더 많은 향기와 보다 풍부한 미감을 가져다준다. 느린 숙성기는 포도가 산미를 유지하게 하고 이로 인해 독일 와인은 자극적이고 신선하며 상쾌한 미감을 갖는다. 독일 와인은 대체로 자연적으로 특성 있는 산미와 상쾌한 맛 때문에 지방, 단백질, 강한 맛 등과 조화를 이루는 특징이 있다. 그리고 미각을 새롭게 하며 식욕을 돋우어주기도 한다.

음식의 맛이 섬세하고 부드럽다면 와인도 음식에 걸맞게 부드럽고 섬세한 스타일의 독일 와인이 잘 어울릴 것이다.

독일 와인 생산지는 대부분 북위 47°~52°의 북방 한계선 범위 내에 있다. 그 외에 산지로는 구 동독일의 영토였던 북위 52°로 가장 북쪽의 잘레, 운스트루트, 남동쪽의 작센을 포함하여 13개의 특정 생산지구(Beatimmtes Anbaugebiet)로 구분한다.

숫자로 보면 지역 와인에 해당하는 란트바인 생산지구(Landweingebiete)가 19개. 가장 큰 와인산지 단위이며 지역(Region)에 해당하는 안바우게비테(Beatimmtes Anbaugebiete)가 13개, 와인을 생산하는 마을 또는 구역(District)에 해당하는 포도원 구역인 베라이히(Bereich)가 39개, 몇 개의 포도밭이 모여서 이루어진 선별포도 재배지로 영어로는 Collective vineyard에 해당하는 포도원 집단군인 글로스라게(Glosslage)가 167개. 마지

막으로 단일 포도원(Einzellage) 2,658개로 구성되어 있다.

이 중 글로스라게(Glosslage)는 식음료 분야와 수출 분야에서 브랜드화되어 와인 구매에 도움을 주며 단일 포도원은 최고급 와인의 차별적인 조건을 보여준다.

1) 아르(Ahr)

유럽에서 가장 북쪽에 위치한 산지 중 한 곳으로 이곳은 점판암, 석회질 그리고 황토질 토양으로 슈페트부르군더종과 포르투기저 품종이 재배되며 특히 가볍고 과실미가 풍부한 레드 와인이 생산된다.

레드 88%, 화이트 12%를 생산하고 화이트 와인용 품종은 리슬링과 뮐러투르가우가 대부분이다.

아르의 "V"자 형태의 계곡에서 재배되는 슈페트부르군더는 특별한 떼루아로 인기가 높다.

2) 모젤(Mosel)

모젤강을 따라 굽어 흐르는 150마일(mile) 양편에 포도밭이 있으며, 남쪽으로부터 모젤강으로 흘러 들어오는 2개의 지류인 자르강과 루버강의 포도밭을 포함하고 있다.

이곳은 회색의 슬레이트(Slate) 토양에서 자라는 리슬링(Reisling)으로 유명하다.

이런 북쪽에서 리슬링이 잘 익으려면 밭의 입지가 아주 좋아야만 한다. 훌륭한 밭들은 햇볕을 잘 반사하는 수면을 향해 가파르게 내려가는 남향의 비탈에 위치한다. 경사면의 비탈이 가파를수록 훌륭한 와인이 생산되지만 그만큼 포도 재배 및 생산에 어려움이 있다.

반면, 평지에 있는 뮐러투르가우 품종의 밭들은 점차 더 수익성이 좋은 다른 작물 경작지로 용도가 바뀌는 추세로 전체 포도 재배 면적도 줄어들고 있다.

모젤강과 그 지류인 자르강과 루버강 유역의 와인은 경쾌하며 과실 풍미가 있고, 향기가 매우 짙으며 색은 엷고 산미가 강한 것이 특징이다.

모젤 와인은 섬세한 과실 풍미가 가득한 것부터 흙냄새까지, 스파이시한 맛에서 담백한 맛까지 다양하다. 이러한 다양성은 점판암 토양에 의한 것이다.

리슬링은 남향의 급경사면에서 잘 자라며, 특히 자르, 루버 지구의 빌팅겐(Wiltingen)과 샤르츠호프베르크(Scharzhofberg)의 주변에서 훌륭한 리슬링이 재배되고 있다. 모젤강 중류에는 베른카스텔(Bernkastel), 피스포르트(Piesport), 그라흐(Graach), 젤팅겐(Zeltingen), 에르덴(Erden) 등 유명한 마을들이 많다. 로마시대부터 재배되어 온 고대 품종 엘블링(Elbling)도 이 지역에서 재배되고 있다.

주요 와이너리로는 바인구트(Weingut), 프리츠 하그(Fritz Haag)가 있다. 자르 지역의 샤르츠호프베르그(Scharzhofberg) 포도원이 가장 유명하며 이 포도원은 커다란 명성 때문에 예외적으로 포도원이 속해 있는 빌팅겐(Wiltiongen) 마을의 이름을 표시하지 않고 생산된다.

• 에곤 뮐러 샤르츠호프베르크

에곤 뮐러(Egon Muller)는 샤르츠호프베르크의 가장 좋은 곳에 위치한 총 21ha의 포도원으로 전통주의를 고수하며 환경 친화적으로 양조한다.

에곤 뮐러는 와인의 품질이 포도밭에서 100% 만들어진다는 철학으로 와인을 생산하며 포도나무는 19세기부터 야생상태로 관리되고 있는 올드 바인(Old vine)이다. 수확량

을 60hl/ha로 제한하고 매년 6회 이상의 쟁기질을 하며 화학비료, 제초제, 살충제를 사용하지 않는다.

3) 미텔라인(Mittelrhein)

독일 와인의 0.4%를 생산하는 작은 생산지로 라인강을 따라 130km에 걸쳐 이어지는 좁고 긴 산지이다. 점판암 토양의 급경사에 포도를 재배하고 있다. 화이트는 리슬링을 중심으로 신선하고 생생한 산미를 갖는 향이 강한 와인을 만든다. 미텔라인은 지역 와인 소비가 많아 수출은 적은 편이다.

4) 라인가우(Rheingau)

독일 최고급 와인의 생산지이며, 세계 최고의 와인 생산지역 중 하나이다. 지리적으로는 마인(Main)강에 접하고 있는 호흐하임(Hochheim)과 라인강 중류 근처의 로르흐(Lorch) 사이에 위치한다. 이 지역 와인은 예전부터 호흐하임에서 선적되어 수출된 관계로 영국에서는 "라인 와인"이라는 표현보다 "호크(Hocks)"라고 부르는 경우가 많았다.

빅토리아 여왕이 "호크 한 병이면 의사가 필요 없다"라고 말한 것으로 전해진다.

이 지역은 로마시대부터 포도가 전파되었으나 본격적으로 재배된 것은 베네딕트 수도원이 이 지역에 설립된 후부터이다.

1435년 호흐하임에 리슬링이 심어졌으며 현재 독일에서 리슬링 재배율이 78%로 가장 높은 곳이다. 프레디카츠 등급 와인 점유율이 47%로 가장 높은 산지이기도 하다.

토양은 기본적으로 자갈과 모래 및 점판암이며 표토는 모래와 진흙이 섞여 있다.

이 토양은 높은 수분과 미네랄을 함유하고 있어서 만생종인 리슬링에 충분한 수분과 미네랄을 공급하여 와인의 향을 풍부하게 만든다.

포도원의 대부분은 상당히 가파른 경사면에 있으며, 전체 2,250여 생산자 중 84%가 소규모로 고급 와인을 생산한다.

모젤 지역의 와인이 리슬링 특유의 싱그러움과 부드러운 감미로 대중의 사랑을 받는 다면, 라인가우의 와인은 우아하고 세련된 풍미의 와인이다. 모젤보다 깊이 있고 진하 며 강건하고 향이 풍부하며 생명력이 길다.

단일 포도밭 와인인 슐로스 요하니스베르크(Schloss Johannisberg), 슐로스 폴라츠 (Schloss Vollrads), 슈타인베르크(Steinberg)의 3곳이 유명하고 전체가 하나의 요하니스 베르크(Johannisberg) 재배구역을 구성하고 있다.

유명한 수도원이나 귀족들이 최고 품질의 리슬링을 재배하여 와인을 더욱 발전시켜 나온 것이 이 지역이다.

당시 캐비닛(Cabinet)은 "소중한 물건을 보관하는 상자"라는 의미로 사용되었는데 1728년 슐로스 폴라츠(Schloss Vollrads)에서는 특별히 우수한 포도로 만든 와인을 캐비 닛(Cabinet)에 보관하였고 이 와인을 카비네트(카비넷)라고 불렀다. 이것이 오늘날의 카 비네트(Kabinett)등급 와인이 되었다.

천혜적인 기후와 이상적인 토양에서 리슬링은 완벽하게 성숙되어 최고 품질의 우아 한 와인이 탄생한다. 그 외에도 슈페트부르군더 품종으로 좋은 레드 와인을 만들어낸다.

이 지역의 대표적인 마을은 호흐하임(Hochheim), 라우엔탈(Rauenthal), 에르바흐(Erbach), 하텐하임(Hattenheim), 빙켈(Winkel), 요하니스베르크(Johannisberg) 등이 있다.

• 최초의 카비네트 와인 : 슐로스 폴라츠

1728년 슐로스 폴라츠에서 처음으로 하이 퀄리티 와인을 카비네트(Kabinett)라고 불렀고 그 이후 1971년 독일 와인 규정에서 '카비네트'라는 명칭이 되었다. 전 세계에서 여러 해 동안 좋은 평가를 받고 있으며 잘 익은 파인애플과 같은 섬세한 과일의 아로마와 함께 입안 가득 꽃내음을 느낄 수 있다. 구조감이 좋고 균형 잡힌 산도감이 일품인 와인이다.

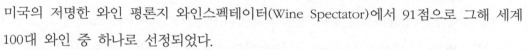

스시, 사시미 또는 카레요리와 같은 스파이시한 아시아 요리와 궁합이 좋다.

리슬링은 숙성력이 우수한 품종으로 일반적으로 어린 빈티지의 와인은 최소 3~5년 숙성 후 즐기는 편이 더욱 좋다. 2008 빈티지는 미국의 저명한 와인 평론지 와인스펙테이터(Wine Spectator)에서 91점으로 그해 세계 100대 와인 중 하나로 선정되었다.

5) 나헤(Nahe)

빙겐에서 라인강을 따라 나헤강 지류 일대에 위치한 포도산지로 다양한 토양에 위치하고 있다. 북부는 사암이 많고 라인헤센 와인과 비슷하다. 남부는 점판암 토양으로 주로 리슬링, 뮐러투르가우, 실바너 등이 재배되고 리슬링은 모젤 와인의 꽃향기와 라인가우의 기품도 갖추고 있다.

6) 라인헤센(Rheinhessen)

경사면 언덕의 계곡 안에 위치한다. 서쪽으로 나헤강, 북쪽과 동쪽은 라인강으로 둘러싸여 있다. 보름스(Worms), 알체이(Alzey), 마인츠(Mainz), 빙겐(Bingen)이라는 지역들 사이에 위치한다. 다양한

토양과 미세기후로 인해 많은 포도품종이 재배된다.

라인강변이나 라인 언덕에는 니어슈타인(Nierstein)이라는 마을을 끼고 유명한 포도원들이 많다. 하지만 여기에는 마을 이름과 관련해서 주의해야 할 사항이 있다. 예를 들면 위대한 히핑 빈야드산 니어슈타이너 히핑(Niersteiner Hipping) 같은 탁월한 와인이 있다. 하지만 니어슈타인(Nierstein)이라는 단어는 베라이히(Bereich: 포도원 구역) 이름이기도 하다. 즉 결코 특별하지 않은 포도원에서 나온 수많은 진부한 와인들도 그 명칭을 사용할 수 있다는 점이다.

그 좋은 예가 니어슈타이너 구테스 돔탈(Niersteiner gutes Domtal)이다.

이 와인은 구테스 돔탈로 알려진 거대한 주변지역(글로스라게 Glosslage: 포도원 집단) 어디서나 생산되는 특색 없는 대중 와인이다.

이 지역은 대부분의 지역에서 평균 정도의 와인을 만든다.

그중 상당수는 상쾌하고 순하며 저렴한 제네릭 와인으로 성모(Liebfrau)의 젖(milch)을 뜻하는 립프라우밀히(Liebfraumilch)이며 안타깝게도 이 와인이 세계적으로 가장 유명한 독일 와인이기도 하다.

립프라우밀히는 라인헤센 외에도 나헤, 팔츠, 라인가우에서 생산하는 다소 달콤한 크발리테츠 와인이며, 최소 70% 이상의 뮐러투르가우 또는 케르너를 사용하여 생산하는 와인이지만 포도품종과 지역 명칭을 라벨에 적는 것은 허용되지 않는다.

(1) 블루넌(Blue Nun)

영어권에서 가장 대규모로 팔리는 독일 와인이다.

지켈(Sichel)가문이 이 와인을 생산하기 시작한 20세기 초반 지켈 립프라우밀히(Sichel Liebfraumilch)였다. 1925년 와인이 엄청난 인기를 얻게 되자 수녀들의 모습이 담겼다.

19세기 초반까지 독일 포도원 부지는 대부분 교회 소유였기 때문에 와인과 교회는 밀접한 관련이 있었다.

소비자들은 그 와인을 푸른색 라벨과 수녀들이 있는 와인이라고 부르기 시작했고 얼마 지나지 않아 와인의 명칭은 블루넌(Blue Nun)으로 바뀌었다.

7) 팔츠(Pfalz)

오늘날 독일에서 가장 흥미롭고 독창적인 와인 생산지이다.

다른 지역들과 달리 라인강의 영향을 받지 않는다. 강은 3.2km가량 동쪽에 있으며 중요한 포도원들은 강을 접하고 있지 않다. 대신 프랑스 보쥬산맥의 북쪽 측면인 하르트산맥이 지배적인 영향을 준다. 보쥬산맥이 건조한 기후를 만들어 알자스 와인에 영향을 끼치듯이 하르트 산맥은 팔츠의 포도원을 보호해 준다.

위도가 좀 더 남쪽에 위치하고 있고 햇빛이 충분하기 때문에 포도는 충분히 성숙한다. 그 결과 팔츠의 와인은 활기찬 과일향을 자랑한다. 석회암과 점토, 황토가 섞인 남쪽의 토양에서는 신선하고 강렬한 와인이 생산되고 독일 와인 중 가장 외향적인 와인이다. 레드 와인 붐으로 2005년엔 전체 와인의 40%가 레드 와인이었다.

8) 헤시셰 베르크슈트라세(Hessische Bergstrasse)

이 지역은 하이델베르크(Heidelberg)의 북쪽에 위치하고 서쪽은 라인강, 동쪽은 오덴발트(Odenwald)숲과 접해 있다. 라인가우의 와인보다 맛이 진하고, 산미가 낮은 와인이 생산되며 고급 와인은 적은 편이다. 주로 재배되는 품종은 리슬링이며, 풍미가 풍부한 뮐러투르가우와 섬세한 실바너가 있다. 베르크슈트라세에서 생산되는 와인은 그 양이 많지 않기 때문에 대부분이 그 지역에서 소비된다.

9) 프랑켄(Franken)

프랑켄은 독일 포도 재배지역 중에서 동쪽에 위치하고 있는데 지리적·역사적으로 독일 와인의 주류에서 벗어나 있다. 정치적으로도 이곳은 구바바리아(Bavaria) 왕국에 속한다. 와인보다 맥주가 유명한 곳으로 포도밭의 대부분은 라인강과 그 지류 양측의 경사면에 모여 있다.

프랑켄 복스보이텔 병

프랑켄 와인은 이곳의 기름진 음식과 곁들여 먹기에 적합한 스타일로 독일 와인 중에 가장 남성적인 와인이다. 일반적으로 타 지역의 와인보다 강하고 향기는 약하며 달지 않고 짜임새 있고 지역 토양에서 오는 특별한 맛이 담긴 와인이다.

트로켄(드라이)와 할프 트로켄(미디엄 드라이)이 전체 와인의 94%를 차지한다.

프랑켄에서는 리슬링보다 실바너로 더 좋은 와인들을 생산한다는 점에서 색다르다. 전체 재배의 1/3을 차지하는 실바너는 프랑켄의 왕이라 불린다.

아로마가 훌륭한 케르너, 바쿠스로도 와인을 만들고 실바너와 리슬링을 교배해서 만든 리슬라너(Rieslaner), 쇼이레베(Scheurebe)로도 우수한 디저트 와인과 무게감 있는 드라이 와인을 만든다. 프랑켄 와인의 대부분은 복스보이텔(Bocksbeutel)이라 불리는 독특한 병에 담아 판매한다.

10) 뷔르템베르크(Wurttemberg)

포도밭은 넥카르(Neckar)강과 그 지류의 경사면에 있다. 슈투트가르트(Stuttgart)가 중심도시로 전체 포도밭의 3/4이 몰려 있고 재배면적의 60% 이상에서 적포도가 재배되는 독일 최대의 레드 와인 생산지

뷔르템베르크는 독일에서 네 번째로 큰 와인산지

역이다. 여기서 재배되는 트롤링거(Trollinger), 뮐러레베(Muellerrebe), 슈페트부르군더(Spaetburgunder), 포르투기저(Portugieser), 렘베르거(Lemberber) 등으로 생산되는 와인은 과실 풍미가 풍부한 대중적인 와인부터 고급 와인까지 다양하다. 심지어 프랑스 보르도의 레드 품종들도 자란다. 협동조합에서 생산하는 와인이 전체의 80%를 차지한다.

리슬링, 뮐러-투르가우, 케르너, 질바너 등의 화이트 와인도 생산한다.

11) 바덴(Baden)

프랑스의 알자스와 마주하는 바덴의 리슬링은 모젤에서 나오는 리슬링과 정반대다. 대부분이 드라이하고 풀바디하며 종종 오크통 숙성을 한다.

독일 내 최고급 레스토랑의 리스트 용으로 수출량은 아주 적다. 레드 포도품종 비율은 44%로 뷔르템베르크와 함께 높은 수치를 보여준다. 독일 와인 지역 중 이들보다 레드 비율이 높은 곳은 아르 지역밖에 없다. 약 15,900여 헥타르의 면적을 가지고 있는 바덴은 독일에서 세 번째로 큰 포도 재배지역이다.

바덴의 토질은 사암, 석회암, 점토, 황토, 화산암, 폐각석탄 등 매우 다양하다. 재배되는 품종도 많아 꽃 향기가 나는 뮐러투르가우와 진한 맛이 나는 룰랜더(Rulaender), 가볍고 마시기 좋은 구테델(Gutedel), 향기가 강한 게뷔르츠트라미너(Gewuerztraminer), 그리고 기품 있는 리슬링(Riesling) 등의 와인이 생산된다.

슈페트부르군더는 카이저슈툴(Kaiserstuhl)이라고 하는 화산질의 토양에서 재배되고 있어 진한 맛이 있는 강한 와인을 만든다. 그 외에 바덴에서는 보덴제(Bodensee)라는 독일 최남단의 와인지역으로 동명의 호수 주변 산지들을 포함한다. 이곳의 "제바인(Seewein: 호수 와인)"은 슈페트부르군더 품종을 가지고 바이스헤르프스트(Weissherbst)라는 세미 스위트 로제 와인이 생산되어 널리 사랑받는다.

12) 잘레 운스트루트(Salle-Unstrut)

작은 산지로 포도 재배와 와인 양조의 오랜 전통을 가진 독일의 포도 재배지역 중 가장 북쪽에 위치하며 위도는 영국의 런던과 비슷하다. 그러나 대륙성 기후의 영향을 받기 때문에 여름은 몹시 무덥지만 반대로 봄 서리의 피해를 입기도 쉽다. 이 지역의 포도밭은 북쪽으로 흐르는 엘베(Elbe)강의 바로 상류인 잘레와 운스트루트강의 계곡 언덕진 경사면에 위치해 있고 뮐러투르가우, 실바너, 바이스부르군더 등의 부드럽고 단맛이 적은 화이트 와인이 만들어진다.

13) 작센(Sachsen)

구동독의 통일로 잘레 운스트루트와 함께 와인산지에 포함되었다.

작센은 드레스덴(Dresden)과 마이센(Meissen)이 중심지인데 드레스덴은 중세 프로이드의 수도였던 도시로 드레스덴과 마이센의 문화, 역사적 중심지들로 매년 많은 방문객이 모여든다. 대부분의 와인이 이곳에서 소비된다.

독일 포도 재배지역 중 가장 동쪽에 있다. 주요 포도품종으로는 40%를 차지하는 뮐러투르가우, 이어서 바이스부르군더, 트라미너가 있다.

다른 분야처럼 구동독의 와인산업은 구서독에 비해 상당히 뒤처진 것이 사실이다. 잘레 운스트루트와 함께 아주 작은 지역으로 일상소비용 와인을 생산한다.

참 / 고 / 문 / 헌

김성혁 · 김진국 공저, 와인학개론, 백산출판사
김의겸 · 최민우 · 정연국 공저, 와인 소믈리에 실무, 백산출판사
독일 가이젠하임 와인대학 제공 자료
박성철, 독일 와인의 조용한 품질 혁명 -Mosel을 중심으로-
손진호 · 이효정, 와인 구매 가이드 2, WB Barom Works
유석천(2008), 독일 와인의 재발견 -맥주에서 와인으로-, KOTRA
최신덕 · 백은주 · 문은실 · 김명경 공역, Karen Macneil, The Wine Bible, WB Barom Works

児島速人(2008), CWE Test Your Knowledge of Wine, ワイン教本, イカロス出版

日本 ソムリエ 協會教本, 社團法人 日本 ソムリエ協會 飛鳥出版

田辺由, 美のWine Book, 飛鳥出版

Deutschland aktuell 오늘의 독일 / Deutschern Wein Institut(DWI)

Hough Johnson, Jancis Robinson, The world Atlas of Wine(휴 존슨, 잰시스 로빈슨, 와인 아틀라
       스), 세종서적

The Wine & Spirit Education Trust 編, Exploring wines & Spirits by Christopher Fielden, 上級ワイ
       ン教本, 柴田書店

www.wineok.com

www.wine21.com 슐로스베리그 이미지

http://blog.naver.com/beh314?Redirect=Log&logNo=130014584529 VDP

http://www.germanwines.co.kr/ 독일 와인협회

http://www.germanwineusa.com/german-wine-101/read-wine-label.html 독일 와인라벨

kladilo-bocksbeutel.de/ 프랑켄 와인병사진 복스보이텔(Bocksbeutel)

http://blog.naver.com/jayokim?Redirect=Log&logNo=110051298346 독일 와인산지 지도

http://basicjuice.blogs.com/basicjuice/2007/10/a-question-of-e.html 아이스 와인 포도

www.fotolia.com/id/117223 트로켄 베렌아우스레제 사진(보트리티스 감염)

http://en.wikipedia.org/wiki/Germany_wine: 독일 와인

http://en.wikipedia.org/wiki/File:Grape_varieties_in_Germany_over_time.pngne

http://blog.naver.com/jbcr/40015842059

http://www.the-scent.co.kr/

https://steemit.com/

https://nonoboring.tistory.com/

CHAPTER **03** 이탈리아(Italy)

1 와인 개요

이탈리아 와인은 오랜 전통 즉 로마시대를 통해 세계 각국에 와인을 전파할 만큼 와인과 함께 역사를 쌓아온 나라라고 할 수 있다. 그만큼 전국에서 재배된다. 레드와 화이트가 고루 생산되며 레드 와인의 비중이 약간 높은 편이다.

이탈리아 와인의 역사는 매우 오래되었다. 공식적으로 시칠리아 와인역사는 3000년 정도로 알려졌지만 사실 이보다 훨씬 오래전인 6000년으로 추정된다. 시칠리아 원주민 부족인 시카니(Sicani), 시쿨리(Siculi), 엘리미안(Elymians)이 시칠리아에 1만 2000년 정도 살았고 6000년 전부터 와인을 빚은 것으로 전해진다(최현태, 2023.7.25). 이를 통해 이탈리아 와인의 역사를 가늠할 수 있다는 점에서 역사적인 의미가 있다.

이탈리아의 와인은 로마시대부터 로마제국의 시민으로서의 와인문화가 향유되었다. 와인을 시음함으로써 로마제국의 시민이라는 자부심을 가졌고 로마가 전 세계를 통합해 나가면서 와인을 통해 이민족들을 통합하는 수단으로 사용했다는 평가가 있다. 억압과 물리적인 힘으로만 로마제국을 넓혀간 것이 아니라 문화적인 혜택을 이민족도 누리게 함으로써 제국으로 흡수했다는 평가이다. 특히 와인을 통해 문화적인 통치를 해나갈 수 있었다는 평가가 있다.

이탈리아 와인은 지역별로 다양한 특성을 나타낸다. 이는 기후의 영향으로 평가된다. 산악지대와 바닷가 사이의 경사지에서 재배되는 이탈리아 포도는 두 가지 기후의 영향을 받는다. 또한 북쪽 지방의 토양은 석회질인데 남쪽 지방은 화산암 토양이다(오펠리 네만, 2020: 182). 그래서 북부지방은 석회질 토양에서 잘 재배되는 이탈리아 전통의 토착품종인 네비올로[1] 등이 잘 재배되는 것이다. 한편 남부지방에서는 화산암 토양에서 잘 재배되는 프리미티보, 알리아니코, 네그로아마로, 네로다볼라 등의 품종이 잘 재배된다.

다양한 품종만큼 기후도 다양하다. 중부와 남부 지방은 지중해성 해양기후, 동쪽은 아드리안 해안의 온대기후, 북쪽은 내륙지방의 차가운 겨울과 무더운 여름기후를 나타낸다. 그리고 토스카나주는 구릉의 비율이 66.5%에 달하며 움브리아주는 70% 이상인 지형적 요소를 갖고 있다(이탈리아 통계청(ISTAT); 이탈리아 농산물시장 정보연구소, 2001; 고종원, 2021: 129).

이탈리아의 테루아는 산악이 많은 알프스 일대 북부지방의 대륙성 기후, 바다에 인접한 북부동서 지역과 중남부 지방의 지중해성 기후와 80%를 자치하는 국토의 산맥과 언덕 그리고 미세기후[2] 형성이 일어나는 지형조건과 석회질, 진흙 모래, 화산토 등의 토양이다(고종원 교수의 세계와인 문화이야기, 2015.3).

이탈리아는 프랑스, 스페인 등과 함께 구세계 선두주자의 와인 생산국이다. 특히 지역별 와인의 특성과 차별화로 와인마니아들의 관심과 선호도가 높은 국가로 평가된다. 오랜 역사의 생산국답게 품종이 1,000여 종에 이른다는 평가이다. 이 중 400여 품종이 와인 생산에 사용되고 있다. 그래서 복잡하고 다양한 성격의 와인이 만들어진다(오펠리 네만, 2020: 182)는 평가이다.

이탈리아 북부는 대체로 산도가 높은 와인을 생산한다. 그리고 타닌이 강하며 과일향이 많고 허브향도 특징이다. 중부 이탈리아 와인은 산도가 높다. 잘 익은 과일향, 가죽향, 흙향 등의 특징을 갖는다. 남부지역과 시칠리아 그리고 사르데냐섬은 중간 정도의 산도, 스위트한 과일향 그리고 가죽향의 특징을 지니고 있다(Madeline Puckette & Justin Hammack, 2015: 198)는 평가이다.

이탈리아는 길게 뻗은 국토의 모양으로 위도상 10도 차이가 나고 언덕과 산악지대가 많은데다 바다로 둘러싸여 있어서 지역별로 와인의 특징이 강하고 다양하다. 대체로

---

1) 이탈리아 북서부 피에몬테 지방의 석회질이 풍부한 이회토에서 가장 잘 자란다(wine21.com).
2) 피에몬테 지방의 대표품종인 네비올로(Nebbiolo)는 안개를 의미한다. 타나로(Tanaro)강과 랑게지역에 안개가 자주 낀다. 이는 포도가 자라는데 도움을 주는 미세기후의 역할을 한다.

일조량이 많은 지중해성 기후의 영향으로 당도가 높다. 전 국토의 곳곳에서 포도가 재배되고 있으며 연간 7천만hl(약 8억 병)를 생산한다. 포도 재배면적은 스페인과 프랑스에 이어 3위이고 와인 생산량, 소비량, 수출량은 1위인 프랑스에 이어서 2위이다(www.doopedia.co.kr).

2 지역 고찰

출처: ㈜이음코리아(EE MM Korea) 제공

이탈리아 와인산지

이탈리아는 북부지역에 피에몬테(Piemonte), 롬바르디아(Lombardia), 발 다오스타(Valle d'aosta), 트렌티노 알토 아디제(Trentino-Alto Adige), 베네토(Veneto), 프리울리(Friuli), 에밀리아 로마냐(Emilia-romagna) 등이 있다.

그리고 중부는 토스카나(Toscana), 움브리아(Umbria), 라지오(Lazio), 마르케(Marche), 아브루쪼(Abruzzo)가 있다. 남부지역은 깜파니아(Campania), 몰리제(Molise), 바실리카타(Basilicata), 풀리아(Puglia), 카라브리아(Calabria), 시칠리아(Sicilia) 등이 속한다. 그리고 사르데냐(Sardegna)섬이 있다.

1) 피에몬테

(1) 지역

가. 바롤로(Barolo)

높은 고도에 위치한 포도밭이다. 피에몬테는 산의 끝자락으로 네비올로 품종을 주로 생산한다. 포도는 기요방식으로 재배한다. Old vine으로 보통 평균 수령이 90년 정도이다. 고목은 포도알을 집중적으로 재배할 수 있다. 여러 가지에서 포도를 재배하지 않고 몇 개의 가지에 집중적으로 포도를 키워 집중적으로 재배할 수 있는 것이다.

바롤로의 밭은 석회질, 이회토, 사암토양으로 구성되어 있다. 최근의 바롤로 와인은 프렌치 오크통 숙성을 선호한다. 즉 바리크[3]로 숙성시킨다. 오크통 속을 어떤 강도로 불에 태우고 그을리느냐에 따라 와인이 라이트, 미디엄, 헤비 스타일로 만들어진다.

바롤로 와인은 블랙 트러플, 메추라기고기, 토끼고기 등과 잘 어울려 현지에서 추천된다.

---

3) 프렌치 바리크는 225리터이다.

바롤로 와인 : 힘차고 웅장하다. DOCG등급이다. 네비올로 품종으로 만든다.

푸르노트 부시아 바롤로 와인 : 현재 안티노리 소유의 DOCG등급의 이탈리아 최고 품종인 네비올로로 만들어진다. 2016, 2017년 와인이다. 9~12만 원대의 와인이다.

나. 바르바레스코

네비올로 품종으로 만든 여성적이고 우아하다는 평가를 받는 지역의 와인이다.

피에몬테 와인의 여왕으로 불린다. 바롤로 지역보다 따뜻하고 건조한 기후이다. 바롤로보다 낮은 지역으로 북동쪽 10마일 정도에 위치한다. Alba, Barbaresco, Nelve, Treiso 4개의 꼬뮌으로 구성된다. 테루아는 석회질의 이회토(calcareous clay)로 구성된다. 신생대 제3기의 토양(은광표: 2006)이다.

바르바레스코 와인 : 2015년 빈티지로 DOCG등급이다.

와인은 부드럽고 향이 풍성하다. 바롤로의 형제로 불리기도 한다. 네비올로 품종에 바르베라가 소량 블렌딩되는 경우도 있다. 안젤로 가야, 피오 체사레, 라 스피네타 와인이 유명하다(고종원, 2021: 106).

다. 랑게(Lange)

피에몬테는 산자락, 산기슭이라는 의미이다. 피에몬테 중앙부 남쪽에 타나로(Tanaro) 강이 흐른다. 주변에는 200~500m의 낮은 구릉이 어어지는데, 바로 여기가 랑게 지역이다. 신이 조성한 완벽한 와인산지로 평가된다. 이곳은 좁은 길과 집과 마을 터를 빼고는 온통 포도밭이다. 그림 같은 풍광이 있는 지역이다(손진호, 2018: 186).

피에몬테는 겨울은 춥다. 여름과 가을은 길고 온화하다. 포도 재배에 적합하다. 특히 알바지역과 아스티를 중심으로 남부지역에 포도나무가 밀집되어 있다. 네비올로, 바르베라 중심의 레드품종과 아르

랑게 네비올로 와인 : 2020년 빈티지의 14.5% 알코올을 나타낸다. 바롤로만큼 타닌감, 복합미와 밸런스가 좋다는 평가를 받는 와인이다. DOC등급이다.

네이스, 가비 등 화이트 와인이 유명하다. 바르베라[4]는 높은 산도와 부드러운 타닌으로 대중적인 와인을 생산한다(손진호, 2018: 186; 고종원, 2021: 107).

라. 아스티(Asti)

우리나라에서 인기를 끌어 온 모스카토 다스티가 생산되는 지역이다. DOCG급으로 생산된다. 이곳에서는 바르베라 품종도 생산되고 있다.

모스카토 다스티 와인 : 알코올 도수는 4~5%가 일반적이다. 스파클링 스타일의 모스카토 다스티는 6~7%로 약간 높게 생산된다.

마. 알바(Alba)

이 지역은 트러플, 즉 송로버섯으로 유명하다. 랑게의 유네스코 세계유산 언덕의 지역 도시이며 코무네(Comune: 행정구역)이다(위키백과). 바르베라 품종의 와인이 많이 생산된다. 알바는 트러플과 미식의 도시로 잘 알려져 있다.

피오 체사레 돌체토 알바 와인 : 2019년산 DOC와인이다.
피오 체사레(Pio Cesare)는 1881년 체사레 피오(Cesare Pio)에 의해 설립되어 현재 5대째 이어지는 가족경영 와이너리이다. 이탈리아 대표 3대 와인명가로 손꼽힌다. 떼루아를 기반으로 엄격한 품질관리를 우선으로 하는 유서 깊은 와인 가문이다(서울경제, 2017.8.2).

---

4) 바르베라 달바(Barbera d'Alba)는 풍성한 느낌을 주며 야성적이며 강력하고 풀바디하다. 바르베라 다스티(Barbera d'Asti)는 정갈하며 섬세한 뉘앙스를 준다(고종원, 2021: 107). 바르베라를 생산하는 대표적인 두 지역이다.

(2) 품종

가. 레드

가) 네비올로(Nebbiolo)

매우 복합적인 품종으로 색은 상대적으로 엷지만 탄닌감이 매우 세고 복합적이다. 발사믹 풍미, 검붉은 과일향, 감초, 타바코 등 풍미가 복합적이다. 알코올, 산도가 조화롭다. 바디감이 좋고 정교한 구조감도 갖는다. 피노누아와 함께 가장 전문가들이 선호하는 전통적인 품종이다. 안개라는 의미의 품종으로 외유내강형 스타일이다. 이탈리아 가정용으로는 최고의 품종으로 평가된다. 황제의 와인이라는 별칭도 지닌다. 트러플, 제비꽃 등의 향취도 특징이다.

네비올로는 알코올 도수도 상대적으로 높아 13.5~14도 정도의 와인이 많다. 토착품종인 네비올로로 만든 바롤로나 바르바레스코는 이탈리아 최고등급인 DOCG등급이 대부분이다.

나) 프레이사(Freisa)

석류색을 나타낸다. 잘 익은 과일향을 갖추고 있다. 딸기, 체리의 부드러운 아로마를 지닌 품종이다. 진한 루비색, 농밀한 느낌의 과일향, 검은 체리, 블루베리, 검은 자두, 정향, 삼나무, 검은 후추, 시나몬이 감지된다. 감초향, 단 뉘앙스가 있다. 발사믹, 흙향도 감지된다. 알코올도 다소 높고 산도도 좋다.

랑게 프레이사 와인 : 2016년 빈티지로 DOC등급이다. 소비자가 6~7만 원대이다. 네비올로 계통의 품종으로 평가된다. 저장성도 다소 있다. 알코올 도수 14%이다.

피에몬테의 오래된 전통품종이다. 피에몬테 랑게 지역에서 주로 생산된다.

다) 바르베라(Barbera)

피에몬테에서 생산되는 대표적인 품종이다. 야성적이며 산도도 높다. 네비올로보다는 서민적인 와인으로 평가된다.

이탈리아에서 산지오베제, 몬테풀치아노에 이어 세 번째로 많이 재배되는 품종이자 피에몬테에서 가장 많이 재배되는 적포도품종이다. 바르베라 포도는 당분을 쉽게 축적해 알코올이 높고, 산미도 높으며 타닌은 부드럽다(wine21.com).

피에몬테 와인들 중 유일하게 여성명사로 부르는 Barbera는 이름처럼 부드러움과 아름다움, 친근함을 느끼게 해주는 와인이다. 약 300년의 역사를 갖고 있으며 1800년대 중반부터 많이 재배되고 널리 알려지게 되었다. 이 품종은 이미 중세 이전부터 있었던 이탈리아의 고유품종이다(황충연, 2021: 48).

Asti, Monferrato, Alba 등이 주요 생산지이다. Barbera D'Asti, Barbera del Monferrato Superior는 2008년에 D.O.C.G등급을 받았다. 색상은 붉은 루비색, 잘 익은 체리나 오디(Mora) 등 과일향, 감초, 마른 풀들의 향기가 느껴진다. 신선함과 부드러운 떫은맛(Tannino)도 매력이다(황충연, 2021: 49)라는 평가이다.

라) 돌체토(Dolcetto)

돌체토 와인품종은 피에몬테주 랑게(Langhe) 지역을 중심으로 피에몬테의 광범위한 지역에서 제조되는 D.O.C(Denominazione di Origine Controllata)등급의 레드 와인으로 이 지역의 토종품종인 돌체토포도를 100% 이용하여 제조한다. 주로 해발 250~600m 산지에서 재배되며 생명력이 강하고 어려운 환경에서도 잘

돌체토 달바 와인 : 2020년 빈티지로 알바 지역의 돌체토 품종의 와인이다.
레이블이 포도농사를 하는 것을 그린 것으로 보인다.

자라고 병충해에도 강한 면모를 가져 농민들에게 매우 고마운 포도나무이다(황충연, 2021: 160).

돌체토의 색상은 붉은 루비색이며 지역에 따라 보라색이 배어 나오기도 하고 잔에 따를 때 약간의 거품에 비치는 보라색이 매력적이다. 포도를 따먹어도 단맛이 나는 특성이 있다. 약간은 스위트한 맛도 느끼지만 정통 레드 와인의 맛을 갖고 있고 오히려 쌉싸름한 맛이 이 와인의 개성이다. 균형이 잘 맞고 너무 무겁지 않은 적당한 몸집을 갖고 있고 11.5%의 미니멈 알코올 함유량으로 제조된다. Superiore의 경우 12.5%가 미

니멈이다(황충연, 2021: 161~162).

나. 화이트

가) 아르네이스(Arneis)

피에몬테의 토착품종이다. 아로마가 고전적으로 좋고 밸런스가 균형적이다. 청사과, 세이지꽃의 아로마가 감지된다. 아몬드의 고소함도 갖추고 있다. 우리나라 생선회 요리와 잘 어울린다.

아르네이스 품종 와인 : DOCG등급으로 2021년산 빈티지이다.

비에티사의 아르네이스 와인 : 2020년 빈티지이다. DOCG등급이다. 비에티사는 피에몬테에서 1961년 싱글 빈야드 바롤로를 처음 출시하였다. 떼루아에 대한 이해도가 높은 와이너리로 평가되고 있다.

나) 코르테제(Cortese)

피에몬테의 토착품종이다. 아스티(Asti)와 알렉산드리아(Alexsandria) 소지역에서 주로 생산되고 있다(blog.naver.com〉withsafe).

다) 모스카토(Moscato)

피에몬테의 잘 알려진 품종이다. 국내에 모스카토 다스티(Moscato d'asti)와인이 인기를 누려왔다. 가성비가 좋은 D.O.C.G등급의 와인이다.

2) 토스카나

(1) 토스카나 와인 특징

토스카나 지역에서는 와인이 다양한 스타일로 생산된다. 레드 와인이 전체의 85%로 평가된다. 토스카나 산지오베제는 66%를 차지한다. 산지오베제는 가죽, 타바코, 블랙페퍼 등의 향취를 지닌 바다감도 있고 산도는 매우 좋은 와인이다(Vinfloria 뱅플로리아, 키안티, 슈퍼토스칸, 토스카나 음식, 이탈리아 유튜브).

키안티 지방의 특징은 레드 와인 중심으로 생산한다는 점이다. 키안티 산지오베제는 산도가 높고 살라미향, 커피향의 뉘앙스가 있다.

토스카나 지방의 화이트 와인에는 트레비아노, 베르나차[5] 품종 등이 있다.

(2) 키안티 클라시코(Chianti Classico)

키안티 클라시코(Chianti Classico)는 검은 수탉의 심벌이 특징이다. 80% 이상 산지오베제를 사용해야 한다. 숙성기간이 긴 만큼 키안티보다 품질이 좋다는 평가이다. 그리고 시음하면 키안티에 비해 알코올 도수가 다소 높고 바디감, 타닌 등 전체적으로 무겁다는 느낌을 갖게 된다.

키안티 클라시코 와인 : DOCG
등급의 2016년산 빈티지이다.

(3) 슈퍼토스칸(Super Tuscan)

슈퍼토스칸은 이탈리아 와인의 주역이다. 80년대까지 상대적으로 좋은 평가를 받지 못했던 이탈리아 와인을 세계의 시장에서 90년대 이후 주목받게 한 주역이 바로 슈퍼토스칸이다.

볼게리(Bolgeri) 지역은 토스카나의 외곽지역으로 자갈이 많은 토양으로 이곳에 산

---

5) Vernaccia(베르나키아)품종은 토스카나 산 지미냐노(San Gimignano) 지역에서 생산된다. 감귤류, 허브, 과일, 미네랄 등이 감지된다. 해산물요리와 잘 매칭된다. 13세기부터 재배된 800년 역사를 지닌 와인으로 알려져 있다. 마르케 지역, 사르데냐섬에서도 생산된다. 베르나차는 숨은 토스카나의 여왕으로도 불린다. 산미가 강하고 드라이하다. 친퀘테레에서도 만날 수 있는 와인이다.

지오베제 그리고 국제품종인 카베르네(까베르네) 소비뇽, 메를로, 까베르네 프랑 등을 같이 식재하고 블렌딩하여 와인의 경쟁력을 제고한 것이 바로 슈퍼토스칸이다. 프랑스의 그랑크뤼 글라세(특등급) 와인의 수준 이상 평가를 받고 세계를 놀라게 한 와인이 되었다.

이탈리아의 엄격한 규제, 우수한 품질을 추구하는 등급체계에서 전통적 비율과 산지오베제 등 이탈리아 전통 품종 사용을 벗어나 만들어진 와인은 오히려 이변을 연출하여 성공한 결과를 만들게 되었다.

1940년 테네타 산 귀도(Teneta San Guido)는 슈퍼토스칸(Super Toscan)의 효시인 싸시카이아(Sassicaia) 1968 빈티지를 처음 출시하였다. 까베르네 소비뇽을 중심으로 블렌딩한다. 이어서 1970년 안티노리사에서는 티냐넬로[6]를 산지오베제 100%로 만들었고

티냐넬로 2015년산 와인 : 안티노리사에서 생산하였다.
안티노리는 700년간 27대에 이은 와이너리 가문이다. 솔라이아, 티냐넬로 등 다양한 브랜드와 드넓은 포도밭을 소유한 대형 와이너리이다. 이탈리아 와이너리 업계의 삼성이라고 평가된다. 기네스북에 오른 세계 최장수 회사이다(매일경제, 2022.9.19).

현재는 80~85%를 첨가하고 있다(blog.naver.com〉sommeliermin). 나머지는 기타 품종을 첨가하고 있다. 그리고 슈퍼토스칸[7]의 대표적인 브랜드는 오르넬라이아(Ornellaia), 마세토(Masseto), 솔라이아(Solaia), 루체(Luce) 등이 알려져 있다. 슈퍼토스칸에 어울리는 음식은 티본 스테이크, 현지 빵과 야채, 그리고 현지의 쿠키도 매칭된다는 평가이다.

---

6) Tignanello는 이건희 회장의 와인으로도 불린다. 삼성을 경영할 때 정경련 회장으로 회의에서 이 와인을 내놓아 화제가 되기도 하였다.
7) 5대 슈퍼토스칸으로는 티냐넬로, 솔라이아, 오르넬라이아, 마세토, 사시까이아가 손꼽힌다.

레 세레 누오베 델 오르넬라이아 와인 : 메를로, 까베르네 소비뇽, 쁘띠 베르도, 까베르네 프랑 순으로 블렌딩되었다. 세컨드급 와인이다. 볼게리 지역의 와인이다. 이곳은 자갈 등의 토양으로 되어 있다. 2015년 빈티지이다. 소비자가격은 15만 원 내외이다. 원조 오르넬라이아는 까베르네 소비뇽, 메를로, 까베르네 프랑, 쁘띠 베르도 순으로 블렌딩된다. 소비자가격은 50만 원대이다.

레볼테 오르넬라이아 와인 : 막내와인으로 소개된다. 가성비가 좋다. 국내에서도 4만 원 내외에 구입이 가능하고 슈퍼토스칸의 느낌을 알 수 있는 와인이다. 과일향이 풍부하고 산도가 좋다는 평가를 받는다.

(4) 브루넬로 디 몬탈치노(Brunello di Montalcino)

몬탈치노는 중세의 요새로 성당, 카페, 고풍스러운 마을이 현재에도 잘 보존되어 이용할 수 있다. 몬탈치노 대표 생산자인 Biondi Santi는 두 집안이 합쳐서 만들어진 브랜드이다. 몬탈치노 지역에는 200여 생산자가 와인을 만들고 있다.

브루넬로 디 몬탈치노가 4년을 숙성시키는 것에 비해 Rosso di Montalcino는 10개월을 숙성시킨다. 편하게 즐길 수 있는 와인이다.

브루넬로 디 몬탈치노는 10년 이상 숙성 가능하다. 산도가 농축되어 있고 말린 무화과, 초콜릿, 가죽, 견과류 향이 느껴진다. 저장성이 좋은 와인일 경우, 100년까지도 숙성되어 저장할 수 있다는 평가이다.

브루넬로 디 몬탈치노는 기품이 있고 전통적인 와인으로 산지오베제로 만든다. 발사믹, 코코아, 검붉은 과일이 감지된다. 구조감이 좋은 와인이며 산도도 갖춘 와인이라는 전문가의 평가이다.

참고

Tenuta

테누타는 Estate(포도 사유지 및 토지)이다. 즉 포도밭과 와이너리가 있는 소유지를 의미한다.

라 포데리나 브루넬로 디 몬탈치노 와인 : 2010년산으로 장기저장이 가능한 산지오베제로 만든 전통적인 토스카나의 와인이다. 소비자가격은 10만 원대이다.

(5) 마리아주

토스카나 와인은 현지에서 토끼고기와 잘 매칭되어 추천된다. 토스카나는 올리브오일이 유명하다. 토스카나의 자부심으로 여겨진다. 빵, 샐러드와 함께 와인을 시음하면 좋다.

3) 베네토

(1) 지역 특색

베니스와 가까운 지역으로 내륙으로 들어가면 대륙성 기후를 보인다. 여름에는 덥고 겨울에는 추운 기후이다. 연안지역에서는 여름에 무덥고 겨울에는 춥다. 호수지역인 Garda는 온화한 기후이다(은광표, 2006).

베네토주의 베로나에는 이탈리아의 대표적인 와인박람회가 유명하다. 비니탈리(Vinitaly)로 2년마다 열린다. 이탈리아 와인 수출의 중심지로 세계로 진출하는 역할을 한다(고종원, 2021: 112).

(2) 주요 품종

가. 화이트

가) 피노 그리지오(Pinot Grigio)

베네토 지역의 주요한 와인품종이다. 복숭아향, 라임향 등이 느껴진다. 신선한 산도가 감지된다. 시트러스의 잘 익은 과일향이 특징이다. 멜론, 감, 카모마일, 아몬드 풍미도 갖고 있다. 미네랄의 풍미와 밸런스가 좋다(고종원, 2021: 116).

나) 가르가네가(Garganega)

섬세한 레몬과 아몬드 향이 특징적이며 고급스럽다는 평가이다. 소아베 수페리오레 (Soave Superiore)는 2002년 DOCG등급을 받았으며 최상급 포도로 양조되어 바디와 풍미가 더 느껴진다. 레치오토 디 소아베(Recioto di Soave)는 DOCG등급으로 꿀과 살구향이 풍부한 달콤한 화이트 와인이다(wine21.com)라는 평가이다.

낮은 당도와 상대적으로 높은 산도를 갖추고 있다. 바디감은 중간이다. 생선 전채요리와 잘 어울리는 식전주이다. 색상은 그린빛 옐로이다. 아몬드가 나는 마른 과일향이 감지된다(고종원, 2021: 114). 가르가네가는 베네토의 주요한 품종이다.

다) 트레비아노(Trebbiano)

드라이한 화이트이다. 소아베, 오르비에토 와인을 만들 때 사용하는 품종이다. 산도가 높다. 보통의 알코올 도수, 가벼운 바디감이 있다. 봄날의 화사한 날씨에 즐기는 와인으로 좋다(고종원, 2021: 115). 베네토의 주요한 품종의 하나이다.

라) 클레라(Glera)

베네토에서 가르가네가, 피노 그리지오와 함께 가장 많이 생산되는 품종이다 (shorrywine.com >entry). 과일향이 좋다는 평가이다. 스파클링 와인인 프로세코의 주된 품종의 역할을 한다.

참고로 베네토 외에도 프리울리 베네치아 줄리아주에서도 클레라 품종 85% 이상 사용하여 커다란 스테인리스 스틸 탱크에서 2차 발효를 거친 후 병입하여 프로세코 (Prosecco)를 만든다.

소아베(Soave)

이탈리아 베네토주에 속하는 와인산지이다. 소아베는 이탈리아에서 화이트 와인으로는 가장 큰 DOC지역이다. 소아베 지역 내 최고의 포도원은 언덕에 자리하며 클라시코(Classico)라는 이름이 붙는다(와인21닷컴).

소아베의 주요한 와인품종은 가르가네가, 트레비아노이다. 소아베 와인은 가르가네가 품종이 다른 품종과 블렌딩 시 70% 이상이어야 한다. 산도는 중간이상으로 엷은 색이다. 소아베는 산들바람의 의미이다(고종원, 2021: 113).

조닌사의 소아베(2015년산 와인 – DOC등급이다.)

프로세코(Prosecco)

프로세코는 베네토주의 Treviso(트레비소) 인근에서 생산되는 스파클링 화이트 와인이다. 프레스코도 트레비소 근처에서 생산되는 와인에만 이 이름을 쓰게 규제하고 있다. 2009년에 프로세코를 생산한 지 40여 년 만에 일부 한정된 지역이지만 이탈리아 와인 44번째 D.O.C.G를 부여받아 생산지와 퀄리티를 인정받는 좋은 와인들의 대열에 합류하였다(황충연, 2021: 15).

프로세코는 이탈리아 화이트 와인이 외국에 수출되는 수출량을 증가시키는 데 주역을 담당하고 있다. 또한 Venetto(베네토)주가 이탈리아에서 최대 와인 생산 주로 성장하는 데 중요한 역할을 하였다. 프로세코는 포도 종자 Glera를 85% 이상 사용하며 그 외에 Verdiso, Bianchetta, Perera, Glera Lunga 등을 첨가하여 만들며 10.5% 이상의 알코올 함유량을 가지고 있다(황충연, 2021: 16).

한국에서도 가성비가 좋은 샤르마 방식의 이탈리아 스파클링 와인으로 해산물과 잘 어울리며 식전주로 권장된다. 할인매장에서 1만 5천 원~2만 원 내외에 구입 가능하다.

나. 레드

가) 코르비나(Corvina)

발폴리첼라 지역의 주요 품종이다. 향기로운 과일향을 지닌다. 엷은 레드빛, 가벼운 바디감을 갖는다. 드라이하며 약간 쓴맛의 여운이 있다. 체리향이 주요한 향이다(고종원, 2021: 112).

코르비나는 베네토 지역의 바르돌리노, 발폴리첼라 지역에서 생산된다. 론디넬라(Rondinella)[8], 몰리나라(Molinara)[9] 품종과 블렌딩한다. 맑은 루비색, 높은 산도, 부드러운 탄닌을 지닌다(와인지식연구소; 고종원, 2021: 115). 베네토의 주요한 레드품종의 하나이다.

참고

발폴리첼라(Valoplicella)/ 아마로네(Amarone)/
아파시멘토(Appassimento)/ 레치오토(Recioto)/ 리파쏘(Ripasso)

베네토에서 유명한 지역이다. 90년대 이후 두각을 나타내었다. 발폴리첼라 지역은 세계 최고의 아마로네[10]를 생산한다. 알코올 도수가 18~20도까지 되는 풍미가 좋고 밸런스가 좋은 와인이다.

발폴리첼라 와인 : 토마시사에서 제조한 2020년산 발폴리첼라 와인이다.
DOC급 와인이다. 베네토 지역에서 생산된다. 코르비나, 론디넬라, 몰리나라 품종 순으로 블렌딩된다. 산도가 상대적으로 매우 높다. 소비자 가격은 2만 원대이다.

---

8) 짙은 색을 표출하게 한다(두산백과). 베네토의 주요 품종이다.
9) 와인의 산도를 높이는 역할을 하는 품종이다. 베네토의 주요한 품종의 하나이다.
10) 아마로네는 대나무와 지푸라기 위에 포도를 건조시켜서 당도를 높여 와인을 만드는 방식이다. 반건조 건포도로 3주 정도 건조시킨다. 발폴리첼라 지역은 세계 최고의 아마로네를 생산한다(고종원, 2021: 113~114).

발폴리첼라의 아마로네 와인에는 코르비나, 코르비노네, 론디넬라, 몰리나라 등의 품종이 사용된다. 제때에 까서 발효하면 발폴리첼라, 말려서 나중에 발효하면 아마로네가 된다(고종원, 2021: 113~114; 조정용 외, 2009).

아마로네는 별실로 가져가서 말린다. 통풍이 잘 되는 곳에 포도를 두며 새끼줄 같은 데 매달거나 볏짚 위나 돗자리 같은 데 널어둔다. 주로 건물의 2층 공간을 활용하여 포도를 말리는 아파시멘토 기법을 사용한다. 이런 건조방식은 4세기부터 시행되었다(조정용 외, 2009).

아파시멘토(Appassimento)기법은 나무 받침대 또는 바람이 잘 통하는 곳에서 자연 건조한다. 나무에 매달린 상태에서 말리는 곳도 와이너리에 따라 있다. 포도가 쭈글쭈글해질 정도로 건조된 후에야 와인을 만드는 방식이다(아시아경제, 2020.6.5).

발폴리첼라의
아마로네 와인

발폴리첼라 지역 최고의 와인은 레치오토(Recioto)이다. 레치오토는 포도송이 중에 맨 위에 달려 포도알이 귀처럼 생겨서 붙여진 이름이다. 잘 익은 포도를 선별하여 다음 발효를 진행하다가 단맛을 남기기 위해 중단시키는 방법으로 만들어지는 와인이다.

중후하다는 아마로네의 주요 생산지인 마지(Masi)에서는 1964년 리파쏘(Ripasso)라는 양조기법을 개발한다. 아마로네 양조과정 중에서 생긴 효모 찌꺼기와 수확한 포도를 합해 발효하는 방법으로 질감이 풍부하고 진한 와인을 생산하게 된 것이다. 마지사에서는 캄포피오린(Campofiorin)이라는 브랜드로 수출하고 있다. 발폴리첼라보다 질감이 풍부하다는 평가이다(조정용 외, 2009; 고종원, 2021: 112~113).

4) 트렌티노 알토 아디제

이 지역은 기본적으로 서늘한 지역에 속한다. 주도는 베로나이다. 이탈리아 최북단에 위치하고 오스트리아 국경과 맞대고 있는 지역이다.

트렌티노는 이탈리아 스타일, 볼자노 지역과 알토 아디제는 독일의 영향을 받았다는 평가이다. 트렌티노 알토 아디제 지역 와인은 알프스에 가까운 대륙 즉, 이탈리아에서는 고산지대 와인으로 서늘하며 향신료향과 아로마가 인상적인 게뷔르츠트라미너 등 화이트 와인이 좋게 평가된다(고종원, 2021: 117).

(1) 화이트

피노 그리지오, 트렌토(Trento), 게뷔르츠트라미너가 대표적인 화이트 품종이다. 그리고 샤르도네, 소비뇽 블랑 등이 생산된다. 실바너, 리슬링, 피노블랑도 주요한 품종이다(고종원, 2021: 116). 말바시아, 모스카토 등도 생산된다. 뮐러투르가우도 생산된다.

트렌티노 알토 아디제에서 만들어진 게뷔르츠트라미너 품종이나 샤르도네와 소비뇽 블랑, 인크로시오 만조니[11](Incrocio manzoni) 등 블렌딩 와인은 DOC등급 와인이 일반적이다.

트렌티노주에서도 피노 그리지오가 만들어진다. 트렌티노 북부의 알토 아디제에서도 피노 그리지오가 생산된다. 이곳의 피노그리지오는 산도가 높다. 미네랄의 특징이 잘 반영되어 있다. 가성비가 우수한 와인으로 정평이 나 있다. 참고로 프리울리-베네치아 줄리아 지역에서도 피노 그리지오가 많이 생산된

트렌티노 DOC 게뷔르츠트라미너 와인 : 2018년도 빈티지이다.

다. 일반적인 와인이 많이 생산된다(shorrywine.com〉entry).

(2) 레드

까베르네, 라그레인[12], 메를로, 피노네로 등 다양한 품종이 생산된다. 테롤데고

---

11) 이탈리아 베네토 지역에 위치한 가장 오래된 양조 학교의 교수인 루이지 만조니(Luigi Manzoni) 교수에 의해 개발된 새로운 품종이다. 화이트와 레드 품종들을 다양하게 접목하여 개발된 품종이다. 이탈리아 북동부 지역에서 재배되고 있다. 산도는 다소 있고 바디감도 중간 정도의 품종이다(wine21.com).

12) 이 지역의 오래된 토착품종이다. 만생종이며 적당한 바디를 지닌다. 짙은 루비색을 띠며 자두, 풀향, 체리, 다크 초콜릿의 풍미가 있다. 탄닌은 적당하다는 평가이다. 10년 이상의 장기숙성 와인은 좋은 풍미를 지닌 완성도를 나타낸다는 평가이다(고종원, 2021: 116). 오랑캐꽃(Viola)과 오디(Mora, 뽕나무 열매)의 향을 느낄 수 있다. 11.5% 이상의 알코올이 함유되어야 하고 보통 13~14%로 제조된다(황충연, 2021: 71).

(Teroldego)는 트렌티노 지역 등 이탈리아 북동부에서 생산되는 레드 품종이다. 붉은 체리, 풀향, 흙향, 타르, 잣, 아몬드가 감지된다. 쉬라 같은 느낌의 산미와 알코올의 균형이 좋은 품종이라는 평가이다(와인21닷컴; 고종원, 2021: 117).

그 외에 까베르네 소비뇽, 메를로 등 국제화된 품종 등이 재배된다.

5) 아브루쪼(Abruzzo)

(1) 지역 개관

이탈리아 중부의 지방이다. 반도를 따라 길게 뻗은 아펜니노 산맥의 동쪽에 있다. 아펜니노 산맥의 정상부에서 시작해서 아드리아해(Mare Adriatico)까지 흐르는 강들과 강 주변의 높은 산, 언덕들로 이루어져 있다. 아브루쪼의 와인 생산자들은 구릉[13]지대에서 포도를 재배하며 와인을 만든다(까브드맹, 2018.8.27).

레드와 화이트의 비중이 약 6:4의 비율로 알려진다.

(2) 주요 품종

가. 화이트

가) 트레비아노

날카로운 꽃향기가 지속적으로 표출된다는 전문가의 평가이다. 이탈리아에서 가장 많이 생산되는 화이트 품종이다. 가볍고 화사한 봄날의 정취와 잘 어울리는 산뜻한 향취의 품종이다. 아브루쪼 지역의 화이트 품종 가운데 가장 비중이 높다.

트레비아노 다르부쪼 와인 : 아브루쪼의 트레비아노 품종의 와인으로 DOC급이다.

---

13) 구릉은 작은 언덕을 말한다. 이탈리아 와인산지의 보편적인 특색이기도 하다. 해발 100~400미터가 보통의 구릉을 의미한다.

녹색과 연노랑빛이다. 청사과, 레몬껍질, 살구의 아로마가 있다. 미네랄이 조화롭다. 산도와 미네랄의 밸런스가 좋다는 평가이다(와인21닷컴).

나) 코코치올라

Cococciola 품종은 아브루쪼의 토착 품종이다. 스파클링 와인을 만들 때 사용된다.

다) 페코리노

Pecorino 품종은 아브루쪼에서 생산되는 화이트 품종이다. DOC, IGT 등급이다. 풀 향, 시트러스, 복숭아, 자두 향 등이 감지된다.

나. 레드

가) 몬테풀치아노

국내에서 가장 많이 알려진 품종이다. 이탈리아에서 레드 와인 중 두 번째로 많이 생산되는 품종이다(wine21.com). 특히 마르께(Marche) 지역과 아브루쪼(Abruzzo) 지역에서 생산된다. 움브리아(Umbria), 토스카나 남부지역에서 주로 생산된다. 과일향이 많이 나며 바디감이 있고 풍미, 산도, 알코올 도수가 상대적으로 높다.

우마니 론키사의 요리오와인 : 몬테풀치아노 품종으로 만든다. 패밀리 콜렉션으로 아버지와 아들의 모습이 레이블에 담겨 있다. 소비자가격은 4만 원 내외이다. 산도가 매우 높다. 만화『신의 물방울』을 통해 잘 알려진 와인이다.

이 지역에서 가장 대표적이고 주요한 품종이다. 토착품종이기도 하다. 만생종이며 껍질이 두껍고 따뜻한 기후인 이곳에서 잘 자란다. 생산성이 좋다. 균에 강하다는 평가이다.

6) 마르케(Marche)

(1) 지역 개관

이탈리아의 중동부에 위치한다. 이 지역에서의 와인 생산은 기원전 8세기로 올라가며 Jesi 지역에서 고대 로마인들이 이미 와인을 제조했다고 전해진다. 가장 오래된 기록으로 서기 410년 문서에 이 지역의 와인에 대한 내용이 전해지고 있다(황충연, 2021: 217).

마르케 Kurni(쿠르니) 와인 : 구운 와인이다. 복합미와 밸런스가 매우 좋다. 가격은 소매가 30만 원 내외이다. 등급은 IGT등급에 속한다.

마르케 지역에서는 구운 와인인 비노코토(Vino cotto)도 생산된다. 스푸만테(Spumante)도 제조된다.

(2) 주요 품종

가. 화이트

가) 베르디키오(Verdicchio)

이 지역의 토착품종이다. 마르케주에서만 거의 재배된다. 잘 익은 경우 포도알에 밤색 점이 생기기도 하는 것이 특징이다. 베르디키오 와인은 이 포도품종을 85% 이상 사용하며 그 외에도 항상 마르케주에서 생산된 포도를 이용하도록 규제하고 있다. 그래서 마르케주에서는 베르디키오를 D.O.P(Denominazione di Origine Protetta, 생산지 인증)로 인정하고 보호하고 있다(황충연, 2021: 218).

마르케 지역 우마니 론끼 베르디키오 와인 : 동부의 와인명가 우마니 론끼사가 생산한 베르디키오 품종의 와인이다. DOC급 와인이다. 알코올 13%이다. 소비자가격은 4만 원 내외이다.

복숭아 등 과일향이 감지된다. 부드럽고 신선한 풍미가 느껴진다는 평가이다. 산도와 바디감 중간 이상이다.

나) 브루니 크로싱 54(Bruni crossing 54)

베르디키오 품종은 소비뇽 블랑과 교합하여 Bruni crossing 54품종으로 만들어지기도 하였다. 1936년 농림부에서 일하던 브루노 브루니 교수가 만들었다. 부루니 크로싱 54 품종은 옅은 금빛이 비치는 볏짚색으로 허브향, 감귤, 시트러스, 베르가못, 엘더베리 향이 감지된다(이음코리아 와인리스트: 10). 산도가 있고 밸런스가 좋고 전반적으로 원만하다.

나. 레드

가) 몬테풀치아노

자두 풍미, 바디감이 좋다. 잘 익은 타닌과 좋은 산미가 부드럽다. 좋은 품종은 10년 이상 장기숙성이 가능한 풀바디 레드 와인을 생산한다(와인21닷컴)는 평가이다.

나) 아레아티코(Aleatico)

보통은 디저트 품종으로 많이 사용된다. 꽃향이 특징이며 아로마틱하고 약간의 감도도 느껴진다. 다크초콜릿, 향신료 향이 감지된다. 알코올 도수는 높은 편이다. 마르케, Pergola 지역이 주요 산지이다.

진한 루비색, 꽃향, 체리, 스파이시, 커런트 향이 특징이다(이음코리아 와인리스트: 10).

7) 풀리아(Puglia)

(1) 지역 특색

Puglia는 남부지역으로 중심도시는 바리(Bari)이다. 바리는 이탈리아 반도와 발칸반도를 잇는 중요한 해상 교통로에 있어서 일찍부터 발달했다. 이 지역의 도시인 레체는 남부의 피렌체로 불릴 정도로 고풍스럽고 아름답기로 소문난 관광지이다(나무위키). 풀리아 와인은 진하고 강한 스타일의 특징을 지닌다.

풀리아 지역은 그리스인에 의해 포도밭이 발견되었다. 로마인에 의해 지속되고 현재

에 이르는 천혜의 포도 재배지역으로 평가되는 곳이다.

(2) 주요 품종

가. 화이트

가) 그레코

Greco는 Grechetto(그레케토)로도 불린다. 2500년 전 그리스에서 이탈리아로 전해 졌다고 알려진다. 캄파니아 지방에서도 생산된다. 당도가 상대적으로 높은 품종이다. 알코올 도수가 높고 사과향, 자두, 체리, 검은 과일류의 풍미가 느껴진다. 만생종이다. 풀바디하다. 미네랄리티가 좋다(와인지식연구소; wine21.com).

나. 피아노

Fiano품종이 생산된다. 연한 노란색, 아카시아, 자스민, 백도, 살구, 자몽, 모과 등이 감지된다. 미디엄바디, 유질감이 있다. 산도도 있고 알코올도 상대적으로 높다.

풀리아 지방의 피아노 품종

다. 레드

가) 네그로 아마로

Negroamaro는 풀리아의 주요한 품종이다. 고급화를 시킨 주역이다. 질감이 부드럽 고 농익은 자두, 라즈베리향, 계피에서 나는 매콤함이 매력적이다(조선비즈, 2023.2.12) 라는 평가이다.

말바시아 네라와 블렌딩되기도 한다.

오랜 역사를 지닌 품종으로 터프한 스타일이다. 풀리아 지역 등 남부지역에서 생산 된다. 색이 진하고 탄닌감으로 쓴맛이다. 네그로는 검은 의미를 지닌다. 농익은 과일향, 블랜커런트, 블랙베리, 블루베리가 감지된다(고종원, 2021: 125).

나) 프리미티보

Primitivo는 미국으로 건너가 진판델(Zinfandel[14])의 원조
가 되었다. 미국와인 산업의 아버지로 불리는 로버트 몬다비
가 원래 이탈리아 출신으로 영향을 미쳤다는 평가이다.

풀리아 와인의 고급화의 일등공신으로 평가된다. 묵직하고 무
화과나 블루베리 같은 검은 향이 진하다(조선비즈, 2023.2.12).

진한 색, 산도와 타닌(탄닌)감을 갖추고 있다. 당도가 상
대적으로 많이 느껴지는 품종이다.

만두리아 프리미티보 와인 :
DOC등급으로 루카마로니 평
가 97점의 밸류와인으로 밸
런스가 매우 좋다.

라. 네로 다볼라

Nero d'Avola는 토착품종이다. 시칠리아 중심으로 생산된다. 진한 색상과 미디엄 바
디 이상의 품종이다. 좋은 네로 다볼라에서는 꽃향기 아로마가 피어오른다는 평가이다.
체리, 오디 향의 특징을 갖는다(고종원, 2021: 124). 최근 마니아를 중심으로 이탈리아
남부 와인의 다양한 수입으로 관심받는 품종이 되고 있다.

마. 메를로

풀리아 지역에서 주로 생산되는 국제화된 품종이다.

바. 말바시아 네라

네그로 아마로와 블렌딩되기도 한다.

(3) 기타

네로 디 트로야, 알리아니코, 봄비노 네로의 레드품종과 팜파누토, 봄비노 비앙코 등

---

14) 진판델은 이탈리아의 프리미티보와 같은 품종으로 인식되었다. 그러나 유전자 분석에 따라 비슷하지만 서로 다른
품종이라고 밝혀졌다는 평가도 있다. 열기를 좋아하고 알코올 도수가 14% 이상일 경우는 포도가 지닌 풍미를 그대
로 풍긴다. 알코올 도수가 17%까지 이르기도 한다. 미네랄이 풍부한 토양에서 잘 자란다. 계곡보다는 평지를 선호한
다. 흑후추, 글로브, 계피, 오레가노, 크랜베리, 딸기, 블랙커런트, 블랙체리, 자두, 견과류, 초콜릿 풍미를 지닌다.
서늘한 기후에서 덜 익은 경우에 아티초크, 피망, 민트, 유칼립투스향이 난다(wine21.com).

화이트 와인품종 등이 있다(Wineok.com).

8) 시칠리아(Sicilia/Sicily)

(1) 지역 특색

흰 대리석이라는 의미의 지중해 최대의 섬이다. 면적이 25,711㎢, 인구 5,030,000명의 많은 인구가 있는 섬이다(namu.wiki).

시칠리아 와인은 다채롭고 매력적이라는 평가이다. 시칠리아 포도밭은 고도가 높아 산도가 좋고 화이트 와인품종 생산이 더 많다. 아로마, 미네랄, 산도가 뛰어난 토착 화이트 품종 와인이 많다. 그중에서 그릴로가 인기있다(최현태, 2023.7.25)는 평가이다. 시칠리아는 떼루아가 좋다는 평가를 받아왔다.

시칠리아섬에서는 기원전 7세기경부터 와인을 만들었다고 한다(한춘섭 외, 2011). 그리고 시칠리아는 그리스 와인을 본토에 전달하고 유럽에 연결하는 역할을 했다고 전해진다. 지정학적 위치에 의해 와인전파의 역할을 담당했던 것이다.

시칠리아 포도밭 면적은 9만 8,000ha로 이탈리아에서 가장 큰 와인 생산지이다. 매우 더운 곳이지만 화이트 품종을 더 많이 재배한다. 대부분의 포도밭은 고도가 높은 산악지대(24%), 언덕(62%)에 있고 나머지 14%는 평지이지만 해안가에 있다. 특히 에트나 화산 주변 포도밭은 해발고도가 1,000m까지 올라간다. 고도가 높을수록 기온이 떨어지고 일교차가 커 산도가 좋은 포도를 얻을 수 있기 때문에 산뜻한 화이트 와인이 많이 만들어진다. 비가 적고 건조해 오가닉 재배에도 유리하다. 포도밭 면적 중 33%가 오가닉 면적이다(세계일보, 2023.7.25).

시칠리아 와인은 국내에서도 북부지역에 비교해서 가성비가 좋은 와인으로 인식되어 왔다. 토착품종을 통해 새로운 와인을 추구하는 마니아를 중심으로 관심이 커지고 있다.

(2) 주요 품종

가. 화이트

가) 인졸리아(Inzolia)

훈연향, 견과류, 시트러스향이 감지된다. 안소니카(Ansonica)로도 불린다. 시칠리아 섬 서부에서 주로 생산된다. 마르살라(Marsala) 와인[15]을 만드는 데 쓰인다. 상쾌한 산미, 온화한 견과류, 감귤류, 허브향의 아로마가 느껴지며 드라이하다(와인21닷컴).

나) 그릴로(Grillo)

진한 볏짚색을 띤다. 과일의 부케가 진하고 신선함 그리고 구조감이 조화를 이룬다는 평가이다. 생선, 흰 살코기, 저지방 치즈와 잘 어울린다는 것이 전문가 평가이다.

최근 그릴로 품종은 시칠리아에서 가장 주목받는 품종이다. 초록빛이 감도는 옐로 컬러, 감귤류의 시트러스, 복숭아, 모과, 배, 자몽 등 과일 아로마가 감지된다. 허브향, 미네랄이 좋고 산도 밸런스도 뛰어나다, 오크배럴 시 풀바디 와인으로 만들어진다(최현태, 2023.7.25).

다) 비오니에

시칠리아에서도 비오니에 품종이 생산된다. 시원한 과일향, 열대과일 맛이 우아하다는 평가이다.

라) 카타라토 비앙코(Catarratto Bianco)

토착 화이트 품종이다. 주정 강화와인 마르살라를 만드는 데 사용된다(세계일보, 2023.7.25).

---

15) 시칠리아의 주정 강화와인이다. 1796년 존 우드하우스가 마르살라(서쪽에 위치한 도시)에 와이너리를 세운 후 영국에 수출되었고 넬슨 제독도 마르살라를 높이 평가하여 계약했고 이후 위상이 추락했다가 1984년 DOC 재정비로 1990년대 중간 그 자리를 회복했다. 그릴로, 인졸리아, 카타라토 등의 품종이 사용된다. 그릴로, 인졸리아는 좋은 마르살라를 만드는 데 쓰인다. 가장 높은 등급의 마르살라를 만들 수 있는 색은 황금색(Oro)이다. 이를 5년 이상 숙성시키면 Vergine이라는 등급의 마르살라로 인정받는다. 이 등급의 마르살라는 종종 셰리에 쓰이는 솔레라와 유사한 시스템을 이용해서 양조하는 것으로 알려져 있다. 여러 개의 오크통에 각자 숙성 연수가 다른 술을 넣고 양조하는 이 시스템은 시칠리아에서는 페르페투움(Perpetuum)이라고 부른다(마시자 매거진, 20221.10.26).

마) 기타

모스카토, 그레카니코, 트레비아노, 샤르도
네 등이 재배된다.

시칠리아 샤르도네 와인
: 2020년산으로 DOC급
와인이다.

나. 레드

가) 네렐로 마스칼레세(Nerello Mascalese)

이 품종은 시칠리아 에트나 화산지역에서 생산된다. 에트나 화산은 활화산으로 해발
3,350m의 지역이다. 높은 지대에서 와인밭이 개간되어 일교차가 높다. 토양에서는 미
네랄 성분과 황 함량이 높아 와인의 복합미, 산미를 형성해 준다(www.keumyang.com)
고 한다.

나) 네로 다볼라(Nero d'avola)

국내에 이미 많이 소개된 와인이다. 색이
진하고 타닌감도 상대적으로 높다. 해산물과
잘 어울린다. 생산량이 압도적으로 많은 시칠
리아의 레드품종이다. 풀바디하며 많은 관심
을 받고 있는 품종의 와인이다. 현지에서는
칼라브레세(Calabrese)로도 불린다.

시칠리아 네로 다볼라
와인 : 2019년 빈티지
이다. 레이블의 그림
이 예술적이며 동심
을 느끼게 한다.

블랙체리, 잘 익은 검은 과일향, 장미, 후추향, 감초가 감지된다. 탄닌이 부드럽다.
장기 숙성력도 뛰어나다. 더운 남부지역에서는 코코아, 말린 과일의 특징이 느껴지는 풀
바디 와인인 생산된다. 산악지대에서는 우아한 와인으로 빚어진다(최현태, 2023.7.25)는
평가이다.

다) 프라파토(Prappato)

시칠리아의 품종이다. 프랑스 보졸레 지방의 가볍고 영한 와인인 가메 품종을 닮아
여름에 가볍게 마시기 좋다. 레드체리, 라즈베리 아로마가 풍부하고 섬세하다(세계일보,
2023.7.25)는 평가이다.

라) 기타

시라, 까베르네 소비뇽, 메를로, 피노(Pinots) 품종 등이 있다.

9) 사르데냐

(1) 지역 특색

시칠리아 블렌딩 와인 : 아라냐 라니 와인으로 2020년 빈티지, DOC 등급이다. 알코올 14% 이다. 네로 다볼라, 쉬라, 메를로 블렌딩와인으로 복합미와 밸런스가 좋고 풀바디한 와인이다.

이탈리아 사람들이 휴가를 보내고 싶어 하는 선호되는 휴가지가 사르데냐이다.

이탈리아 본토에서 서쪽으로 멀리 떨어져 있는 사르데냐(Sardegna)는 코르크, 올리브, 포도나무가 무성하게 잘 자라는 섬이다. 디저트 와인이 잘 알려진 곳이다. 현대적인 방법으로 좋은 테이블 와인이 생산된다(와인&커피 용어해설; terms.naver.com).

중심도시는 칼리아리이다. 이 섬의 인구는 166만 명이다. 치즈계의 최고 괴식 카수 마르주가 유명하다. 고대 로마 시절 로마지역의 전통치즈인 페코리노 로마노도 사르데냐에서 생산되고 있다(나무위키). 티르소, 사마시 등의 강이 흐르고 있고 대체로 산악지역이다. 코르크 산지로 알려진다. 넓이 2만 4,090km²로 지중해 제2의 섬이다(세계인문지리사전, 2009.3.25).

(2) 주요 품종

가. 화이트

가) 베르멘티노(Vermentino)

사르데냐섬에서 유명한 품종이다. 색이 황금빛을 지닌 연한 색이다. 향은 아로마틱하며 산도가 좋다. 밝고 경쾌하며 명랑한 향취를 느끼게 해주는 화이트 품종이다. 리구리아주에서도 주요한 화이트 품종이다(고종원, 2021: 122).

나. 레드

가) 그르나슈(Grenache)

그르나슈 품종을 이곳에서는 Cannonau로 부른다. 사르데냐섬에서는 전체 생산량의 1/4을 차지하는 대표품종이다. 섬의 동부에서 생산되는 것들이 좀 더 나은 품질을 자랑한다. 약 3200년 전의 와인이다. 중요 일간지들에서는 지중해에서 가장 오래된 와인이라고 평가한다. 약 12.5%의 알코올 함량을 갖는다. 보통 1년 이상의 숙성기간을 갖고 출하된다. 그중 6개월은 필수로 오크통에 저장하여 숙성시킨다. 보통은 붉은 루비색이다(황충연, 2021: 117).

카노라우 품종은 알코올 도수가 높고 진한 색을 표출한다. 풀바디하며 산미와 타닌은 부족하다. 그래서 블렌딩을 통해 경쟁력을 제고하려고 무드베드르, 시라, 까리냥, 쌩소(생쏘) 등의 품종을 사용한다. 최근에 와인품종의 경쟁력을 높이 평가하는 움직임이 보인다.

딸기향, 후추, 감초, 정향, 허브 등이 감지된다. 고목에서 생산된 와인에서는 블랙커런트, 블랙베리, 블랙체리, 자두, 블랙 올리브, 커피, 꿀, 가죽, 타르, 견과류 등이 느껴진다는 평가이다. 즉 강렬하고 복합적인 풍미를 느낄 수 있다(까브드맹, 2015; aligalsa.tistory.com).

나) 까리냥

이탈리아 사르데냐섬에서는 카리나노(Carignano)로 불린다. 더운 곳에서 잘 자란다. 색이 진하다. 산미도 많다. 타닌감도 많이 느껴진다.

기원전 9세기에 페니키아인에 의해 사르데냐섬에 심어진 것으로 알려진 역사가 오래된 품종이다(blog.naver.com〉asperato).

10) 기타 지역

캄파니아, 바실리카타, 움브리아[16], 라지오, 리구리아 등 이탈리아는 전역에서 와인이 생산되고 있다.

---

16) 움브리아 지역에서는 몬테풀치아노 품종이 잘 재배된다.

캄파니아 타우라시 지역 와인 : 아글리아니코 품종으로 만든 오랜 역사의 와인이다. 진하고 산도, 타닌이 강하다. 소비자가격은 4~5만 원 내외이다. DOCG등급이다.

움브리아 와인 : 2019년 빈티지로 13.5%이다. 내추럴 와인이다. 가메 데 트라시메노, 칠리에지올로, 카나이올로 품종이 블렌딩되었다. 가격은 3~4만 원대이다.

비스타 워커힐 서울 델비노 와인셀러 : 한강뷰가 멋있는 이탈리아 레스토랑의 와인셀러이다. 왼쪽에 안젤로 가야의 와인도 보인다. 주로 이탈리아 레스토랑인 만큼 이탈리아 와인비중이 높아 보인다.

3 와인품종

1) 화이트

(1) 베르멘티노(Vermentino)[17]

토스카나 지방 등 중부지역, 사르데냐섬에서 생산되는 품종이다. 프랑스 남부, 코르시카섬에서도 생산된다. 라임, 자몽, 청사과, 서양배, 아몬드, 망고 향 등이 감지된다. 과일향이 좋고 산도도 꽤 있다. 이탈리아 현지에서는 10~15달러 정도면 구입이 가능하며 복합미를 지닌 화이트 품종이다(Madeline Puckette & Justin Hammack, 2015: 68~69).

감귤, 레몬, 파인애플 등도 감지되며 뒷맛이 쌉쌀하다는 평가이다(고종원 외, 2023: 151). 초록색이 도는 빛나는 담황색(엷은 노란)이다. 향이 진하고 섬세한 부케를 지닌다. 산도는 적절하며 끝에 느껴지는 쓴맛이 좋다는 평가를 받는다(허용덕 외, 2009; http.terms.naver.com).

스페인, 포르투갈에서도 생산된다. 프랑스를 거쳐서 이탈리아의 리구리아(Liguria)주로 유입되었다. 롬바르디아주 코르시코(Corsico)로 전해진 베르멘티노는 사르데냐로 전달되었다. 좋은 화이트 와인이 생산되면서 이 품종은 유명해지게 되었다. 토스카나에서도 잘 재배된다. 노란 밀짚색으로 사과향, 아카시아향 등이 감지되며 밸런스가 좋다. 끝에 느껴지는 쌉쌀함은 숨은 매력이다. 12~13% 알코올 함유량을 갖는다(황충연, 2021: 184~185).

마렘마 토스카나 베르멘티노 품종 와인 : 2017년산이다. DOC등급이다.

---

17) 이탈리아를 대표하는 포도품종이다. 화이트 와인애호가들의 사랑을 받고 있다는 평가이다. 바닷가와 가까운 곳에서 잘 재배된다. 땅이 건조할수록 발육이 좋고 특히 뜨겁고 좋은 햇볕은 필수이다. 사르데냐섬, 토스카나 지역, 리구리아주가 주요 생산지이다(황충연, 2021: 185).

지중해의 모든 요리에 잘 어울린다는 평가이다. 다양한 해산물요리에 매우 잘 어울리고 전식(Antipasti)에 같이하기 좋은 와인이다(황충연, 2021: 187).

(2) 트레비아노(Trebbiano)

이탈리아에서 가장 많이 생산되는 화이트품종이다. 가비와인의 품종이다. 식전주로 어울린다. 토스카나, 베네토, 라치오 지역, 아브루쪼 지역에서도 재배된다.

(3) 글레라(Glera, Prosecco)

이탈리아 화이트 품종이다. 슬로베니아[18]에서 유래하였다. 2009년부터 그동안 프로세코(Prosecco)로 불리던 품종의 이름이 공식적으로 대체되었다. 글레라는 베네토 지역에서 자라며 청사과 풍미를 지니며 스파클링 와인 생산에 적합하다(와인21닷컴)는 평가이다. 참고로 스페인어에서 Glera는 자갈밭, 모래밭의 의미이다.

(4) 피노 그리지오(Pinot Grigio)

회색 혹은 연분홍색을 띠는 편이다. 산도는 중간이상이다. 레몬, 사과, 흰꽃의 뉘앙스가 강하다. 과일향이 강하고 음식과 매칭할 때 이상적이라는 평가를 받는다. 흰살생선, 스시와 잘 어울린다. 국토의 전역에서 생산된다. 북부지역이 주요 재배지이다. 서늘한 지역인 북부에서 피노 그리지오가 잘 재배된다. 프랑스의 피노 그리보다는 바디감이 가볍고 단순하다는 평가이다. 드라이하며 가볍고 과일향이 감돌며 무난하다. 베네토주에서 대량으로 생산된다(shorrywine.com)entry).

베네치아 피노 그리지오 와인 : DOC등급 와인이다.

---

18) 와인으로도 유명한 나라이다. 마리보(Maribor)에는 세계에서 가장 오래된 포도나무가 있다. 그만큼 와인의 역사가 깊은 나라이다. 대부분 내수로 소비된다. 특히 오렌지와인의 인기가 높다(여행신문, 2023.6.19).

(5) 샤르도네(Chardonnay)

이탈리아에서도 샤르도네는 국제적 품종으로 생산되고 있다. 알토 아디제, 움브리아 주 오르비에토 지역, 피에몬테, 아브루쪼 등에서 생산된다.

(6) 말바시아(malvasia)

이탈리아의 토착품종이다. 그리스[19], 지중해 연안국가에서 자란다. 샤르도네와 블렌딩하기도 한다. 고목에서 생산되기도 한다. 산뜻한 산미, 색상이 진하다. 스위트한 감도가 있다. 도수가 높게 산출된다. 이탈리아 북부, 중부 등에서 생산된다.

(7) 그릴로(Grillo)

이탈리아 시칠리아 토착품종이다. 스파클링 와인으로 만들어지면 북부 모스카토처럼 향긋하고 달달하고 스틸와인으로 빚어지면 부르고뉴의 샤블리처럼 미네럴리티 가득하게 드라이한 모습을 보인다는 평가이다(파이낸셜뉴스, 2023.6.8).

그릴로[20]는 시칠리아섬의 주정 강화와인 마르살라(Marsala) 와인을 생산할 때 주로 사용된다. Catarratto와 Zibibbo의 교배종이다.

레몬풍미가 두드러지며 무게감과 구조가 좋다(와인21닷컴)는 평가이다.

(8) 베르디키오(Verdicchio)

마르케 지역의 화이트 와인이다. 금빛색의 살구, 사과 향이 많이 난다. 해산물과 잘 어울린다는 평가이다.

---

19) 펠로폰네소스 해안가에 위치한 그리스의 작은 도시에서 명칭이 유래되었다. 크레타섬에서도 생산된다. 스페인, 포르투갈, 프랑스, 달마티아 등에서 생산된다(그랑벵가이드, 2023.6.2).

20) 1873년 Antonio Mendola라는 농학자에 의해 교배되어 생겨난 시칠리아의 토종 포도품종이다. 1800년 말 시칠리아의 대학에서는 유럽의 이목이 집중되어 있는 포도품종 연구가 매우 활발했으며 전염병과 병충해에 강한 포도품종들을 연구하는 중에 성공적으로 탄생한 품종이 그릴로(Grillo)이다. 강렬한 황금빛으로 과일향, 깨꽃, 민트, 녹차, 미네랄향이 감지된다. 해산물 전식, 갑각류의 튀김요리, 흰살 육류, 계란요리와 잘 매칭된다(황충연, 2021: 247~248).

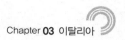

(9) 그레케토(Grechetto)

그레코(Greco)와 같은 포도품종이다. 이탈리아 중부에서 주로 재배된다. 중세에 그리스에서 들여온 것으로 추정되나, 움브리아 지방에서 주로 재배된다. 블렌딩되어 구조, 풍부함을 더하며 기분 좋은 견과류, 풀잎 향을 낸다(wine21.com).

참치 등 해산물과 잘 어울리며 백도, 멜론, 딸기, 야생화 등이 감지된다는 평가이다.

(10) 알바냐(Albana)

에밀리아-로마냐의 주요한 청포도품종이다. 이 품종으로 만들어진 Albana DOCG는 이탈리아 백포도주 중 처음으로 DOCG를 받았다. 드라이, 세미스위트, 스위트, 말린 포도로 만든 스타일[21]이 있다(허용덕 외, 2009).

(11) 코르테제(Cortese)

피에몬테 지역의 토착품종이다. 가비(Gavi)와인의 주요 품종이다. 롬바르디아 지역에서도 생산된다. 드라이하고 섬세하다. 초록빛의 지푸라기색을 띤다. 가볍고 산뜻한 산도 그리고 조화로운 와인품종이다(고종원, 2021: 122).

2) 레드

(1) 산지오베제(Sangoivese)

공히 이탈리아에서 가장 많이 재배 및 생산[22]되는 대표품종, 토착품종이다.

높은 산도, 무거운 바디감이 있다. 복합적인 맛을 지닌다. 타닌과 신맛이 매우 조화롭다는 평가이다. 비비그라츠는 와이너리의 오너이자 화가로 알려져 있다. 테스타마타는 영어로 미친 머리라는 의미이다. 2000년 이후 프랑스, 일본에서 큰 인기를 얻으며 판매되었다.

---

21) Secco(Dry), Amabile(Semi-Sweet), Dolce(Sweet), Passito(말린 포도로 만든 포도주) 스타일이다(허용덕 외, 2009).
22) 산지오베제, 몬테풀치아노, 바르베라 순으로 생산량이 많다는 평가이다(까브드맹, 2017.10.8).

테스타마타 와인 : 비비 그라츠
가 생산한 와인으로 슈퍼토스칸
와인으로 평가된다. 산지오베제
100%로 만드는 것이 특이하다.
2016년 빈티지이다. 평균가는
12만 원 내외이다.

(2) 까베르네 소비뇽(Cabernet Sauvignon)

이탈리아 와인 국제화의 공신 품종이다. 슈퍼토스칸을 탄생시킨 토스카나 볼게리
등의 지역에서 생산된 국제적인 품종으로 이탈리아 와인의 품질과 인식을 변화시킨
주역 품종이다.

레드의 대표주자인 까베르네 소비뇽 품종은 북부지역을 중심으로 생산된다.

(3) 몬테풀치아노(Montepulciano)

이탈리아에서 두 번째로 많이 생산되는 레드 와인품종이다. 특히 마르께(Marche) 지
역과 아브루쪼(Abruzzo) 지역에서 많이 생산된다. 움브리아(Umbria), 토스카나 남부지
역에서 주로 생산된다. 색이 진하고 과일향이 좋다. 밸류와인으로『신의 물방울』에서
소개된 요리오 와인이 이 품종으로 생산된다.

자두풍미, 바디감이 좋다. 잘 익은 타닌과 좋은 산미가 부드럽다. 좋은 품종은 10년
이상 장기숙성이 가능한 풀바디 레드 와인을 생산한다(와인21닷컴)는 평가이다.

(4) 카타라토(Catarratto)

이탈리아 시칠리아섬의 화이트 품종이다. 마르살라(Marsala) 와인에 블렌딩한다. 샤
르도네나 토착품종과 블렌딩하여 주정 강화와인인 마르살라를 생산한다. 낮은 산미, 중
성적 느낌, 중간 정도의 바디감이 느껴지며 레몬 아로마가 있다(와인21닷컴).

(5) 메를로(Merlot)

메를로는 북부지역 등에서 생산된다. 최근 남부 풀리아 지역에서도 많이 생산되고 있다. 토스카나에서 슈퍼토스칸의 품종으로 사용되어 이탈리아 와인의 국제화된 경쟁력을 제고하는 품종의 역할도 하고 있다.

루첸테 와인 : 토스카나의 루체 와이너리에서 생산한다. 2017년 빈티지이다. 메를로 75%, 산지오베제 25%로 블렌딩한다. 알코올 도수 14%이다. 구입가격은 6~7만원대이다. 슈퍼토스칸 루체의 세컨드 와인이다.

(6) 바르베라(Barbera)

피에몬테를 중심으로 생산되는 품종이다. 산도가 좋고 야성미 등이 있다. 피에몬테에서 많이 재배되며 색이 진하고 타닌은 적고 따뜻한 기후에서 잘 자라며 산도가 매우 높은 와인품종이다. 자두, 향신료, 체리 아로마를 지닌다(clairewine.tistory.com, 2023.4.19). 제비꽃, 감초, 아몬드 향도 난다(aligalsa.tistory.com).

네비올로에 비교해서 조생종이다. 고목에서는 완성도 높은 와인이 만들어진다. 1990년대 이후 바르베라 다스티 등 정체성 있는 주목받는 와인이 되었다.

(7) 프리미티보(Primitivo)

이탈리아 남부 풀리아 지방을 중심으로 생산된다. 색이 진하고 과일향이 많은 품종이다. 프리미티보는 미국에 전해져 진판델 품종으로 자리 잡은 품종이기도 하다. 알코올 도수가 높고 색이 진하고 감도가 많이 느껴지는 품종이다. 남부지방의 와인을 고급화시킨 품종으로 평가되고 있다.

(8) 네로 다볼라(Nero d'Avola)

네로다볼라는 시칠리아 등에서 많이 생산된다. 색이 진하며 타닌감도 있다. 해산물 등과 잘 어울리는 품종이다. 최근 가성비와 품질 등으로 좋은 평가를 받고 있다.

(9) 람브루스코(Lambrusco)

원산지가 에밀리아 로마냐 내에 있는 4개의 구역과 롬바르디아주 지역이다. 람브루스코는 오랜 양조 역사를 가지고 있으며 에트루리아인들이 포도를 재배했다는 기록이 남아 있다. 로마시대에 이 품종은 높은 생산량과 생산성으로 고평가를 받았다(위키백과 한국).

수많은 변종을 지니지만, 우수한 람브루스코는 DOC등급을 받는다. 이 등급의 와인은 드라

에밀리아 로마냐(롬바르디아 지역)의 그라스 파로사 와인 : NV(넌빈티지)로 세미세코(약간의 달달함이 느껴짐), 람브루스코(Lambrusco) 100% 품종의 스파클링 와인이다.
알코올 도수는 10%이다. 소비자가격은 2만원 중후반대이다.

이하며 딸기향이 달콤 쌉싸름하게 전해진다. 타닌은 상대적으로 적다. 체리, 보이젠베리, 장군풀, 히비스커스 아로마가 난다(wine21.com).

(10) 네그로아마로(Negroamaro)

검은색의 의미를 지닌 진한 색의 품종으로 남부지역 풀리아, 시칠리아를 중심으로 생산된다. 최근 남부지방의 와인을 고급화시킨 주역 품종으로 평가되고 있다.

(11) 아글리아니코(Aglianico)

풀바디한 품종으로 흰 후추, 블랙체리, 스모크, 자두, 석류, 블랙베리, 무화과향이 감지된다. 정향, 스모크향, 크랜베리, 코코아 파우더, 산딸기, 시거향, 그린 허브 등도 느껴진다. 주로 이탈리아 남부 바실리카타(Basilicata) 지방, 캄파니아(Campania) 지방을 중심으로 생산되는 토착품종이다. 깊은 색, 높은 타닌과 산도가 특징이다(Madeline Puckette 외, 2015: 132~133).

몰리세(Molise)주, 풀리아(Puglia)주에서도 생산된다. 13% 이상의 알코올 함유량을 갖는다. 2년 이상의 숙성기간을 갖고 있다. 3년 이상 숙성을 하면 Riserva로 분류한다. 육류와 잘 어울린다(황충연, 2021: 181).

이 와인은 장기 저장이 가능한 품종이기도 하다. 시음 시 미리 2시간 전에 열어두었

다가 시음하는 것이 좋다. 이 품종은 이탈리아의 네비올로, 산지오베제와 함께 3대 토착품종으로 평가되기도 하는 좋은 품종이다. 아몬드향이 느껴지는 품종으로 평가된다. 주로 이탈리아에서 대부분 생산되는 품종이다.

(12) 시라(Shira)/쉬라즈(Shiraz)

블랙베리, 자두, 블랙커런트, 초콜릿, 오크, 타바코, 체리, 산딸기 향이 표출된다. 깜파니아, 바실리카타, 풀리아, 칼라브리아, 시칠리아 등에서 생산된다. 사르데냐에서도 생산된다. 이탈리아 남부는 화산지역과 화강암 토양지역에서 주로 생산된다.

(13) 네비올로(Nebbiolo)

네비올로는 이탈리아 최고의 품종이다. 생산량이 상대적으로 많지는 않다. 여러 가지 토착품종과 기타 품종들의 재배로 인해 전체 비중은 낮은 편이다.

네비올로는 타닌이 매우 강하다. 약 15년 숙성 후에는 부드러운 타닌감을 느낄 수 있는 품종이다. 가죽, 담배, 타르, 말린 자두, 장미향을 발산하며 세계에서 가장 강한 바디를 자랑한다(오펠리 네만, 2020: 182).

(14) 사그란티노(Sagrantino)

움브리아의 주요한 품종이다. 두꺼운 껍질, 높은 탄닌, 적은 수확량으로 고품질과 소량 생산의 장기숙성형 와인이다. 완성된 와인은 높은 타닌, 풀바디, 블랙베리, 바이올렛, 후추, 감초 등 진한 향신료 풍미를 나타낸다(와인지식연구소).

4 와인 규정

1) 이탈리아 와인 등급

이탈리아는 와인의 종주국으로 1963년 제정된 법률에 의해 D.O.C.G, D.O.C, IGT, VDT로 등급이 구분된다(두산백과).

(1) D.O.C.G

Denominazione di Origine Contorllata e Garantita는 정부에서 보증하는 최상급 와인을 의미한다. D.O.C 등급 중에서 이탈리아 농림성의 추천을 받고 정한 기준을 통과하여야 하며 레드 와인 병목의 경우 분홍색~보라색, 화이트 와인의 경우 연두색 주류납세필증을 두르고 있다. 피에몬테 지역과 토스카나 지역의 와인이 가장 많이 해당한다. 최고등급인 DOCG는 1980년에 도입되었다.

(2) D.O.C

Denominazione di Origine Controllata[23]는 원산지, 수확량, 숙성기간, 생산방법, 포도품종, 알코올 함량 등을 규정하고 있는 와인으로 프랑스의 AOC에 해당한다.

(3) IGT

Indicazione Geografica Tipica는 1992년 신설된 등급분류로 테이블 와인과 DOC급 정도 사이에 있는 것이다. 실험적인 시도를 하는 수준 높은 와인이 많이 포함되어 있다. 슈퍼토스카나 와인들이 이 등급에 포함되며 상표에 지역명이 붙어 있는 테이블 와인으로 프랑스의 뱅드페이(Vin de Pays[24])에 해당한다.

---

23) 1963년에 DOC 법규가 도입되면서 이탈리아 와인 체계가 발전하였다(고종원, 2021: 129).
24) 지역 와인, 지방 와인을 의미한다. 특정 지역을 의미하는 와인이다.

IGT등급은 보통 이탈리아 와인품종과 국제화된 품종, 예를 들면 까베르네 소비뇽, 메를로, 까베르네 프랑, 샤르도네, 소비뇽 블랑 등이 같이 블렌딩되었을 때 등급이 주어진다. 그래서 최고의 와인으로 평가되는 슈퍼토스칸 와인들도 처음에는 IGT로 등급이 시작되었고 이후 DOCG등급을 취득한 경우가 대부분이다.

IGT등급 도입으로 이탈리아 와인 품질의 보장을 위한 시스템이 완료된 것이다.

(4) VDT

Vino da Tavola로 프랑스의 뱅 드 따블(Vin de Table[25])에 해당한다. 이탈리아의 많은 와인이 여기에 해당한다(두산백과; www.doopedia.co.kr).

2) 숙성과 관련된 조항

브루넬로 디 몬탈치노는 최소 4년 에이징(숙성)을 해야 한다. 리제르바는 최소 5년 에이징을 해야 한다.

5 유명 생산자 및 브랜드

1) 프레스코발디(Frescobaldi)

오랜 역사를 지니고 있는 이 회사는 슈퍼토스칸의 대명사로 여겨지는 오르넬라이아, 마세토 와인을 소유하고 있다. 1308년 중세시대부터 700년의 역사를 지닌다. 와인 명가로 미켈란젤로가 애호했다고 한다. 이탈리아에서 가장 오래된 와이너리 중 한 곳이다.

---

25) 테이블 와인을 말한다. 원산지가 표기되지 않는다.

2) Vin santo

산도와 당도의 밸런스가 매우 좋은 와인이다. 이 와인은 그리스 산토리니섬도 유명하다. 원조는 그리스라는 의견도 있다. 말바시아, 트레비아노 품종으로 만들어진다.

3) 브루넬로 디 몬탈치노(Brunello di Montalcino)

브루넬로 디 몬탈치노는 토스카나 지방의 전통적인 와인이다. 산지오베제로 만드는 와인이다. 묵직한 무게감과 힘이 있다. 10년 이상의 장기숙성이 가능한 와인이다. 온화한 기후와 석회질이 많은 토양에서 자란다.

4) 비노 노빌레 디 몬테풀치아노(Vino Nobile di Montepulciano)

비노 노빌레 디 몬테풀치아노 와인은 고귀한 와인이라는 의미를 지닌다. 토스카나의 전통적인 와인으로 산지오베제로 생산된다.

5) 안젤로 가야

안젤로 가야는 이탈리아 와인을 현대화시키고 국제화로 경쟁력을 끌어올린 주역의 와이너리이다. Angelo Gaja는 이탈리아 와인의 아버지로 불린다. 1859년 지오반니 가야(Giovani Gaja)가 와이너리를 설립한 이후 4대에 걸쳐 Barbaresco 지역에서 와인을 생산하는 최고의

토스카나 가야 프라미스 2018년산 와인 : 복합미와 파워가 좋다. 메를로, 쉬라, 산지오베제 비중 순으로 블렌딩된다. 메를로 비중이 높다. 농익은 딸기잼 같은 특징이 나타난다.

와이너리로 와인마니아들로부터 사랑받고 있다(허용덕 외, 2009). 4대손의 이름도 안젤로 가야이다.

6) 사시카이아(사시까이아)

진정한 슈퍼 토스카나 주역의 와인이다. 2015년산이 2018년 와인스펙테이터 Top 100 중 1위를 차지하였다. 2016년산은 로버트 파커의 평점에서 100점을 받았다. 사시까이아는 품질의 일관성을 목표로 한다. 장기적인 안목으로 순간의 매출이나 이익을 우선한다는 의미이다(와인21닷컴).

사시까이아 와인 : 1993년 빈티지이다. 알코올은 12%이다. 밸런스, 조화미, 구조감 등 최고의 와인이다. 슈퍼토스칸의 원조로 평가되는 토스카나 최고의 와인으로 10년 이상 숙성 후 시음해야 제대로 된 평가를 할 수 있다.

슈퍼토스칸의 주역으로 평가된다. 토스카나의 볼게리 지역에서 생산된다. 자갈밭이 있는 지역이다. 까베르네 소비뇽, 까베르네 프랑으로 만들어진다. 생산자는 테누타 산 귀도(Tenuta San Guido)이다. 육류, 파스타, 치즈와 잘 어울린다는 평가이다. 빈티지에 따라 차이가 있지만 소비자가는 50~70만 원대이다. 풀바디감, 높은 타닌, 산도가 좋다.

참고

이탈리아에서 주의해야 하는 식탁 매너

피자에 케첩을 뿌리고 먹으면 안 된다. 레드 와인에 얼음을 넣어서도 안 된다. 그리고 가위로 피자를 잘라서도 안 된다. 미국의 유명 인플루언서가 이탈리아에서 금기시되는 행동을 해서 식당에서 쫓겨났다는 기사가 알려지고 있다. 이러한 행동은 이탈리아인에게 화가 나게 하는 행동으로 서비스가 중시되는 이탈리아에서도 손님을 내보내기까지 하는 결과를 냈다.

전통을 중시하는 이탈리아에서 금기시되는 행동으로 알려지고 있다. 피자 자체로 먹어야 하고 레드 와인도 와인을 존중하는 차원에서 자연스럽게 마셔야 한다는 것으로 해석된다. 어떠한 반응이 있는지 인플루언서가 보고자 하는 차원에서 나타난 결과로 현지문화를 존중해야 제대로 된 서비스와 존중을 받게 된다는 현실을 보여준다.

모나코 전경 : 이탈리아 북부지역에서 상대적으로 가까운 모나코는 관광의 도시로 주변 환경이 아름답다.

참 / 고 / 문 / 헌

고종원 외(2023), 세계와인수업, 백산출판사

고종원(2021), 와인테루아와 품종, 신화

고종원교수의 세계와인 문화이야기 Italy- 풍부한 지역색과 자연스러움, 이탈리아 와인, Hotel & Restaurant(2015.3)

그랑벵가이드 블로그, 이탈리아 판티니 신제품 프리모 말바시아 샤르도네 와인, 2023.6.2

김관웅의 톡톡 이 와인, 숨가쁘게 변하는 천가지 표정의 그릴로 와인, 시칠리아의 숨겨진 보물을 봤다, 파이낸셜뉴스, 2023.6.8

까브드맹, 와인 생산지 이탈리아 아브루쪼, 2018.8.27

까브드맹, 적포도 그르나슈 - 재능은 뛰어나지만 혼자서는 안돼요, 2015.8.21

까브드맹, 적포도 바르베라 - 점점 주목받는 이인자, 2017.10.8

나무위키

두산백과

마시자 매거진, 영국인 아버지를 둔 이탈리아 태생의 와인, 마르살라(marsala), 2022.10.26

매일경제, 내 맘속에 저장~ 여심저격 전 세계 와이너리 4, 2022.9.19

서울경제, 2017.8.2

아시아경제, 2020.6.5

여행신문, 2023.6.19

오펠리 네만(2020), 와인은 어렵지 않아, 그린쿡

와인지식연구소

위키백과 한국

은광표(2006), 연세대학교 미래교육원, 세계 와인과정 교재

이쇼리의 포도와인방울방울, 와인의 품종별 특징 10편: 피노 그리지오, 2021.12.8

이음코리아, 와인리스트

조정용(2009), 올댓와인2: 명작의 비밀, 해냄

㈜이음코리아, 이탈리아 와인 지도

최현태 기자의 와인홀릭, 49도 시칠리아 활화산 열기속에 피어난 산뜻한 그릴로 · 프라파토 마셔
　　　　봤나요, 세계일보, 2023.7.25

한국어문기자협회, 세계인문지리사전, 2009.3.25

한춘섭 외(2011), 정통 이태리 요리, 백산출판사

허용덕 외(2009), 와인&커피 용어해설, 백산출판사

허용덕 외(2009), 와인&커피 용어해설, 백산출판사

황충연(2021), 이탈리아 와인여행, 휴먼스토리

Vinfloria 뱅플로리아, 키안티, 슈퍼토스칸, 토스카나 음식, 이탈리아 유튜브

aligalsa.tistory.com

blog.naver.com〉asperato

blog.naver.com〉sommeliermin

blog.naver.com〉withsafe

clairewine.tistory.com

http.terms.naver.com

ko.widipedia.org

Madeline Puckette and Justin Hammack, Wine Folly, Avery, 2015

namu.wiki

shorrywine.com〉entry

tems.naver.com

wine21.com

wineok.com

www.doopedia.co.kr

www.keumyang.com

04 스페인(Spain)

1 와인의 역사

스페인은 와인의 역사가 오래된 생산국이다. BC 3000년 무렵부터 시리아와 레바논 해안지대에 도시국가를 이룩한 페니키아(Phoenicia)인들에 의해서 BC 1000년경부터 스페인은 포도 재배가 시작되었다. 8세기경 이슬람교도들이 스페인을 지배할 때 소아시아의 다양한 포도품종이 유입되었다. 로마시대부터 본격적인 포도 재배가 시작되었다. 로마점령기에는 스페인과 로마 사이에 활발한 교역이 있었는데, 품페이의 폐허에서 발견된 스페인산 와인주전자가 이를 증명한다.

8세기에 스페인을 정복한 무어(Moor)인들의 통치기간에도 포도 재배는 번창하였다. 이 기간에 증류기가 사용되었다. 900년경에 알코올 강화와인인 셰리(Sherry)가 만들어진 것으로 추정되고 있다. 이후 1492년 이사벨 1세 시절부터 스페인은 황금시대로 들어가게 되면서 와인문화도 동반하여 발달하게 된다.

스페인 와인산업이 비약적인 발전을 이룩한 때는 19세기 중엽이다. 프랑스 보르도 지방의 포도밭 대부분이 필록세라(phylloxera)로 인해 황폐화되었다. 이에 프랑스 와인 생산업자들이 피레네산맥을 넘어 리오하(Rioja) 지역에 정착하게 되었고, 이를 통해 와인제조방법을 전수받음으로써 스페인 와인의 품질이 크게 개선되었다. 또한 무리에타 후작(Marque's de Murrieta)을 비롯한 와인 선구자들의 노력과 더불어 리오하 지역을 중심으로 시작된 고급 와인 생산 붐이 어우러져 세계적 주목을 받으며 약진해 나아가고

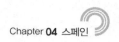

있다.

1930년에는 프랑스로부터 등급체계 시스템을 들여와 자체 등급제를 시행했으나, 정착도 되기 전에 내전으로 인해 전 국토가 황폐화되었다. 오랜 기간 굶주려 온 와인 생산자들은 힘을 모아 협동조합을 만들고 재건을 이뤘으나, 이익을 우선시할 수밖에 없는 조합형태의 생산자 시스템은 저급 테이블 와인의 대량생산으로 이어져 스페인 와인의 이미지를 실추시키는 결과를 초래했었다. 1972년부터 스페인 정부에서 지정한 자체적인 와인 등급 기준을 규정하게 되었으며, 그 결과 스페인 와인이 세계에서 유명한 와인을 생산하게 되었다.

2 재배환경과 와인의 특징

대륙 서안의 위도 30~40°에 위치한 지중해 지역으로 열대와 온대의 중간으로 열대기후와 온대기후의 특징이 번갈아 나타난다. 이 기후의 특징은 여름에는 구름이 적고 일조량이 많아 덥고 건조한 가뭄이 계속되나 겨울에는 일기변화가 심하고 강수량이 많은 온화한 날씨가 계속된다.

포도는 고산지대에서 생산되며 포도나무의 수령이 오래되었다. 또한 포도밭에 다른 작물을 혼합하여 재배하기 때문에 단위 면적당 실제 와인 생산량은 이탈리아와 프랑스의 절반 수준밖에 안 된다. 넓은 포도 경작지에 비해 관개시설이 빈약하고 날씨가 건조하여 생산성은 좋지 않은 편이다. 포도 재배면적은 160만 헥타르(ha)로 면적으로는 세계 1위지만, 생산량은 300~400만 헥토리터(hl)로 이탈리아나 프랑스의 약 60% 정도이다.

스페인 와인 중에서 국내에 가장 잘 알려진 와인이 주정강화 와인인 셰리와인(Sherry Wine)이다. 그러나 셰리와인은 스페인 와인 생산량의 3~6% 정도이고, 로제와인과 페네데스 지방의 스파클링 와인인 카바(Cava)의 비중이 높다.

스페인의 경우 200종 이상의 독자적인 포도품종이 재배되고 있다. 레드 와인품종으로 템프라니요(Tempranillo), 가르나차 틴타(Garnacha Tinta), 그라시아노(Graciano), 모나스뜨렐(Monastrell) 등이 있다. 화이트 와인용으로는 아이렌(Airen), 비우라(Viura), 말바시아(Malvasia), 가르나초 블랑코(Garnacho Blanco) 등이 있다. 테이블 와인에서 강화 와인과 스파클링 와인까지 다양한 와인을 생산하고 있다.

3 와인의 등급

1) 와인의 등급

와인의 생산지 호칭은 1926년 리오하를 시점으로 시작되었다. 그 후 1932년 와인에 대한 원산지 호칭 제한제도를 정식으로 도입하였다. 그러나 1936년 스페인 내전이 발발하면서 전 국토가 황폐화됨으로써 와인 생산이 어려워져 이 제도는 의미를 상실하게 되었다. 이후 1972년에는 개정되어 전국적인 원산지 호칭법(Denominaciones de Origin: DO)이 제정되었다. 그러나 리오하나 헤레스 등 몇 개 지구를 제외하고 품질에서 아직 엄격한 관리가 이루어지지 않고 있다. 하지만 유럽공동체(EC : European Union)에 가입함으로써, EC위원회의 1987년 규정에 따라 프랑스 AOC와 동일한 관리를 시행하게 됨으로써 본격적인 정비가 강화되었다. 와인에 각각의 토지 전통에 기초한 생산지구, 포도품종, 토양, 양조, 숙성방법, 알코올 농도 등의 화학 분석식, 관능검사 등을 규정해서 품질향상을 도모하고 있다.

스페인의 와인 등급은 크게 비노 데 메사(Vino de Mesa), 비노 데 라 티에로(Vino de la Tierro), VCIG(Vino de Calidad con Indicacion Geografica), DO(Denominaciones de Origen), DOCa(Denominacion de Origen Calificade), Vino de Pago 등 6등급으로 구분한다. 생산 와인의 50% 이상에 DO등급을 부여하고 있으며, 1991년부터 DO등급 와인보다 더 고급 와인인 약 40개 정도의 와인에 DOCa라는 원산지 제도 표기를 하고 있다. 이후 2003년 6월, 한 단계 높은 DO Pago라는 새로운 등급

을 통해 단일 포도원 개념을 도입하여 제도권 밖의 고품질 와인을 수용하였다.

Vino de Pago는 DOCa구역 안에서 훌륭한 품질의 와인을 지속적으로 생산해 오고 있다고 판단된 개인소유의 포도밭이나 와이너리에 주어지는 등급이다. Pago란 단어는 라틴어의 Pagus에서 유래했는데, 지역의 작은 구획을 의미한다.

VCIG는 VdIT(VT)등급의 와인이 DO로 승급되기 전 준비단계 정도로, 스페인 정부가 DO등급의 과다한 증가로 인한 품질의 저하를 우려하여 새롭게 만든 것으로 판단된다.

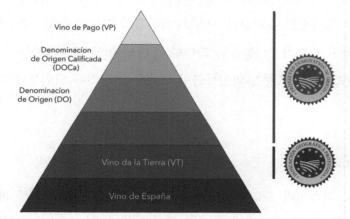

출처 : https://wanderlustwine.co.uk/wine-countries-and-regions/spain/

(1) VdM(Vino de Mesa, 비노 데 메사)

가장 편하게 마실 수 있는 테이블 등급의 와인이다. 포도의 생산지 명칭이 표기되지 않아도 되기 때문에 어느 지역의 포도든 와인을 만드는 데 사용될 수 있다. 그러나 이탈리아와 같이 때로는 아주 비싸고 훌륭한 와인도 이 영역에 포함된다. 프랑스 와인등급중 뺑드 따블(Vin de Table)과 유사하며, 스페인 국민이 가장 즐겨 마시는 대중적인 와인 등급이다.

(2) VdIT(Vino de la Tierro: 비노 데 라 티에로)

주로 특정한 생산지역의 와인이 일정한 기준을 충족시켰을 때 부여한다. 나중에 DO등급으로 올라갈 수 있는 조건과 품질을 규정한다. 독창적인 와인을 생산하기 위해

많은 노력을 하기 때문에 간혹 매우 훌륭한 와인이 이 등급에서 탄생할 수 있다. 프랑스의 뱅 드 뻬이(Vins de Pays)급에 해당된다.

(3) VCIG(Vino de Calidad con Indicacion Geografica, 비노 데 칼리다드 콘 인디카시온 헤오그라피카)

2003년 포도 재배지와 포도주 법령(Vineyard & Wine Act)에 의해 탄생한 등급이다. 특정 지역에서 생산되는 포도로 출하되었다는 의미로 산지이름과 레이블에는 산지명과 함께 VCIG등급으로 표시한다. VdIT(VT)등급의 와인이 DO로 승급되기 전 준비단계 정도로 스페인 정부가 DO등급의 과다한 증가로 인한 품질저하를 우려하여 새롭게 만든 것으로 판단된다. 프랑스 와인등급의 VDQS, 이탈리아 와인등급의 IGT와 유사한 등급이다.

(4) DO(Denominacione de Origen, 데노미나시오네스 데 오리헨)

1970년 포도 재배지와 포도주 법령(Vineyard & Wine Act)에 의해 전국에 처음으로 실시된 와인관련 제도를 도입하여 스페인 와인을 세계적으로 알리기 위한 계기가 되었다. 이 등급은 생산되는 좋은 품질의 와인을 위하여 포도나무를 경작하고 병입하는 지정된 산지의 와인 등급을 말한다. 스페인 와인의 50% 정도가 이 등급에 해당된다.

이 등급은 품질인증기관에서 원산지 증명과 숙성장소 기록은 물론 포도의 재배, 양조, 판매 등에 이르기까지 철저한 규제기준을 충족시켰을 때 등급을 부여한다. 특히 DO등급을 획득하기 위해서는 GI(Geograpical Indication)로서 최소한 5년 이상 유지해야 한다.

(5) DOCa(Denominacion de Origen Calificada, 데노미나시온 데 오리헨 칼리피카다)

1986년 스페인 와인을 세계적으로 알리기 위해 실시된 품질관리등급이다. 처음 이 등급을 받았던 지역은 1991년 라 리오하 지역, 2002년 쁘리오리또 지역이다. DOCa 등급을 받기 위해서는 DO등급을 최소 10년간 유지해야 한다. 그리고 병입은

반드시 산지에서 실시되며 규제위원회의 모든 통제를 통과해야만 DOCa등급을 획득하게 된다.

(6) Vinos de Pagos(비노스 데 빠고스)

2003년에 시작되었으며, 스페인 최고등급의 포도주로 특성 있는 기후와 토양을 갖춘 지역에서 생산되는 포도에 의해 발효되는 와인 등급이다. DOCa 구역 안에서 훌륭한 품질의 와인을 지속적으로 생산하고 있다고 판단된 개인 소유의 포도밭이나, 와이너리에 주어지는 등급이다. 특징적인 기후나 토양의 특성을 보이는 산지에서 재배되는 품종으로 양조한 경우와 유명한 와인에 부여된다. 지정된 지역은 라만차 지역의 떼미노 데 발데뿌사(Demino de Valdepusa)이다.

2) 와인의 숙성 정도

비노 호벤 (Vino Joven)	숙성이 안 된 어린 와인이라는 의미로 수확한 다음 해에 바로 병입한 와인으로 오크통 숙성이 의무사항 아님
크리안자 (Crianza)	• 레드 와인 : 2년의 숙성기간을 거친 후 출시되며, 이 중 최소 1년은 오크통에서 숙성 • 화이트 와인과 로제 와인 : 1년 숙성기간 중 6개월은 오크통에서 숙성
레세르바 (Reserva)	• 레드 와인 : 3년간의 숙성기간을 거친 후 출시되며, 이 중 최소 1년은 오크통에서 숙성 • 화이트 와인과 로제 와인 : 2년 숙성기간 중 6개월은 오크통에서 숙성
그란 레세르바 (Grand Reserva)	• 레드 와인 : 5~7년간의 숙성을 거친 후에 출시되며, 이 중 최소 2년간은 오크통에서 숙성 • 화이트 와인과 로제 와인 : 4년 숙성기간 중 6개월은 오크통에서 숙성

4 와인 생산지역

스페인의 유명 와인산지로는 고급 레드 와인산지인 리오하, 페네데스, 리베라 델 두에로, 라만차가 있고, 히아스 바이사스의 화이트 와인도 인정받는다.

출처 : https://slowwines.net/en/wine-map-spain
스페인 와인산지

1) 리오하(Rioja)

스페인의 최고 레드 와인산지는 동북부 지방의 에브로(Ebro)강에 위치한 리오하 지역이다. 프랑스 보르도에서 필록세라가 만연하여 상인들이 보르도를 대체할 만한 지역을 물색하다 발견한 곳이다. 스페인의 보르도라는 별칭이 있으며, 스페인 와인 생산에 있어 매우 중요한 지역이다. 기후는 대륙성 기후와 지중해성 기후이며, 강우량은 370~450mm로 포도 재배에 이상적인 기후이다. 포도밭은 낮은 구릉에 조성되어 있고, 토양은 이회토, 진흙 충적토 등인 붉은색 토양이다. 리오하의 남북으로 크고 작은 산들이 위치하고 있으며, 중앙을 에브로강이 관통하고 있다. 또한 지역의 북서쪽으로는 대서양의 남동부인 비스케이만(Bay of Biscay)이 위치해 건조한 기후를 만들어낸다.

　대표적인 품종은 템프라니요(Tempranillo)이지만, 가르나차(Garnacha)품종과 블렌딩하여 와인을 제조한다. 오크통 숙성을 통해서 장기적으로 보관이 가능한 고급 와인을 만들기도 하는데, 이것이 현재 리오하를 대표하는 레드 와인들이다. 리오하는 3개의 하부지역으로 나뉘는데, 리오하 바하 지역, 리오하 알라베사 지역, 리오하 알타 지역으로 이들은 환경적인 차이만큼이나 생산된 와인의 개성도 각기 다르다.

(1) 리오하 바하(Rioja Baja)

　리오하의 중부에서 동부지역까지 에브로강을 따라 펼쳐진다. 절반 이상의 면적을 차지하는 이 지역은 지중해 기후권으로 여름철에 무덥고 건조한 날씨가 이어진다. 따라서 가뭄이 장기화될 경우 관개가 필수적이다. 토양은 충적토와 철분이 많은 점토로 이루어진다. 이러한 환경의 영향으로 리오하 바하 지역에서 생산된 와인들은 알코올 함량은 아주 높지만, 반면 향미에서는 다소 평범한 수준이라는 평이 있다.

(2) 리오하 알라베사(Rioja Alavesa)

　중북부 리오하에서 떨어져 있는 두 지역을 포함하는 리오하 알라베사는 대서양 기후권이다. 이 지역 바로 북쪽에 인접해 있는 칸타브리카(Cantabrica)산맥이 대서양으로부터 불어오는 거친 해풍으로부터 포도를 보호해 주는 병풍역할을 한다. 토양은 백악질 점토로 이루어져 있다. 과일향이 풍부한 높은 산도의 풀바디 와인이 생산된다.

(3) 리오하 알타(Rioja Alta)

　리오하의 서쪽 대부분을 차지하는 리오하 알타 지역은 대서양 기후의 영향을 받는다. 토양은 백악질 점토와 철분이 많은 점토, 그리고 충적토까지 다양한 토질을 갖고 있다. 지역 전체적으로 크고 작은 산들로 이루어져 있어 고품질의 와인을 만들기에 좋은 환경적 요소를 갖추고 있다.

화이트 와인을 만들기 위해서 비우라(viura)품종을 많이 사용한다. 이 품종은 다른 화이트 품종들에 비해 산도가 낮고 향이 화려하지도 않아서, 주로 다른 레드나 화이트 와인에 블렌딩용으로 사용되어 왔다. 리오하에서는 좀 더 일찍부터 재배되어 온 말바시아(Malvasia)와 블렌딩되어 화려하고 부드러운 와인으로 만들어지곤 한다. 또 양조방법에 따라 신선하고 가벼운 스타일의 샤르도네와 비슷한 와인으로 탄생하기도 한다. 비우라 품종은 리오하를 제외한 대부분의 지역에서 마카베오(Macabeo)라고 불리기도 한다.

2000년대 초반부터 리오하 등급조정협회는 자신들이 와인을 보호하고 소비자에게는 등급별로 리오하의 와인들을 믿고 즐길 수 있도록 품질보증 표시를 해주는 리오하 트러스트 씰(Rioja Trust Seal)을 제작해 병의 뒷면에 부착하기 시작했다. 이 백레이블에는 영문으로 Rioja라고 씌여 있는 은박 홀로그램 테이프가 붙어 있는 것이 특징인데, 유로화 등 지폐에 사용되는 재질과 같아서 위조가 불가능하다고 한다. 그 밖에도 빈티지나 숙성기간 및 출처 등을 알 수 있는 정보가 기입되어 소비자들에게 품질에 대한 믿음을 주고 있다.

출처: http://www.bernardsmith.name/visiting_spain/history_rioja_wine
리오하 트러스트 씰(Rioja Trust Seal)

2) 라만차(La Mancha)

스페인의 중부 마드리드 남쪽에 위치하며, 돈키호테로 유명한 지역이다. 포도 재배면적이 스페인에서 가장 넓어 많은 와인이 생산된다. 주로 생산되는 와인이 발데페냐스

(Valdepenas)마을 이름을 사용하고 있다. 이 와인은 13도 정도의 알코올 함유량을 지닌 엷은 레드 와인으로 레드 센시벨(Cencibel)과 화이트 아이렌(Airen)포도를 혼합하여 만든다. 강하면서도 과일향이 많은 섬세한 맛을 낸다.

3) 페네데스(Penedes)

까딸루냐(Catalunaya) 지방의 북동쪽 해안가로 프랑스 남부와 인접해 있기 때문에 과거로부터 프랑스 와인의 영향을 많이 받아왔다. 일찍부터 스페인 와인의 수출이 시작된 지역으로 최신 기술을 사용하여 고급와인을 생산한다.

바다와 산을 끼고 있어 아주 상이한 기후에 걸쳐 있다. 해안 인접지역은 지중해의 영향으로 온화하고 따뜻하며, 내륙으로 들어갈수록 고도가 높아져 낮과 밤의 기온차가 크고 강우량이 많아진다.

대표적으로 세계 최고의 발포성 와인인 까바(Cava)로 유명하며, 스페인 전체 생산량의 90% 이상을 차지한다. 까바는 코도르니우(Codorniu)의 돈 호세 라벤토스(Jose Ravento's)의 창조물로서, 1872년에 그는 샴페인 양조방식으로 생산한 스페인 최초의 스파클링와인을 선보였다.

레드 와인은 카탈로니아 지방의 와인 개척자인 보데가 미구엘 토레스(Bodega Miguel Torres)의 그랑 코로나스(Gran Coronas)가 유명하다.

4) 헤레즈 데 라 프론테라(Jerez de la Frontera)

남쪽인 안달루시아(Andalusia) 지방에 위치한 삼각주 지역이며, 3000여 년 동안 무역의 거점도시였다. 400여 년 전 이곳 와인을 영국으로 수출하기 위해 술통에 상표를 부착하였으며, 가장 유명한 주정 강화와인인 셰리이다. 셰리는 헤레스(Jerez)라는 지역명을 이 와인의 최대 고객인 영국인들이 자신들의 발음 방식대로 부르면서 생겨난 것이다. 이웃에 카디스(Cádiz)항이 있어 수출이 유리하였다.

기후는 온난한 지중해 및 대서양 기후로써 높은 습도와 적절한 기온이며, 백악질 토질로 포도 재배에 훌륭한 환경을 지니고 있다.

현재 고급 셰리와인은 헤레스 데 라 프론테라(Jerez de la Frontera), 푸에르토 데 산타 마리아(Puerto de Santa Maria), 산루카 데 바라메다(Sanluca de Barrameda)의 3개 마을이 이루는 삼각지역에서 생산되고 있다.

5) 루에다(Rueda)

마드리드 북서쪽의 두에로(Duero)강과 바야돌리드(Valladolid) 주변에 위치하며, 오래전부터 와인양조의 전통이 내려오고 있다. 바야돌리드는 17세기 스페인의 수도였다.

베르데호(Verdejo)와 소비뇽 블랑으로 만든 화이트 와인은 신선하고 상큼하며, 신선하고 엷은 노란색을 띠는 특징이 있다.

6) 몬티야(Montilla)

헤레스에서 북동쪽으로 100여 마일 떨어진 곳에 몬티야모릴레스(Montilla-Moriles) 지역이 있다. 몬티야 와인은 티나하스(Tinajas)라는 커다란 진흙 항아리에서 발효시키는 것이 차이가 있을 뿐 셰리와인과 거의 유사하다. 이 지역의 와인은 높은 천연 알코올 함유량에 있으며, 셰리와인과는 달리 알코올을 강화하지 않은 상태로 수출된다. 몬티야의 천연 알코올 도수는 16도에 이른다.

7) 리베라 델 두에로(Ribera del Duero)

리베라 델 두에로 지역은 '두에로강 유역'이라는 의미로 스페인 북부 중앙에 위치한다.

기후는 대서양 영향을 받은 대륙성 기후로 여름과 겨울철에는 각각 혹서와 혹한의 날씨가 이어져 당도와 산미 모두를 가진 양질의 포도를 빚어낸다. 토질은 매우 다양하여 두에로강 인근은 모래와 진흙이 섞인 충적토이며, 고산지대에는 점토와 석회질이 섞인 이회토가 발견된다.

　1980년대부터 주목받기 시작하였는데 이미 널리 알려진 베가 시실리아(Vega Sicilia) 외에 이 지역의 또 다른 와인인 페스케라(Pesquera)가 세계적인 와인 전문지로부터 높은 평가를 받게 되었다. 템프라니요의 변종인 띤또피노(Tintofino)만을 이용해 현대 고급 와인 스타일인 풀바디의 농축되고 풍부한 과일향의 와인을 생산하고 있다. 현재 260개가 넘는 와이너리가 있으며, 특히 젊은 세대의 우수한 와인메이커들이 등장해 다양한 고품질 와인 생산에 주력하고 있다. 이 지역에는 유명하고 값비싼 와인인 우니코(Unico)를 생산하는 베가 시실리아(Vega Sicillia)가 있다.

　전통적인 품종인 템프라니요 외에도, 가르나차, 보르도 품종인 카베르네와 메를로, 말벡 품종이 100년 이상 재배되어 왔다.

8) 프리오라토(Priorato)

　바르셀로나에서 해안을 따라 서남향으로 내려오면 와인교역의 중심지인 따라고나(Tarragona) 내륙에 위치한다.

　프리오라토는 작은 수도원이라는 의미로 1162년 카르투지오(Carthusio)수도회가 이곳에 수도원을 설립하고, 처음 포도농사를 지었다고 해서 붙여진 이름이다.

　포도밭들은 해발 900m가 넘는 가파른 고산지대에 위치하고 있다. 따라서 낮과 밤, 그리고 여름과 가을의 기온차가 대륙지역보다 크다. 토양은 운모가 섞인 어두운 색의 점판암질로 낮시간 동안 점판암이 달궈지며 흡수한 태양열을 내열재인 운모가 좀 더 오래 지속시켜 준다는 장점이 있다. 이러한 환경 속에서 오랜 시간 견뎌온 고목들에서 자란 가르나차와 카리녜나(Cariñena)는 풀바디에 베리류와 다크 초콜릿의 느낌이 강하고 미네랄이 풍부한 고품질의 와인을 탄생시킨다. 디저트 와인으로 란시오(Rancio)가 유명하다.

5 대표와인

1) 셰리와인(Sherry wine)

대부분의 셰리와인은 팔로미노(Palomino)로 제조되는 화이트 와인으로 은은한 황금빛이다. 헤레스 지역의 건조한 기후로 인하여 솔레라(Solera)라는 독특한 시스템으로 숙성된다. 숙성창고에 오크통을 피라미드 모양으로 매년 바꾸어 가면서 쌓아두어 신선한 와인과 숙성된 와인이 블렌딩되도록 하여 복합적인 맛을 낸다. 이 중에는 10~20여 개의 다른 수확기 와인들을 블렌딩하는 경우도 있다. 보통의 와인 양조과정에서는 산소가 유입되지 못하게 막는 반면, 셰리와인은 산소를 유입시켜 산화시키는 것이 특징이다. 이를 위하여 와인을 통에 2/3 정도만 채우고 마개를 꼭 잠그지 않아 공기가 유입되도록 두며, 보데가(Bodega)라 불리는 지상에 설치된 와인 저장소에 둔다. 또한 침전물을 모두 제거하여 맑게 하려고 달걀 흰자를 풀어서 넣는데, 이로 인하여 남은 달걀 노른자로만 만드는 플랜(Flan)이라는 푸딩이 헤레스 지방에서 유명하게 되었다.

출처: https://www.sherrynotes.com/2013/background/sherry-solera-system
솔레라시스템

플로르(Flor)의 존재 여부는 결국 산소와 와인 간의 접촉기간을 의미하는데, 이것은 셰리 스타일과 품질을 결정짓는 매우 중요한 생산과정이다. 재미있는 것은 산소와 접촉시키기 위해 나무통의 작은 구멍을 열어 놓는데, 이것을 통해 매년 3% 정도의 양이 대기로 증발된다. 생산자들은 이것을 천사의 몫(Angel's Share)이라고 부른다.

셰리와인은 제조방법에 따라 다양한 종류의 와인으로 분류할 수 있다.

(1) 피노(Fino)

발효를 마친 알코올 함량 11~13%의 화이트 와인에 브랜디를 첨가한 것으로 알코올 함량 15.5% 정도의 드라이 와인을 말한다. 발효 중에 브랜디를 첨가하는 포르투갈의 포트와인은 달콤한 맛이 나는데 피노와는 차이가 있다. 오크통에 70% 정도를 채우면 알코올 함량 15.5~16.0%의 농도에서 쌀죽 같은 플로르라고 부르는 흰 막이 형성된다. 플로르는 와인을 산소로부터 보호하고 셰리와인의 독특한 향과 맛을 내는 역할을 한다.

(2) 올로로소(Oloroso)

알코올 함량을 18% 이상으로 높인 것으로 플로르가 형성되지 않으며, 피노보다 농도가 짙은 호박색을 띠며 묵직한 느낌이 난다. 기본적으로 드라이하며, 풀바디하고 캐러멜과 견과류향이 난다. 올로로소에 당도를 더 첨가하면, 크림 셰리(cream sherry)가 되고 주로 식후주로 쓰인다.

(3) 빨로 꼬르타도(Palo Cortado)

쉐리를 만드는 중간에 플로르층의 일부가 자연적으로 사라짐으로써 점차 올로로소 스타일로 변해가는 것과 좀 더 상업적으로 피노와 올로로소를 섞어 만드는 것이 있다. 당연히 전자는 여러 스타일의 셰리들 중 가장 생산량이 적으며, 희소가치가 높다. 이러한 이유로 인해 탄생한 것이 후자 방식이다.

(4) 만자니야(Manzanilla)

피노와 비슷한 셰리와인이다. 산루까 데 바라메다(Sanlucar de Barrameda) 지역에서 숙성되는 와인으로 약간의 향미가 있는 가장 가벼운 맛이며, 알코올 도수는 15-18도이다. 일반적으로 차게 보관하여 9-11℃ 정도로 영와인일 때 마시면 좋다.

(5) 아몬띠야도(Amontillado)

피노를 베이스로 한 셰리와인이다. 오랫동안 숙성된 피노와인으로 플로로가 낀 피노에 브랜디를 더 부어 알코올 도수를 올려 드라이하게 만든다. 호박색상의 노란색이고 견과류 맛이 난다. 상당히 풍부한 셰리향으로 시작해서 말린 블랙베리에서 느껴지는 산뜻함도 있다.

(6) 페일 크림(Pale Cream)

옅은 잿빛이며 햇볕에 말린 농축된 포도즙을 첨가하여 단맛이 나는 가벼운 스타일의 피노 셰리와인이다.

(7) 크림셰리(Cream Sherry)

페드로 씨네메스(Pedro Ximenez)나 모스까델(Moscatel)와인을 첨가하여 단맛을 낸 올로로소의 한 종류이다.

(8) 페드로 씨메네스(Pedro Ximenez)

포도를 10~20일간 건조실에서 건조시켜 당분함량을 증가시킨 후 압착하여 농축된 주스를 만들어 셰리와인을 만든다. 진한 마호가니(mahogany)색에 향이 좋고 단맛이 강한 좋은 품질의 와인이다.

쉐리와인(셰리와인)의 종류

2) 카바(Cava)

스페인산 스파클링 와인을 카바라고 하는데, 와인을 숙성하는 셀러(cellar)에서 유래되었다. 페네데스는 전체 생산량의 90% 이상을 차지하는 대표 생산지이다. 생산에 사용되는 주품종은 빠레야다(Parellada)이며, 마카베오(Macabeu), 사렐로다(Xarello), 샤르도네 등이 블렌딩되기도 한다. 비노 에스푸모조(Vino Espumoso) 또는 에스푸모조(Espumoso)는 프랑스의 전통 샴페인 제조방식인 메토드 샹프누아즈(Methode Champenoise)에 따르지 않고, 다른 방법을 통해 만들어진 스페인산 스파클링 와인을 말한다.

까바는 2단계의 발효과정을 거치는데 첫 단계는 일반적으로 큰 와인통에서 발효시킨다. 두 번째 단계는 와인병에 설탕과 이스트(yeast)를 넣고 발효한다. 병에 든 와인이 발효와 숙성과정을 마치면 경사진 스탠드에서 침전물이 병목에 모이게 한다. 와인병의 목 부분을 액체 질소에 담그면 침전물이 응고되며, 이때 병마개를 재빨리 열면 병 안에 압력이 응고된 침전물을 밀어낸다. 다음으로 감소된 만큼 카바로 채우고, 여기에 약간의 설탕을 넣은 다음 새 코르크 병마개로 닫는다.

세코(Seco : 드라이)와 로사도(Rosado : 로제)로 만들어지기도 한다. 까바는 전통 제조방법에 의한 2차 발효가 이루어지는 병의 숙성기간에 따라 다음과 같이 세분된다.

숙성 정도에 따른 분류

일반 까바(Cava)	9개월 이상 병숙성
레세르바(Reserva)	15개월 이상 병숙성
그란 레세르바(Gran Reserva)	30개월 이상 병숙성

출처 : https://www.decanter.com/wine-reviews-tastings/experts-choice-premium-spanish-sparkling-wines-453313

3) 상그리아(Sangria)

레드 와인이나 화이트 와인을 기본으로 하여 사과, 오렌지, 레몬 등을 넣고 설탕을 넣은 전통음료로 파티에서 마시는 음료이다. 스페인의 가향 와인(flavored wine)으로 브랜디나 코냑 같은 술을 첨가하기도 한다. 상그리아(Sangría)는 스페인어로 "피 흘리는"이라는 의미를 가지고 있다. 전형적인 상그리아가 레드 와인과 과일즙이 섞여 만들어내는 진한 붉은빛에서 비롯된 명칭이다. 피는 많은 문화권에서 생명, 활력, 정력 등을 상징한다.

전통적으로 레드 와인을 이용했으나, 최근에는 다양한 종류의 와인과 과일을 혼합하여 만든다. 화이트 와인으로 만든 상그리아는 상그리아 블랑카(sangría blanca)라고 부른다. 무알코올 상그리아는 와인 대신 포도로 만든 음료를 이용해 만든다.

　　고대 로마인들도 와인에 단맛을 보태기 위해 꿀을 첨가하거나 향신료를 섞어 마셨다. 로마인들이 와인 펀치에 스페인에서 나는 과일을 넣어 마셨고, 이를 스페인 사람들은 붉은빛을 띤다는 의미의 '상그리아'라고 부르게 되었다. 이후 과일을 넣은 레드 와인 펀치 상그리아는 유럽 전역으로 서서히 전해졌다. 유럽의 물에는 석회질이 많이 들어 있어 그냥 마시기에는 적합하지 않아 와인 등의 술이나 음료 형태로 만들어 마셨다.

출처: https://www.spain-recipes.com/sangriarecipe.html
상그리아

참 / 고 / 문 / 헌

고종원 외 4명(2013), 세계 와인과의 산책, 대왕사
고종원 외 8명(2011), 세계의 와인, 기문사
두산백과 두피디아, http://www.doopedia.co.kr
박성연, 상그리아(sangria), 세계 음식명백과, 마로니에북스, http://www.maroniebooks.com
최영수 외 5명(2005), 와인에 담긴 역사와 문화, 북코리아
www.alsherry.com
www.bernardsmith.name
www.decanter.com
www.sherrynotes.com
www.slowwines.net
www.spain-recipes.com
www.wanderlustwine.co.uk

CHAPTER 05 포르투갈(Portugal)

1 와인의 역사

페니키아인에 이어 로마가 지중해를 지배할 당시 스페인을 거쳐 포르투갈의 북동쪽 도우루(Douro)와 남부의 알랭때조(Alentejo) 지역에서 포도 재배가 시작되었다. 12세기경 북쪽 미뉴(Minho) 지역에서 영국으로 와인을 수출하였고, 1386년 영국과의 윈저(Winsor) 조약으로 포트(Port)와인의 수출이 증가하였다. 17세기 영불전쟁 시 영국이 프랑스산 와인 대신 포르투갈산 와인의 수입을 확대하였다. 1703년 영국과의 특혜관세조약인 메투엉 조약(Methuen Treaty)이 체결된 후 포트와인은 영국의 주도하에 발전하게 되었다.

와인산업은 20세기 후반 자국 내부의 큰 정치적 변화를 기반으로 발달의 계기를 맞게 된다. 1986년 EU가입은 와인산업의 현대화 및 품질향상에 노력하는 계기가 되었다. EU기준에 맞춰 과거 일부 정부 협력단체만을 위해 존재했던 불공정 입법체계를 전반적으로 개정하였다. 그 결과 영세한 와인 생산자들도 정부와 유럽공동체의 경제적 지원을 받아 밭을 개간하고 시설을 개선할 수 있게 되었다. 와인 생산은 시설의 현대화로 인하여 품질이 많이 향상되었다. 이후에도 민주화의 안정된 정착과 EU의 지속적인 지원으로 포르투갈 와인산업은 급속히 발달하게 되었다. 보조금 혜택과 외부의 투자로 최신 양조시설의 구비가 이루어졌고, 이는 와인 생산기술을 향상시켰다. 프랑스 다음으로 와인을 많이 소비하기 때문에 내수시장 소비량이 많다. 현재 세계 9위 생산량을 유지하고 있는 국가이다.

2 재배환경과 특징

포르투갈 와인은 포르투갈 중북부를 가로지르며 스페인에서 대서양으로 흘러내리는 도우루강 유역에서 생산된다. 도우루강 유역은 여름에는 온도가 높고 겨울에는 혹한이 지속되는 기후를 가지고 있다. 토양은 편암으로 척박하나 배수가 잘 되어 포도 재배에는 최상의 조건을 갖추고 있다.

마데이라(Madeira)섬은 화산섬으로 이루어져 있다. 다웅(Dao) 지역은 도나우강 남쪽으로 50km 정도 떨어진 곳에 위치해 있다. 이 지역은 3면이 산으로 되어 있으며, 대서양의 차갑고 습한 기후를 막아주는 역할을 하고 있다.

3 와인의 등급

포르투갈은 프랑스보다 약 200년 먼저 원산지 관리법을 도입했다. 1756년 도우루의 포트와인 생산자들은 자신들이 생산품을 보호하기 위해 최초로 원산지 관리법을 실시했다. 1907년부터는 DOC(Denominacao de Origem Controlada)등급으로 대체되었다. 이어 1989년에는 DOC보다 아래인 IPR(Indicacao de Proveniencia Regulamentada)을 제정하게 된다. 현재 등급은 총 4개로 구분된다.

와인의 등급은 V.Q.P.R.D(산지 한정 고급와인)로 고급 와인을 DOC, 고급 와인에 들기 위한 준비단계를 IPR로 두고 있고, Vinho de Mesa(일반 와인)의 범주 안에 지역 와인을 포함하고 있다. DOC지역 와인 생산업체들은 V.Q.P.R.D보다는 DOC 표기를 고집하고 있다. 전국에서 포르투갈의 와인이 생산되지만, 지명도가 높은 산지는 포트와인의 산지로 유명한 도우루(Douro) 지역에 대부분이 있다.

1) DOC(Denomins ao de Origem Controlada, 데노미나카싸웅 디 오리젬 콘트틀라다)

오랜 역사와 전통을 자랑하는 지역의 와인으로 포르투갈 최상급의 와인이다. 프랑스 와인 AOC급에 해당된다.

2) IPR(Indicasaos de Proveniencia Reg-ulamenrada, 인디카싸웅 드 프로브니에시아 헤글라멘띠다)

우수품질 제한 와인으로 프랑스의 VDQS등급에 해당되는 포르투갈의 우수 와인이다. 와인특산지로 지정된 IPR은 지역 와인의 우수성을 알리기 위한 와인이다. 이 등급을 지정받은 지역 와이너리는 최고 와인품질인 DOC등급을 받기 위하여 노력하고 있다.

3) 비뇨 드 레지오날(Vinho de Regional)

1993년에 지정되었으며, 프랑스의 뱅드 페이 등급에 해당하는 지방 와인이다. 테이블 와인 중에서도 산지명의 표시가 인정되고 있는 와인등급이다.

4) 비뇨 드 메자(Vinho de Mesa)

일반적인 테이블 와인으로 프랑스의 뱅드 타블 등급에 해당되는 와인이다. 원산지를 표시할 수 없는 대중적인 와인으로 가격도 저렴하고 생산량이 가장 많다.

4 와인 생산지역

출처: https://maps-portugal.com/maps-portugal-tourist/portugal-wine-map
포르투갈 와인산지

1) 베르데(Verde)

북서부 지역으로 토양은 화강암, 사토질이며, 기온은 따뜻하지만 습도가 높기 때문에 포르투갈 최대의 포도주 생산지역이다.

포르투갈 와인 중에서 가장 맛이 좋고 깔끔한 와인 중 하나가 비뉴 베르데(Vinho Verde)이다. 이 와인은 화이트, 레드, 로제가 있다. 가볍고 약간 신맛에 신선하고, 거품이 나기도 하는 발포성 와인으로 좋은 향기에 알코올 함유량이 8~10%이다. 사용되는 다양한 포도는 사과산이 강하고 당도가 매우 낮다. 가볍고 맛이 좋으며, 갈증 억제의 효과도 있어서 음료수 대용으로 많이 마시기도 한다. 레드 와인품종은 아잘 띤토(Azal Tinto), 이스파데이루(Espadeiro)이며, 화이트 품종은 루레이오(Loureiro), 트라자두라(Trajadura), 아잘 브라노(Azal Brano) 등이 있다.

251

2) 도우루(Douro)

1982년 DOC 지정 이후 포르투갈 레드 와인의 대표적 생산지로 떠오르기 시작했으며, 풀바디의 고품질 레드 와인을 생산한다. 도우루강 상류 쪽에 위치하며 포도원은 거의 500~600m의 경사진 산기슭에 있다. 가파른 경사 위 편암으로 이루어진 척박한 계단식 포도밭에서 재배된다. 토종 레드품종인 투리가 나시오날(Touriga Nacional), 투리가 프랜체사(Touriga Francesa), 틴토카오(Tinto Cao), 틴타 바로카(Tinta Barroca), 틴타 로리즈(Tinta Roriz) 등이 있다. 드라이한 맛은 짙은 적색으로 농축되어 있고, 달콤하고 감칠맛, 부드러운 신맛 등이 느껴진다. 화이트 품종에는 토종품종인 말바시아 피나(Malvasia Fina), 고우베이오(Gouveio) 등이 있다.

3) 다웅(Dao)

포르투갈의 와인 중심지이며 중후한 향과 맛을 지니고 있다. 도우루강 남쪽 중앙의 해발 200~500m의 화강암 모래 진흙의 토질로 된 구릉지대에 포도밭이 위치한다. 토착품종인 투리가 나시오날, 틴타 로리즈(Tinta Roriz), 알프로체이로 프레토(Alfrocheiro Preto), 자엔(Jaen), 바스타르도(Bastardo) 등이 있다. 레드 와인의 경우 18개월간 장기간 숙성시키며, 탄닌이 많고 드라이하다. 약 70~80%가 레드 와인이며, 일부 화이트 와인을 생산하나 소량이다.

4) 바이라다(Bairrada)

포르투갈의 새로운 와인 생산지역으로 리스본과 오포르투를 연결하는 하이웨이 사이에 위치한 전원적인 지역이다. 다웅의 화강암 언덕들과 대서양 연안 사이의 대부분 지역으로 이루어져 있다. 낮은 언덕들은 짙은 석회석과 점토로 이루어져 이 토양이 와인의 진한 맛, 전통적인 포르투갈의 레드 와인에 자극적인 맛을 내게 한다. 이 지역 고유의 레드 와인품종인 바가(Baga)로 만든 과일향의 산도와 타닌이 매우 강한 레드 와인으로 유명하다. 12세기부터 와인이 생산되었다고 알려졌으며, 콘데드 칸탄헤

더(conde-de-cantanhede), 마르퀴스 드 마리알바(Marquis de Marialva)의 스파클링 와인도 생산한다.

5) 알렌테주(Alentejo)

포르투갈 남쪽에서 국토의 30%를 차지하는 지역이다. 매우 건조하고 기온이 높은 암반지역이다. 상당히 향상된 품질로 최근 와인평론가들의 주목을 받는 곳이다. 아라고네즈(Aragonez), 페리퀴타(Periquita), 모레토(Moreto), 알리칸테 부셰(Alicante Bouchet), 트리칸데리아(Trincaderia) 등으로 레드 와인을 만들고 있다. 이 지역의 레드 와인은 풀바디의 과일향이 많으며, 장기간 보관이 가능하다.

6) 부셀라스(Bucelas)

리스본의 바로 북쪽 마을로 예전에는 아린뚜(Arinto)포도로 만들었다. 드라이하고 매우 뚜렷한 향과 특성을 가진 이 와인은 엷은 황금색으로 숙성될수록 좋은 향기를 가진다.

7) 카르카벨로스(Carcavelos)

리스본의 서쪽에 있는 대서양 연안의 작은 마을이다. 이 지역에서는 라미스코(Ramisco)포도를 재배하는데 깔끔하고 농도가 매우 짙으며, 루비색이 나는 레드 와인을 생산한다.

8) 마데이라(Madeira)

아프리카 서북부 대서양에 위치한 포르투갈령 섬이다. 포도는 화산토양에서 재배되어 매우 독특한 향을 지니고 있다. 드라이한 맛의 정도에 따라 여러 종류의 마데이라가 있다. 마데이라는 먼저 드라이 와인을 만든 후 탱크에서 섭씨 50~60℃로 3~4개월 동안 가열한다. 이때 와인에서 누른 냄새가 나고 마데이라 고유의 특성을 얻게 된다. 이후 증

류주를 첨가해 알코올 함유량을 18~20%로 높이고, 오크통에서 3년 동안 숙성시킨다. 숙성은 와인에 직접 뜨거운 열을 가해 와인을 숙성시키는 방식인 에스뚜화젱(estufagem) 과정을 거친다.

5 대표와인

1) 포트와인(Port Wine)

포트와인은 북부 도우루강(Douro R.) 상류의 알토 도우루(Alto Douro) 지역에서 재배된 적포도와 청포도로 주로 만들어진다. 포트와인(Port Wine)의 명칭은 수출을 담당한 항구 이름이 '오포르투'(Oporto)에서 유래하였다. 1670년대부터 영국으로 선적되었는데, 1800년대 들어와 오랜 수송기간 동안 와인의 변질을 막고자 브랜디를 첨가하였다. 이것이 오늘날 주정 강화와인인 포트와인이 되었다. 최근 다른 나라에서 '포트(Port)'라는 이름을 함부로 쓰지 못하도록 포르투갈산 포트와인의 명칭을 포르투(Porto)로 바꾸었다. 1756년부터 원산지 관리법이 시행되어 세계 최초로 와인을 관리하였다.

포트와인은 주로 레드 와인으로 양조되나 드물게 화이트 와인으로도 만들어지며, 알코올 함량은 18~20% 정도이고 브랜디의 향, 견과류의 고소한 향이 난다. 주로 사용되는 품종은 토우리가 나시오날(Touriga Nacional)이며, 알코올 함량 75~77%의 브랜디를 첨가하여 만든다. 이때 첨가되는 브랜디 양은 발효 중인 와인의 25% 정도 분량이다.

셰리와인(Sherry Wine)이 발효 후 브랜디를 첨가한 주정 강화와인이라면, 포트와인은 발효 중에 브랜디를 첨가하는 것이 차이점이다. 드라이한 맛의 셰리와인은 식전와인(Aperitif Wine)으로 주로 이용되고, 단맛의 포트와인은 식후주로 주로 마신다. 포트와인에 단맛이 존재하는 이유는 발효 중 브랜디를 첨가하여 효모가 파괴되고, 아직 발효가 끝나지 않은 포도의 당분이 그대로 남기 때문이며 이렇게 남은 잔당이 9~11%가량 된다. 전통적으로 라가레스(Lagales)라 불리는 화강암으로 만들어진 통에 포도를 넣고 발로 으깨는 방법을 사용하고 있으며, 최상품의 포트와인 제조현장에서는 아직도 사용되고 있다.

포트와인은 통 속 포트와인(Cask-Aged Port)과 병 속 포트와인(Bottle-Aged Port)으로 크게 구분된다. 통 속 포트와인은 가격이 저렴하고 색이 진하며 과일 풍미가 풍부하다. 어린 와인을 블렌딩한 루비(Ruby)포트, 옅은 호박색을 띠며 여러 종류의 빈티지 와인을 블렌딩하여 4~5년 동안 오크통에서 숙성된 황갈색을 의미하는 토니(Tawny)포트, 통 속의 숙성기간이 6년에서 40년 이상 되는 것도 있는 에이지드 토니(Aged Tawny), 나무통 속의 숙성기간이 최소 7년이며 통 속 포트와인 중 가장 높은 가격대인 콜헤이타(Colheita)가 있다.

병 속 포트와인(Bottle-Aged Port)에는 단일 빈티지로 빚어 수확 이후 4~6년간 병에서 숙성되는 레이트 보틀드 빈티지(LBV: Late Bottled Vintage), LBV와 비슷하지만 비교적 좋은 해의 빈티지 와인을 블렌딩한 빈티지 캐릭터(Vintage Character), 단일 포도원의 포도로 빚는 퀸타(Quinta), 나무통에서 2년 숙성 후

출처: https://www.beportugal.com/port-wine/

병 속에서 더 숙성시키는 빈티지 포트(Vintage Port)가 있다. 통 속 포트와인은 병입 후 바로 마실 수 있으며 숙성을 시켜도 맛이 좋아지지 않는 반면, 병 속 포트와인은 병입 후 숙성시키면 맛이 좋아진다. 좋은 빈티지 포트는 품질에 따라 15~30년 후가 마시기 좋은 적기가 된다.

2) 마테우스 로제(Mateus Rose)

레드 와인용 적포도를 파쇄한 직후 바로 압착하여 분홍색을 띠고 있다. 화이트 와인의 제조법과 같이 포도주스에 당분이 어느 정도 남아 있을

때 발효를 중지시켜서 약간 단맛이 남아 있게 한 후 이산화탄소를 주입하여 상큼한 맛을 내게 한 와인이다.

3) 마데이라 와인(Madeira Wine)

마데이라는 대서양에 있는 섬으로 온도와 습도가 높은 아열대성 기후에 가깝다. 15세기부터 아프리카, 인도, 남미에 수출되었다. 17세기에 영국은 유럽국가와 외교 분쟁으로 모든 유럽와인의 영국 수출을 금지하였다. 그러나 이 섬은 아프리카 대륙에 가까운 위치 덕분에 영국이 아프리카로 오인하여 계속 수출할 수 있었다. 수출과정에서 6개월 이상 더운 날씨를 통과하면서 항해해야 했는데, 온도가 45℃ 이상으로 상승하면서 산화와 미생물 오염으로 변질되어 독특한 맛을 지니게 되었다. 현재는 와인을 강화하여 에스투파(Estufa)라는 저장실에서 온도를 45℃ 이상 상승시켜 숙성하여 만든다. 이때 와인은 누른 냄새가 나고, 고유의 특성을 얻게 된다. 마데이라의 알코올을 강화할 때는 95% 이상의 증류주를 첨가해 알코올 함유량을 18~20%로 높이고 오크통에서 3년 동안 숙성시킨다. 고급 와인의 경우 강한 햇볕을 받도록 하여 자연적으로 숙성시키는 데 20년 이상이 소요된다. 일정 기간 햇볕을 받아 와인이 뜨거워지면, 조용히 식히고 다시 숙성을 한다.

일반 마데이라는 틴타 네그라 몰레(Tinta Negra Mole)를 사용하여 빠르게 가열하고 18개월 이내로 숙성한 것이다. 가벼운 타입의 마데이라는 3년 이상, 리저브는 5년 이상, 스페셜 리저브는 10년 이상, 엑스트라 리저브는 15년 이상, 빈티지 마데이라는 20년 이상을 숙성한 것이다. 품종이 표기되는 마데이라의 경우 품종을 85% 이상 사용해야 하며, 맛은 무미한 것부터 짙은 단맛까지 빛깔은 연한 호박색에서 진홍색까지 다양하다.

출처: https://winesofportugal.com/en/portuguese-wines/wine-styles/

화이트 와인은 4가지 품종이 지정되어 있다. 당분 4% 이하인 드라이한 맛의 세르시알(Sercial), 4.9~7.8%의 베르델료(Verdello), 당분이 7.8~9.6%인 보알(Boal), 당분이 9.6~13.5%인 스위트한 맛의 말바지아(Malvasia)가 있다.

참 / 고 / 문 / 헌

고종원 외 4명(2013), 세계 와인과의 산책, 대왕사
고종원 외 8명(2011), 세계의 와인, 기문사
두산백과 두피디아, http://www.doopedia.co.kr
최영수 외 5명(2005), 와인에 담긴 역사와 문화, 북코리아
www.beportugal.com
www.maps-portugal.com
www.smartbites.net
www.winesofportugal.com

CHAPTER 06 오스트리아(Austria)

1 와인 개요

화이트 와인이 전체 생산량의 90%를 차지할 만큼 대세이다. 독일보다 남쪽에 위치하며 고도가 높아서 당도가 높고 신맛이 적은 포도가 생산된다. 독일과 비교해서 좀 더 부드럽다는 평가이다. 내수가 많아서 20% 정도만 수출되고 있다(고종원 외, 2011: 323).

오스트리아 와인은 서늘한 기후에서 잘 자라는 그뤼너 펠트리너가 유명하다. 오스트리아에서는 스파이시한 레드 와인과 미네랄이 풍부한 화이트 와인이 잘 알려져 있다(Madeline Puckette and Justin Hammack, 2015: 184).

오스트리아 와인은 한때는 와인에 가당하여 불명예스럽게 평가된 적도 있지만 현재는 경쟁력 있는 와인으로 부각되고 있다.

오스트리아 와인은 대륙성기후의 영향으로 여름에는 덥고 겨울에는 추우며 눈이 많다. 여름에 일조량이 좋고 일교차가 있어서 포도숙성과 산도를 형성하게 한다. 블라우프랭키쉬, 뮐러투르가우 품종의 와인은 현지에서 가장 대중화된 와인으로 만날 수 있다.

2 주요 품종

1) 화이트

(1) 그뤼너 펠트리너(Gruner Veltliner)

오스트리아의 대표적인 화이트 품종이다. 수확량이 많다. 오스트리아 전체 포도밭의 1/3을 차지한다. 포도송이가 많이 열리고 열매의 크기는 작다. 일조량이 어느 정도는 필요한 품종이다. 신선하고 과일향이 풍부하다. 후추향이 지배적이다(와인지식연구소; 와인21)라는 평가이다.

허브향, 야채향이 감지되며 특히 피망향이 난다(McCarthy 외, 2003: 204)는 평가이다. 산뜻한 산미도 특징이다.

(2) 뮐러투르가우(Muller-Thurgau)

오스트리아, 헝가리에서 많이 만나게 되는 품종이다. 복숭아, 신선하고 가벼운 꽃향기, 육두구가 느껴지는 아로마가 특징이다.

독일의 포도품종으로 1882년 스위스 투르가우 출신의 헤르만 뮐러 박사가 개발한 품종이다. 일찍 영그는 편이며 수확량이 가장 많아 전체의 20%를 차지한다(김일호, 월간 마이더스: 2016.6.2).

강건한 스타일로 가장 추운 와인 생산지에서도 잘 자란다. 섬세한 풍미가 파삭한 산도와 균형이 잘 이루어지는 라이트 바디의 흥미로운 와인을 만들 잠재력이 있는 품종이다(뱅상 가스니에, 2010: 100)는 평가이다.

(3) 샤르도네(Chardonnay)

오스트리아에서도 샤르도네 품종이 생산된다. 샤르도네로 만든 베렌아우스레제의 경우, 자몽, 시트러스, 꿀 등이 감지된다. 산뜻하면서 신선하며 밸런스가 좋고 여운이 긴 편이라는 전문가의 평가이다.

(4) 바이스부르군더(Weissburgunder)

피노 블랑(Pinot Blanc)을 말한다. 견과류향이 감지된다(고종원, 2013: 285).

(5) 기타

라인 리슬링, 벨슈리슬링[26], 실바너, 게뷔르츠트라미너 등이 생산된다. 오스트리아에서는 화이트 와인이 대세를 이룬다(고종원, 2013: 285).

그리고 소비뇽 블랑, 피노 블랑, 피노 그리 등이 생산된다.

로트지플러 품종 와인 : 오스트리아의 화이트 품종을 경험할 수 있는
국내에 수입된 와인이다. 가격은 3~4만 원대이다.

오스트리아 소비뇽 블랑 와인 : 2013년 빈티지 와인이다. 특이한 것은 오스트리아 와인은 코르크가 유리로 되어 있다는 점이다. 다른 나라와는 다른 독특한 점이다.

2) 레드

(1) 쯔바이겔트(Zweigelt)

오스트리아에서 인상적인 품종이다. 타닌 성분이 많고 스파이시하다. 계피향, 베리향 등이 감지된다.

쯔바이겔트는 오스트리아에서 가장 많이 재배되는 품종이다. 특히 부르겐란트와 노이지들러제가 주 재배 지역이다. 대부분 과일향이 싱그럽고 가벼운 와인들이다(마이클 슈스터, 2007: 138~139).

---

26) 벨시리슬링이라고도 표기한다. 저렴하고 동유럽에서 가장 잘 알려져 있다. 오스트리아에서 아주 좋은 품질로 생산된다(McCarthy 외, 2003: 204)는 평가이다.

(2) 블라우프랑키쉬(Blaufrankisch)

오스트리아에서 일반적으로 많이 만나는 강렬하며 흙내음 있는(earthy) 품종이다. 채소향이 강한 지역의 토착품종이다.

향신료향이 느껴지는 와인이라는 평가를 받는다(오펠리 네만, 2020: 181).

(3) 생 로랑(ST. Laurnt)

오스트리아에서 유명한 품종이다. 매우 아로마틱하다. 이 품종은 블라우프랑키쉬와 접합하여 쯔바이겔트 품종을 만들었다. 진한 보랏빛의 색상을 지닌다. 블랙베리, 훈연향, 스파이스 풍미를 낸다(wine21.com)는 평가이다. 미국 캘리포니아 북부해안에서 스파클링 와인으로도 생산한다(고종원, 2020: 197).

(4) 블라우부르군더(Blauburgunder)

피노누아(pinot noir) 품종을 말한다. 서늘하고 신선한 곳에서 재배된다. 과일향, 꽃향이 감지되며 숙성 시 복합적이며 동물적인 향까지 분출된다(고종원, 2013: 286).

더멘 지역의 피노 누아 와인 : Johanneshof Reinisch 사가 만든 와인이다.
국내에 수입되어 3~4만 원대로 구입이 가능하다.

3 와인 생산지역

주요 생산지역은 니더외스터라이히(Nidderrosterreich), 부르겐란트(Burgenland), 슈티리아(Styria), 슈타이어마르크(Steirmark), 빈(Wien)의 4개 지방과 18개의 소지역으로 형성되어 있다(고종원, 2013: 287).

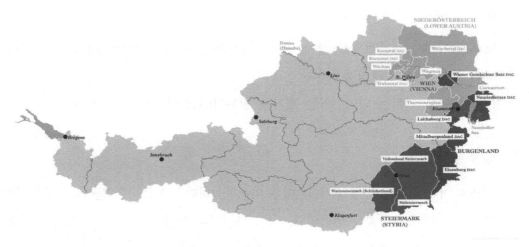

출처 : https://www.wineenthusiast.com/basics/austrian-wine-regions/
오스트리아 와인산지

4 와인 등급 및 품질체계

　오스트라아는 당도에 의해 포도등급 및 품질체계가 결정
된다. 보통 카비네트 수준이면 당도가 17°KMW 이상인 20.1
브릭스(Brix)로 카비네트를 마시면 당도가 상대적으로 높다
는 느낌을 갖게 된다(김준철, 2009: 405~406; 고종원 외,
2011: 323~325).

유럽의 포도밭 전경 : 지역에
따라 토양과 포도나무 재배
방식에 차이가 있다.

참고

등급 및 품질체계

　타펠바인(Tafelwein) - 란트바인(Landwein) - 크발리테츠바인(Qualitatswein) - 카비네트(Kabinett) - 프레디카츠바인(Pradikatswein)

　타펠바인은 당도가 10.6KMW 이상이다. 카비네트는 알코올 농도가 최고 13%이며, 일부 보당이 가능하다.

　프레디카츠바인부터는 보당이나 포도주스를 첨가할 수 없다. 오스트리아에서는 고급 와인에 속한다. 슈페트레제(Spatlese), 아우스레제(Auslese), 베렌아우스레제(Beerenauslese), 아이스바인(Eiswein), 슈트로바인(Strohwein), 아우스브루흐(Ausbruch), 트로켄베렌아우스레제(Trokenbeerenauslese)가 여기에 속한다. 슈페트레제는 당도 19°KMW이며, 트로켄베렌아우스레제는 당도가 30°KMW 이상이다(김준철, 2009: 405~406; 고종원 외, 2011: 324~325).

참 / 고 / 문 / 헌

고종원 외(2013), 세계와인과의 산책, 대왕사

고종원(2011), 세계의 와인, 기문사

고종원(2020), 와인트렌드 변화에 관한 연구, 연성대 논문집, 제56호

김일호, 월간 마이더스, 2016.6.2

김준철(2009), 와인, 백산출판사

마이클 슈스터(2007), 와인테이스팅의 이해, 바롬웍스

뱅상 가스니에(2010), 와인테이스팅 노트 따라하기, 바롬웍스

오펠리 네만(2020), 와인은 어렵지 않아, 그린쿡

Madeline Puckette and Justin Hammack(2015), Wine folly - the Essential guide to wine, Avery

McCarthy, E.D. 외(2003), 천재반을 위한 Wine, 비앤비

www.wineenthusiast.com

CHAPTER 07 스위스(Switzerland)

1 와인 개관

스위스는 다양한 언덕, 큰 호수, 계곡과 같이 다양한 지형 조건을 가졌다. 비교적 진한 레드 와인과 화이트 와인부터 섬세하고 미묘하며 상큼한 화이트 와인에 이르기까지 다양한 와인을 생산할 수 있는 여러 기후조건을 가지고 있다(McCarthy 외, 2003: 203). 즉 국지적인 기후대가 다양하게 분포되어 있다.

스위스의 기후는 국토가 좁은 데 비해 복잡한 양상을 나타낸다. 동서로 뻗은 알프스 산맥 남쪽의 티치노주는 온난한 지중해성 기후, 북쪽은 기온차가 적은 서안해양성 기후와 기온차가 크고 건조한 대륙성 기후가 서로 영향을 미치는 중간형 기후이다. 스위스의 날씨 변화는 심한 편이다(http://100.naver.com; 고종원 외, 2013: 281).

스위스는 대체로 고산지대의 능선을 따라 포도원이 조성되어 있다. 스위스는 고지에 위치한 와이너리가 거의 대부분이기 때문에 그러한 측면에서 자연적인 제약과 어려움을 이겨내고 와인을 재배하는 생산자들의 노력을 감지할 수 있다(McCarthy 외, 2003: 203; 고종원 외, 2013: 282).

라보 지역의 경우, 수천 년에 걸쳐 석회암을 깎아 만든 계단식 포도원이 전형적이다. 스위스의 포도종류는 약 30여 종에 이른다. 이 가운데 이미 존재하는 품종을 교배해서 만든 것이다(최영준 외, 2006: 154).

스위스 와인은 자국 내에서 주로 소비되어 한국에서는 상대적으로 와인을 접할 기회가 많지 않다. 생산규모가 프랑스 부르고뉴 지역 정도이다. 스위스 사람들은 와인을 많이 마셔서 세계 4위 정도[27]의 시음을 한다. 1990년대부터 좋은 와인을 생산하기 시작하였고 가격은 상대적으로 비싸다. 로마시대부터 와인을 생산하여 2천 년의 역사를 지닌다. 대부분 포도밭이 경사지에 위치하며 고도 400m 이상이다. 수작업으로 수확하는 작업을 한다. 다양한 테루아의 포도밭에서 250종 이상의 품종이 재배된다. 레드 와인이 약 57%, 화이트 와인이 약 53% 생산된다(Common wine 유튜브 참고).

2 와인품종

1) 화이트

(1) 샤슬라(Chasselas)

스위스가 원래 고향이라는 설과 이집트 또는 프랑스 마꽁이 고향이라는 설이 있다. 스위스 와인의 74%가 샤슬라종으로 빚어지고 있다. 스위스의 발레(Valais) 지역과 보(Vaud) 지역, 뇌샤텔 등지에서 자란다. 라이트한 바디와 산도가 적고 알코올이 낮은 편이다. 상큼한 맛과 기분 좋은 미네랄의 힌트가 있다. 꽃과 사과, 아몬드 등의 풍미가 있다(최훈, 371: 2010)는 평가이다.

스위스 샤슬라 와인 : 국내에서 쉽게 만나기 어려운 와인이다. 현지 수요가 많다.

스위스를 대표하는 화이트 품종으로 껍질색이 반투명에 가까울 정도로 옅다(휴 존슨 외 : 224). 드라이하며 섬세, 상큼, 우아하다는 평가이다.

---

27) 2019년 기준 약 38병(1인당)을 시음하는 것으로 나타났다(angelaswiss48.tistory.com: 2022.3.19).

라보 지역에서 주로 생산된다. 스위스의 고급 화이트 품종이다. 샤슬라 와인은 자연스럽고 토속적인 향을 내며, 쌉쌀하고 진한 맛을 내기도 하는데, 참나무향은 나지 않는다(McCarthy 외, 2003: 203)는 평가이다.

(2) 샤르도네

스위스에서 적은 양이 생산된다. 전체의 약 2% 정도이다. 발게 지역에서 주로 생산된다.

(3) 뮐러-투르가우

독일어권 지역에서 생산되는 화이트 품종으로 스위스에서도 생산된다. 리슬링 실비너라고도 불린다(고종원, 2013: 283).

(4) 기타

피노그리, 피노블랑, 실바너, 마르산느, 소비뇽 블랑, 비오니에, 아미뉴, 프티트 아르빈 등이 생산된다.

2) 레드

(1) 피노누아

스위스의 서늘한 지역에서 생산된다. 대표적인 품종으로 스위스에서 가장 많이 생산된다.

(2) 쉬라

발레 지역에서 쉬라가 주로 생산된다.

(3) 메를로

스위스의 이탈리아권에서 생산되고 있다.

(4) 가메

스위스에서 메를로의 비중만큼 생산된다.

(5) 기타

레드 품종인 코르날랭, 위마뉴 로즈, 화이트 품종인 위마뉴 블랑슈, 쁘띠 아르뱅은 전통적인 품종이다.

3 와인산지

출처: https://www.myswitzerland.com/en/experiences/summer-autumn/oenotourism/swiss-wine/
스위스 와인산지

1) 발레(Valais)

스위스에서 가장 유명한 지역이다. 발레 근처에 시옹과 시에르 지역이 알려져 있다. 시에르 및 발레 지역은 유럽에서도 가장 높은 곳에 위치한 포도밭이다. 해발 1,000미터 내외의 고도이다. 좋은 와인을 생산한다(고종원, 2013: 283).

서부에 위치한다. 마터호른으로 잘 알려진 지역이다. 스위스 최대 와인 생산지이다. 피노누아, 샤슬라 등 50종이 넘는 품종을 생산한다(Common wine 유튜브).

론강 유역에 위치한다.

2) 보(Vaud)

스위스에서 잘 알려진 와인 생산지이다. 서부에 위치한다. 샤슬라 등에서 2/3가 화이트 와인을 생산한다. 온화한 기후로 라보[28]는 계단식 포도밭이다(Common wine 유튜브). 레만호 주변에 위치한다.

3) 뉘샤텔(Neuchatel)

독일 국경에 위치한다. 피노누아, 샤슬라, 샤르도네 등을 생산한다.

4) 티치노(Tichino)

풍부한 강수량, 충분한 일조량이 있는 이탈리아 국경지역이다. 메를로[29] 생산이 80%를 차지한다(common wine 유튜브). 스위스의 동남부에 위치한 대표산지이다.

5) 쥐라(Jura)

제네바 지역으로 가메, 샤슬라, 샤르도네 등이 생산된다.

---

28) 레만호수에 위치한 라보 지역은 유네스코에 등재된 세계자연유산지역이다(고종원 외, 2011: 320).
29) 이탈리아권 티치노에서는 메를로가 주요 품종이다(오펠리 네만, 2020: 181).

6) 기타

제네바(Geneva), 프리부(Fribourg), 베른(Bern), 투르가우(Thurgau) 등에서 생산된다.

4 음식과 매칭

스위스의 대표 음식인 퐁뒤(퐁듀)는 와인과 잘 어울린다. 치즈 퐁뒤(Cheese Fondue)는 딱딱해진 빵과 잘 숙성된 치즈요리이다. 오일 퐁뒤(Oil Fondue)는 뜨거운 기름에 고기, 해산물, 야채를 익혀 소스에 찍어먹는다. 퐁뒤 시누아(Fondue Chinoise)는 스위스식 샤부샤부이다.

라끌렛(Raclette)은 그릴 위에 소시지, 야채 등을 굽고 동시에 삶은 감자를 조각내서 접시에 담아 녹인 치즈를 담아낸다. 게슈네첼테스(Geschnetzeltes)는 송아지 고기와 버섯 크림소스로 만든 음식으로 취리히에서 처음 만들어졌다.

그리고 브라트부르스트(Bratwurst)와 포메스(Pommes)는 독일이 원조인 소시지로 스위스 사람들도 즐긴다. 겉은 바삭하게 굽고 속은 부드럽다. 포메스는 프렌치 프라이이다. 뢰스티(Rosti)는 감자전과 비슷하며 기름이 더 많이 들어간 느낌의 음식이다. 감자의 껍질을 벗긴 후 감자채처럼 얇게 썰어서 기름에 구운 것이다(스위스 여행 다이어리 블로그: 2022.3.30).

스위스는 베른, 제네바 등 프랑스어 사용지역, 독일어 사용지역인 취리히 등의 독일어권, 이탈리아 사용지역 등에서 음식문화의 차이와 특징을 보여준다고 할 수 있다.

싱싱한 야채와 과일 등이 보인다. 유럽은 식자재가 풍부하고 신선하며 저렴한 편이다.

참 / 고 / 문 / 헌

고종원 외(2011), 세계의 와인, 기문사
고종원 외(2013), 세계와인과의 산책, 대왕사
스위스 여행 다이어리 블로그, 2022.3.30.
오펠리 네만(2020), 와인은 어렵지 않아, 그린쿡
최영준·서진우(2006), 소믈리에, 대왕사
최훈(2010), 유럽의 와인, 자원평가연구원
커먼와인(common wine), 스위스 와인 생산 지역 이야기, 유튜브
휴 존슨·잰시스 로빈슨(2009), 와인 아틀라스, 세종서적
Ed McCarthy and Mary Ewing-Mulligan(2003), 천재반을 위한 와인, 비앤비
angelaswiss48.tistory.com
http://100.naver.com
www.myswitzerland.com

CHAPTER 08 그리스(Greece)

1 와인 개요

고대부터 중세까지 가장 인기가 높았던 그리스 와인은 15세기부터 19세기 독립전쟁 직후까지 몰락을 거듭했다. 현재 300여 종의 토착품종을 재배하고 고급와인의 명성을 되찾기 위한 노력을 경주하고 있다(오펠리 네만, 2020: 187).

그리스 와인은 화이트 와인이 경쟁력이 있다. 최근 산토리니 등 그리스 여행이 활성화되면서 그리스 와인에 대한 관심이 높아지며 그리스 와인이 국내에 수입되며 와인마니아를 중심으로 시음기회가 많아지면서 그리스 와인에 대한 평가가 매우 긍정적으로 이뤄지는 상황이다.

그리스 와인은 비잔틴제국의 멸망과 함께 몰락하였다. 오스만투르크제국의 종교는 술을 금하는 이슬람이었다. 그들은 와인에 극심한 규제와 세금을 부과했다. 그리스 와인산업은 400년 동안 발전을 멈췄다. 1800년대 후반 다른 유럽국가들과 마찬가지로 필록세라 전염병으로 포도나무가 모두 죽고 포도원이 파괴되었다. 이어 두 번에 걸친 세계대전과 내전으로 그리스 와인산업은 깊은 잠에 빠져들었다. 그리스 와인이 잠에서 깨어난 것은 1980년대 중반이다. 프랑스, 독일, 미국 등 와인 선진국에서 유학하고 돌아온 젊고 야심찬 와인 생산자들이 그리스 와인에 활기를 불어넣었다(travel.chosun.com)site, 2016.4.14).

역사적으로 투르크족의 침입과 지배로 그리스의 와인문화는 한때 소멸[30]되는 듯하였으나, 그리스의 기후, 토양, 토착 품종을 바탕으로 그리스 와인은 부활하였다고 한다. 그리스에서 생산되는 와인의 75%는 그리스 국내에서 소비된다. 그리스 와인은 1990년대 말에 전 세계 와인 애호가들에게 관심을 받게 되었다. 그리스 토착품종은 300여 종으로 대표품종은 화이트로 아시르티코, 모스코필레르이다. 레드는 시노마브로, 아기오르기티코이다. 그리스 와인 전체 생산량의 70%는 화이트 와인이다. 30%는 레드 와인과 디저트와인인 빈산토[31]가 차지한다(wine21.com; 그리스 와인센터; tokkisaru.tistory.com).

그리스 와인은 음식과 더불어 발전하였다. 그래서 음식과 함께 즐길 때 그 진가를 맛볼 수 있다는 평가이다. 그리스 와인의 토착품종과 와인 생산 역사는 기원전으로 거슬러 올라갈 만큼 오랜 역사를 간직하고 있다. 와인을 수출할 때 사용되는 저장 및 수송용 암포라는 그리스에서 탄생했다(헬레닉 와인 파를로스 장 대표, 2022.4.5; 정수지, 와인21닷컴)는 설명이다.

그리스 와인은 고대 세계에서 가장 중요하였다. 그리스의 광범한 식민지화 덕분에 와인은 초창기부터 서구문화의 필수적인 부분이 되었다(세계의 유명 와인산지).

그리고 그리스 와인은 토착품종만 300여 개가 되며 그리스 와인의 80%는 자국민이 소비하는 상황으로 알려진다. 1971년 그리스 와인분류가 시작되었고 1981년에 재정비되었다. 프랑스의 원산지통제명칭과 같은 등급의 원산지 명칭보호 PDO와인과 지리적 표시보호 PGI와인으로 나뉜다. 지리적 표시 보호등급 와인은 다시 지방와인, 지구와인, 지역와인으로 세분화된다. 와인레이블에 산지 이름을 별도 표시하는 PDO등급에 속하는 지역은 33곳이며 PGI등급은 120곳으로 알려져 있다(Konstantiono Lazarakis; 2016 Greek wine day; 고종원, 2021: 178).

최근에 그리스 와이너리들은 높은 알코올 도수에 집착하지 않고 와인산지의 떼루아의 특징을 살려서 개성을 드러내는 와인 생산에 노력하고 있다는 평가이다(고종원,

---

30) 이슬람의 영향으로 한동안 맥이 끊겼고 그리스 양조는 프랑스 등 해외에서 교육을 받고 경험을 쌓은 젊은 와인 생산자들이 이끌고 있다는 설명이다. 이들이 토착품종과 국제품종을 이해하면서 표현해 내는 것이 그리스 와인이라고 한다(wine21.com; tokkisaru.tistory.com).
31) 산토리니섬은 빈산토의 지역으로도 잘 알려져 있다.

2021: 178).

그리고 국내에도 수입되는 업체가 소수 증가하면서 와인의 가치가 알려지고 오랜 와인의 역사를 지닌 그리스 와인에 대한 수요가 점차 증가할 것으로 예측된다.

2 주요 산지

출처: (주)이음코리아(EEMM Korea) 제공

그리스 와인산지

1) 데살로니키(Thessaloniki)

제2의 도시이자 항구도시이다. 마케도니아를 비롯한 그리스 북북의 중심지이다.

2) 펠로폰네소스(Peloponnesos) 고원지역

Nemea, Matineia가 주요 산지이다. 레드 품종 Agiorgitiko, Mavrodaphe, 화이트 품종으로 Maskofilero가 잘 알려져 있다(와인사랑방, 2023.5.15).

펠로폰네소스 고원지역에서는 진하고 장기숙성 가능한 레드 와인이 좋다.

3) 마케도니아(Macedonia)

마케도니아에서는 품질 좋은 레드 와인과 로제와인이 생산된다.

Naousa, Amideo가 주요 산지이다. 시노마브로, 림니오, 까베르네 소비뇽, 말라구지아, 아시리티코, 소비뇽 블랑이 주요 품종이다(와인사랑방, 2023.5.15).

4) 사모스섬(Samos)

달콤한 뮈스카(Muscat) 와인이 유명하다. 주요한 화이트 품종이 Muscat of Samos 이다.

5) 산토리니섬

우리나라 사람들이 해외여행지 가운데 가장 선호하는 곳이기도 하다. 산토리니섬은 화산재 지역의 토양으로 되어 있다. 산토리니섬은 라임스톤에 둘러싸여 있고 화산활동이 빈번히 일어났던 곳[32]으로 다양하며 복잡한 토양구조를 형성한다.

산토리니섬에서는 경쟁력 있는 아시리티코 등의 화이트 와인이 생산된다. 산토리니섬의 포도나무는 낮다. 바스켓 모양의 포도나무 형태이다. 포도는 바스켓 안에서 작게

---

32) 석회암과 화산토로 인해 산토리니섬에서 생산되는 와인에는 미네랄이 풍부하게 들어 있다.

열린다. 강한 바람과 건조한 태양의 영향으로 바스켓 모양
의 포도나무 안에서 포도나무가 자라게 한다. 이러한 재배
방식을 쿨루라 방식이라고 한다(고종원, 2021: 180).

6) 로도스섬

에게해에 위치한 그리스 남동부의 섬이다. 인구 115,490
명, 면적 1,407km², 최고봉은 아타이로산으로 1,216m이다
(ko.wikipedia.org). 그리스의 숨겨진 보석으로 표현되는
곳이다.

산토리니섬 화이트 와인 : 2016
년 빈티지이고 알코올 13%의
와인이다.

로도스섬에서는 와인이 많이 생산되며 꿀, 올리브, 배를 생산한다. 참고로 Souma라
고 부르는 증류주는 52도로 엠보나스 마을의 특산품이다.

7) 크레타섬

약 6천 년 전부터 와인을 만들어 마신 것으로 추산된다. 수도원에서 와인 테이스팅
도 가능하다. 기원전 1600년전 크레타섬의 미노스인의 집에서 발견된 돌판이 와인과 관
련된 제일 오래된 자료이다(문화원형백과 와인문화).

크레타는 약 15%에 달하는 그리스 포도원들의 고향으로 다양한 품종들이 크레타섬
에서 사방으로 뻗어나갔다. 그리스에서 가장 더운 기후를 지녀 대부분의 포도원은 고지
대에 북향으로 자리 잡고 있다. 토양은 대부분 점토와 석회암이며 점토질이 많은 곳이
존재한다. 7개의 아펠라시옹이 존재한다(wine21.com).

Kotsifali, Mandilaria, Liatiko, Syrah 레드품종과 Vidiano 화이트 품종이 생산된다(와
인형 그리스여행기, 2023.5.15).

8) 테살리(Thessaly)

그리스 본토 중심에 위치한 와인산지이다. 시노마브로, 메세니콜라 레드품종과 로디티스 화이트품종 등이 생산되는 그리스 와인산지이다(wine21.com). Rapsani가 주요 산지이다.

9) 에피루스(Epirus)

북부 그리스 와인산지이다. 화이트 품종 데비나(Debina)[33], 레드 품종 블라히코(Vlahico)가 생산된다.

그리스에서 가장 작고 사람이 거의 살지 않는 와인산지이다. 자갈토양에 80%의 땅이 산으로 구성된다. 사과향이 좋은 데비나 품종의 화이트 와인, 레드 와인이 농축되었으며 구조가 좋고 힘차다(wine21.com)는 평가이다.

10) 고린도(Korinthos)

높은 고도의 영향과 함께 고린도만(the gulf of Corinth)에서 불어오는 서늘한 바람이 신선하고 균형잡힌 포도의 생산을 돕는다(마시자 매거진, 2022.7.1). 고린도는 그리스 남부 펠로폰네소스반도의 도시이며 와인산지이다.

네메아(Nemea)는 그리스의 와인산지로 고린도가 내려다 보이는 높은 산에 자리한다. 대륙성기후와 지중해성 기후가 혼재한다. 아기오르기티코 품종의 레드 와인이 주로 생산된다. 깊은 색과 잘 익은 과실, 체리향이 특징이다. 풍부하고 유연한 탄닌과 산미가 조화를 이뤄 음식과 즐기기 좋다(와인21닷컴)는 평가이다.

네메아 와인 : 국내에 수입되어 만날 수 있다. 세멜리 와이너리 와인이다.

---

33) 산도가 높아 스파클링 와인 생산에 많이 사용되는 품종이다. 에피루스 Zitsa지역에서 많이 재배된다(와인사랑방 블로그, 2023.5.15).

국내에 수입된 네메아 아기오르티코 와인을 시음해 보면 부드럽고 밸런스가 좋은 와인으로 평가하고자 한다. 메를로와 비슷한 느낌을 갖게 된다.

11) 아테네 주변 지역

중부 그리스 지역이다. Attica산지가 알려져 있다. 레드품종으로 아기오르기티오, 화이트 품종으로 Savatiano, Retasino, Malagusia가 주요 품종이다(와인형 그리스여행기, 2023.5.15).

아티카 산지의 와인 : 니코루 와이너리의 아기오르기티코 품종의 와인이다. 2020년 빈티지로 13% 알코올을 나타낸다. 상품성이 좋은 와인으로 평가된다. 소비자가 5만 원 후반대의 와인이다.

3 주요 품종

1) 화이트

(1) 말라구지아(Malagousia)

토착품종으로 와인메이커 에반겔로 게로바실리우에 의해 멸종위기에서 이 품종을 되살렸다는 평가를 받는다. 게로바실리우 와이너리(Ktima Gerovassiliou)에 의해 해외에서도 최고의 화이트 와인의 대열에 올려놓았다는 평가이다. 게로바실리우 말라구시아 와인에서는 잘 익은 복숭아, 시트러스, 꽃 향기를 지니며 산미가 높아서 상큼하다는 평가이다(정수지, 포브스; jmagazine.joins.com).

복숭아, 살구의 아로마와 신선함과 산도를 갖추고 있다. 핵과류의 풍부하면서 섬세한 잔향을 지녔다는 전문가 평가이다. 배, 파인애플, 귤의 아로마가 감지되며 백후추도 느껴지며 밸런스가 좋다는 전문가 평가를 받는다.

말라구지아 품종은 기르기가 어렵다. 예민하고 잘 썩는다는 평가이다. 향기롭고 산미는 낮아 블렌딩되기도 한다. 그리스 와인을 부흥시킨 주역으로 주목받기도 한다. 살구, 복숭아향 그리고 꿀향이 나며 정제된 느낌이 감지된다. 비오니에 품종과 비슷하다는 평가를 받는다(고종원, 2021: 180).

Attica지역 와인에서는 허브향, 꽃향, 복숭아, 살구의 아로마가 풍긴다. 산도가 좋고 핵과류의 풍부한 맛, 섬세한 여운이 느껴진다(이음코리아: 18)는 평가이다.

서부 그리스의 토착품종이다. 1960년 멸종위기였지만 현재 그리스 전역에서 생산된다. 꽃향기, 허브계열이 감지된다. 드라이한 스타일이다.

게로바실리우사의 말라구지아 와인 : 13.5%의 2016년 빈티지와인이다.
싱글빈야드에서 생산된 그리스의 대표품종 말라구지아 와인이다.

마르쿠사의 말라구지아 와인 : 2022년 빈티지이다. 알코올 도수 12.5%이다. 복숭아, 살구향이 좋다. 아로마틱한 와인으로 산도는 상대적으로 적다는 평가이다. 아테네 근교의 아티카 지역의 와인이다. PGI등급이다.

(2) 비오니에(Viognior)

시트러스 계열의 과실향, 말린 견과류의 향이 감지된다. 향이 강하게 느껴지는 품종이라는 전문가 평가이다.

게로바실리우사의 비오니에 와인 : 2016년 빈티지로 14%의 와인이다. 바디감, 풍미 등 좋은 평가를 받는다.

(3) 샤르도네(Chardonnay)

꿀, 시트러스, 말린 넛트류, 시원한 산미 등이 특징이라는 평가이다. 샤르도네 품종은 오크 숙성으로 풍미를 더한다.

(4) 소비뇽 블랑

때로는 일반적이지 않지만 3~6개월의 오크숙성으로 부드러운 오크터치와 함께 열대 과일향이 감지되며 인상적이라는 전문가 평가이다.

(5) 앗시리(Athiri)

그리스의 고대품종이다. 산토리니섬의 토착품종이기도 하다. 마케도니아, 아티카, 로도스섬에서 재배된다. 껍질이 두껍고 달콤한 과일향이 특징이다. 알코올 도수와 산미가 다소 낮다. 향이 좋아서 아시르티코와 블렌딩되어 빈산토 와인에도 양조되는 품종이다(2016 그리스와인 데이 프레스 디너 자료; 고종원, 2021: 180).

(6) 뮈스카(Muscat)

사모스섬의 와인으로 유명하다. 보통 디저트 와인으로 만들어진다.

(7) 사바티아노(Savatiano)

그리스의 Continental Greece, Attica 등 아테네 근교 지역 등에서 생산된다. 소나무 향이 느껴진다. 레몬 옐로의 색상이다. 풀바디의 풍부한 맛과 긴 여운을 지닌 와인을 생산한다. 해산물, 그리스 전통 음식과 잘 어울린다는 평가이다.

Attica 지역 보타닌 브뤼 스파클링 와인 : 사바티아노 품종의 와인이다. 12.5%이다. 소비자가격 6만 원대이다. 레몬 옐로 색상, 소나무향, 마스티카향이 감지된다. 미세하고 지속적인 버블이 생기면서 풀바디감의 풍부한 맛과 긴 여운이 남는 보타니컬 아로마가 특징이다는 평가이다.

레치나 스타일로 생산되는 품종이다(Eemm korea 브로슈어 참고).

로디티스(Roditis)로도 불린다. 과일향이 많고 밸런스가 좋다. 피노 그리지오와 유사하다는 평가도 있다. 산도가 있고 향취가 독특하다. 남부 펠로폰네소스가 원산지이며 껍질이 분홍색이다(고종원, 2022: 181).

(8) 로디티스(Roditis)

사바티아노(Savatiano)로도 불린다. 과일향이 많고 밸런스가 좋은 와인품종이다. 산도가 있고 향취도 독특하다. 피노 그리지오와 비슷하다는 평가이다. 펠로폰네소스가 원산지이며 껍질이 분홍색이다 (고종원, 2021: 180).

마르쿠사 블렌딩 화이트 와인 : 아시리티코, 모스카토, 로디티스 블렌딩의 12.2% 와인이다. 빈티지는 2022년이다. 신사역 가로수길 레스토랑에서 6만 원 후반대에 판매된다.

만생종으로 펠로폰네소스나 데살리아 같은 더운 지역에서도 좋은 산도를 유지하여 필록세라 창궐 전에도 높이 평가를 받았던 품종이다. 그러나 백분병[34]이나 필록세라 같은 질병에 취약해 생산량이 급감했다. 멜론향과 진한 풍미를 보이며 레몬 느낌의 피니시가 좋다(강은영, 2017.12.6)는 평가이다.

그리스에서 가장 많이 생산된다. 풍미가 아로마틱하며 중성적이다. 중간 정도의 산미를 지닌다. 값싼 와인이나 송진을 넣어 만드는 전통적인 레치나(Retsina) 와인을 만드는데 사용된다. 레치나를 만들 때는 산미가 좋은 아시리티코를 블렌딩한다. 조기 수확 시 더 좋은 구조를 갖는 와인이 된다는 평가이다(와인21닷컴; 고종원, 2020: 196).

(9) 아시리티코(Assyritiko)

산토리니섬에서 생산된다. 신선하며 아삭한 산도가 특징이다. 시트러스향이 독특하다. 전통적으로는 오크배럴 숙성을 시킨다. 미네랄 풍미가 있다. 식전주로 선호된다. 드라이한 스타일, 스위트한 스타일 모두 양조된다. 그리스의 토착품종으로 오스트리아, 이탈리아, 터키 등에서 재배된다(고종원, 2021: 180).

그리스의 화이트 와인의 대표주자로 평가된다. 산토리니섬에서 먼저 경작되었고 그리스 전역에서 생산된다. 오크숙성도 하는 와인이다. 산토리니섬에서는 햇볕에 말린 아

---

34) 농작물 또는 잡초, 나무 따위의 표면에서 발육하는 진균의 일종이 백분병균이며 백분병의 원인이 된다(wordrow.kr: 2020.11.7).

시리티코 스위트 와인인 빈산토(Vinsanto)[35]를 만들기도 한다. 산토리니섬은 화산토로 여기서 자란 아시리티코는 미네랄 뉘앙스가 뛰어나다(와인리뷰, 2017.1.1)는 평가이다.

이 품종은 산도가 좋아 기타의 품종과 블렌딩하여 밸런스를 갖춘 와인을 생산하는 특징도 지닌다. 미네랄이 풍부하고 산미가 강한 풀바디 드라이 와인이라는 전문가 평가이다.

그리스 현지에서 가장 많이 재배되는 품종의 하나이다. 과일향이 많이 감지되며 벌꿀향, 미네랄 터치가 좋다. 엷은 레몬색을 띠며 레몬꽃, 시트러스, 복숭아, 잔향이 길다(이음코리아: 16)는 평가이다. 농익은 느낌, 산도가 높다.

테로스 아씨리티코 품종 와인 : 1908년도 설립된 마르쿠사의 2021빈티지 와인이다. 13.5%의 산도가 매우 좋다. 바디감도 화이트 와인으로는 미디엄~풀바디의 느낌이다. 긴 시간 동안 즙을 짜내어 섭씨 24도에서의 발효과정을 지나 만들어졌다. 엷은 레몬색, 레몬꽃, 미네랄, 샤프한 산도, 시트러스, 복숭아가 느껴지는 와인이다. 여운도 오래가는 인상적인 와인으로 가격은 6만 원대 내외 구입이 가능하다.

(10) 모스카토(Muscat)

그리스에서도 모스카토 품종의 와인을 출시하고 있다. 모스카토 내추럴 와인이 한국에서 수입되어 시음 가능하다. 모과, 오렌지, 허브, 효모의 향이 감지된다. 산미가 좋고 리치하고 여운이 길다는 전문가 평가이다.

스타일을 달리하여 만든 와인을 시음하면 감귤류, 귀리, 건포도, 라벤더의 아로마가 어필한다. 둥글둥글한 산도와 긴 피니쉬의 잔당감이 좋다는 평가의 모스카토로 만든 내추럴 와인도 있다.

전반적으로 산도가 좋고 매우 아로마틱하며 경쾌한 뉘앙스가 좋게 감지된다.

---

35) 질감과 구조감이 두드러지는 편이며 높은 알코올과 함께 파삭한 산도의 밸런스가 좋다(와인리뷰, 2017.1.1)는 평가이다.

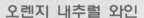

오렌지 내추럴 와인

베르가못, 벌집, 캐모마일 향이 감지된다. 허브향 외에도 아몬드, 브리오슈[36] 노트가 인상적이며 여운이 오래간다는 전문가 평가이다. Muscat 품종으로 만들어진다.

오렌지 와인은 백포도품종을 껍질과 오랜 기간 접촉하며 발효한 와인을 의미한다(wine21.com). 컬러가 골드 이상으로 짙고 실제로 오렌지에 가까운 컬러가 나와서 오렌지 와인으로 명명된다(고종원, 2020: 204).

(11) 모스코필레로(Moschofilero)

그리스의 토착품종이다. 그리스 남부 지역인 펠로폰네소스 반도에서 생산된다.

청색 과일류(Green fruit), 시트러스 향이 감지된다. 산미는 강하지 않다. 알코올도 12% 미만으로 약하다. 색은 맑은 볏짚색, 파파야, 망고, 유자 등 이국적인 과일향이 느껴진다. 미네랄, 베르가못, 시트론향이 난다. 약간의 감도가

세밀리 테아 만시니아 와인 : 모스코필레로 품종으로 만든 화이트 와인이다. 내추럴 화이트 와인이다. 알코올 도수는 12%이다. 그리스 남부 펠레폰네스 반도 Mantineia에서 생산되는 품종의 와인이다. 만시니아 산지를 표기할 수 있는 DPO등급에 속한다.

여운으로 남는다(business.veluga.kr〉drink)는 평가이다.

2) 레드

(1) 시노마브로(Xinomavro)

그리스의 북부지역을 포함하여 대표적인 품종이다. 시고 검다는 의미이다. 1970~1980년 적합한 재배 및 양조방법을 연구하여 그리스 최고의 품종이 되었고 해외시장에

---

36) 브리오슈(Brioche)는 이스트를 넣은 빵 반죽에 버터와 달걀을 듬뿍 넣어 고소하고 약간의 단맛이 있는 프랑스의 전통 빵이다(세계 음식명 백과).

서 호평을 받고 있다. 강력한 개성으로 토마토, 올리브오일과 같은 풍미를 낸다. 수십 년에 이르는 장기 숙성 잠재력이 있다는 평가를 갖는다(정수지, 포브스; jmagazine. joins.com).

탄닌감과 바디감 그리고 농축미가 있는 품종이다. 고목의 시노마브로[37] 품종 와인은 강렬하며 알코올 도수가 높다. 색은 피노누아처럼 진하지 않다. 스파이시하며 산도도 높다. 미디엄바디 이상으로 피노누아와 유사하다는 그리스인들의 평가가 있다(고종원, 2020: 181).

시노마브로 와인 : 고목에서 생산된 와인으로 로버트 파커 94점의 평가를 받은 강건한 풀바디한 와인이다. 2013년 빈티지이다.

포도알갱이에 씨앗이 3~4개라는 점을 타닌이 높은 이유 중 하나로 보고 있다. 딸기, 붉은 자두 풍미와 말린 과일향을 갖는다(와인지식연구소).

오크숙성으로 초콜릿, 에스프레소의 느낌을 주고 부드러운 타닌의 여운이 있다는 전문가 평가이다.

(2) 림니오(Limnio)

그리스의 토착품종이다. 램노스섬에서 발견되는 레드품종이다. 아리스토텔레스가 언급한 기록을 찾을 수 있는 정도로 오래된 품종이다. 그리스에서 가장 오래된 품종으로 평가된다. 허브풍미, 까베르네 소비뇽, 까베르네 프랑을 블렌딩하여 탄닌구조와 산도가 더해진다(그리스 아인 데이 프레스 디너 출처: 2016)는 평가이다.

호메로스가 언급한 기록이 있는 오래된 품종이다. 검은 열매과실, 향신료, 덤불숲, 부드러운 산미를 지니고 있다(고종원, 2021: 182).

---

37) 고목에서는 깊이 있는 부케가 느껴진다. 피노누아, 네비올로와 비슷해서 그리스의 바롤로로 불린다. 토마토, 스모키한 검은 과일, 딸기, 진한 체리, 정향, 블랙베리, 자두 등이 감지된다. 풀바디하며 과일향이 깊다. 시노마브로 품종의 고목와인은 여운이 긴 가성비 최상의 와인으로 평가된다.

(3) 아기오르기티코(Agiorgitiko)

이 품종은 오크숙성, 진한 루비색을 지닌 과일향이 좋고 탄닌이 부드러운 미디엄 바디 이상의 와인이다. 메를로와 유사하다는 평가를 받는다. 로제와 스파클링 와인도 만든다(고종원, 2021: 182). 로제와인은 딸기향, 체리, 시트러스 등이 나는 와인으로 고린도 지역 등에서 생산된다.

열에 저항력이 강한 품종이다. 생산성이 좋고 까베르네 소비뇽과 블렌딩되는 경우도 많다(허용덕 외, 2009). 바이러스, 곰팡이에 취약해 세심한 포도밭 관리가 필요하다. 다양한 스타일의 와인으로 생산되는 품종이다(와인지식연구소).

비이올렛이 비치는 엷은 붉은 색상이다. 블랙커런트, 숲 과일, 자두, 향신료가 감지되며 구조감이 좋고 탄닌이 부드럽다는 전문가 평가이다. 까베르네 소비뇽과 블렌딩하기도 한다. 이 품종은 프렌치 오크 숙성으로 복합미와 풍부한 과일향 그리고 부드러운 탄닌감 있는 와인으로 생산한다는 전문가 평가이다.

아테네에서 가까운 Atttica, 남부 그리스 지역에서 주로 생산된다. Attica에서는 상대적으로 높은 알코올 도수와 과일향이 많이 난다. 이 품종은 지대가 높으면 산도가 높다는 평가이다. 색이 진하고 향신료가 감지되며 풀바디한 스타일이다(이음코리아: 16).

아기오르기티코 로제 와인 : 아기오르기티코 품종은 로제 와인도 생산한다. 1979년 설립된 세멜리 와이너리 와인이다.

마르쿠사 아기오르기티코 와인 : 마르쿠사는 1908년 와이너리가 설립되었다. 2020년 빈티지의 에코스 와인이다. 알코올 13.5%이다. PGI 등급이다. 오크숙성 12개월을 한 와인으로 스파이시하며 과일향이 난다는 평가이다. 이 품종은 고도가 높은 곳에서 알코올 도수가 높아진다, 미디엄~풀바디 와인이다.

(4) 메를로

과일향, 향신료, 허브향 등이 감지된다. 부드러운 질감을 지니며 알코올과 산도의 밸런스가 좋다는 전문가 평가이다.

(5) 까베르네 소비뇽

붉은 과일, 캐러멜, 초콜릿 향이 감지되며 풀바디의 품종으로 평가된다.

(6) 쉬라

건포도, 무화과, 자두, 초콜릿 향이 감미롭다는 전문가 평가이다. 풀바디 품종이다. 진한 루비의 칼러이다. 베리류의 풍미, 잼이나 구운 과일 노트도 있다는 전문가 평가이다.

4 와인산지

1) 아티카 와인산지

그리스에서 가장 큰 와인산지인 아티카(Attica)는 아테네 중심부에서 차로 30분~1시간이면 주요 와이너리에 닿을 수 있다. 이곳에서는 그리스만의 독특한 와인 스타일인 레치나(Retsina) 와인이 생산된다. 수세기 전, 암포라에 와인을 보관 시 밀봉하기 위해 소나무 수지[38]를 사용해 특유의 향이 와인에 영향을 미쳤고 포장기술이 발전된 현재도 송진을 첨가하여 와인을 생산한다(마시자 매거진; 2022.7.7).

---

38) 식물의 수지(resin)는 주로 식물의 수지관(resin duct)에서 분비되는 물질이다(식물학백과).

2) 산토리니(Santorini) 와인산지

그리스의 키클리데스 군도의 산토리니섬은 대표적인 와인산지이다. 이 지역은 수천 년 전 화산폭발로 해수면 위로 솟아오른 지역이다. 그래서 화산지역과 건조한 날씨, 맑은 공기 그리고 강렬한 햇살로 인해 독특한 와인의 미네랄과 맛의 특징이 있다는 평가이다.

화산암[39])과 석회암이 주를 이루는 토양으로 포도 재배에 적합한 3500년의 와인 역사를 지닌 산토리는 과거에는 토착품종만 100개가 넘었다고 한다. 강렬한 햇빛, 비가 거의 내리지 않는 건조한 날씨, 척박한 토양이 특징이다(김상미, wine21.com; 2016.4.25).

좁은 골목을 따라 해안절벽 위로 빨갛게 물드는 석양의 아름다움이 힐링을 주고 매우 아름답다. 에게해에서 불어오는 강한 바람으로부터 포도나무를 보호하기 위해 나선형의 왕관 모양으로 매우 낮게 트레이닝하여 포도가 그 안에서 자라도록 하는 독특한 방법을 사용한다(마시자 매거진; 2022.7.7).

쿨루라(Kouloura)라고 불리는 산토리니만의 독특한 재배방식이다. 가지가 조금씩 자랄 때마다 둥글게 구부려 바구니 모양을 만들고, 이파리는 뚜껑처럼 바구니 전체를 덮도록 만든다. 바구니는 아침마다 바다에서 밀려오는 습윤한 안개를 가둬 포도에 습기를 제공하고, 이파리는 강렬한 햇빛으로부터 포도를 보호한다. 현지의 날씨와 기후 등 조건에 맞는 재배방식으로 특별하다(김상미, wine21.com; 2016.4.25).

아시르티코(Assyrtico)의 고향으로 우수한 드라이 화이트 와인을 생산한다. 햇볕에 건조한 포도를 사용하여 오래 배설 숙성한 스위트 와인인 빈산토(Vinsanto)가 유명하다(마시자 매거진; 2022.7.7).

---

39) 화산암 토양에서는 순수한 광물성 풍미가 좋은 와인을 생산하게 만든다.

경기도 안양시 야외카페 전경 : 도심에 있는 정원이 인상적이다. 이곳에서 와인을 시음하면 도심 속에서 자연의 정취를 잘 느끼게 될 것으로 보인다.

참 / 고 / 문 / 헌

강은영, 그리스의 토착품종들, 와인리뷰, 2017.11.1

고종원(2020), 와인트렌드 변화에 관한 연구, 연성대학교 논문집, 제56집

고종원(2021), 와인테루아와 품종, 신화

그리스 와인 투어, 딱 정해드림, 마시자 매거진

김상미, 산토리니-푸른 섬이 만든 레드, 화이트 그리고 스위트 와인, wine21.com, 2016.4.25

김성윤 음식전문기자, 시대에 맞게 변했지만- 수천년 전통 그대로, travel.chosun.com〉site, 2016.4.14

마시자 매거진, 찬란한 역사와 눈부신 비전이 공존하는 서부 그리스 와인, 2022.7.1

문화원형백과 와인문화

세계 음식명 백과

세계의 유명 와인산지

오펠리 네만(2020), 와인은 어렵지 않아, Greencook

와인리뷰, 2017.1.1.

와인사랑방 블로그(와인형 그리스여행기), 그리스 와인이야기 2편- 그리스 와인제도와 생산지역 그리고 토착품종들, 2023.5.15

와인지식연구소

정수지, 최고급 와인 생산의 엔진 그리스 북부 와인, Forbes

정수지, 한국에서 만나는 그리스 와인들, wine21.com

㈜이음코리아(EE MM Korea), 그리스 와인지도
허용덕(2009), 와인&커피 용어해설, 백산출판사
Eemm korea 브로슈어 참고
business.veluga.kr〉drink
jmagazine.joins.com〉forbes
ko.wikipedia.org
Konstantiono Lazarakis, 2016 Greek wine day
tokkisaru.tistory.com; 2022.4.5
wordrow.kr
wine21.com

CHAPTER 09 조지아(Georgia)

---

1 지역 개관

조지아는 유럽과 아시아에 사이에 위치한 코카서스(Caucasus)의 작은 나라로 와인 발상지로 여겨지고 있다.

러시아어로는 이 나라를 '그루지야'라 하는데 이는 페르시아어 '구르지'에서 차용한 것이다. 동아시아에서는 러시아 제국 및 옛 소련 영토였던 시절에 이 나라의 존재가 알려져서 러시아어식 표기의 음차가 널리 사용되었다. 과거 구소련. 즉 소련과 역사적으로 갈등이 깊어 2005년부터 조지아 정부는 '그루지야'에 해당하는 표기를 쓰는 나라에 영어식 국호 '조지아(Georgia)'로 써달라고 요청하였다.

B.C. 6000년경으로 추정되는 신석기 시대의 항아리에서 남아 있는 타르타르산이나 포도씨 등의 흔적이 이곳에서 발견되었다. 와인에 관한 가장 오래된 고고학적 근거가 조지아에서 발견된 것이다. 또한 조지아인은 품종에서 양조법까지 와인에 대해서 언급한 최초의 민족이다.

크베브리(Qvevri) 항아리

크베브리(Qvevri)는 조지아의 상징이다. 300~3,500Liter의 와인을 저장하는 크기까지의 이 거대한 구운 항아리는 현대 오크통의 선조라고 불린다. 포도 과즙으로 가득

찬 항아리는 일정한 온도에서 발효되기 때문에 수주간 땅속에 묻혀 있게 된다. 8000년의 긴 역사를 지닌 이 양조법은 2013년 유네스코의 세계무형문화유산으로 등재되었다.

조지아는 에티오피아·아르메니아와 함께 국교로서 그리스도교를 종교로 도입한 최초의 국가 중 하나이다. 그로 인해 의식이나 전통행사에서 와인의 중요성이 높았다. 과거 페르시아, 로마, 비잔틴 제국, 아랍, 몽골, 오스만투르크제국의 지배를 받은 후, 조지아는 1801년 러시아 제국에 병합되었다. 구소련(소비에트연방)의 시기에 소련 내에서 큰 인기를 끌었으나 2006년 러시아가 조지아 와인 수입 금지의 결정을 단행한 후 조지아 와인 생산자들은 와인 품질을 향상시켜 서양으로 판로를 확장했다. 현재도 러시아와의 국교는 단절된 상태이다.

주요 수출시장이 닫히면서 세계 시장으로 판로를 확대한 조지아 와인은 역설적으로 품질이 높아졌다. 세계 규정에 맞게 와인산지를 세분화하여 18개의 원산지 명칭을 EU에 등록했다. 또한 수출시장에서 조지아 와인의 개성을 인정받게 되어 현재 전 세계에서 화이트 와인 양조 시 스킨 콘택트 시간을 늘려서 만드는 와인인 오렌지 와인(또는 앰버 와인: Amber Wine)과 양조 시 오크통이나 스테인리스 스틸이 아닌 도자기 항아리. 암포라에서 숙성시키는 시도가 이루어지는 데 크게 기여하였다.

---

2 조지아 와인의 특징

조지아는 오렌지 와인이라 불리는 신비하고 매력적인 와인의 발상지이기도 하다. 이것은 화이트 와인을 레드 와인 방식으로 만드는 양조법으로 특이한 점은 크베브리(Qvevri)에서 양조할 때 포도 과즙상태인 머스트(must)에 과피와, 때로는 줄기도 같이 침용해서 발효시킨다. 이러한 양조법은 현대에 이르러서는 이태리, 프랑스, 오스트레일리아 생산자들에게 영감을 주고 있다.

크베브리에서 양조한 오렌지 와인

이태리 프리울리의 요스코 그라브너(Joško Gravner)의 암포라 와인

조지아 와인 생산자 수는 100여 명 정도이지만 다수의 가정에서 자신의 가정을 위한 음용와인을 양조해서 마시고 있다. 조지아에서는 타마타(Tamata: 건배 제의자)가 잔치를 주도하며 크베브리에 담긴 와인이 동이 날 때까지 시, 노래를 부르며 흥을 돋우는 것이 일반적일 정도로 와인이 일상의 주요한 의식 중 한 부분을 차지한다.

결혼식 만찬 장면

3 포도품종

18개의 원산지에서 재배되는 주요 포도품종의 수는 525개로 세계에서 가장 많은 수를 기록하고 있다.

화이트 품종은 무츠바네(Mtsvane)와 르카츠텔리(Rkatsiteli)가 유명하며 레드 품종은 사페라비(Saperavi)가 유명하다.

사페라비(Saperavi)는 조지아(Georgia)의 주요 레드 품종이다. 조지아 동부 칵케티(Kakheti)에서 유래하며 고대 품종으로 조지아 와인산업에 중요한 위치를 차지고 있다.

사페라비는 추운 기후에 잘 자라며, 와인은 산뜻한 붉은 과실, 부드러운 타닌을 지닌다. 깨끗하게 양조한 시라 와인과 비슷하다는 평가를 받는다.

사페라비는 단단하고 두꺼운 껍질에 단단한 타닌을 갖고 있어 숙성 시 매우 긴 시간이 필요하고 짙은 검붉은색을 띠며, 블랙베리, 블랙체리, 자두, 그리고 향신료 등 완전하고 복합적인 풍미에 높은 타닌과 산도가 특징이다. 갓 만든 사페라비 와인은 일반적으로 풍성한 과실 풍미에 밝은 산도와 단단한 타닌을 느낄 수 있으며, 숙성됨에 따라

가죽, 담배, 흙내음 등 복합적인 풍미로 발전한다.

드라이, 세미 스위트, 스위트 와인, 로제 와인 등 다양한 스타일로 만들 수 있다. 현재는 크베브리에서 양조하는 방법 외에도 오크통 숙성이나 크베브리와 오크통을 절반씩 사용하는 등의 새로운 양조방식을 도입하는 생산자가 늘고 있다.

4 주요 생산지

조지아 와인산지

조지아의 동부지역은 레드와 드라이 화이트 와인을, 서부는 스위트 와인을 주로 생산한다. 와인산지는 칵케티(Kakheti), 카르틀리(Kartli), 이메레티(Imereti) 및 라차-레치후미(Racha-Lechkumi)가 있지만 조지아 와인 생산량의 약 80%가 칵케티(Kakheti)에서 생산된다.

무쿠자니(Mukuzani)는 카케티의 무쿠자니에 있는 100% 사페라비(Saperavi)로 만든 드라이 레드 와인으로 통제된 온도에서 엄선된 효모 균주로 발효된다. 그 후 오크

통에서 3년 동안 숙성되어 복잡성과 풍미를 더한다. 무쿠자니는 사페라비로 만든 조지아 드라이 레드 와인 중 최고로 간주된다.

무쿠자니 드라이 레드 와인

참 / 고 / 문 / 헌

Hugh Johnson & Jancis Robinson, The World Atlas of Wine, Greencook
日本 ソムリエ 協會教本, 社團法人 日本 ソムリエ 協會, 飛鳥出版
https://cleverdeverwherever.com/
https://en.wikipedia.org/
https://foodfuntravel.com/
https://www.jancisrobinson.com/
https://www.orangewines.es/
https://www.wine21.com/
https://www.wine-searcher.com/
https://www.winespectator.com/

CHAPTER 10 불가리아(Bulgaria)

1 지역 개관

불가리아는 발칸반도의 북동쪽, 유럽의 남쪽에 위치한 비교적 작은 국가이다. 발칸반도에 있는 유럽 남동부의 불가리아는 북쪽에는 다뉴브강을 따라 루마니아, 남쪽에는 튀르키예(터키)와 그리스, 서쪽에는 세르비아, 구유고슬라비아, 마케도니아공화국과 국경이 접해 있다. 국가 영토의 절반이 산악지역이거나 구릉지대로 발칸산맥은 북서쪽에서 흑해까지 국가를 가로질러 다뉴브강과 에게해 사이에 위치한다. 남쪽에는 그리스와의 국경을 이루는 로도프산맥이 있다. 불가리아의 주요 강은 다뉴브강이다.

대중에게 잘 알려지지 않았지만 유서 깊은 와인산지로 동유럽권에서 가장 지중해에 가까운 나라이다. 유명산지인 이태리의 토스카나(Toscana), 스페인의 리오하(Rioja)와 같은 위도에 위치한 불가리아는 다양하고 풍부한 떼루아를 갖고 있다.

불가리아 와인의 역사는 기원전으로 거슬러 올라간다. 기원전 8세기에 쓰여진 호메루스 서사시에 따르면 와인이 농후한 맛이었다고 서술하고 있어 불가리아인의 선조인 트라키아인이 와인 제조를 전해주었다는 증거가 되었다. 7세기 불가리아 왕국이 건국되고 와인 양조가 이어졌지만 14세기 오스만제국의 지배하에서 와인 양조가 쇠퇴하였다.

1909년 독립 후 와인산업이 부활하였으나 1944년 소련의 위성국가가 되고 1947년 와인 제조는 완전 국영화된다. 당시 수출 와인의 90%가 소련 수출용이었으나 1978년 프랑스의 와인법을 도입하여 1980년대에는 영국을 시작으로 서방국가에서 불가리아 와인이 가성비가 좋은 와인으로 인기를 끌게 된다. 1991년 와인산업이 민영화되면서 90년대 후반에 해외 자본이나 EU 등의 자본 투자를 받아 근대적 와이너리를 만드는 생산자가 나타난다. 1999년 떼루아의 개념을 도입한 새로운 와인법을 도입한다.

2007년 EU에 가입으로 EU의 보조금이 와인산업으로 쏟아져 들어와 와인산업은 새로운 전기를 맞고 있다. 현재 불가리아에는 230개가 넘는 와이너리가 있다.

2 불가리아 와인의 특징

영광의 과거와 밝은 미래, 그것이 현대의 불가리아의 상황이다. 산지는 소비자가 이해하기 쉽게 1960년 이후 유럽과 비슷한 기준으로 재정비되어 크게 5지방으로 분류되었다. 단 수도 소피아의 주위와 그리스와의 국경지역의 밭은 어느 지방에도 속하지 않는다고 한다. 젊은 생산자들이 이러한 소구역에 이주하여 개성적인 토양과 품종의 가능성을 끌어올리려 하고 있다. 불가리아 와인의 최초의 상류 고객은 윈스터 처칠경으로 처칠 수상은 불가리아 와인을 매년 500liter 가깝게 주문했다고 한다.

3 포도품종

2,000개가 넘는 토착품종이 있다. 주요 화이트 품종으로 르카츠텔리, 디미아트, 미스캣 체르벤, 머스캣 오또넬이 있고, 레드 품종으로 멜롯, 파미드(Pamid), 까베르네 소비뇽, 마브루드(Mavrud), 감자(Gamza)가 있으며 교배 품종으로 루빈(Rubin)이 있다.

1) 디미아트(Dimiyat)

불가리아 전역에서 재배되고 만숙종으로 남부에서는 9월 말, 흑해에서는 10월 초에 수확한다. 복숭아 같은 섬세한 아로마를 갖는 신선하고 프루티한 와인이 된다.

2) 파미드(Pamid)

남부나 북부에서 광범위하게 재배된다. 과거 불가리아에서 가장 넓게 재배되었지만 현재는 약 11%를 차지하고 있다. 대량 소비용의 가벼운 레드 와인이 만들어진다.

3) 마부르드(Mavrud)

전체에서 2% 정도에 불과한 좋은 품질의 레드 품종이다. 이 품종으로 만든 와인은 가넷빛을 띤 레드색에 검붉은 과실향을 나타내며 시나몬과 초콜렛 향을 갖고 있다. 장기 숙성형의 풀바디 와인이 만들어진다.

불가리아 마부르드 와인

4) 감자(Gamza)

과거 북부의 주요 품종이었다. 와인은 루비 레드색조에 라즈베리 아로마를 갖는다. 비교적 산미가 높고 탄닌이 적어 2~3년 숙성되면 더욱 좋은 와인이 된다.

5) 루빈(Rubin)

1950년대 시라와 네비올로를 교배해서 만들어진 품종이다. 꽃이나 붉은 과실의 아로마를 갖고 골격 있는 와인이 만들어진다. 까베르네 소비뇽 또는 멜롯과 블렌딩해서

장기 숙성형 와인이 된다.

4 주요 산지

불가리아 와인산지

1) 다뉴브 평원(Danube Plain)

불가리아에서 가장 오래된 산지로 면적은 불가리아 전체의 30%를 차지한다. 도나우 평원 중앙에서 서쪽으로 걸쳐 있는 지역으로 19세기 말 와인협동조합이 발족하여 불가리아 북부에서 근대적 와인 생산에 몰두하였다.

2) 흑해(Black Sea)

리조트지로 인기 많은 흑해 연안의 산지로 과거부터 포도 재배로 번성했던 지역이다. 토착품종 디미나트를 비롯하여 마스캣 오또넬, 샤르도네, 소비뇽 블랑 등의 화이트 품종이 유명하다. 현재는 파미드, 멜롯, 까베르네 소비뇽 등의 레드 품종 재배에도 힘을 쏟고 있다.

3) 로즈 밸리(Rose Valley)

특히 화이트 품종의 생산이 많고 토착품종 미스캣 체르벤을 비롯하여 리슬링, 트라미너, 샤르도네 등이 다수 재배되고 있다. 대기업의 대량 생산이 많지만 최근 부띠끄 와이너리도 증가하고 새로운 지역으로 주목받는 산지이다.

4) 트라키아 밸리(Thracian Valley)

발칸반도 남쪽에 위치해서 온화한 겨울과 건조한 여름을 갖는 온화한 대륙성 기후의 산지이다. 과거 까베르네 소비뇽, 까베르네 프랑 등 보르도 계열의 품종으로 알려졌으나 최근 피노 누아를 재배하는 생산자도 많다. 화이트 와인으로 샤르도네, 소비뇽 블랑, 비오니에를 도입하는 생산자도 많다.

5) 스트루마 리버 밸리(Struma River Valley)

에게해의 영향으로 온난하면서 여름은 고온 건조한 지중해성 기후를 갖고 있다. 토양은 화산성 토양으로 포도 재배에 적합하다. 레드 품종 재배에 특히 우수한 떼루아로 중세시대부터 와인을 생산하는 그리스와 국경이 가까운 작은 마을의 명성이 높다. 까베르네 소비뇽, 까베르네 프랑, 멜롯 등이 다수 재배되고 있다.

참 / 고 / 문 / 헌

Hugh Johnson & Jancis Robinson, The World Atlas of Wine, Greencook
日本 ソムリエ 協會教本, 社團法人 日本 ソムリエ 協會, 飛鳥出版
https://aligalsa.tistory.com/
https://bravoplanner.ru/
https://worldoffoodanddrink.worldtravelguide.net/

CHAPTER

11 루마니아(Romania)

1 지역 개관

도나우강과 카르파티아산맥(Carpathian Mountains)에 위치한 루마니아는 영국과 거의 비슷한 면적의 나라이다. 산맥은 중앙의 트란실바니아 고원을 에워싸고 다뉴브강은 루마니아 남쪽을 돌아 도브로제아(Dobrogea) 해안을 가른다.

루마니아의 포도밭은 유럽에서 다섯 번째로 크다. 특히 화이트 와인품종이 많고 동유럽에서 가장 중요한 와인 생산국이다. 와인에 있어서도 6000년의 긴 역사를 자랑하는 국가이다.

1960년대에 대대적인 포도나무 식재 정책을 실시해 대단위 경작지가 포도나무로 변했다.

와인산업은 과거 스페인과 이태리에 벌크로 수출하는 저렴한 와인을 생산하였으나 EU 가입과 더불어 20세기 말의 대규모 투자에 의해 몰도바와 함께 현대화되고 있다.

2 루마니아 와인의 특징

이웃 국가들과 달리 여러 토착품종 중심으로 재배를 계속해 왔다. 와인의 1/3은 교배종으로 만들고 루마니아 현지에서는 조금 단 와인이 인기가 많다.

3 포도품종

루마니아에서 가장 많이 재배되는 포도품종인 화이트 와인은 토착품종인 페테아스카 알바(Fetească Albă), 페테아스카레갈라(Fetească Regală), 타마이오서 로마네스카(Tămâioasă Românească), 그라사 드 코트나리(Grasă de Cotnari)이고 국제품종으로는 리슬링

루마니아 와인

(Riesling), 알리고떼(Aligote), 소비뇽(Sauvignon), 머스캣(Muscat), 피노그리(Pinot Gris), 샤르도네(Chardonnay) 등이다. 또한 레드 와인 주요 포도품종의 토착품종으로는 페테아스카 네아글라(Fetească, Neagră), 국제품종으로 메를로, 카베르네 소비뇽, 피노 누아가 있다.

4 주요 산지

루마니아 와인산지

1) 몰도바 언덕(Moldova Hill)

루마니아 와인의 40%를 생산하는 최대 산지이다. 대부분 토착품종으로 화이트 와인을 생산한다. 코트나리(Cotnari)가 유명하다.

2) 올테니아(Oltenia) & 문테니아(Muntenia)

루마니아의 두 번째 와인산지로 온화한 대륙성 기후이고 풀바디 레드 와인을 생산한다. 데아루 마레(Dealu Mare)가 유명하다.

3) 도브로제아(Dobrogea)

일조량이 가장 많고 강우량이 가장 적은 곳이다. 무르파탈(Murfatal)의 부드러운 레드 와인과 스위트 화이트 와인이 유명하다.

4) 트랜실바니아(Transylvania)

해발 460m의 서늘하고 비가 많은 지역으로 상큼한 화이트 와인을 생산한다.

참 / 고 / 문 / 헌

日本 ソムリエ 協會敎本, 社團法人 日本 ソムリエ 協會, 飛鳥出版

Adrien Grand Smith=Bianchi et al., la Carte des Vins. Jules Gobert-Turpin

Hugh Johnson & Jancis Robinson, The World Atlas of Wine, Greencook

https://en.wikipedia.org/

https://positivenewsromania.com/

https://www.mapsland.com/

CHAPTER 12 헝가리(Hungary)

1 와인 개요

헝가리의 와인산지는 포도밭 면적이 15만ha이고 22개 지역으로 나눠져 있다. 헝가리에는 300여 가지의 토착품종이 있다(오펠리 네만, 2020: 190).

헝가리는 토착품종을 잘 발전시켜 왔다. 헝가리 고유의 다채로운 화이트 품종은 자산으로 인정받는다. 헝가리의 전통적 와인은 향신료향의 개성이 분명한 화이트이다. 헝가리의 혹독한 겨울을 견디기 위해 향신료와 후추 및 기름을 많이 넣은 음식들과 어울리는 와인이다. 헝가리의 기후는 상대적으로 서늘하며 지중해 국가들에 비해서 포도의 생장기간도 짧다. 그러나 따뜻한 가을로 인해 포도는 잘 익는다. 헝가리의 역사적 와인지역들은 대부분 산의 보호를 잘 받는 고지대에 위치한다(휴 존슨 외, 2009: 266).

헝가리 포도주의 역사는 고대 로마시대까지 거슬러 올라간다. 헝가리 와인에서 가장 유명한 것은 토카이의 화이트 디저트 와인이다. 그리고 수소의 피[40](Bull's Blood)로 알려진 에게르(Eger)의 레드 와인이 유명하다(위키백과)는 평가이다.

헝가리 토카이 지역의 귀부와인 토카이는 프랑스 루이 15세가 왕의 와인, 와인의 왕으로 극찬한 최고급 디저트 와인이다. 2002년 유네스코 세계문화유산으로 지정된 토카이는 독특한 향과 달콤한 맛을 느낄 수 있다(www.hungarywine.kr).

---

40) 보통은 황소의 피로 잘 알려져 있다.

헝가리 와인은 유럽에서는 다른 나라와 상대적으로 차별화된 것이 뉴질랜드, 호주 와인처럼 스크루캡 스타일을 많이 사용하는 것으로 보여진다. 현지에서 시음 시 헝가리 와인의 스타일을 알 수 있다.

2 주요 품종

1) 화이트

(1) 푸르민트(Furmint)

이 품종은 농후하고 산도가 높다는 평가가 있다(오펠리 네 만, 2020: 190). 헝가리가 자랑하는 품종이다. 강하고 산도가 높다.

토카이 와인 : 푸르민트 품종이다. 2016년 빈티지 와인이다.

(2) 하르슐레벨뤼

부드럽고 향이 강하다는 평가가 있다.

(3) 레아니커

향이 좋고 생명력이 강하다.

(4) 키랄리레아니커

포도맛이 강하다.

(5) 소비뇽 블랑

발레톤 지역의 소비뇽 블랑이 알려져 있다. 향과 산미가 좋다.

(6) 이르사이 올리베르

상큼하고 가벼운 와인품종이다.

(7) 올러스 리슬링

벨쉬 리슬링으로 불린다.

(8) 샤르도네

Vilanyi 산지[41] 등에서 생산된다.

(9) 쉬르케바라트

피노그리 품종이다.

(10) 비오니에

오크숙성을 통해 바디감 있는 와인을 만든다.

(11) 기타

케크넬뤼, 에제료, 제스페헤르, 유파르크, 헝가리 교배종으로 제타, 제우스, 제니트, 제피르 등이 있다(휴 존슨 외, 2009: 266).

2) 레드

(1) 쯔바이겔트(Zweigelt)

헝가리에서 많이 접할 수 있는 인상적인 품종이다. 타닌성분이 많고 스파이시하다. 계피향, 베리향 등이 감지된다(고종원, 2020: 197).

---

41) 복 샤도네이 2020의 경우, limestone, loess, loam 등의 토양에서 생산된다. 스테인리스 스틸 탱크에서 발효하고 8개월 정도 큰 바리끄 배럴에서 숙성한다. 미디엄 풀바디, 드라이한 스타일이다. 알코올 도수 13.65%이다(와인과 커피엔지니어; https://pince.bock.hu). 소비자가격 4만 원 초반대이다.

(2) 블라우프랭키쉬(Blaufrankisch)

강렬하며 흙내음 있는(earthy) 품종이다. 녹향 채소향이 강한 지역의 토착품종이다 (고종원, 2020: 197).

오스트리아에서 많이 재배된다. 헝가리에서는 케크프랑코스(Kekfrankos)로 불리며 오스트리아에서는 블라우프랭키쉬로 불린다.

(3) 커더르커

불가리아에서는 감자(Gamza)로 불리는 품종이다.

(4) 피노누아

에게르 주변에서 생산된다.

(5) 까베르네 소비뇽/ 까베르네 프랑

헝가리에서는 까베르네 소비뇽과 까베르네 프랑이 대표적인 품종으로 평가된다.

(6) 메를로

최남단 빌라니(Villany) 지역에서 주로 생산된다. 지리학적 위치와 토양이 보르도와 유사하여 진한 스타일의 레드 와인이 발라니 지역에서는 잘 알려져 있다. 빌라니 지역의 훔멜(Hummel)[42] 메를로 와인은 보르도와 흡사한 토양과 지리학적 위치인 이곳에서 볼드한 스타일의 레드 와인이다. 두터운 타닌, 높은 산미를 지닌다. 과일향이 많고 실키한 텍스처를 살려 생동감 넘친다(칠락와인, 2022.8.26)는 평가이다.

---

42) 호르스트 훔멜(Horst Hummel)은 변호사 출신이다. 대학시절에 와인에 깊이 빠져, 최고의 레드 와인산지라 일컬어지는 프랑스 지역에서 양조학을 탐구하던 중 우연히 방문한 헝가리에서 매우 이상적인 떼루아를 발견하게 되었다. 바로 이곳이 헝가리 최남단, 빌라니(Villany) 지역이다(칠락와인 블로그, 2022.8.26).

(7) 포르투기저(Portugieser)

가벼운 와인이다.

유럽의 꽃 : 아름다운 장미송이가 프랑스 지방시장에서 판매된다.

2019년 5월 29일 부다페스트 다뉴브강에서 크루즈선과 충돌한 침몰사고로 유람선 투어 중 희생된 33명 중 27명의 사망자(한국인 27명, 현지 헝가리인 승무원 2명)와 1명의 한국인 실종자를 추모하며 애도를 전한다.

3 주요 산지 및 와이너리

그랜드 토카이는 토카이 지역에서 가장 넓은 경작지를 보유한 와이너리이다. 화이트 와인과 레드 와인으로 유명한 빌라니(Villany) 지역의 게레(Gere)와이너리도 유명하다. 황소의 피로 알려진 에그리 비커베르(Egri Bikaver)도 유명하다.

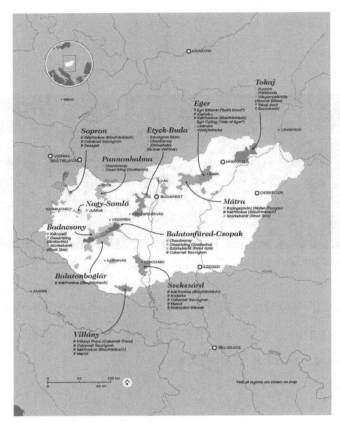

출처: https://winefolly.com/wine-regions/hungary/

헝가리 와인산지

1) 토카이

토카이 와인은 27개의 마을과 6,000ha[43]의 포도밭을 형성하고 있다. 1737년 칙령에 의해서 와인지역의 범위가 구획화되었다. 토카이는 역사적인 문화적 경관으로 인해 2002년 세계문화유산지역으로 선정되었다(hellohungary.com).

토카이 지역은 여름에는 덥고 안개가 많으며, 화산토(Volcanic soil) 토양이다(고종원, 2013: 289).

---

43) 1,815만 평, 60㎢ 규모이다(고종원, 2021: 190).

참고

토카이 와인(Tokaji)

토카이 와인[44]은 세계 3대 귀부와인이다. 프랑스 소테른(Sauternes), 독일 트로켄베렌아우스레제(Trokenbeerenauslese)가 여기에 속한다. 명품와인으로 유명하다.

토카이 와인은 달콤한 맛의 비중이 크다. 세미용, 리슬링, 푸르민트(Furmint) 등으로 만든다. 달콤한 맛을 넘어 고귀한 느낌을 준다(고종원, 2013: 290).

헝가리 토카이 와인 : 세계 3대 귀부와인의 하나이다.

2) 에게르

Eger 와인은 토카이 서쪽 가까이에 위치한다. 헝가리 북동부 산간지역이다. 황소의 피라는 별칭을 갖는다. 헝가리 대표음식인 굴라쉬와 잘 어울린다. 닭튀김요리도 잘 매칭된다. 카다르카(Kadarka)가 주품종이다. 메를로, 까베르네 프랑, 피노누아, 시라, 블라우프랭키쉬 등의 13개 품종 3~4개가 블렌딩된다. 카다르는 양조가 쉽지 않아 케크프란코스(kekfrankos)품종으로 대체되기도 한다(이정훈·고종원, 2017: 279).

역사적으로 16세기 중반 오스만투르크군 8만 명이 공격해 올 때, 2,000명의 에게르 성을 지키는 병사들에게 에게르 적포도주를 마시게 하여 술의 힘으로 적을 공격하게 했고, 입 주위와 의복이 핏빛으로 물든 이들을 보고 황소의 피를 마시고 힘을 얻었다고 생각한 오스만투르크군이 달아났다는 일화에서 별칭이 생겼다고 한다(한국교직원신문, 2017.3.6, 7면; 이정훈·고종원, 2017: 280).

에게르 와인 : 황소의 피라는 별칭이 붙은 스토리텔링이 있는 재미있는 와인이다. 강건함이 있고 구조감도 좋은 와인이다.

---

44) 토카이는 100년 넘게 숙성시킬 수 있는 스위트 와인이다. 꿀향이 강하고 입안에서의 잔향이 전 세계인에게 사랑받고 있다(오펠리 네만, 2020: 190).

참 / 고 / 문 / 헌

고종원(2013), 세계와인과의 산책, 대왕사

고종원(2020), 와인 트렌드 변화에 관한 연구, 연성대 논문집, 제56집

고종원(2021), 와인테루아와 품종, 신화

오펠리 네만(2020), 와인은 어렵지 않아, 그린북

와인과 커피 엔지니어, 복 샤도네이 2020 Bock Chardonnay 전통적인 스타일의 헝가리 화이트
　　　와인 추천, 2021.10.18

위키백과

이정훈 · 고종원(2017), 와인의 세계, 기문사

칠락와인 블로그, 홈멜 메를로 2013 칠락와인/ 헝가리 와인, 2022.8.26

한국교직원신문, 2017.3.6

휴 존슨 · 잰시스 로빈슨(2009), 와인 아틀라스, 세종서적

hellohungary.com

https://pince.bock.hu

www.hungarywine.kr

www.winefolly.com

13 크로아티아(Croatia)

1 와인 개요

BC 6세기부터 와인을 양조한 크로아티아는 좋은 와인을 생산한다. 현재 포도밭은 6만ha 정도이다. 아드리아해의 흐바르섬과 코르출라섬을 포함하여 이스트라반도에서부터 두브로브니크까지 이어지는 지중해 지역이 포도의 주요 재배지역이다. 그리고 크로아티아 북부지역에서 포도를 생산한다(오펠리 네만, 2020: 188).

크로아티아 와인은 내수가 많아서 국내에 수입된 것이 거의 없다. 그래서 여행 시 구입하는 등의 방법으로 경험할 수 있다. 크로아티아 와인의 가치와 평가는 좋다. 300개 이상의 포도 재배지역이 있다. 화이트 와인[45]이 67%, 레드가 30%, 로제가 1% 정도 생산된다. 최상급이 약 10%, 중급이 70%, 테이블 와인이 30% 정도이다.

남쪽의 달마티아 해안지역을 제외하면 화이트가 주를 이룬다(휴 존슨 외, 2009: 272)는 평가이다.

지리적 위치가 와인 재배에 좋은 지중해성 기후를 갖고 있다. 이탈리아와 아드리아해를 마주보며 해안을 중심으로 로마인들에 의해서 포도 재배를 시작하게 되었다(고종원, 2021: 193).

---

45) 남쪽의 달마티아 해안지역을 제외하면 화이트가 주를 이룬다. 관광객들에게 화이트 와인인 Posip품종이 잘 알려져 있다.

2022년 기준, 크로아티아에는 1,575명의 와인 생산자가 있으며, 이 중 5헥타르[46] 이상 규모를 지닌 재배자나 생산자는 336명이다. 대략 76%가 화이트 와인, 21%가 레드 와인, 3%가 로제와인이다(와인21 공식블로그, 2023.6.7).

2 주요 품종

1) 화이트

(1) 말바시아 이스타르슈카

말바시아의 지역 변종이다. 사과껍질의 상큼함을 지닌 고품질 풀바디 화이트 품종이다. 당도를 지닌다. 이 품종은 상큼하고 부드럽다. 크로아티아의 주요한 화이트 품종이다.

1385년 크로아티아에서 언급된 기록이 있을 정도로 오래된 품종이다. 강렬한 꽃, 잘 익은 시트러스, 오렌지 껍질, 황금 사과, 키위 등 향과 풍미가 매력적이며 중간 이상의 산미를 지니고 있다. 숙성 시 복합미가 뛰어나다. 오렌지 탕후루, 구운 사과, 넛맥, 말린 펜넬 등의 풍미를 느낄 수 있다(와인21 공식블로그, 2023.6.7).

(2) 포십(Posip)

마르코 폴로의 고향인 코르출라섬에서 생산하는 품종이다. 특유의 열대과일향이 매력적이다. 오렌지, 자몽, 복숭아 향이 감지된다. 오크통이나 스테인리스 스틸에서 숙성하는 두 가지 스타일로 생산된다. 스테인리스 스틸 숙성의 포십와인은 도수가 낮고 상쾌한 맛으로 관광객이 더 선호한다는 평가이다(키쿤 블로그: 2019.5.6). 풍미가 좋다는 평가를 받는다.

---

46) 1헥타르(Hectare/ha)는 10,000㎡이다. 약 3,300평으로 5ha는 약 15,000평 규모이다.

크로아티아에서 95% 정도가 생산된다. 사과, 바나나, 장미, 자두 등이 감지되는 드라이한 화이트 와인이다. 1967년 고품질 와인으로 원산지명칭통제를 받았다(와인21 닷컴).

포십와인은 국내에 수입되는 오스트리아 와인에서 발견되는 것처럼 유리병마개를 사용하기도 한다. 크로아티아의 대표적인 화이트 품종이다.

(3) 그르크(Grk)

코르출라섬에서 생산된다. 후추향이 나는 드라이 화이트 와인품종이다. 크로아티아가 원산지이다. 백후추, 멜론, 허브, 배향이 감지된다.

(4) 부가바(Vugava)

비스섬에서 생산된다.

(5) 보그다누샤(Bogdanusa)

흐바르(Hvar)섬에서 생산된다. 풍미가 좋다는 평가이다(휴 존슨 외, 2009: 272). 크로아티아의 대표적인 화이트 품종이다.

(6) 마라슈티나(Marastina)

본토의 해안을 따라 재배된다.

(7) 그라세비나(Grasevina)

크로아티아 북부에서 주로 생산되는 품종이다. 크로아티아에서 잘 알려진 품종이다.

(8) 즐라흐티나

Zlahtina는 크르크(Krk)섬의 특산품종이다.

(9) 웰쉬 리슬링(Welschrisling)

웰쉬 리슬링(Welschrisling)은 주요한 화이트 품종이다. 동유럽에서 주로 생산되는 품종이기도 하다.

(10) 블라우프랭키쉬(Blaufrankisch)

오스트리아 등 동유럽에서 주로 생산되는 품종이다.

2) 레드

(1) 메를로

크로아티아의 대표적인 레드품종이다.

(2) 까베르네 소비뇽

향신료, 후추향이 감지되는 풀바디한 스타일의 와인을 생산한다. 크로아티아의 대표적인 레드품종이다.

(3) 테란(Teran)

이스트라 지방의 레드 와인품종이다. 대표적인 적포도품종이다. 대량생산에서 생산량을 극적으로 줄여 단단한 산미와 타닌을 지닌 고급와인으로 생산한다. 스파클링, 로제, 레드 등 다양한 스타일로 생산한다(와인21 공식블로그).

(4) 플라바츠 말리

플라바츠 말리(Plavac mali)는 토착품종으로 구조감이 좋고 골격이 강건한 와인으로 평가된다 (오펠리 네만, 2020: 188). 크로아티아의 대표적 이고 주요한 레드 품종이다. 흐바르섬에서 주로 생산된다. 츠를레낙 카슈텔란스키로도 불린다.

크로아티아 와인 : 오크 숙성을 한(Barrique) 것으로 보인다. 알코올 도수 15%이다. 2011년산으로 현지 토착 품종으로 보인다. 현지에서 구매한 와인이다.

남쪽의 아드리아와 달마티아 해안을 따라 자리한 섬들에서 생산된다. 스플리트 인근 카스텔라에서 재배된다. 국제적 명성을 얻었으며 DNA 분석결과 캘리포니아의 진판델로 밝혀졌다. 플라바치 말리는 유사한 친척 품종으로 평가된다(휴 존슨 외, 2009: 272).

3 와인 생산지

출처 : http://www.president-zagreb.com/blog/2016/03/30/croatian-wines/
크로아티아 와인산지

1) 칠레닉카쉬델이안스키

플라바치 말리 품종 등이 생산된다.

2) 이스트라 지방

이스트라 지방의 모토분은 중부지역에 위치한 마을이다. 트러플의 산지로 알려져 있다. 이스트라 지방에서는 테란이 주요한 레드 품종 와인이다(고종원, 2021: 194).

3) 달마티아(Damatia) 지역

해안지역이다. 플라바치 말리(프리미티보: Primitivo)[47) 품종이 주로 생산된다.

4) 두브로브니크(Dubrovnik) 지역

두브로브니크 북쪽 펠레샤츠 반도 해안의 가파른 계단식 포도밭에서 진하고 달콤한 딩가츠(Dingac)[48)와 자극적인 포스투프(Postup)는 최고 와인으로 평가된다(휴 존슨 외, 2009: 272).

4	주요 생산자

스플리트 근처의 Bibich 와이너리, 스플리트에서 두브로브니크로 가는 길에 있는 리즈만 와이너리, 흐바로섬의 토미치 와이너리 등이 국내 방문자들을 통해 소개되고 있다.

---

47) 유사종인 이탈리아 품종 프리미티보는 미국에서 진판델 품종으로 불린다.
48) 토착품종으로 구조감이 좋고 골격이 강건한 와인으로 평가된다(오펠리 네만, 2020: 188). 동유럽에서는 매우 유명한 와인에 속한다.

5 음식과 매칭

　달마티아 음식들은 작은 굴, 날로 먹는 햄, 석쇠에 구은 생선, 양파를 곁들인 훈제 고기, 무화과 등과 와인이 잘 매칭된다(휴 존슨 외, 2009: 272)는 평가이다.

　크로아티아 와인은 화이트 와인의 비중과 소비가 높다. 해산물과의 조화가 좋다는 평가이다.

워커힐호텔 : 서울시 광진구에 위치한다. 한강과 아차산을 배경으로 좋은 곳에 자리 잡고 있다.
　　　　　　크로아티아는 최근 전체적인 풍광이 좋아서 인기가 많고 각광받는 곳이다.

참 / 고 / 문 / 헌

고종원(2021), 와인 테루아와 품종, 신화
오펠리 네만(2020), 와인은 어렵지 않아, Greencook
와인21 공식블로그, 크로아티아 포레치에서 열린 제30회 콩쿠르 몽디알 드 브뤼셀, 2023.6.7
와인21닷컴
키쿤 블로그: 2019.5.6
휴 존슨 · 잰시스 로빈슨(2009), 와인아틀라스, 세종서적
www.president-zagreb.com

CHAPTER 14 체코(Czech Republic)

로마는 2세기 체코 남부 미쿨로프(Mikulov)의 팔라바(Pálava)언덕에 전초기지를 세웠다. 278년 로마의 마르쿠스 아우렐리우스 프로부스(Marcus Aurelius Probus) 황제는 알프스 북쪽에 포도 재배를 금하는 도미티아누스(Domitianus) 황제의 명령을 취소시키며, 팔라바 지역에서 포도 재배 및 와인 양조를 하도록 권장했다. 팔라바 평원 근처에서 당시에 사용됐던 포도 재배 전용 칼과 포도 씨앗이 발견되었다.

모라비아 시대(Great Moravian Empire, 833~906)에 슬라브족이 이주하며, 모라비아(Moravia)에서 보헤미아(Bohemia)로 포도 재배기술이 전해졌다. 이 시대에는 그뤼너 벨트리너(Grüner Veltliner)와 벨쉬리슬링(Welschriesling)이 주로 재배되었다. 9세기에 보헤미아 지역의 여왕이었던 세인트 루드밀라(Saint Ludmila)는 멜닉크(Melník) 지방에 포도를 재배하라는 명을 내렸다.

13세기에 수도회가 독일과 프랑스에서 들여온 품종을 심으며, 대규모 포도원을 조성했다. 이들은 포도뿐만 아니라 포도나무 관리법과 가지치기 방법, 포도원을 유지하고, 수확기 임금 지급과 세금 부과방법까지 도입해 모든 과정을 더욱 쉽게 진행할 수 있게 됐다. 1249년 보헤미아의 오타까르 2세(Ottokar II)는 미쿨로프 지방에 오스트리아의 귀족 리히텐슈타인(Liechtenstein)가문의 땅을 승인해 줬고, 팔라바 언덕 근처에 포도원이 생기기 시작했다.

14~16세기에 모라비아 지방의 포도 재배 및 와인 생산은 황금기를 누렸다. 프랑스에서 교육받은 샤를르 4세(Charles IV)는 프랑스로부터 버건디(Burgundy) 품종을 수입했고, 이후 프라하를 포도 재배의 중심지로 변화시켰다. 1304년에는 포도밭 소유자의 지주에 대한 지대 법과 오스트리아 팔켄슈타인(Falkenstein)의 포도원 법을 기반으로 한 새로운 와인법규가 지정됐다. 1414년 미쿨로프(Mikulov)와 발티체(Valtice)를 중심으로 수많은 포도원들이 자리 잡았고, 이 중 리히텐슈타인가문의 포도원이 가장 오래된 포도원으로 기록됐다. 그러나 30년 전쟁(1618~1648)으로 포도원이 황폐화되었고, 이후 100년에 걸쳐 서서히 복원되었다. 필록세라는 1890년 샤토프(Šatov)를 시작으로 1902년까지 체코 전역의 포도원을 망가뜨렸다. 20세기 말 포도원의 사유화 인정 이후 가족 소유 및 기업화된 와이너리가 생겨나며, 와인산업은 급속도로 발전하였다. 포도 재배와 양조를 아우르는 현대 와인법은 1995년에 생겼다. 이후 이 법은 2004년 유럽연합기준으로 통일되며, 다시 공표되었다. 현재 체코의 포도 재배에는 현대적이고 환경친화적인 농법이 적용되고 있다.

2   재배환경 및 와인품종

체코에서는 총 34종의 화이트품종과 27종의 레드품종이 재배 중이다. 와인 생산량은 화이트 와인 63%, 레드 와인 28%, 로제 와인 9%를 차지한다.

특징적인 품종 중 화이트품종으로는 세이벨(Seibel)과 리슬링 교잡종인 히베르날(Hibernal), 뮐러투르가우와 트라미너 교잡종인 팔라바(Pálava) 등이 있다. 레드품종으로는 앙드레(Andre) 등이 있다. 현재 팔라바는 가장 대표적인 품종이다. 이외에 다양한 품종 간의 접합종이 체코 포도원에서 시험 재배 중이다. 토착품종이 지배적이지만, 까베르네 소비뇽과 같은 확립된 국제 품종의 생산도 증가하고 있다.

팔라바(Pálava) 품종은 와인 양조업자인 요세프 베베르카(Josef Veverka)가 게뷔르츠트라미너(Gewürztraminer)와 뮐러투르가우(Müller Thurgau) 품종을 교배해서 개발했다. 팔라바는 잔당감으로 종종 스위트 와인으로 인식되기도 하지만, 드라이 와인을 통해서 팔라바 품종만의 독특한 매력을 발견할 수 있다. 보통 황금빛을 띠며, 부모 품종의 좋은 점만 닮아 특유의 장미향, 달콤한 향신료향, 이국적인 과실향 등이 특징이다. 또한 포도 자체의 당도가 높고 매해 정기적으로 수확되고 있어 와인의 맛을 일정하게 유지할 수 있다.

체코에서 생산되는 와인 중 75%가 화이트 와인이다. 신선하며, 가벼운 맛의 드라이 와인과 발포성 와인이 많이 생산된다. 레드 와인의 인기가 증가하고 있으며, 높은 산미와 과일향이 풍부하면서 벨벳 같은 탄닌을 지닌다. 로제와인은 색이 아름답고, 과일향이 풍부해 시장 반응이 좋다.

주요 품종으로 화이트품종에는 뮐러투르가우(Müller-Thurgau), 리슬링, 라스키 리즈링크(Laski Rizlink), 피노 블랑(Pinot Blanc), 게뷔르츠트라미너(Gewürztraminer), 그루너 벨티네르(Grüner Veltliner), 노이뷔르거(Neuburger) 등이 있다. 레드품종에는 블라우프랭키쉬(Blaufränkisch), 모드리(Modrý), 피노 누아, 까베르네 소비뇽 등이 있다.

3 와인등급

체코 와인은 독일 포도의 당도에 따른 등급과 프랑스의 원산지명칭통제 등급을 모두 적용한 다양한 등급체계를 가지고 있다. 체코에서는 당도 등급으로 노르말리조바니 모슈토메르(Normalizovaný Moštoměr, °NM)를 사용한다. 이 의미는 100리터의 포도주스에 몇 킬로그램의 설탕이 들어 있는지를 나타낸다.

1) 야코스트니 비노 프리블라스템(Jakostní víno s přívlastkem)은 특수한 특성을 지닌 고급 와인이다. 단일 와인 하위지역에서 생산되어야 하며 포도품종, 원산지, 요구 중량 수준 및 중량은 체코 농업식품검사국(SZPI)의 확인을 받아야 한다.

2) 야코스트니 비노(Jakostní víno)는 단일 와인지역 내에서 재배된 포도로 생산된 고급 와인이다. 수확량은 12톤/ha를 초과해서는 안 되며, 마스트 중량 수준은

15°NM 미만이어서는 안 된다. 야스코니 비노 오두루도브(Jakostní víno odrůdove)는 고급 품종의 와인이고, 야스코니 비노 즈남코브(Jakostní víno známkove)는 고급 브랜드 와인으로 최소 3가지 이상의 포도품종으로 만든 와인이다.

3) 모라브스케 제메스케 비노(Moravske zemske víno) 또는 체스케 제메스케 비노(Česke zemske víno)는 지역 와인으로 최소 두 가지 포도품종의 블렌드를 한다. 체코산 포도로 생산된 와인은 중량이 14°NM 이상이어야 한다.

4) 스토니 비노(Stoni víno)는 테이블 와인으로 EU 내 모든 국가에서 자생하는 포도로 생산된 와인이다. 가장 낮은 와인 카테고리이다.

원산지명칭통제를 받는 와인인 VOC(vína originální certifikace)는 프랑스의 AOC와 같은 와인등급으로 2009년 체코에서 최초로 등장했다. 2009년 즈노이모, 2011년 모드레 호리와 미쿨로프, 2012년 팔라바, 2013년 블라트니체, 2015년 발티체가 이 등급을 받았다.

4 와인산지

와인산지는 크게 모라비아(Moravia)와 보헤미아(Bohemia)로 구분된다.

모라비아는 남동쪽에 위치하고, 알자스와 비슷한 기후를 지닌다. 체코 전체 96% 정도의 포도원이 있다. 다시 즈노이모(Znojmo), 미쿨로프(Mikulov), 벨케 파블로비체(Velke Pavlovice), 슬로바츠코(Slovácko) 등의 4개 지역으로 나뉜다. 보헤미아는 엘베(Elbe)강을 따라 프라하의 북쪽에 위치한 소규모의 포도 재배지역이다. 리토메르지체(Litoměřická)와 멜니크(Mělnik) 등 2개 지역으로 구분되며, 보헤미아 지역의 와인 생산은 상징적인 의미만 지닌다.

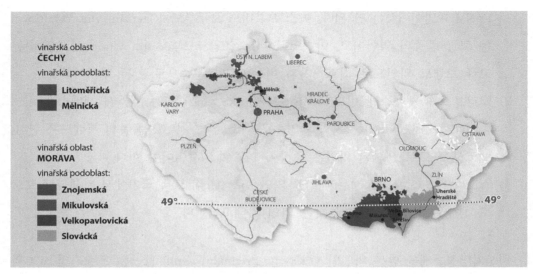

출처 : https://www.vinarskecentrum.cz/en/o-vine/vinarske-regiony-v-cr

체코 와인산지

1) 모라비아(Moravia)

(1) 즈노이모(Znojmo)

주로 화이트 와인을 생산한다. 주요 품종으로 화이트 품종은 그뤼너 벨트리너, 뮐러투르가우, 소비뇽 블랑, 리슬링, 팔라바 등이 있고, 레드 품종은 피노 블랑, 피노 그리, 피노 누아 등이 있다.

(2) 미쿨로프(Mikulov)

석회성분이 풍부한 토양을 지닌 팔라바에서 미네랄 특성이 분명한 벨쉬 리슬링 (Welschriesling)이 생산된다. 피노 블랑과 샤르도네 품질이 우수한 편이다. 이 지역 점토질 토양에서 자란 그뤼너 벨트리너도 매우 우수하다. 미쿨로프성에는 길이 6.2m, 지름 5.2m의 10만 1,081를 저장할 수 있는 체코 최대의 오크통이 있다.

(3) 벨케 파블로비체(Velke Pavlovice)

레드 와인의 주요 생산지로 토양은 석회질 점토, 이암, 사암, 자갈로 이뤄져 있다. 그뤼너 벨트리너, 피노 그리, 게뷔르츠트라미너, 팔라바 등이 잘 자란다. 특히 피노 품종을 재배하기에 매우 좋은 조건을 지닌 곳으로 잘 알려져 있다. 주요 품종은 블루 포르투갈(Modry Portugal), 뮐러투르가우, 리슬링, 프란코프카(Frankovka) 등이 있다. 역사적인 와인마을인 브르비체(Vrbice)와 보르제티체(Bořetice)가 있다.

(4) 슬로바츠코(Slovácko)

해발고도가 낮은 지역에서는 온도가 상대적으로 높아 블라우프랭키쉬(Blaufraenkisch)와 츠바이겔트(Zweigelt)와 같은 레드 와인이 잘 성장한다. 리슬링, 피노 블랑, 피노 그리 등도 매우 특징적이다.

2) 보헤미아

유럽 최북단에 위치하고 있는 상대적으로 작은 포도밭 클러스터의 본고장이다. 보헤미아에는 2개의 정의된 와인 재배지역이 있다. 프라하에는 작은 포도원이 있지만, 많은 양의 와인을 생산하지는 않는다. 재배되는 상위 5개 포도품종은 뮐러투르가우(26%), 리슬링(16%), 생로렌(St. Laurent)(14%), 블라우어 포르투기저(Blauer Portugieser)(10%), 피노 누아(8%) 등이 있다.

참 / 고 / 문 / 헌

문화원형백과, 문화원형 디지털콘텐츠, http://www.nl.go.kr
Ministry of Agriculture of Czech Republic, Vine and Wine in the Czech Republic
academic-accelerator.com/encyclopedia/kr/czech-wine
wine21.com
www.vinarskecentrum.cz

CHAPTER

15 슬로베니아(Slovenia)

1 와인의 역사

슬로베니아의 와인 역사는 2400년 전부터 시작되었다. 슬로베니아 북동부의 켈트족(Celts)과 일리아인(Ilia)들이 포도를 재배했다. 바세(Vace)에서 기원전 6세기경 유물로 추정되는 와인용기 바체 시툴라(Vaska situla)가 발견되었다. 켈트족은 그리스로부터 와인 제조기법을 전수받아 스스로 와인을 만들었다.

1세기에 역사가 타키투스(Tacitus)는 프추에(Ptuj)의 와인을 언급했고, 항아리와 술잔들을 통해 와인의 생산과 교역이 이루어졌음을 알 수 있다. 하지만 러시아의 노예들이 이주해 오고, 헝가리인들이 프추아(Podravje) 지방을 공격하면서 9세기부터 11세기까지 슬로베니아의 와인산업은 쇠퇴하였다. 12세기부터 숲을 개간하여 포도 재배지를 만들면서, 와인산업은 다시 성장하기 시작한다. 포도밭은 대부분이 가톨릭 교회의 소유였고, 15세기 이후에는 부르주아들이 포도밭을 소유하게 되었다.

1880년 필록세라가 발생하여 대부분의 포도밭이 황폐화됐고, 많은 와인 생산자들이 파산했다. 2차 세계대전 발발 전에 슬로베니아의 포도 재배지는 겨우 38,000헥타르(ha)에 불과했다. 2차 세계대전 이후 유고슬라비아라는 남슬라브민족 연합 공산국가에 속해 있었다. 공산주의 체제에서는 많은 양의 와인을 생산하는 것이 중요했기 때문에 와인 품질은 상대적으로 낮아졌다. 1991년 유고슬라비아에서 가장 먼저 독립을 선언했으나, 그 후 이어진 10년간의 유고슬라비아전쟁으로 인하여 2000년대 초가 되어서야 비로

소 와인산업이 정상적으로 회복되었다.

그 후 슬로베니아 와인산업 성장세는 놀랍다. 원래부터 슬로베니아는 유고슬라비아에 속해 있었던 크로아티아, 세르비아, 보스니아-헤르체고비나 중에서 가장 발전된 나라였는데, 독립 후에도 와인산업을 비롯한 대부분 산업의 발전은 다른 나라들을 압도하고 있다. 모비아(Movia) 같은 뛰어난 와이너리가 품질 향상을 이끌며, 거기에 더하여 주변국 이탈리아 및 오스트리아 등의 도움으로 슬로베니아 와인산업은 20년간 열정적으로 되살아났다.

2 재배환경 및 와인의 특징

슬로베니아 서부는 이탈리아, 아드리안해와 맞닿아 있다. 북쪽은 오스트리아와 알프스 산맥으로 구분되어 있으며, 동부에는 헝가리와 크로아티아가 위치하고 있다. 와인품종 및 스타일, 양조 방식 등에서 서부는 이탈리아 영향, 동부는 독일의 영향을 크게 받고 있다. 대부분의 지역이 춥고 메마른 겨울과 더운 여름이 특징인 대륙성 기후이지만, 아드리안해 부근에 위치한 서부는 지중해성 기후를 보인다. 국토는 알프스의 영향으로 대부분 언덕이 매우 많은 지형이다.

슬로베니아 와인은 전 세계인들에게 잘 알려져 있지 않다. 이는 포도원 농장주 수(약 28,000명)와 포도밭 면적(약 22,300ha)에서 확인할 수 있는데, 대부분의 포도밭들은 소자본 소규모로 관리되고 있다. 또한 슬로베니아 문화에서 와인은 매우 중요한 역할을 하기 때문에, 인구당 와인 소비량은 세계 최고 수준이다. 작은 가족 와이너리에서 만들어지는 와인들은 거의 자국 내에서 소비되며 약 10% 정도가 해외로 수출된다.

독일과 마찬가지로 슬로베니아도 화이트 와인의 강국이다. 전체 생산량의 68%가 화이트 와인이다. 유럽연합의 3단계 와인등급 중에서 최고의 등급인 PDO 등급의 와인 생산량은 전체 생산량의 67%를 차지한다.

3 　와인 재배지역

　　일반적으로 포도 재배에 적합하지 않은 환경으로 어려움은 있지만, 매우 다양한 미세기후가 존재하고 좋은 품질의 와인을 생산하는 데 적합한 기후 및 지형이 있다. 이러한 복잡한 환경 덕분에 와인은 크게 3지역으로 구분된다.

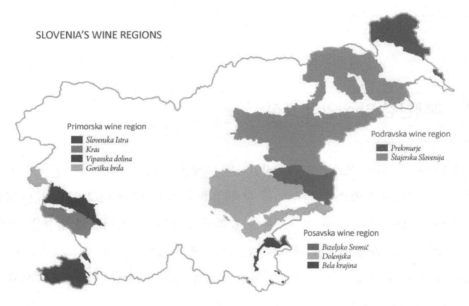

출처 : https://www.thinkslovenia.com/info-activities/slovenian-wine
슬로베니아 와인산지

1) 프리모르스카(Primorska)

　　2차 세계대전 직후인 1947년 파리평화조약(Paris Peace Accords)에 의해 이탈리아와 슬로베니아로 나누어졌다. 이 지역은 오랫동안 이탈리아 프리울리-베네치아 줄리아 (Friuli-Venezia Giulia) 지역과 같은 곳이었고, 현재도 언어, 음식, 문화, 건축, 포도 재배 환경 등이 유사하다. 2004년 슬로베니아가 EU에 소속되어 비로소 국경을 자유롭게 넘을 수 있게 되었다. 몇몇 생산자들은 이탈리아 콜리오(Collio) 지역과 이곳 부르다 (Brda) 지역의 포도를 섞어 와인을 생산하기도 한다. 국경을 넘어서는 와인원산지법

(single cross-border wine appellation)을 가장 원하는 지역이다.

현재 와인산업에서 가장 발전된 지역이며, 국제적으로도 가장 주목받는 지역이다. 포도밭은 대부분 아드리안해와 알프스의 영향을 받아 프리울리 와인처럼 향기로우면서도 드라이한 화이트 와인과 힘이 있는 레드 와인을 생산한다. 슬로베니아는 화이트 와인이 전체 와인의 75% 정도를 차지하는데, 이 지역에서는 레드 와인의 생산량도 많고 슬로베니아에서 가장 훌륭한 레드 와인이 생산되는 곳이기도 하다.

가장 오래되고 대표적인 와인은 레불라(Rebula)로 만든 황금색 화이트 와인이다. 비 온 뒤 흙에서 느끼는 오묘한 향을 가지고 있는데 이는 이 지역 흙의 특징(pooka)으로부터 기인한다. 토카이(Tokaj) 혹은 토카이 프리울라노(Tocai Friulano)도 이 지역에서 많이 사용하는 토착품종이지만, 널리 알려진 헝가리 토카이와의 법적 분쟁 때문에 야콧(Jakot)이라는 이름을 사용한다.

또한 샤도네이, 소비뇽 블랑, 메를로, 카베르네 소비뇽, 피노 누아 등도 재배하고 있다. 이는 19세기 초 나폴레옹 군대가 주둔할 때 심은 품종들이다. 이탈리아 베네토와 가깝기 때문에 파시토(passito)방식으로 만드는 좋은 품질의 디저트 와인도 찾아볼 수 있다. 주로 품종은 베르둑(Verduc), 피콜릿(Pikolit), 루메니 무즈캇(Rumeni Muškat) 등을 사용한다.

최근 내추럴 와인 혹은 오렌지 와인산지로 유명해졌다. 인위적인 기술을 최대한 자제하고, 오랜 시간 스킨 컨택(skin contact)으로 만들어지는데 와인계에서 하나의 주류로 자리 잡아가고 있다. 사실 내추럴한 와인 양조는 전통적으로 내려온 자연스러운 양조방식이다.

프리모르스카는 크게 4개의 세부 지역으로 나뉘며, 모든 지역이 개성을 지닌 특별한 와인을 생산한다.

(1) 고리즈카 부르다(Goriska Brda)

부르다(Brda)는 슬로베니아어로 '언덕'이라는 의미로, 알프스산맥 끝자락에 위치한 수많은 언덕들로 이루어진 지역이다. 해변과 바로 닿지는 않지만 지중해성 기후를 보이

며, 여름은 적당히 덥고 강수량 또한 포도가 자라기에 적합하다. 실제 부르다는 프리모르스카 중에서도 가장 국제적으로 인정받고 있는 핵심 지역으로 많은 상을 받았다. 오크 숙성된 화이트 와인과, 레불라, 메를로, 카베르네 소비뇽 등이 있다.

(2) 비파브스카 돌리나(Vipavska Dolina)

비파바(Vipava)계곡이라는 뜻으로 24km에 이르는 긴 계곡을 따라 포도밭이 위치한다. 가장 큰 특징은 나노스(Nanos)산으로부터 200km/h이 넘게 불어오는 보라(Bora)라고 불리는 바람이다. 이러한 특징 때문에 5개 세부지역으로 구분되고, 매우 개성있는 와인이 생산된다. 매서운 바람 덕분에 부르다 지역보다 온도가 낮고, 낮은 알코올의 크리스피(crispy)한 화이트 와인이 가장 뛰어나다. 피넬라(Pinela)와 젤렌(Zelen)이라는 토착품종이 최근 가장 주목받고 있다. 틸리아(Tilia)는 1994년에 세워진 작은 와이너리이지만, 최고의 모드리 피노(Modri Pino)와인을 생산한다.

(3) 쿠라스(Kras)

카르스트(Karst)지형을 의미하며, 이 일대는 커다란 카르스트 평원이 펼쳐져 있다. 따라서 포스토이나(Postojna)동굴과 같이 세계 최고의 동굴들이 있고, 철분이 많은 붉은 토양인 테라 로사(terra rosa)가 펼쳐져 있다. 이러한 환경에서 자라는 레포즈크(Refošk) 품종으로 만드는 테란(Teran)은 대표적인 와인이며, EU에 의해 원산지 보호를 받고 있다. 톡 쏘는 맛이 특징인 어두운 색의 와인으로 안토시아닌(Anthocyanin)이 많이 함유되어 있고, 여러 종류의 미네랄이 많아 건강에도 좋은 와인으로 평가되고 있다.

(4) 슬로벤스카 이스트라(Slovenska Istra) / 코페르(Koper)

아드리안해 이스트라(Istra) 반도에 위치한 지역이다. 춥고 바람이 센 겨울과 때때로 가물며 매우 더운 여름으로 무척 혹독한 기후의 땅이다. 테란 와인도 인기가 있지만, 최근에는 크로아티아 국경을 따라 생산되는 말바지아(Malvazija) 화이트 와인의 인기가 좋다. 특히 좋은 해에 생산되는 카베르네 소비뇽은 슬로베니아 최고 와인 중 하나이다.

2) 포드라브스카(Podravska) / 포드라비에(Podravje)

슬로베니아 전체 와인의 50%를 생산하는 가장 큰 와인 생산지역이며, 고대부터 역사적으로 가장 오랫동안 알려졌다. 지난 20년간은 프리모르스카의 그늘에 가려져 있었다. 현재는 서부와는 다른 매력 있는 와인으로 옛 명성을 다시금 찾아가고 있다.

드라바(Drava)강이 중간에 흐르는데, 포드라브스카라는 이름도 '드라바'강에서 나온 이름이다. 약 97%가 화이트 와인이며, 드라이, 스파클링 및 디저트 와인 모두 품질이 뛰어나다. 주로 저온발효, 스테인리스 스틸 숙성, 스크루캡 사용 등의 생산방식이 이용되는데, 향기로우면서도 크리스피한 산도가 자랑인 화이트 와인이 생산된다. 최근에는 작은 새 오크통 사용 및 부르고뉴 방식으로 양조된 전혀 새로운 스타일의 와인도 만들어지고 있다.

가장 비싸면서도 인기가 좋은 와인은 귀부화된 포도로 만드는 스위트한 와인이다. 아이스 와인 역시 훌륭하다. 대표 품종은 라즈키 리즐링(Laaki Rizling)이지만, 지폰(Sipon), 렌스키 리즐링(Renski Rizling), 소비뇽 블랑 등이 있다. 또한 모드라 프란키냐(Modra Frankinja)품종은 포드라브스카가 고향으로 몇몇 생산자들은 이 품종으로 뛰어난 레드 와인을 생산하고 있다.

마리보르(Maribor)는 수도인 류블랴냐(Ljubljana)에 이은 제2 도시이며, 매우 오래된 와인역사를 지닌 곳이다. 이곳에는 와인 예배당(Maribor Wine Tabernacle)이라 불리는 200년 된 오래된 건물이 있다. 이 아래 지하 터널은 유럽에서 가장 긴 지하 터널 중 하나이며, 무려 7백만 리터의 와인을 저장할 수 있다. 또한 400년 이상 된 포도나무가 있는데, 가장 오래된 포도나무로 기네스 기록에 등록되어 있다. 아직도 매해 35~55kg의 포도가 열매를 맺고 있으며, 이 포도로 만들어지는 자메트나 츠르니나(Zametna Crnina) 와인은 특별한 레이블로 판매되고 있다.

포드라브스카는 가장 큰 지역인 만큼, 공식적으로 두 메이저 지역과 7개 소지역으로 구분된다.

(1) 프렉무리에(Prekmurje)

무르(Mur)강 너머라는 뜻으로 커다란 강으로 인해 다른 지역과 분리되어 있다. 와인 재배지 중 가장 북쪽에 있으며, 헝가리 및 오스트리아와 맞닿아 있다. 커다란 평원인 파노니아(Pannonia)평원이 시작되는 곳으로 슬로베니아에서 가장 강한 대륙성 기후인 더운 여름과 적은 강수량, 두터운 가을 안개, 매우 추운 겨울이 특징이다. 이 지역 포도는 빨리 성숙되지만 여름비가 부족해 수확량이 적은 편이다. 라즈키 리슬링이 50% 이상을 차지한다.

(2) 즈타예르스카 슬로베니아(Stajerska Slovenija)

포드라브스카의 대부분을 차지하는 지역으로 6개 소지역으로 나뉜다.

① 라드고나-카펠라(Radgona - Kapela): 이 지역은 흙의 조성과 산의 언덕 방향이 다르기 때문에 서로 다른 특성을 지닌다. 스파클링 와인으로 유명한데, 1852년부터 샴페인 방식으로 스파클링 와인을 생산하고 있다.

② 류토메르-오르모즈(Ljutomer-Ormoz): 포드라브스카 소지역 중 최고의 와인 생산 지역이다. 무라(Mura)강과 드라바강 사이에 위치하고 있는데, 강으로 인해 상대적으로 기온이 낮아 포도 재배에 이상적인 조건을 가진다. 레이트 하베스트(Late Harvest)와 아이스 와인이 특히 유명하다. 품종으로는 디제치 트라미넥(Dišeči Traminec)과 라니나(Ranina) 등이 있다.

③ 수레드네 슬로벤스케 고리체(Srednje Slovenske Gorice): 오랜 역사를 가진 와인 지역으로 이곳 셀러에서는 세계대전 이전 빈티지 와인들도 보관하고 있다. 알프스로부터 시원한 대류의 영향을 받아 좋은 화이트 와인이 생산되는 지역이다.

④ 할로제(Haloze): 드라바강을 따라 이어진 언덕에 위치한다. 동쪽면은 로마시대부터 와인을 만든 슬로베니아에서 가장 오래된 와인산지이다. 언덕 위를 따라 포도밭이 이어지며, 와인은 대부분 인접 도시인 프투이(Ptuj)에서 병입되고 저장된다.

⑤ 마리보르(Maribor): 슬로베니아 제2 도시 주변에 펼쳐진 와인지역으로 아로마틱(aromatic)한 화이트 와인으로 유명하다.

⑥ 즈마리에-비르즈타니(Smarje-Virstanj): 알프스의 높은 지형 위에 위치하고 있어 자연적으로 할로제 등보다 더 춥다. 따라서 신선한 라즈키 리슬링을 주로 생산하지만, 모드라 프란키냐로 만든 와인도 좋다.

3) 포사브스카(Posavska)/ 포사비에(Posavje)

사바(Sava)강에서 이름을 얻은 포사브스카는 슬로베니아 3개 와인지역 중에서 가장 작은 지역이다. 또한 유일하게 레드 와인이 화이트 와인이보다 많이 양조되는 지역이기도 하다.

츠비첵(Cvicek)은 이 지역과 슬로베니아를 대표하는 와인이다. 200년이 넘는 역사를 가진 8~9%의 낮은 알코올의 가벼운 핑크색 와인으로 자마트나 츠리니나(Zametna Crnina)를 비롯하여 적어도 4가지 이상의 레드 및 화이트 품종의 혼합으로 만들어진다. 츠비첵은 신맛이 나는 와인(sour wine)이라는 의미로 레드 품종에 화이트 품종을 더하여 신맛을 강조한 것이 가장 큰 특징이다. 최근 젊은 양조자들에 의해 전통적이면서도 훌륭한 츠비첵이 생산되고 있다. 슬로베니아인들은 츠비첵이 건강에 도움이 되는 와인이라고 믿고 있으며, 자국 내에서 매우 대중적으로 소비되는 와인이다. 포사브스카는 크게 3개 지역으로 구분된다.

(1) 비젤리스코 스레미츠(Bizeljsko Sremic)

북쪽 알프스에서 불어오는 추운 바람을 피할 수 있어 온화한 기후를 가지고 있다. 레드 와인, 로제 스파클링 및 토니 포트 스타일의 와인이 생산된다. 비젤리찬(Bizeljcan)이라고 불리는 화이트 및 레드 스파클링과 토착품종인 루메니 플라벡(Rumeni Plavec)으로 만드는 화이트 와인, 모드라 프란키냐 품종의 와인들이 알려져 있다.

(2) 돌레니스카(Dolenjska)

포사브스카 대부분을 차지하는 지역으로 츠비첵의 고향이다. 2001년부터는 EU와 슬로베니아에서 돌레니스카에서 생산되는 츠비첵에 대한 원산지가 보호받고 있다. 또한

돌레니스코 벨로(Delenjski Belo)라는 화이트 품종의 혼합으로 만들어지는 와인이 있는데, 슬로베니아인들은 만성 류머티즘 등에 효과가 있다고 믿기도 한다.

(3) 벨라 크라이나(Bela krajina)

지중해성 기후와 대륙성 기후의 특성을 가지고 있는 지역이다. 아드리아해로부터 따뜻하고 습한 공기가 불어오지만, 여름은 매우 덥고 겨울은 추운 편이다. 화이트 와인이 점차 우세해지고 있는 지역으로 루메니 무즈캇(Rumeni Muškat)이 가장 유명하다. 또한 귀부와인을 생산할 수 있는 환경이어서 스위트 와인이 생산되기도 한다. 레드품종은 보다 강한 스타일로 만들어지는데 모드라 브란키냐가 특히 잠재력이 좋다.

참 / 고 / 문 / 헌

문화원형백과, 문화원형 디지털콘텐츠, http://www.nl.go.kr
www.the-scent.co.kr
www.thinkslovenia.com
www.wine21.com

CHAPTER 16 이스라엘(Israel)

1 와인 개요

이스라엘은 지중해성 기후를 지닌 국가로 기후적으로 와인재배에 적합한 곳이다. 내륙의 골란고원은 여름에는 덥고 일조량이 좋아서 재배에 적합하다. 그리고 아열대기후[49]도 있다.

기후는 주로 지중해성 기후로 덥고 건조한 여름, 짧고 습한 겨울이다. 고산지대의 경우 눈이 오기도 한다. 남부 네게브는 반건조 사막기후이다. 강수량은 전체적으로 적다. 그래서 관개농업이 필요하다. 포도수확은 7월 말~11월 초까지 다르다. 더운 모래폭풍이 영향을 주며 미세기후의 차이로 빈티지에 영향을 준다(정수지, 와인21닷컴, 2017.7.5).

이스라엘 와인 역사는 매우 오래되었다. 성경에 노아의 시대부터 와인을 마신 것으로 스토리를 통해 판단할 수 있다. 다윗시대에 포도밭의 내용이 성경에 나온다. 예수님 당시에도 포도주의 기적이 가나혼인잔치에서 있었던 것을 보면 매우 오래된 역사이다.

고대 이스라엘 와인에 대한 이야기는 기원전 1500~500년까지 황금시대를 누렸다는 기록이 있다(주한 이스라엘대사관 공식블로그).

---

49) 아열대기후에서 와인을 생산하는 국가는 인도, 조지아, 아르메니아, 아제르바이잔, 뉴질랜드의 오클랜드 등이다. 조지아는 다양한 기후조건으로 와인이 다양하다는 평가이다. 인도는 향후 와인 생산에 있어서 대국의 가능성을 갖는 나라로 평가된다. 이스라엘에 근접한 시리아, 레바논 서쪽 지역에서도 아열대기후대로 와인을 생산한다.

이후 이스라엘 와인 생산업자들은 계속해서 개발과 연구를 하였고 특히 지난 30년 간 투자한 혁신기술을 통해 2000년대 들어서는 이스라엘 와인이 진가를 발휘하기 시작 하였다. 이스라엘에는 약 300여 개의 와이너리가 운영되고 있다. 네게브사막의 와이너 리는 이스라엘을 방문하는 사람들에게 필수코스로도 알려지고 있다. 그리고 이스라엘 의 지형상 남북으로 길게 뻗어 있는 지대는 다양한 떼루아의 특징을 갖는다(블로그 한 국안의 이스라엘, 2022.1.10)는 평가이다.

세계적인 와인평론가 휴 존슨은 이스라엘 와인에 대해 갈릴리 고산지대와 골란고원 의 서늘한 지역에서 생산되는 다양한 품종의 와인으로 이스라엘 와인의 새로운 역사를 쓰고 있다고 평가하였다. 와인전문가들의 호평이 이어지는 상황이다.

2 와인산지 특징

포도원의 규모는 총 5,500헥타르이다. 갈릴리, 숌론, 삼손, 유대언덕, 남부 네게브의 총 5개 산지로 구성된다. 토양은 해안가 평지는 모래, 테라로사 그리고 백악질이 주를 이룬다. 산과 언덕 지역은 석회암질이다. 유대언덕은 석회암 위에 테라로사로 구성되었 다. 갈릴리는 주로 화산토양에 테라로사가 일부 섞여 있다. 네게브는 충적 황토로 구성 되었다(정수지, 와인21닷컴, 2017.7.5).

2014년 기준으로 상업적인 와이너리 60개, 소규모 부티크 와이너리가 300개에 이른 다. 카르멜 와이너리와 같이 큰 4개의 와이너리는 전체 와인 생산량의 70%인 연간 5백 만 병을 생산한다. 그 밖에 집단농업 공동체인 모샤브, 농장과 가공을 포함한 집단농장 인 키부츠, 수도원, 아랍계 이스라엘인 운영 와이너리에서도 와인을 생산한다(정수지, 와인21닷컴, 2017.7.5).

참고

코셔(Kosher)와인

정통 유대교에서 명시한 방식으로 농사를 지은 포도로 만든 와인이다. 코셔인증을 받으려면 파종 후 최소 4년이 지난 포도나무의 열매로 만들어야 한다. 포도원은 7년간 휴작을 해야 한다. 포도나무 사이 다른 야채나 과일을 재배하지 않아야 한다. 수확이 시작되면 코셔 도구와 저장 설비만 와인 양조에 이용될 수 있다. 모든 와인 양조 장비는 외부 물질이 남아 있지 않도록 세척해야 한다. 그리고 안식일을 준수하는 유대인 남성만이 와인 양조에 참여할 수 있다. 코셔 인증이 품질과 연결되지는 않지만 대부분의 드라이하고 품질 좋은 와인은 코셔와인이다. 코셔와인은 병 뒷면에 케이(K) 표시로 확인할 수 있다(정수지, 와인21닷컴, 2017.7.5).

유대인에게는 코셔(Kosher)라고 하는 독특한 음식문화가 있다. 유대인들이 지키는 유대 법률 중 구약성경에 기록된 식생활 법칙에 따라 만든 음식이나 와인으로 코셔와인으로 인정받기 위해서는 파종 후 4년이 넘어야 하며 7년째 되는 해에는 휴작을 하고 십일조의 의미로 생산된 와인의 1%를 버리기도 하는 등 코셔와인은 이스라엘 와인의 환경 친화적인 신성함과 특별한 맛을 느낄 수 있다(전자신문 : www.wineandfriends.co.kr 2009.3.20)는 설명이다.

이스라엘 와인은 이스라엘 사람들에게 결코 빼놓을 수 없는 음식이자, 수천 년간 이어져 오는 중요한 전통이다. 출애굽을 기념하는 유월절에는 네 잔의 와인을 마셔야 하는 전통이 있었다. 일상 속에서도 다양한 음식과 함께 곁들여 먹는 것이 바로 이스라엘 와인이다. "이스라엘에서 와인은 인간과 인간을 따뜻하게 이어주는 중요한 매개체이다"(하임 호센 주한 이스라엘 대사, 2019.8.16).

성경의 신명기에 보면 포도나무 열매가 이스라엘 땅의 일곱 가지 복된 열매 중 하나로 기록되어 있다. 십자군 시대(12세기 초~13세기 말)에 성지 베들레헴과 나사렛에 포도밭이 다시 생겼지만 아주 잠깐이었다. 1291년 예루살렘 왕국의 마지막 거점인 아크레가 함락된 후, 이슬람 교도들은 이 지역 전체를 다시 장악하게 되었다. 십자군 기사들은 중동에서 온 것으로 알려진 샤도네, 머스캣, 쉬라즈 등 많은 포도품종을 가지고 유럽으로 돌아갔다(Arts & Culture, 에밀리아노 펜니지, 2022.8.1).

3 와인품종

1) 레드 와인

(1) 까베르네 소비뇽

이스라엘의 주요 재배 품종이다. 골란하이츠 까베르네 소비뇽 품종인 야르덴 엘 롬의 경우, 매실, 블랙베리 향이 난다(에밀리아노 펜니지(Emiliano Pennisi): 2022.8.1).

(2) 메를로

이스라엘의 주요 재배 품종이다. 골란고원에서 좋은 메를로가 생산된다.

(3) 시라(Syrah)/ 쉬라즈

이스라엘의 주요 재배 품종이다.

(4) 까리냥

이스라엘의 주요 재배 품종이다.

(5) 기타

피노타주, 산지오베제, 진판델, 그르나슈, 까베르네 프랑 등이 생산된다.

2) 화이트 와인

(1) 소비뇽 블랑

이스라엘의 주요 재배 품종이다.

(2) 비오니에

이스라엘의 주목할 만한 화이트 와인 중에는 비트킨 와이너리의 Israeli Journey가 있다. 비오니에, 게뷔르츠트라미너, 그르나슈 블랑이 혼합되어 있다. 살구, 패션프루트, 밤꿀맛이 감지된다. 아몬드 맛과 밸런스가 좋다는 평가이다(Arts & Culture, 2022.8.1; wine-course.com, 2013).

(3) 기타

게뷔르츠트라미너, 리슬링, 머스캣(Muscat), 에메랄드 리슬링(Emerald Riesling), 콜롬바드(Colombard) 등이 주요한 품종으로 생산된다.

토착품종으로 다부키(Davouki), 마라위(Marawi), 잔달리(Jandali) 등의 화이트품종과 발라디 아스마(Balddi Asmar) 레드품종이 있다. 프랑스의 보르도 블렌딩 방식이나 남부 론의 시라와 그르나슈, 무드베드르의 블렌드 와인을 생산한다(와인21닷컴: 2017.7.5).

4 와인 생산지

1) 갈릴리(Galilee)

전체 포도밭의 38%를 차지한다. Golan heights, Upper Galilee, Lower Galilee로 구성된다. 갈릴리 산지는 지중해와 갈릴리 호수의 영향을 받는다.

1983년 설립된 골란하이츠 와이너리가 품질 혁명을 이끌었다. 로스차일드 가문이 세웠고 전 세계 와인전문가들로부터 이스라엘 와인 생산에 혁명을 가져왔다는 평가를 받았다(wine21.com: 2017.7.5).

출처 : https://israelmap360.com/israel-wine-map

이스라엘 와인산지

북쪽 갈릴리 지역인 골란고원은 해발 1,200m의 선선한 기후로 야덴(Yaden)[50] 등 유
명 와이너리가 많다.

---

50) 야덴와인은 국내에도 수입되어 한때 좋은 평가를 받았다. 유럽의 와인에 비해 전혀 손색이 없는 경쟁력 있는 와인이
다. 밸런스, 복합미 등 좋은 요소를 갖췄다.

2) 삼손(Samson)

전체 포도밭의 34%를 차지한다. Judean lowlands, Judean foothills로 구성된다. 이 지역은 내륙으로 지중해성 기후의 영향을 받는다.

Dan, Adulam, Latrun도 삼손 지역에 속한다. 그리고 텔아비브 부근의 사마리아는 이스라엘에서 가장 큰 포도산지이다.

3) 숌론(Shomron)

전체 포도밭의 16%를 차지한다. Mount Camel, Sharon, Shamron Hills로 구성된다. 이 지역은 지중해의 영향을 받는다.

4) 유대언덕(Judean Hills)

전체 포도밭의 8%를 차지한다. Jeursalem, Southern Judean Hills, Gush Elzion으로 구성된다. 이 지역은 내륙에 있고 사해가 인접해 영향을 받는다.

5) 네게브(Negev)

전체 포도밭의 4%를 차지한다. Ramat Arad, Southern Negev로 구성된다. 이 지역은 내륙에 있으며 사막지역에 속한다(wine-course.com: 2013).

Northern Negev Hills, Central Negev 지역도 있다.

6) 예루살렘 산지(Jerusalem Mountains)

Beit-El, Jerusalem, Southern Jerusalem Mountains이 속한다(www.lucianopignataro.it).

5 주요 생산자

가장 오래되고 유명한 와이너리는 카르멜(Carmel)[51], 아르덴(Yarden)과 자회사 브랜드 아티르(Yatir), 갈릴리산(Galilee Mountain) 와이너리 등이다.

골란하이트(Golan Height)에서 감라(Gamla), 골란레이블(Golan Label)을 생산하는 야덴은 국제대회에서 여러 차례 수상하였다.

이스라엘에서 가장 오랜 역사인 약 140년의 역사를 지닌 카멜(Carmel)은 프랑스의 바롱 에드몬드 로칠드가 이스라엘로 이주하여 온 유대인들을 후원하기 위해 설립하였다. 그리고 고급 소량의 부티크 와인을 생산하는 와이너리 촐라(Chola), 소레크(Soreq), 샤스러브(Saslove)도 인기가 높다(전자신문, 2009.3.20).

로템 와이너리(Lotem Winery)는 갈릴리 북부지역에서 자라는 다양한 포도품종과 첨단 제조공정기술을 통해 고품질의 독창적인 와인을 생산하는 유기농 부티크 와이너리로, 2002년에 설립되었다.

마야 와이너리(Maia Winery)는 혁신적인 콘셉트의 부티크 와이너리이다. 이스라엘 – 지중해 스타일의 고급와인을 생산한다. 마야만의 매력적이고 독특한 블렌드를 완성하였다.

튤립 와이너리(Tulip Winery)는 이스라엘 최고의 부티크 와이너리이다. 2003년에 설립되었다. 이스라엘 와인업계의 선두주자이다. 세계로 수출되며 수상하였고 세계적인 평론가들로부터 높은 평가를 받는다.

테페버그 와이너리(Teperberg Winery)는 1870년 예루살렘 구시가지에 설립되었다. 근대 이스라엘에 설립된 최초의 가족 와이너리이다. 몇 년 전 유대 중앙산맥으로 이전하여 정착하였다. 연간 700만 병을 생산하는 이스라엘에서 4번째로 큰 와이너리이다(와인리뷰: 2021.12.30).

---

51) 1882년 에드몬드 로칠드(Baron Edmond de Rothschild)가 카르멜(Carmel) 와이너리를 설립하였다. 그리고 와인산업의 근대화가 시작되었다(와인21닷컴: 2017.7.5). 1882년은 오스만제국 시절이다.

국내에는 이스라엘 대표 와인사인 Barkan[52]사, Golden Heights Winery사 와인이 수입되어 시음할 수 있었다. Yarden은 Golden Heights Winery사의 와인이다. 세계대회 수상실적도 있고 국내에도 수입되어 호평을 얻었던 와인이다. 까베르네 소비뇽, 메를로 품종이 수입되어 이스라엘 와인에 대한 좋은 평가를 얻게 한 와인이다.

이스라엘 바르칸 와인 : 2018년 빈티지이고 품종은 메를로이다.

야르덴 와인 : 골란고원의 와인이다. 2007빈티지이고 메를로 품종이다. 유럽의 와인에 비해 경쟁력에서 뒤지지 않는 좋은 와인으로 국내에 수입되어 좋은 반응을 받았다.

6 와인과 음식

로제와인은 중동국가의 전채요리인 메제(Mezze), 샤르도네는 구운 생선류, 소비뇽 블랑은 구운 채소 샐러드, 지중해성 블렌딩은 구운 양고기와 잘 어울린다(와인21닷컴)는 평가이다.

야덴의 까베르네 소비뇽, 메를로, 까베르네 프랑 블렌딩 와인은 닭고기, 생선요리와 잘 매칭된다는 평가이다. Yarden Muscat은 Golden Heights Winery사의 와인으로 아카시아 벌꿀향이 특징이다. 과일·디저트류와 잘 어울린다(현대카드 포스트, 2019.8.16).

---

52) Balkan Classic 까베르네 소비뇽은 갈릴리 지역에서 만들어진다. 진한 풍미가 특징으로 육류와 잘 매칭된다는 평가이다. 조금 더 엄선된 포도를 사용해 만든 Reserve는 알코올 도수가 높고 리치하며 풍미가 좋다는 평가이다. 육류와 잘 어울린다. Reserve Merlot는 진하고 풀바디하다. 타닌감과 베리향이 특징이다(현대카드 포스트, 2019.8.16).

이스라엘의 드라이한 레드 와인, 화이트 와인은 메제, 후무스를 바른 팔라펠, 삭슈카, 쿠스쿠스, 베드로 생선과 망갈, 구운 여러 고기와 같은 중동 및 지중해 요리와 잘 어울린다(www.artsnculture.com)는 평가이다.

프랑스의 레스토랑 : 유서 깊은 모습이다. 라 쿠레브린 레스토랑이다. 서양인들에게 레스토랑은 음식과 문화의 중심공간이다. 이곳에서는 또한 와인이 큰 비중을 차지하고 있다.

참 / 고 / 문 / 헌

구덕모, 와인이야기 이스라엘 와인, 전자신문, 2009.3.20
블로그 한국안의 이스라엘, 2022.1.10
이스라엘 와인, 한국시장에 선보이다, 와인리뷰, 2021.12.30
정수지, 사막에서 와인을 만든다고? 이스라엘 와인의 모든 것, 와인21닷컴, 2017.7.5
주한 이스라엘대사관 공식블로그, 한국 안의 이스라엘, 2022.1.10
현대카드 포스트, 미식가들을 위한 천국, 이스라엘의 음식과 와인, 2019.8.16
Arts & Culture, 에밀리아노 펜니지(Emiliano Pennisi), 이스라엘 와인, 2022.8.1
wine-course.com: 2013
www.artsnculture.com
www.israelmap360.com/israel-wine-map
www.lucianopignataro.it

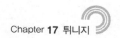

CHAPTER 17 튀니지(Tunisia)

1 와인의 역사

튀니지에서의 최초 와인 생산은 카르타고가 세워졌을 때, 페니키아인에 의해 소개되었다. 카르타고의 농업 경제학자 마고(Mago)는 포도 재배에 대해 기술하였는데, 나중에 포에니(Poeni)에서 라틴어로 번역되어 콜루멜라(Columella)와 같은 후기 로마 작가들에 의해 인용되었다. 기원전 146년에 로마인들이 카르타고를 점령한 후에도 포도주 생산은 계속되었다. 서기 8세기 아랍이 튀니지를 정복한 후, 와인 생산은 쇠퇴했지만 사라지지는 않았다. 1881년 프랑스가 튀니지를 정복한 후 다른 북아프리카 국가와 마찬가지로 대규모 와인 생산이 시작되었다. 1956년 튀니지가 독립한 뒤 와인 생산은 계속됐지만, 전문성 부족으로 포도원 면적은 점차 줄어들었다. 1990년대 후반부터 와인산업은 여러 유럽 국가로부터 외국인 투자를 받으면서, 2000년대에 생산량이 점차 증가했다.

2 재배환경 및 와인의 특징

튀니지는 아프리카 최북단 국가로 위도 37~30°N 사이에 위치한다. 적도 근처에서 품질 좋은 와인을 생산하는 경우는 매우 드물다. 대부분의 사막에서 볼 수 있는 열대 습도와 강렬한 열기로 인해 포도나무는 취약하다. 튀니지의 포도 재배는 북부 해안과

튀니스만 주변의 북부 변두리에서만 가능하다. 이 지역의 기후는 지중해의 영향을 많이 받아 겨울은 온화하고 습하며, 여름은 덥고 건조하다.

　포도밭은 전국 약 14,000헥타르이다. 약 80%가 캡 본(Cap Bon) 지역에 속해 있으며, 거의 2/3는 협동조합인 카르타고 비네롱(Les Vignerons de Carthage)이 통제하고 있다. 1936년부터 1947년까지 필록세라 발병으로 인한 어려움에 대응하여 형성되었다.

　지역 품종을 포함하여 대부분의 일반적인 포도품종이 프랑스 남부와 유사하다. 로제와 적포도주의 일반적인 포도품종에는 까리냥, 무르베드르(Mourvedre), 생쏘, 알리칸테 부쉐(Alicante Bouchet), 그르나슈, 시라, 메를로 등이 있다. 화이트 와인의 경우 머스캣 오브 알렉산드리아(Muscat of Alexandria), 샤도네이, 페드로 히메네즈(Pedro Jimenez) 등이 있다.

3　와인산지

　대부분의 와인 생산지는 캡 본(Cap Bonn)과 그 주변 지역에서 이루어진다. 원산지 명칭 보호를 위한 리스본 협정(Lisbon Agreement for the Protection of Origin Appellations and International Registration)의 당사국이다.

　튀니지에는 꼬또 유티크(Coteaux D'Utique), 꼬또 태부르바(Coteaux de Tebourba), 그랑크뤼 모르나그(Grand Cru Mornag), 켈리비아(Kelibia), 모르나그(Mornag), 시디 세일럼(Sidi Salem), 티바르(Thibar) 등 7개의 포도 재배지역(AOC)이 있다.

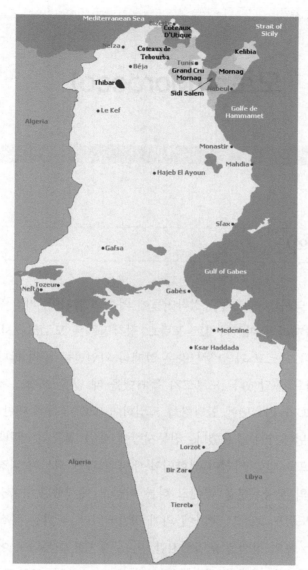

튀니지 와인산지

참 / 고 / 문 / 헌

www.academic-accelerator.com/encyclopedia/kr/tunisian-wine

www.wine21.com

www.wineandvinesearch.com/tunisia.php

www.wine-searcher.com/regions-tunisia

CHAPTER

18 모로코(Morocco)

1 와인의 역사

모로코 와인의 역사는 페니키아 정착민들에 의해 도입되어, 가장 확실하게 로마시대에 확립되었다. 알제리와 마찬가지로 프랑스 정착민들은 모로코에서 대규모로 포도를 재배하였다. 그러나 모로코 와인 생산량은 알제리 와인만큼 많지 않다. 1955년 독립 당시에는 55,000헥타르에 달했다. 모로코가 독립했을 때 많은 프랑스 전문가들이 떠났지만, 와인무역은 EEC가 1967년에 할당량을 도입하여 EEC 국가에 대한 이전 수출을 크게 줄일 때까지 1960년대까지 중요했다. 전통시장에 대한 접근이 제한되고, 다른 지중해 국가의 과잉 생산으로 인한 경쟁이 심화되어 대량의 와인 생산이 비경제적이었다. 그래서 모로코 포도원의 상당부분을 없애고 다른 작물로 대체했다. 1973년에서 1984년 사이에 대부분의 포도원도 모로코 국가에 의해 징발되었다. 국가는 품질과 관계없이 포도 가격을 고정시키는 등의 정책을 도입했지만, 이는 경쟁력 회복과도 어긋나고 국가의 포도원은 일반적으로 매우 열악한 대우를 받았다. 1990년대 초 모로코에는 40,000헥타르의 포도밭이 있었으며, 그중 13,000헥타르는 와인 생산을 위해 재배되었다.

1990년대 모로코의 하산(Hassan) 2세 치하에서 주로 프랑스인을 비롯한 외국인의 투자와 기술은 모로코 와인 생산을 개선하기 시작했다. 이는 국영 농업회사인 SODEA 로부터 포도원을 장기 임대할 수 있도록 외국 와인회사에 기회를 제공함으로써 이루어졌다. 카스텔 그룹(Groupe Castel), 윌리엄 피터스(William Pitters) 등 주요 보르도 와인 회사는 파트너십을 형성하고 성공적으로 모로코 와인산업을 부활시켰다. 뒤를 이어 대

중시장보다 양질의 와인을 선호하는 일부 소규모 투자자들이 뒤따랐다. 모로코는 지속적으로 합작투자를 통해 새로운 설비를 구축하고, 포도 재배설비를 현대화하고 있다.

---

2 재배환경 및 와인의 특징

모로코는 북아프리카 지역의 주요 와인 생산자 중 하나이다. 최상의 포도 재배지를 가지고 있고 고도와 대서양 기후의 이점을 지니고 있다. 14개의 AOG(Appellations d'Origine Garantie)등급을 가지고 있고, 이는 포도품종에 따라 분류된다.

레드 와인이 지배적이며 생산의 75% 이상을 차지한다. 로제와인과 뱅그리(Vin Gris)가 약 20%를 차지하는 반면, 화이트 와인은 약 3%에 불과하다. 재배되는 전통적인 적포도는 까리냥, 생쏘, 알리칸테(Alicante), 그르나슈(Grenache) 등이다. 국제적인 품종인 까베르네 소비뇽, 메를로, 시라는 빠르게 성장하고 있으며, 약 15%를 차지한다. 전통적인 청포도품종에는 클레렛트 블랑쉬(Clairette Blanche)와 머스캣(Muscat)이 있다. 샤르도네, 슈냉 블랑, 소비뇽 블랑에 대한 소규모 재배도 있는데, 이들은 충분한 신선도를 지닌 화이트 와인을 생산하기 위해 일찍 수확해야 한다. 타페리어트(Taferriert)는 모로코 토착와인을 생산하며, 테이블 및 건포도 와인이다.

와인 생산은 프랑스 점령하에서 최고조에 달하여 1950년대에 생산량이 300만 헥토리터를 초과했다. 무슬림 다수 국가의 독립 여파가 크게 감소한 후 관심과 생산이 되살아나 다시 증가하기 시작하였다. 이제 알제리에 이어 아랍 세계에서 두 번째로 큰 와인 생산국이다. 최대 20,000명 정도의 사람들이 이 산업에 고용되어 있다. 대부분의 와인은 국내에서 소비되지만 더 좋은 와인은 주로 프랑스로 수출된다. 모로코 법은 맥주와 술의 생산을 금지하지 않고 무슬림 고객에게만 판매를 금지한다. 와인은 슈퍼마켓과 일부 레스토랑에서 구입할 수 있으며 종종 관광객을 대상으로 한다. 주로 비무슬림을 대상으로 하는 일부 상점을 제외하고 일반적으로 라마단과 같은 이슬람 축제기간에는 술을 판매하지 않는다.

1971년과 1972년 와인 등급 관련법이 제정되었는데, 유럽 국가들과 비슷한 기준인 O.P.A.P(Onomasía Proelefseos Anoteras Piótitos, 원산지 상품표기), O.P.E(Onomasía Proelefseos eleghomeni, 원산지 표기제한), Topikos Inos(지역 와인), Epitrapezios Inos(테이블 와인) 등급이 만들어졌다.

- O.P.A.P 등급을 획득한 와인은 25개로 이 중 대부분이 드라이한 레드와 화이트 와인이다.
- O.P.E의 경우 총 7개의 지역과 상품이 이 등급을 획득하였고, 모두 스위트 와인이다.
- 토피코스 이노스(Topikos Inos)등급의 와인은 총 139개이다.
- 에펄러피지오스 이노스(Epitrapezios Inos) 등급의 와인은 미국인에게 큰 사랑을 받고 있다.

3 와인산지

모로코는 5개의 와인산지로 구분된다. 이들 와인 지역 중 원산지 보증(AOG) 자격을 갖춘 지역은 총 14개이다. 2001년에는 단일 명칭의 AOC(appellation d'Origine Controlee)인 Coteaux de l'Atlas 1er cru ("Hill of the Atlas")가 만들어졌다. 2009년에는 샤토 이름이 붙은 최초의 에스테이트인 샤토 로즈레인(Chateau Roselane)이 승인되었다.

5개의 와인산지와 관련 명칭은 다음과 같다.

출처: https://villadinari.com/moroccan-wines/map-fourteen-wine-growing-regions-of-morocco

모로코 와인산지

① 동쪽지역 : 베니 새든(Beni Sadden)AOG, 벨칸(Belkan)AOG

② 메크네스/페즈(Meknes/Fez)지역: 겔로안(Geloan)AOG, 베니 엠틸(Beni Emtil)AOG, 사이드(Scythe)AOG, 젤혼(Zellhorn)AOG

③ 프리미어 크뤼 라틀라스(Coteaux de Ratlas Premier Cru) 북부 평원 : 가브(Garb)AOG

④ 라바트/카사블랑카(Rabat/Casablanca)지역 : 시에라(Sierra)AOG, 제무르(Zemur)AOG, 자르(Saar)AOG, 제나타(Zenatta)AOG, 사헬(Sahel)AOG

⑤ 알 자디다(Al Jadida)지역 : 두칼라(Doukkala)AOG

참 / 고 / 문 / 헌

문화원형백과, 문화원형 디지털콘텐츠, http://www.nl.go.kr
www.academic-accelerator.com/encyclopedia/moroccan-wine
www.villadinari.com

CHAPTER

19 알제리(Algeria)

1 와인의 역사

　알제리 와인의 역사는 페니키아 정착지와 카르타고의 영향으로 시작된다. 로마 통치하에서 와인 양조는 7세기와 8세기에 무슬림이 북아프리카를 정복한 후 쇠퇴할 때까지 계속되었다. 이 기간 동안 무슬림 식단에서 술을 금지했기 때문에 와인산업은 심각하게 제한되었다. 1830년 알제리가 프랑스의 지배를 받게 되면서, 피노 누아에 대한 프랑스 수요를 충족시키기 위해 포도 재배를 다시 시작하였다. 필록세라가 19세기 중반 프랑스의 포도밭을 황폐화시켰을 때, 알제리 와인을 프랑스로 수출하여 공백을 메웠다. 독일 바덴 지역에서 온 포도 재배자들은 현대적인 와인 제조기술을 가져왔고, 알제리 와인의 전반적인 품질에 기여했다. 프랑스가 정상적인 수준의 와인 생산을 재개한 후에도 알제리 와인은 여전히 랑그독과 같은 지역에서 와인에 색상과 강도를 더하기 위한 블렌딩 재료로 널리 사용되었다.

　알제리 와인산업의 전성기는 1930년대 후반이었다. 1950년대까지 알제리 와인은 튀니지, 모로코와 함께 국제적으로 거래되는 와인의 거의 3분의 2를 차지했다. 레드 와인은 아라몬(Aramon)으로 만든 와인이 프랑스 와인보다 색이 진하고 도수가 높기 때문에 프랑스 남부의 레드 와인과 블렌딩하는 데 널리 사용되었다. 까리냥(Carignan)은 당시 알제리에서 지배적인 포도품종이었으며, 1960년대에 프랑스 남부의 아라몬을 추월했다. 1962년 알제리가 독립할 때까지 프랑스는 12개 이상의 지역에 VDQS(Vin de l'Imitee de Qualite Superieur) 등급을 부여했다. 독립 후 와인산업은 상당한 국내 와인 시장에 기여했던 프랑스 정착민과 프랑스 군대가 떠나면서 큰 타격을 받았다. 알제리 와이너리는 다른 시장도 찾아야 했다. 1969년 소련은 1975년까지 매년 500메가리터(미화 1억 3천만 달러)를 와인시장 가치보다 훨씬 낮은 가격에 구입하였다. 많은 알제리 정부 관리들은 포도원 소유주들이 토지를 곡물 및 식용 포도와 같은 다른 작물로 전환하도록 장려하였다. 그리고 비옥한 미티자((Mitidja) 지역의 도시 확장으로 알제리 포도밭의 수가 더욱 감소했다.

제조업자들은 식민지 시기의 품질을 회복하기 위해서 노력 중에 있다. 저렴한 와인 브랜드를 공급할 수 있는 국내 와인산업의 발전으로 일반 브랜드가 점차 증가하고 있다. 알제리 국영 포도 전매청(Office national de commercialisation des produits vitivinicoles, ONCV)의 와인시장을 점유하고 있지만 경쟁이 치열해지는 추세이다.

주요 수출국은 프랑스, 벨기에이지만, 중국 시장을 목표로 하고 있다. 이는 프랑스보다 수월한 수출과정과 높은 알제리 와인에 대한 선호도 때문이다. 따라서 최근 알제리 국영 포도 전매청(ONCV)은 알제리 시장의 낮은 성장 잠재력으로 인해 수출 부문에 주력하고 있다. 알제리 회사들도 와인의 표준 생산품질 향상을 위해 노력하고 있으며, 이슬람 종교적 영향으로 알코올 음료 수요가 적은 국내 시장보다는 확장 가능성이 높은 수출 부문에 주안점을 두고 있다.

2 재배환경 및 와인의 특징

알제리의 포도원은 모두 모로코 국경을 향해 뻗어 있는 오츠 고원(Haut Plateau) 지역에 있다. 알제리 북쪽 고원지대는 와인 생산에 적합한 비옥한 토양 및 기후를 지닌다. 바다와 접해 있는 이 지역은 온화한 겨울과 건조하고 더운 여름이 있는 전형적인 지중해성 기후이다. 평균 강수량은 동부지역에서 약 600mm, 모로코에 가까운 서부지역에서 400mm이다.

알제리 와인 생산이 절정에 이르렀을 때, 주요 품종은 카리냥(Carignan), 생쏘(Cinsault), 알리칸테 부쉐(Alicante Boucher)였다. 클레어트 블랑쉬(Clairette Blanche)와 우그니 블랑(Ugni Blanc)을 사용하는 인기가 높아지면서 최근 까베르네 소비뇽, 샤도네이, 메를로, 무드베드르, 시라 등이 소규모로 재배된다. 알제리 와인을 독특하게 만드는 것은 산도가 극도로 낮고, 너무 익은 포도를 사용하며, 알코올 함량이 높다는 것이다. 병입 전 와인의 발효기간 동안 오크 숙성과정은 거의 또는 전혀 허용되지 않는다. 와인도 색이 풍부하다.

3 와인 재배지역

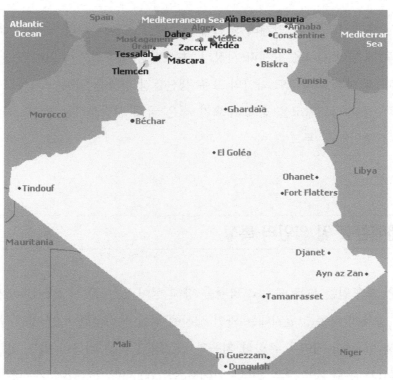

출처: https://www.wineandvinesearch.com/algeria.php

알제리 와인산지

1) 꼬또 드 트렘센(Coteaux de Tlemcen)

모로코 국경에서 40km 떨어진 해발 약 700m의 산악지역이다. 7개 지역 중 가장 내륙지역으로 레드 와인, 로제와인, 화이트 와인을 생산한다.

2) 몽 뒤 테살라(Monts du Tessalah)

일반적으로 해발 약 600m, 오랑(Orang) 남쪽과 해안에서 불과 40km 떨어진 곳에서 생산되는 레드 와인과 로제와인이 유명하다.

3) 꼬또 드 마스카라(Coteaux de Mascara)

오랑에서 남동쪽으로 약 80km 떨어진 마스카라 북쪽 산에서는 화이트 와인, 로제와인, 레드 와인을 생산한다.

4) 다라(Dahra)

지중해와 가까운 언덕에서 재배되는 레드 와인과 로제와인을 생산하는 해안 포도원이다. 과거 프랑스령 시기에 VDQS급 와이너리였던 로베르(Robert), 라블레(Rabelais), 르노(Renault)에서 바디가 풍부한 레드 와인을 생산하였다.

5) 꼬또 드 자카르(Coteaux du Zaccar)

알제(Alger) 서쪽 120km, 해발 700m의 밀리아나(Miliana)시 근처에 위치한다. 자카르산 주변 경사면에 위치한 이 언덕에서는 주로 레드 와인과 로제와인을 생산한다.

6) 메디아(Medea)

알제에서 남쪽으로 70km 떨어진 이곳은 해발 1,000m가 넘는 산악지역으로 화이트 와인, 로제와인, 레드 와인을 생산한다.

7) 아인–베셈–부이라(Aïn–Bessem–Bouïra)

알제에서 남동쪽으로 약 75km 떨어진 이 지역은 올리브 나무와 오일 생산으로 알려져 있다. 문화적으로 이것은 카빌리(Kabilye) 지역에 속한다.

참 / 고 / 문 / 헌

가자주류, http://www.kaja2002.net/etcwine/algeria.htm
대한무역투자진흥공사, Euromonitor International, KOTRA 알제리 무역관 외, 2014.06.12
www.academic-accelerator.com
www.algeria.com
www.wineandvinesearch.com

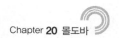

CHAPTER 20 몰도바(Moldova)

1 지역 개관

몰도바의 포도밭 면적은 140,000ha이고 전체 국토에서 4.2%를 차지하며 유럽에서 6위 세계에서는 14위에 해당한다. 인구 350만 명의 작은 국가이지만 면적으로는 대단한 수준이다.

위도상으로 프랑스 부르고뉴와 같은 위도에 위치하고 세계 4위의 피노 누아 와인 생산국이다. 토양은 체르노젬이라 불리는 검은 토양이다. 여름은 길고 겨울이 짧은 온화한 대륙성 기후로 흑해의 영향을 많이 받고 있다.

2 몰도바 와인의 특징

와인과 연관된 행사로 10월의 첫 번째 주말이 "와인의 날"로 지정되어 있는 오랜 전통과 축하 풍습이 있다. 와인 수출 대국으로 매년 국내 생산량의 80%가 국외에 수출되고 있다. 그리고 세계 최대의 지하 저장고를 갖고 있는 국가로서 기네스북에 등재되어 있는데 그곳은 수도 근교에 있는 밀레스티 미치(Milestii Mici) 까브이다. 길이 55km의 지하 저장고로 150만 병 이상의 와인 병이 저장되어 있어 와인의 재고를 파악하는 데도 1년의 시간이 걸린다고 한다.

3 포도품종

몰도바의 포도품종은 코카서스 품종, 토착품종, 국제품종으로 분류된다. 코카서스 품종 중에서 레드 품종은 사페라비, 화이트 품종은 르카츠텔리가 가장 많이 재배된다. 토착품종에서 화이트 품종에는 페테아스카 알바, 페테아스카 레갈라, 비오리카(Viorica) 등이 있고, 레드 품종에는 라라 네아그라(Rara Neagra), 페테아스카 네아그라 등이 있다. 그 외 다수의 국제품종을 재배하고 있다.

몰도바 와인

4 주요 산지

몰도바 와인산지

몰도바는 EU의 규정을 모델로 3개의 PGI(Protected Geographic Indication) 지역으로 구분하였다. 중부의 코드루(Codru), 남서부의 발룰 루이 트라이안(Valul Lui Traian), 남동부의 스테판 보다(Stefan Voda)이다.

1) 코드루(Codru)

화이트 와인 생산이 많으며 따뜻한 미세기후에서 레드 와인이 생산된다. 대표적인 화이트 품종은 샤르도네, 소비뇽 블랑, 리슬링, 머스캣 오또넬, 페테아스카 알바이다. 레드 품종은 까베르네 소비뇽, 멜롯, 피노 누아이다. 대표적인 와이너리로는 크리코바, 밀레스티 미치, 카스텔 미미 등이 있다.

2) 발룰 루이 트라이안(Valul Lui Traian)

와인산지 이름이 트라야누스의 성벽(Trajan's Wall)을 의미하는데 이곳에 로마 황제 트라야누스가 세운 성벽이 남아 있는 것에서 유래한다. 몰도바 남서부에 위치하며 코드루 다음가는 와인산지이다. 3개 산지 중 가장 건조하고 더운 지역으로 레드 와인의 생산량이 60%를 차지하고 스위트 레드 와인도 생산하며 화이트 와인은 풀바디 와인이 많다. 까베르네 소비뇽, 멜롯, 사페라비, 페테아스카 네아그라가 이 지역의 대표 레드 품종이고 소비뇽 블랑, 샤르도네, 머스캣 오토텔, 알리고떼, 리슬링이 대표 화이트 품종이다.

3) 스테판 보다(Stefan Voda)

몰도바 남동쪽에 위치하고 있으며 흑해에 가장 가까운 와인산지이다. 포도밭 면적은 10,000ha가 조금 넘어 3개 산지 중 가장 작은 산지이다. 흑해 영향을 받는 온화한 대륙성 기후이다. 레드 품종이 많이 재배되며 대표적인 레드 품종으로는 까베르네 소비뇽, 멜롯, 말벡, 페테아스카 네아그라, 라라 네아그라가 있다. 화이트 품종으로 샤르도네, 소비뇽 블랑, 피노그리, 머스캣 오또넬, 게뷔르츠트라미너가 있다.

참 / 고 / 문 / 헌

Jules Gobert-Turpin, Adrien Grand Smith=Bianchi et al., la Carte des Vins
Hugh Johnson & Jancis Robinson, The World Atlas of Wine, Greencook
https://packageinspiration.com/
https://wineday.wineofmoldova.com/
https://wineofmoldova.co.kr/
https://www.pinterest.ca/

21 몰타(Malta)

1 와인 개요

지중해의 영국으로 불리며 유럽의 대표적인 휴양지이다. 작은 보물섬으로도 불린다. 시칠리아섬 남쪽에 위치하는 남유럽의 섬나라이다. 제주도 약 6분의 1 정도의 면적이다. 강화도와 비슷하다(나무위키).

따뜻한 지중해성 기후로 겨울에도 따뜻하다. 다른 유럽의 나라와 비교해 물가가 상대적으로 저렴해서 휴양지와 신혼여행지로도 주목받고 있다. 동유럽의 수준으로 여행시 숙박비와 식사비를 생각하면 된다. 수도 발레타는 중세도시의 분위기가 남아 있다. 도시 전체가 세계문화유산으로 등재되어 있다. 그리고 사도 바울이 처음 복음을 전파한 유럽의 성지순례지로 알려져 있다.

지리적으로 유럽의 여러 나라와 이슬람 국가들이 이 섬을 차지하기 위해 많은 전쟁을 치렀다. 그래서 다른 민족의 침략을 받으며 살아왔으며 역사적 문화유산이 곳곳에 있다. 몰타는 유럽과 아프리카, 아랍의 문화가 융화된 지역[53]으로 고대문화와 근현대문화가 공존하는 신비의 섬으로 불리고 있다(바른북스, 2020.5.22).

지정학적으로는 이탈리아 시칠리아섬에서 가깝다. 그래서 몰타 사람들은 이탈리아어를 많이 구사한다. 공식 언어로 영어가 사용된다. 오랜 기간 영국의 지배[54]를 받았기

---

53) 그래서 다국적 식문화가 발전하였다. 몰타의 음식은 이탈리아, 프랑스, 스페인 그리고 영국까지 여러 국가의 음식문화가 지중해식과 융합되어 있다(바른북스, 2020.5.22).
54) 몰타(Malta)는 빈회의 결과 영국 영유가 승인되어 1816년 영국의 영토가 되었다. 1964년 영국 국왕 엘리자베스

때문이다.

지리적으로 시칠리아와 가까워 현지에서는 몰타 와인 외에도 이탈리아 와인이 많이 판매되고 있다. 와인과 음식이 이탈리아의 영향을 많이 받고 있다는 의미이다.

몰타 와인(Maltese wine)의 생산은 페니키아 시대[55]로 올라간다. 오래된 역사이다. 따뜻한 지중해성 기후를 토대로 몰타의 기후가 덥고 습한 기후에서 자라 포도가 빨리 익는다. 석회암 지역에 적합한 품종을 재배하기 위한 노력을 기울여 왔다.

몰타 와인은 대부분 국내에서 소비된다. 1970년부터 와인 생산이 많아지면서 국제 포도품종을 재배하기 시작했다. 해외에 알려지기 시작하여 2004년 유럽연합에 가입 후 수출을 위한 고품질 와인 생산에 집중하기 시작하였다. 와인마니아들에게는 몰타 와인이 잘 알려져 있다는 평가이다(바른북스 포스트, 2020.5.22).

발레타에서는 와인축제가 열린다. 2005년에는 섬에서 630톤의 와인이 생산되었다. 레드 와인과 화이트 와인 외에도 몰타의 전통적인 스파클링 와인을 만든다(요다위키).

몰타에서는 스파클링 와인과 로제와인도 많이 생산되어 판매하고 있다.

2 와인품종

1) 화이트

(1) Girgentina

몰타의 토착품종이다.

2세를 국가원수로 하는 영연방 왕국인 몰타국으로 독립하였다. 그리고 1974년 몰타공화국으로 변경하였다. 2004년에는 유럽연합에 가입하였다(나무위키).

55) 2천 년 이상 거슬러 올라간다.

(2) 기타

몰타에서는 슈냉 블랑, 샤르도네, 소비뇽 블랑 등이 생산된다.

2) 레드

(1) 까베르네 소비뇽

체리향, 참나무 향 등 강한 향으로 고귀하다는 평가가 있다.

(2) Welwreda

토착품종으로 레드 와인이다.

(3) 기타

쉬라즈, 템프라니요, 그르나슈 등의 품종이 몰타에서 재배되고 상품화되고 있다.

3 주요 산지

와인축제가 열리는 본섬의 수도 발레타 바로 남쪽에 있는 포도원 지역이 유명하다.
고조섬에서도 와인이 생산된다.

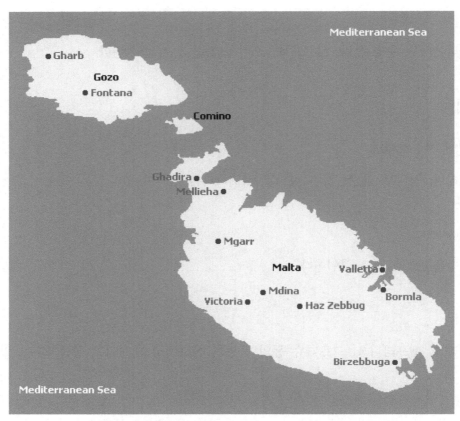

출처 : https://www.wineandvinesearch.com/malta.php

몰타 와인산지

4   주요 와이너리

고조섬의 북동부 시골 와이너리인 타 메나 에스테이트(Ta mena Estate)는 25헥타르
(약 7만 5,600평)의 부지에서 3대에 걸쳐 와인을 생산한다. 마르세메나(marsamena), 에
인션트갓(Ancient Gods)이라는 고유 레이블 모두 몰타 와인의 품질을 보증하는 고조
독 와인(Gozo DOK Wines) 인증을 받았다. 매주 토요일 점심을 포함한 와인 페어링과
농장투어를 진행한다(에이비로드 매거진: 2022.6.28).

Ta Mena Estate에서는 와인 외에도 로컬푸드, 올리브오일, 치즈, 잼, 꿀 등을 농장을 통해 생산·판매한다. 방문자에 의해 추천된 와인을 보면 오크 숙성한 메를로, 까르미네르, 까베르네 소비뇽, 시라, SERKUAZAN 품종 블렌딩 와인이다. 칠레의 토착품종인 까르미네르와 현지 토착품종인 세르쿠잔 품종이 포함되어 있다(www.tamena-gozo.com).

마소빈, 엠마누엘 델리카, 카밀레이 와인, 몬테크리스토, 메리디아나 등 5개 주요 와인 생산업체가 있다(yoda.wiki).

참고

저렴한 몰타 와인

현지에서는 몰타 와인이 Sprizzer 로제와인이 2.60유로로 소개된다. 모스카노다스티같이 달달하고 향긋하게 올라오는 과일향이 좋다는 평가이다. 그리고 로제와인 외에도 화이트 복숭아향이 나는 와인도 추천한다(m.blog.naver.com: 아쓸log, 2022.12.27).

5 음식과 매칭

몰타의 음식 가운데 빵과 토끼고기가 추천된다. 몰타 빵은 홉스 탈 말티라고 불린다. 겉은 바삭하고 속은 부드러워서 프랑스의 빵과 비슷한 맛이 난다. 보통 애피타이저로 많이 먹는다. 발사믹 소스와 올리브오일을 곁들여 먹는다.

토끼고기는 몰타에서 자주 쓰이는 식재료이다. 작은 섬 안에서 다양한 식재료를 구하기 어렵던 시기에 키우기 쉬운 토끼를 요리해서 먹기 시작했다고 한다. 닭고기와 비슷한 맛으로 평가된다(바른북스, 2020.5.22).

몰타의 음식은 이탈리아의 레시피, 북아프리카의 레시피가 많이 반영된다. 수산물의 퀄리티가 뛰어나다. 생선, 신선한 해산물이 추천된다.

프랑스 와인투어 : 와인투어 시 와이너리에서 안내를 받게 된다. 오크통 숙성에 관해 안내자가 안내하고 있다. 유럽지역에서는 이와 같은 방식으로 안내하고 시음하고 와인도 구매할 수 있다.

참 / 고 / 문 / 헌

나무위키
바른북스, 문화와 역사의 전시장 몰타, 2020.5.22
에이비로드 매거진, 취향대로 즐기는 인사이드 몰타, 2022.6.28
m.blog.naver.com: blog, 2022.12.27
www.tamena-gozo.com
www.wineandvinesearch.com/malta.php
yoda.wiki

CHAPTER **22** 튀르키예(Türkiye)

1 와인 개요

튀르키예(터키)의 와인 생산은 오래전부터 시작되었고 그리스인의 영향을 받아 포도주가 생산된 것으로 알려진다. 터키의 에게해, 지중해 연안, 내륙 아나톨리아 지방에서 주로 생산하고 있다(고종원, 2021: 184).

터키의 포도밭 면적은 세계에서 네 번째로 많다. 그러나 양조용 포도는 3%가 채 안된다. 대부분은 생포도로 먹거나 건포도를 만든다. 터키의 와인산업 내수시장 부족으로 침체되었다가 관광산업의 부흥[56]과 수입금지법 폐지에 힘입어 회생하기 시작했다. 세속적인 공화국 설립자인 케말 아타튀르크는 1920년대 국민들에게 와인의 장점을 알리며 포도 재배의 기원에 대한 단서가 될 유서 깊은 아나톨리아 토착품종들을 보존하려는 취지로 국영 와이너리를 설립하였다(휴 존슨 외, 2009: 285).

터키는 면적이 큰 나라이다 보니 지역별로 기후의 차이가 있다. 포도 재배에 적합한 온화한 해양성 기후지역, 내륙산지의 대륙성 기후 등이다.

---

56) 터키는 관광산업이 육성되어 현재 세계 10위권에 속한다. 역사적·문화적·자연적인 관광자원이 풍부한 나라이다. 이슬람국가이지만 상대적으로 완화된 국가로 관광마인드가 갖춰진 국가이다.

2 주요 품종

1) 화이트

(1) 나린제(Narince)

섬세하고 아로마가 좋다. 산미가 좋고 과일향이 복합적이다. 드라이한 스타일이다. 중앙 아나톨리아의 카파도키아 지역에서 생산된다. 오크배럴이 가능하며 산도가 좋다. 해발 900~950m의 대륙성 기후에서 자라는 품종이다.

화이트 와인품종임에도 프랑스의 225리터 버건디 오크에서 14개월 숙성되기도 한다. 산도가 높고 풀바디한 드라이한 와인이다. 오크 숙성으로 감귤류, 오크 아로마가 감지된다. 알코올 도수 13.5%의 바디감 있는 토착품종이다. 샤르도네의 느낌을 준다. 샤르도네와 블렌딩하기도 한다(고종원, 2021: 184~186).

(2) 에미르(Emir)

미네랄이 감지되는 품종이다. 감미도 있다. 깔끔한 드라이함이 느껴진다. 중앙 아나톨리아의 카파도키아 지역의 와인으로 좋은 평가를 받는다(고종원, 2021: 186).

(3) 슐타니예

머스캣 품종이다.

(4) 샤르도네

터키에서도 잘 재배되는 품종이다.

(5) 세미용

에게해 지역에서 주로 생산되는 품종이다.

(6) 기타

미스케트(Misket) 등의 품종이 있다.

2) 레드

(1) 보가즈케레

중앙 아나톨리아 지방에서 주로 재배되는 토착품종이다.

(2) 오퀴즈괴쥐

내륙의 중앙 아나톨리아 지방에서 생산된다. 대륙성 기후에서 자라는 토착품종이다 (고종원, 2021: 187).

(3) 시라

앙카라 지역에서 생산되는 품종이다.

(4) 까베르네 소비뇽

앙카라 지역 등에서 생산된다.

(5) 기타

칼레지크 카라시 토착품종과 피노누아, 메를로, 그르나슈 등 국제화된 품종들이 생산된다.

컨센서스 와인 : 2012년 빈티지로 쉬라즈, 까베르네 소비뇽, 메를로 블렌딩 와인이다.

3 주요 산지

출처: https://meritaj.com/wines-from-turkey/wine-regions

튀르키예(터키) 와인산지

1) 마르마라(Marmara)

이스탄불의 연안 내륙인 트라키아 지방에 있다. 와인 생산량에서 가장 중요한 재배지이다. 포도 재배에 적합한 해양성 기후와 토양을 갖추고 있다. 터키 전체 생산량의 5분의 2 이상을 생산한다. 수입품종의 재배비율도 높다(휴 존슨 외, 2009: 285).

2) 이즈미르(Izmir)

에게해의 이즈미르 주변은 포도나무의 생산성도 좋다. 터키 와인의 약 5분의 1을 담당한다. 화이트 와인이 더 우수하다. 머스캣 등이 생산된다(휴 존슨 외, 2009: 285).

3) 앙카라

대륙성 기후지역으로 여름에는 덥고 겨울에는 춥다. 일교차가 와인 생산에 반영된다. Kalecik 지역에서는 피노누아도 생산된다(고종원, 2021: 184~185).

4) 에게해

국제화된 품종을 많이 재배한다. 해안지역으로 세미용, 그르나슈, 메를로 등이 생산된다.

5) 카파도키아

최근 열기구 투어로 여행객들이 선호하는 곳으로 많이 찾는 이 지역은 와인 생산지로 경쟁력을 지닌 곳으로 평가된다.

6) 위르룹

카파도키아 지역에 위치한다. 일교차가 있고 건조한 지역이다. Turasan이라는 와이너리가 잘 알려져 있다. 토양은 사암 등으로 형성되어 있다(고종원, 2021: 185).

7) 쉬린제

이즈미르주 셀축시에서 동쪽으로 8km 정도 떨어진 그리스인들이 만든 마을로 와인을 생산한다. 석류와인 등 다양하게 와인을 생산한다. 쉬린제의 카플란 가야(kaplan Kaya)는 쉬린제 포도주 경영대회에서 2009년도 1위를 차지한 자연산 과일로 주조한 와인으로 소개되고 있다. 모과, 체리, 석류 등의 과실을 발효해서 만든 와인이다(고종원, 2021: 184).

4 주요 생산자 및 브랜드

1) 사라핀(Sarafin)

마르마라에 와이너리가 위치한다. 미국 나파밸리의 영향을 받아 국제적인 품종에 전념한 터키 최초의 와인 생산자이다(휴 존슨 외, 2009: 285).

2) Kavaklidere 와이너리

Kavaklidere와이너리는 중앙 아나톨리아 지방의 마니사, 카파도키아, 앙카라의 양조장에서 40여 종의 와인을 생산하는데 터키에서는 규모가 큰 와이너리로 1929년에 설립되었다(고종원, 2021: 186).

3) 귈러(Gulor)

프랑스 생테밀리옹(쌩떼밀리옹)의 파스칼 델벡을 고문으로 두고 있는 와이너리이다(휴 존슨 외, 2009: 285).

4) 빈카라(Vinkara)

앙카라 지역에 있다. Vinkara 와이너리의 Yasasin은 터키에서 처음으로 생산된 스파클링 와인이다. 전통방식으로 생산된 세계적 수준의 스파클링 와인이다(고종원, 2021: 184).

빈카라 스파클링 와인 : 야사신 2015년 빈티지로 상당히 양호한 평가가 내려진다. 알코올 13도의 피노누아로 만든 국제화된 스파클링 와인이다.

5) 투라산(Turasan)

앙카라 지역의 와이너리이다. 국제화된 품
종을 사용하여 와인을 생산한다. 까베르네 소
비뇽, 시라가 블렌딩된 와인 등을 생산한다.
유칼립투스, 후추, 삼나무, 향나무, 붉은 과일
향 등이 감지된다. 일본과 벨기에의 브뤼셀
와인대회에서 수상실적이 있다. 1943년에 시
작된 와이너리[57]이다(고종원, 2021: 185).

투라산 와인 : 앙카라 지역
의 와인이다. 2014년 빈티
지로 까베르네 소비뇽, 시
라가 블렌딩된 와인이다.
그랑 리저브급으로 오크숙
성을 통해 복합미 있는 와
인을 생산하고 있다.

6) 아나톨리아[58] Okuzogzusm

아나톨리아 와인하우스 와인이다. 13.5%로 탄닌이 부드럽다. 진한 루비색, 부식토,
낙엽, 붉은 과일, 버섯 등이 감지된다. 미디엄바디, 자연스러운 타닌감을 준다. 네비올
로의 느낌을 준다. 체리, 넛맥, 딸기향이 느껴진다(고종원, 2021: 185).

5 　음식과 조화

터키의 대표적인 음식 케밥과 와인은 잘 어울린다. 그리고 터키인이 가장 선호하는
양고기도 레드 와인과 잘 매칭된다. 터키에서 케밥은 1,000종이 넘는다. 불에 구운 고
기는 다 케밥이다(중앙일보, 2021.11.27).

터키는 세계 3대 미식의 국가이다. 고기로 속을 꽉 채운 만티(Manti)는 터키식 만두
요리이다. 터키 현지인이 사랑하는 부드러움의 정석인 타스케밥(Tas Kebab)이 인기 있
다. 비프 스튜와 필라프의 조합으로 구성되어 있다. 참고로 크리스마스 연말 분위기를

---

57) 국제화된 품종을 많이 사용하며 프렌치 오크 숙성 등 와인을 고급화시키는 노력을 기울이는 와이너리이다(고종원,
　　 2021: 187).
58) 내륙의 중앙지역을 말한다.

업시켜 줄 와인으로 터키식 뱅쇼인 멀드와인(Mulled wine)에는 설탕, 오렌지, 레몬이 첨가되어 있다. 와인 특유의 청량한 향미에 달달함과 상큼함을 더하고 있다(디지털조선일보, 2021.12.14).

만트, 타스케밥 등 와인과 잘 매칭되는 음식으로 추천된다. 한국인들에게 음식이 잘 맞는 편이며 커피의 경우, 터키 사람들은 상대적으로 진하게 마시는 편이다.

참 / 고 / 문 / 헌

고종원(2021), 와인 테루아와 품종, 신화
디지털 조선일보, 2021.12.14
중앙일보, 2021.11.27
휴 존슨ㆍ잰시스 로빈슨(2009), 와인아틀라스, 세종서적
https://meritaj.com/wines-from-turkey/wine-regions

23 미국(United States of America)

1 지역 개관

그랜드캐년에서부터 나이아가라 폭포까지 장대한 스케일에 압도되는 풍경과 함께 거대한 포도 농장이 있다. 와인은 거의 모든 주에서 생산되지만 그 대부분인 90%의 와인은 캘리포니아에서 생산된다. 현재 세계 1위의 와인 소비국이다.

개척 당시 미국 영토는 현재의 캘리포니아를 포함하고 있지 않았기에 동부가 시작점이라는 시각과 현재의 미국 영토와 와인 생산지의 요충지를 고려하면 서부가 시작점이라는 두 가지 시각이 있다.

미국 동부에서 최초의 포도밭은 1815년 나폴레옹 전쟁 후 망명 온 프랑스 퇴역 군인과 민간관료들이 프랑스 농업, 제조업 협회 결성 후 앨라배마에 유럽 포도품종인 비티스 비니페라(Vitis Vinifera) 품종을 최초로 심었으나 1828년 포도밭은 황무지가 된다. 이후 독일의 이주민들이 1800년대 초 리슬링(Reisling), 실바너(Sylvaner) 등 독일 품종으로 인디애나에 심었으나 역시 좋은 결과를 얻지 못하였다. 이러한 그간의 실패는 비티스 비니페라 품종에 대한 집착 때문이었다.

이렇게 실패를 거듭한 후 토착품종이나 변종품종으로 눈을 돌려 상업적인 성공을 거둘 수 있었다. 이로써 변종품종 또는 토착품종으로 좋은 와인을 만들 수 있다는 사실이 증명되어 이후 인디애나(Indiana), 오하이오(Ohio), 켄터키(Kentucky)가 미국 포도 재배산지로 떠오르게 된다.

이즈음 남부의 몇 개 주(State)에서도 와인 생산에 노력을 기울였지만 결과는 미미하였다.

현재 서부 캘리포니아와는 다르게 동부의 뉴욕(New York)주에서 미국 토착품종이 와인 생산에 주로 사용되는 이유도 이러한 역사적 배경을 바탕으로 하고 있다. 그러나 변종, 토착 품종만으로는 고급와인을 생산하지 못한다는 한계점에 이르게 된다.

캘리포니아 골드 러시(Gold Rush)

한편 이 시기 현재의 캘리포니아 남부지역인 미국 서부지역에서는 영국, 프랑스, 스위스, 독일, 네덜란드에서 건너온 이주민들이 이주하기 시작하였다. 1769년 현재의 멕시코 지방에서 온 스페인 출신의 프란시스코 수도회의 주니페로 세라(Junipero Serra)신부와 수도사들이 심은 미션(Misión)이란 비티스 비네페라 품종의 대량 생산에 성공한다.

이후 스페인 세력의 약화로 이 지역은 멕시코로 독립하고 이후 미국에 합병되어 현재는 미국에서 가장 오랜 역사를 자랑하는 와인 명산지가 되었다.

이렇게 넓은 국토와 다채로운 민족, 역사가 혼합된 캘리포니아를 중심으로 현재의 대표적인 와인산지가 개발되고 발전되어 주목받게 되었다.

1848년 당시 골드 러시로 유입된 1,4000명의 인구가 1852년 224,000명으로 폭발적으로 증가한 것 또한 포도 재배산업이 발전하는 원동력이 된다. 골드 러시(Gold Rush)로 유입된 인구가 금광이 없는 것으로 판명된 땅에 이 시기 유입된 와인 제조기술을 갖고 있는 프랑스, 이태리, 독일의 이주민들에 의해 포도밭을 일구는 그레이프 러시(Grape Rush)로 전환되어 와인산업에 활력을 불어넣게 된 것이다.

이제 캘리포니아 남부의 와인 붐은 북쪽으로 이어지고 1850년대에는 현재의 소노마(Sonoma)와 나파(Napa)를 중심으로 포도 재배가 널리 확산되기에 이른다.

1860년에서 1880년의 20년간 미국의 와인산업은 급속도로 성장하였다.

이제 북부 캘리포니아 와인사업은 10년 만에 남부 캘리포니아를 추월하게 된다.

토양과 기후 조건이 뛰어난데다 가장 큰 시장인 샌프란시스코와 가까워 남부 캘리포니아 와인에 비교 우위에 서게 된 것이다.

게다가 남부 캘리포니아 포도밭에 병충해가 생기면서 수많은 포도밭이 폐허로 변했고 이후 대부분 와인용 포도가 아니라 건포도용 포도 재배로 전환하게 된다.

1880년 캘리포니아 주립대학은 버클리에 주요 연구시설을 세우고 주의 여러 지역에 연구용 포도밭을 조성하여 캘리포니아 와인의 품질향상에 크게 기여한다. 이들 연구시설은 현재 세계적으로 유명한 와인 대학인 U.C데이비스(U.C. Davis)의 포도 재배, 양조학과로 계승, 발전하게 된다.

1869년 대륙횡단철도의 완공과 더불어 캘리포니아 와인은 미국 동부의 여러 주에 소개되었고 많은 와이너리들이 유럽에 수출을 시작한다. 1890년에 이르러 와인산업은 연간 1억 리터의 와인을 생산하였고, 같은 해 열린 파리박람회에서 경쟁부문에 출품된 캘리포니아 와인의 절반 이상이 금메달을 수상하는 등, 캘리포니아 와인은 폭발적으로 성장하게 되지만 찬물을 끼얹는 상황이 발생하게 되었다.

과거 유럽을 강타했던 필록세라(Phylloxera)라는 포도나무 최악의 전염병이 캘리포니아에 창궐하고 세기가 바뀔 때까지 많은 포도밭을 파괴한 것이다. 오래된 포도나무는 모두 뿌리째 뽑히고 포도나무는 필록세라(Phylloxera)에 내성을 가진 미국 야생종 포도나무의 뿌리에 유럽 포도의 줄기를 접붙여 다시 심었다.

하지만 캘리포니아 와인산업을 이보다 더 황폐화시킨 사건은 이후 1919년 발효된 금주법이었다. 1919년 1월 16일 헌법 수정 제18조에 따라서 주종의 제조 판매가 금지되었다. 금주법은 14년이나 계속되었고 와인산업에 큰 타격을 주었다 이 법안은 미국 내에서 술의 생산과 소비를 일체 금지시켰다. 교회의 미사용으로 소규모 와인은 생산되었지만 대부분의 포도밭은 제거되거나 일반 식용포도 재배용으로

금주법 시행

전략한다. 예외적으로 판매용이 아닌 가정에서 담그는 소량만이 허가되었다.

1933년 금주법이 폐지된 이후 와인산업은 모든 것을 처음부터 다시 시작해야 하는 매우 힘든 기간을 갖게 된다. 금주법 기간 동안 고급 와인 소비층은 사라졌고 싸구려 저가 와인만이 생존의 대안이 된 상황이 1940년 후반까지 이어진다. 또한 연이은 대공황(The Great Depression)과 2차 세계대전(World War II)이 와인산업의 재기를 힘들게 했다. 와인산업은 1950년대 초에 이르러서야 어느 정도 회복되었고 연간 5억 리터의 와인을 생산하게 된다.

1970년대에 이르러 소비자의 기호가 변하기 시작했고 캘리포니아의 와인산업은 와인 부흥기를 맞이한다. 단일 품종으로 만든 드라이한 와인이 단맛이 강한 와인보다 더 많은 인기를 끌게 되었다. 또한 많은 수의 새로운 와이너리들이 소노마(Sonoma)와 나파밸리(Napa Valley) 지역을 중심으로 문을 열기 시작했다.

이 시기 보리유 빈야드(Beaulieu Vineyard)의 앙드레 첼리스체프(Andre Tchelistcheff)와 마이크 글기치(Mike Grgich)의 등장은 1976년 파리에서 열린 프랑스와 캘리포니아의 최고 와인 비교 시음회에서 캘리포니아 와인의 극적인 승리를 이끄는 원동력이 된다.

1976년 파리의 심판 결과

순위	레드 와인	빈티지	오리진
1	스택스 립 와인 셀러	1973	미국
2	샤토 무통 로트칠드	1970	프랑스
3	샤토 몽로즈	1970	프랑스
4	샤토 오브리옹	1970	프랑스
5	리지 빈야드 몬테 벨로	1971	미국
6	샤토 레오빌 라스 카즈	1971	프랑스
7	하이츠 와인 셀러 마르타스 빈야드	1970	미국
8	클로 뒤 발 와이너리	1972	미국
9	마야카마스 빈야드	1971	미국
10	프리마크 아베이 와이너리	1969	미국

순위	화이트 와인	빈티지	오리진
1	샤토 몬텔레나	1973	미국
2	뫼르소 샤름 룰로	1973	프랑스
3	샬론 빈야드	1974	미국
4	스프링 마운틴 빈야드	1973	미국
5	본 클로 데 무쉬 조지프 드루앵	1973	프랑스
6	프리마크 아베이 와이너리	1972	미국
7	바타르몽라셰 라모네 프루동	1973	프랑스
8	퓔리니몽라셰 레 퓌셀 도멘 르플레브	1972	프랑스
9	비더크레스트 빈야드	1972	미국
10	데이비드 브루스 와이너리	1973	미국

1976년 파리에서 열린 이 시음회는 참석한 당시 타임즈 기자에 의해 파리의 심판(Judgment of Paris)이란 이름으로 기사화된다. 화이트와 레드 와인 모두에서 프랑스 최

고 와인을 누르고 일등을 차지한 캘리포니아 와인은 이로써 하룻밤 사이에 국제와인비
평가들에 사이에서 세계 최고 와인 생산지역의 하나로 인정받게 되었다.

1970년대 후반에 이르러 이제 캘리포니아 와인은 생산량과 판매량이 연일 최고치를
경신하였고 국제적인 명성을 얻는다. 수요를 충족시키기 위해 새로운 포도밭들이 조성
되었고, 와인 양조장의 수도 227개에서 800개 이상으로 급증하였다.

표준화된 와인으로 평가받는 것이 매우 많지만 아메리카의 와인은 보다 개성이 풍부
하고 품종의 종류도 증가했다. 각각의 지역과 서로 다른 잠재력을 갖는 기후와 변화에
생산자의 호기심도 왕성하여 뉴 월드 와인 중에서도 가장 다양성이 풍부한 와인 생산국
이 되었다.

1978년 미국 정부인정재배지역(AVA)제도가 도입되어 242개의 AVA가 인정되었다.
프랑스 원산지통제명칭(AOC)에 해당하는 것으로 와인 생산자에게 사용되는 포도산지
를 구분하는 것이 가능해졌다. 이 제도가 도입되고 떼루아의 개념이 양조자의 정신에
깃들기 시작하였고 오랜 기간 동안 품종명이나 생산자이름이 전면 라벨(에티켓)에 생산
지역의 명칭과 함께 크게 기재되었다. 이 시기부터 영화나 드라마의 등장인물이 있는
산지, 어떤 품종이 언급되는 것만으로도 관계하는 생산자의 와인 매출이 급격히 신장하
는 등 유행을 선도하는 시장이 되었다.

1980년대 후반 캘리포니아에 필록세라가 다시 창궐하였으나 이번에는 그간의 지식
과 자본을 바탕으로 손상된 포도밭을 효과적으로 복구시킬 수 있었다. 와인업계는 비록
포도밭을 다시 일구기 위해 엄청난 투자를 해야 했지만 이를 통해 단위면적당 와인 생
산량을 증가시키는 방법을 터득하게 되었고, 무엇보다도 기존의 포도품종을 해당지역
의 기후와 토양에 가장 적합한 포도품종으로 다시 심는 좋은 계기가 되었다.

캘리포니아의 대규모 와인 생산업체들은 주(State) 전역에 걸쳐 추가적인 포도밭과
양조시설을 건설하여 그 규모를 점차 확대한 반면, 소규모의 와인 생산업체들과 신생업
체들은 소규모이면서도 고품질 와인을 생산하는 쪽으로 방향을 바꾸었다.

현대에는 유럽의 와인업체 및 기술자들도 캘리포니아에 포도밭을 사서 와인을 생산
하여 캘리포니아에서 자신들만의 새로운 와인 생산 욕구를 드러내고 있다.

2 미국 와인 등급체계

1) 제네릭 와인(Generic wine)

와인 라벨에 유명 산지 이름이나 색상을 붙인 저렴한 와인으로 예를 들자면 샤블리(Chablis), 버건디(Burgundy), 모젤(Mosel), 샴페인(Champagne), 캘리포니아 레드(California Red), 캘리포니아 화이트(California White) 등이 라벨에 표기되어 있는 저렴한 일상 소비용 와인이다.

까를로시 갤로 제네릭 와인

2) 버라이어탈 와인(Varietal wine)

해당 와인에 사용된 포도품종의 이름을 라벨에 명시한 와인으로 1960년대 이후 캘리포니아를 중심으로 발달했다.

3) 싱글빈야드 와인(Single vineyard wine)

단일 포도원에서 생산된 와인으로 유럽의 모노폴(Monopole) 와인과 같은 의미를 갖는다. 차이점은 신대륙에서는 규모가 큰 싱글빈야드가 다수 존재한다는 점이다.

하이츠 셀러
싱글빈야드 와인

4) 프로프리어터리 와인(Proprietary wine)

회사의 독자적인 상표를 붙인 와인으로 일반적으로 한 회사에서 생산되는 가장 최상급 와인에 속한다. 대표적인 예로는 오퍼스 원(Opus One), 도미니우스(Dominus), 인시그니아(Insignia), 캐스크 23(Cask 23) 등이 있다.

인시그니아

5) 메리티지(Meritage wine)

1988년 공모로 선택된 명칭으로 메리트(Merit) + 헤리티지(Heritage)의 합성어이다. 블렌딩한 고품질 와인을 일반 테이블 와인과 구별하기 위하여 사용되었다. 와인법상 사용된 단일 포도품종의 비율이 75%를 넘지 못하여 품종명에 상표를 붙이지 못하는 상황에서 고급와인에 붙여지기 시작했다.

현재는 캘리포니아에서 생산되는 보르도 와인의 품종 블렌딩 와인을 뜻하며 대부분 생산 와이너리의 고급 와인이 이에 속한다.

오퍼스 원

최초의 메리티지(Meritage wine)으로는 1988년 조셉 펠프스(Joseph Phelps)의 인시그니아(Insignia)를 들 수 있다.

6) 컬트 와인(Cult wine)

고용된 컨설턴트가 디자인한 와인으로 대부분이 높은 가격대를 형성하는 와인으로 극소량만 생산한다.

대부분의 컬트 와인은 포도의 응집도가 높고 오크향이 진하며 고품질을 자랑한다. 때문에 특히 미국 평론가에게 만점에 가까운 점수를 받는다.

스크리밍 이글

일례로 2000년산 스크리밍 이글(Screaming Eagle)의 자선 경매 1병이 1만 달러에 팔렸다.

3 미국 와인법

1) 원산지표시제도(Appellation of Origin)

(1) 주(state) 명칭 기재 와인

사용된 포도는 100% 해당 주에서 생산된 포도를 사용해야 한다.

이 경우 주(State) 내의 여러 지역에서 생산된 포도를 블렌딩한 경우가 많다.

(2) 카운티(County) 명칭 기재 와인

해당 카운티의 포도를 75% 이상 사용해야 한다.

(3) 미국 포도 재배지역(AVA: American Viticultural Area) 명칭 기재 와인

해당 A.V.A에서 생산된 포도를 85% 이상 사용해야 한다.

단, 오리건(Oregon)의 경우 County, AVA, Vineyard 모두 100% 사용해야 한다

◆ A.V.A(American Viticulture Area)

미국에서 포도 재배지역(Viticultural area)의 개념은 1978년 이전에는 존재하지 않았다. 그 이전에 와인업체들은 모호한 산지 표시규정에 따라 서로 다른 다양한 지리적 이름들을 상표 라벨에 사용하고 있던 상황이었다. 1978년 포도 재배에 적합한 특정한 토양과 기후조건에 따라 AVA 명칭을 제정하고 "미국 포도 재배지역"제도(A.V.A: American Viticulture Area)는 1983년 1월 1일부터 규정으로 강제 시행하였다.

한 가지 중요한 것은 어느 지역을 AVA로 지정하는 것이 그 지역에서 생산되는 와인의 품질을 인증하는 것은 아니라는 점이다. 이는 그 지역이 다른 지역과 "다르다"라는 것을 의미할 뿐 "더 우수하다"는 뜻은 아니다.

또한 AVA제도는 해당 지역의 와인 생산방법을 규정하지도 않는다. 이것은 다른 나라의 인증제도와 달리 미국의 와인 생산자는 자신이 정한 품질기준과 소비자의 요구를

반영하여 자신의 땅에 가장 적합한 품종을 선택하고, 필요에 따라 물을 주고, 최상의 시기에 수확하며, 최적의 단일면적당 생산량을 결정할 자유를 가진다는 것을 의미한다.

"샤르도네나 카베르네 와인을 만드는 데 정해진 매뉴얼은 없다. 단지 개괄적인 지침만이 있을 뿐이다. 와인 메이커는 다양한 방법을 사용하여 각 와인에 자신의 스타일을 최대한 표현하는 Chef와 같다(Napa Valley Vintners Association, 나파밸리 양조자협회)"

이렇듯 나파밸리 양조자협회의 언급에서도 잘 표현하고 있다.

단 어떤 지역이 하나의 A.V.A로 지정되기 위해서는 해당 지역이 인근의 지역과는 다른 자연환경적 요소(기온, 토양구조, 강우량, 안개 등)에서 현격한 차이가 있음을 과학적인 데이터(data)로 증명해야만 한다.

고품질의 와인 생산을 보장하기 위해 A.V.A에도 와인의 발효과정에서 설탕의 첨가가 금지되어 있고 포도밭에서의 농약의 사용, 생산공정의 위생관리 등 와인의 생산을 관리하는 엄격한 법 규정이 존재한다.

2) 미국 와인 라벨

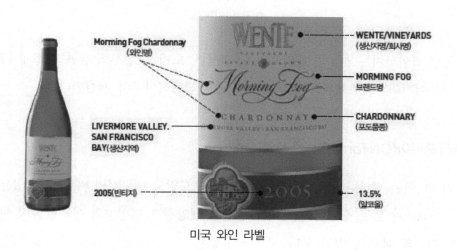

미국 와인 라벨

4 주요 와인산지

North American Wine Regions

미국 와인산지

미국의 와인산지는 서부의 캘리포니아, 워싱턴, 오리건, 동부의 뉴욕 이렇게 4곳으로 크게 나누어지며 이 중에서도 90%의 와인이 캘리포니아에서 생산된다.

1) 캘리포니아(California)

캘리포니아는 바다나 국립 공원뿐만 아니라 포도밭도 대도시의 바로 옆에 있는 곳이 많고 1,000km가 넘는 광대한 재배지는 풍부한 태양광과 태평양의 상쾌한 바람에 의해 온화한 기후의 혜택을 받고 있다.

위도는 북위 38°~40°에 위치하고 높이는 20~700m까지의 해수면 높이부터 소노마와 멘도치노의 해발 600m까지 이르는 등 다채롭다. 포도밭은 대부분 북에서 남으로 이어지는 산맥의 계곡, 낮은 구릉에서 재배되며 토양은 매우 다양하고 여름은 매우 덥고 가을은 대체로 시원하며 건조하고 겨울에 비가 많이 내리는 등 천혜의 자연 혜택을 받는 지역이다.

이탈리아 전체보다 면적이 넓고 아르헨티나 전체보다 많은 포도나무를 갖고 있는 캘리포니아주의 와인산업은 하나의 연구사업처럼 구성되어 있다. 최전선의 기술이 도입된 이 지역에서는 혁신이 전통을 능가하는 경향이 있다.

뉴 월드의 와인산지 중 와인의 품질 평가로 유럽에서 최초로 1위에 오른 것은 이곳 캘리포니아 와인으로 1976년에 파리에서 개최된 블라인드 테이스팅(파리의 심판, Judgment of Paris)에서 2개의 캘리포니아 와인이 위대한 부르고뉴 와인, 보르도 와인보다 높은 평가를 얻어 센세이션을 불러일으켰다.

현재 국내 총생산량의 90%를 넘을 정도의 대산지가 되었고 국내 AVA의 절반 이상이 이곳에 집중되어 있다. 생산량을 상회하는 수요에 대응하기 위해 와이너리는 센트럴 밸리의 거대한 사막에 눈을 돌리고 있고 강력한 태양의 햇빛으로 타는 토양의 씨에라 네바다산맥에 풍부한 물을 끌어다 주는 관개수로 정비에 자본을 투입하고 있다.

규모는 작지만 러시안 리버가 흐르는 산맥의 협곡도 해풍이 불어오기 때문에 포도 재배에 적당한 구역이 된다. 이 해풍이 없었다면 포도는 자라지 않았을 것이다. 기온의 변동이 거의 없기 때문에 거의 매년 일정한 품종의 포도 재배가 가능하다.

레드 와인에 관해서는 까베르네 소비뇽이 왕좌에 있고 화이트 와인에서는 샤르도네가 주 전역에서 군림하고 있다. 샤르도네는 해안지역에는 적응하지 않는 품종이지만 더위를 부드럽게 만들어주는 태평양으로의 서늘한 바람을 등에 업고 있다. 와인은 오크통에서 숙성되고 토스트향과 바닐라향을 갖는 스타일이 캘리포니아 와인의 세계적인 성공을 가져왔다.

프랑스, 이탈리아, 스페인 원산지의 비

캘리포니아 와인산지

티스 비니페라 품종은 물론 UC 데이비스에서 개발한 품종을 포함해 100여 종의 품종이 재배되고 있다.

그중에서 샤르도네, 까베르네 소비뇽, 진판델, 멜롯, 피노누아, 소비뇽 블랑이 대표적인 품종으로 가장 많이 재배되고 있다.

주목받는 품종으로는 이태리에서 건너와 미국 캘리포니아주의 상징적 포도품종이 된 진판델(Zinfandel), 뮈스까 블랑(Muscat Blanc), UC 데이비스에서 개발한 화이트 교잡종 에메랄드 리슬링(Riesling), 뮈스까델(Muscadelle), 리슬링(Riesling) 등을 들 수 있다.

(1) 캘리포니아 북부 해안지역(The Northern California Coast Region)

가. 나파 카운티(Napa County)

나파는 와포 인디언어로 "풍부한 땅"을 뜻한다. 1838년에 죠지 욘트(George Yount)와 같은 초기 탐험가들이 나파에 포도나무를 재배하였다. 찰스 크룩(Charles Krug)이 1861년에 세운 첫 와인 양조장이 최초로 인정받았고, 1966년에 미국 와인의 아버지라 불리는 로버트 몬다비 와인 양조장이 나파밸리의 와인 붐을 일으켰다.

동쪽의 바카산맥, 서쪽의 마야카머스산맥의 사이에 있는 산지의 명칭은 밭의 사이를 흐르는 나파강에서 따왔다. 1970년대 후반 이 땅은 생산시설의 근대화와 떼루아의 적응에 몰두한 와인 생산자의 모범이 되었다. 캘리포니아주를 방문하는 와인 팬에게 절대로 빼놓을 수 없는 땅으로 와이너리는 테이스팅 룸이나 와인 메이커와 만날 기회를 주는 등 와인 관광을 만끽할 수 있도록 환경을 완비한 마치 와인의 디즈니랜드 같은 곳이다.

샌프란시스코에서 동북쪽으로 1.5시간 거리에 위치하고 있어 가깝고 캘리포니아 전체의 8%를 차지하고 있다. 나파밸리는 길이 45km, 평균 넓이 5km 구역의 긴 모양을 하고 좌

우에 산맥을 끼고 있으며 토양의 종류가 40여 종으로 다채롭다.

AVA 15개 지역은 나파밸리, 하웰 산, 차일스 밸리, 스프링 산, 세인트 헬레나, 루더 포드, 오크 빌, 아틀라스 피크, 스탭스 립, 마운트 비더, 욘트빌, 와일드 호스, 로스 카네로스, 다이아몬드 마운틴과 오크 놀 등이 있다.

나. 소노마 카운티(Sonoma County)

샌프란시스코에서 30분 정도의 거리에 위치한 미국의 와인 명산지이다. 태평양에 가까운 광대한 토지에 다양한 토양이 공존하고 있다. 여름이 무더운 북부는 진판델 품종을 중심으로 한 농축된 레드 와인의 산지로 적합하고 습하고 토양이 비옥한 남부는 샤르도네 품종이 특히 좋아하는 떼루아이다.

1812년 러시아 식민지 개척자가 로스 요새 포트 로스(Fort Ross)에서 처음 포도를 재배하였고 1823년 호세 알티메라(Jose Altimera) 신부가 프란체스카 수도원에 포도를 재배하기 시작하였다.

1857년 캘리포니아 와인사업의 대부라 불리는 헝가리의 아고스톤 하라스티(Agoston Haraszthy) 공작이 소노마에 있는 포도원을 매입하여 부에나 비스타(Buena Vista) 포도원을 설립하였다. 소노마에서는 포도나무 수령이 오래된 올드 바인 진판델(Old Vine Zinfandel)이 유명하다.

태평양과 나파밸리 사이, 샌프란시스코에서 북쪽으로 한 시간 거리에 위치하고 있다. AVA 13개 지역은 알렉산더 밸리, 베넷 밸리, 초크힐, 드라이 크릭밸리, 나이츠 밸리, 로스 카네로스, 소노마 북부, 러시안 리버밸리, 록키파일, 소노마 해안, 소노마 카운티 그린밸리, 소노마산과 소노마 밸리 등이 있다.

다. 멘도시노 카운티(Mendocino County)

첫 번째 포도원은 골드 러시 이후 1850년에 세워졌다. 1970년도와 1980년도에 와인 양조장 파두치 와인셀러(Paducci Wine Cellar)와 펫저 빈야드(Fetzer vineyard)가 국제 적인 호평을 얻었다.

이곳의 앤더슨 밸리(Anderson Valley)는 소노마 밸리의 북쪽에 위치한 곳으로 기후는 서늘하며 기온은 샹파뉴와 비슷하지만 위도가 낮아 일조량이 풍부한 곳이다. 게다가 차가운 해풍의 영향으로 서늘함이 유지되어 스파클링 와인을 만드는 데 이상적인 곳이다.

미국의 차세대 피노 누아와 스파클링 와인산지로 각광받고 있으며 현재 프랑스의 샴페인 명가 루이 뢰더러(Louis Roederer)가 이곳에 진출해 있다.

샌프란시스코에서 북쪽 150km 거리의 울퉁불퉁한 산지로 멘도시노 지역은 거의 숲으로 덮여 있다.

AVA 10개 지역은 멘도시노, 앤더슨 밸리, 콜랜치, 맥도웰 밸리, 레드우드 밸리, 포터 밸리, 멘도시노 릿지, 요크빌 하이랜드, 유키아 밸리, 샤넬밸리 등이다.

라. 레이크 카운티(Lake County)

1870년에 와인 양조가 시작된 지역으로 멘도시노의 오른쪽에 있고 캘리포니아에 있는 천연 호수 중에 가장 큰 클리어 호수를 둘러싸고 있다. 코녹티산 주변의 바위가 많은 붉은 화산성 토양에서 포도들이 재배된다.

AVA 4개 지역은 밴모어 밸리, 클리어 호수, 궤노크 밸리, 하이 밸리이다.

마. 로스 카네로스(Los Carneros)

1870년 최초의 와인 양조장이 설립되고 1983년에 정식으로 만들어진 로스 카네로스는 소노마 카운티와 나파의 남쪽 끝에 위치하고 있다.

샌프란시스코만의 바로 북쪽에 위치하여 안개, 바람과 적절한 온도가 특징으로 피노 누아와 샤르도네에 적합한 기후이다.

(2) 중앙 캘리포니아 해안지역(The Central California Coast Region)

중앙 캘리포니아 해안지역은 샌프란시스코에서 몬테레이를 지나 산타 바바라까지 이어진다. 프란체스코 수도사들이 "엘 카미노 리얼: 왕의 길"이라 불렀던 곳으로 가면 리버모어 밸리, 산타 크루즈산맥, 몬테리 카운티, 파소 로블레스, 산 루이스 오비스포 카운티 그리고 산타 바바라 카운티에 있는 다수의 분지에 위치한 다양한 종류의 와인 양조장에 다다른다. 27개의 AVA를 갖고 있다.

가. 산타 크루즈산맥(Santa Cruz Mountains)

1981년에 공식적으로 확립된 포도 재배지로 샌프란시스코에서 80km 거리로 유명한 실리콘 밸리의 바로 남쪽에 위치하고 있다. 이 지역은 태평양을 바라보는 피노누아에 적합한 기후인 서쪽의 절반과 샌프란시스코만을 바라보는 카베르네 소비뇽에 적합한 기후의 동쪽 절반으로 나뉠 수 있다.

나. 리버모어 밸리(Livermore Valley)

1840년에 로버트 리버모어가 첫 상업성 포도나무를 재배하였다. 1800년도에 웬트 (Wente)와 컨캐논이 첫 와인 양조장을 시작한 사람들에 포함된다.

샌프란시스코에서 45km 거리의 동쪽에 위치하여 해안 안개와 바닷바람이 분지의 따뜻한 낮 공기를 식혀줄 수 있는 캘리포니아의 분지에 위치한다.

다. 몬터리 카운티(Monterey County)

200년 전 프란체스칸 수도사들이 첫 와인 포도를 재배하였다. 1960년 UC 데이비스가 몬터리를 포도 재배하기에 알맞은 시원한 해안과 온도의 분지라고 분류했고 웬트, 미라쏘, 폴 메슨, 제이 롤 그리고 클론 와인 양조장들이 포도원을 지었다.

해안에 있는 샌프란시스코에서 남쪽으로 2시간 떨어진 곳에 위치하고 있다.

AVA 7개 지역은 아로요 세코, 카멜 밸리, 헤임즈 밸리, 몬터리, 산 루카스, 산타 루시아 하이랜드 그리고 클런이다.

라. 산 루이스 오비스포 카운티(San Luis Obispo County)

1820년 호세 산체스 신부가 400통의 와인을 만든 기록이 있다. 보리유 빈야드의 안드레 첼리스체프(Andre Tchelistcheff)의 지도로 1970년대 초반부터 근대적 와인산업이 시작되었고 80년도 말에 이 와인지역이 부흥하기 시작했다.

파소 로블레스 바로 남쪽으로 에드나 밸리가 샤르도네 품종으로 높은 평가를 받고 있고 빠른 속도로 성장 중이며 진판델의 새로운 명산지로 떠오르고 있다.

AVA 5개 지역은 에드나 밸리, 요크산, 산타마리아 밸리, 아로요 그란데 밸리 그리고 파소 로블레스이다.

마. 파소 로블레스(Paso Robles)

1797년에 첫 포도원을 설립하였다. 샌프란시스코와 로스앤젤레스 중간 사이에 산 루이스 오비스포 카운티의 북쪽 부분에 위치하고 포도원들 거의 대부분이 진판델, 카베르네 소비뇽과 론 품종 같은 레드 와인용 포도를 재배하고 있다.

바. 산타 바바라 카운티(Santa Barbara County)

1960년도에 현대적인 와인 양조가 시작되었다.

로스앤젤레스에서 북쪽으로 150km 지점에 위치하고 있으며 샤르도네와 피노 누아로 가장 유명하다. 산맥이 남동쪽으로 쭉 뻗어 있어 내륙 깊숙한 곳까지 태평양의 서늘한 바람이 들어올 수 있다. AVA 3개 지역은 산타 네즈 밸리, 산타 마리아 밸리 그리고 산타 리타 힐스이다.

(3) 시에라 네바다(Sierra Nevada Region)

시에라 네바다 또는 시에라 풋 힐스(Sierra Foot Hills)라 불리는 이 지역은 1849년 골드 러시의 고향이다. 대부분의 방문자들은 순식간에 금을 찾아 부자가 된다는 꿈의 역사적인 현장을 느낄 수 있다. 멋진 경관의 아침과 풍부한 야외 활동, 아마도어, 칼라베라스와 엘 도라도 카운티에 있는 여러 종류의 와인 양조장들이 어우러진 곳이다.

샌프란시스코의 동쪽에 위치하고 있으며 오래된 포도에서 재배되는 진판델 와인으로 유명하고 품질 좋은 소비뇽 블랑을 생산한다.

(4) 센트랄 밸리(The Central Valley)

센트랄 밸리는 해안의 작은 언덕들과 시에라 네바다산맥의 왼쪽 경사지대 사이에 위치하는 캘리포니아 농업의 중심부이다. 와인 주산지는 로디(Lodi)와 산 호아킨 밸리(San Joaquin Valley)이다. 새크라멘토의 남쪽 분지에 위치하고 있고 이 지역에서 50% 이상의 많은 캘리포니아 와인이 생산되고 있다.

(5) 남부 캘리포니아(Southern California)

남부 캘리포니아는 로스앤젤레스 남쪽부터 샌디에이고까지이다. 현재 이 지역은 햇빛, 모래 해변, 서퍼, 놀이공원 그리고 영화사업으로 유명한 지역이다. 과거 캘리포니아의 와인산업이 시작되었던 곳으로 5개의 AVA를 갖고 있다.

2) 워싱턴(Washington) & 오리건(Oregon)

워싱턴은 북위 45°~48.5°, 오리건은 북위 42°~45.5°에 위치하고 해발 높이로 워싱턴은 0~270m의 비교적 낮은 지형인 데 반해 오리건은 90~800m로 매우 높은 지역에 위치하고 있다.

워싱턴은 캐스케이드산맥이 태평양의 습하고 온화한 해양날씨를 막아주어 연평균 강우량이 200mm에 불과한 반면 해안산맥과 캐스케이드산맥 사이에 위치하는 오리건의 강우량은 연평균 1,100mm로 대조적인 차이를 보여주고 있다.

산맥을 넘어 매우 건조한 워싱턴의 여름은 덥지만 큰 일교차 덕분에 포도가 산미를 간직한 채 천천히 익게 되는 좋은 건조기후를 갖게 되고 오리건은 태평양의 영향으로 여름에는 시원하고 가을에는 습한 기후를 갖게 된다.

(1) 워싱턴(Washington)

수년 전부터 미국 2위의 와인산지로 분투하고 있다. 2000~2009년 사이에 와이너리의 수가 6배나 증가하였다.

포도밭은 밴쿠버에서 캘리포니아 북부까지 이어지는 캐스케이드산맥에 의해 둘로 나뉜다. 이 산맥은 태평양으로부터 구름을 막아 구름에서 내리는 빗물은 동부 전체를 적시게 만든다.

포도의 재배지는 광대하지만 오리건주와 달리 생산자의 대부분이 다른 재배농가로부터 포도를 구매하고 있다.

이 현상은 워싱턴주에서는 다양한 품종을 블렌딩하는 경향이 강한 것으로 관계되어있다. 유럽과는 달리 대규모 와이너리가 밭을 소유하지 않아도 와인을 만드는 것이 가능하다. 반대로 재배농가는 밭을 소유하고 있어도 와인을 만들지 않는 곳도 있다. 대부분의 재배농가가 포도를 30개 정도의 와이너리에 도매로 넘기기도 한다.

워싱턴은 현재 미국에서 두 번째로 생산량이 많은 주이며 끊임없이 내리쬐는 태양덕분에 다양한 포도품종이 잘 자라며 샤르도네, 리슬링, 까베르네 소비뇽, 멜롯, 시라를 중점적으로 생산한다.

워싱턴 리슬링 와인

(2) 오리건(Oregon)

뉴 월드의 부르고뉴 지방이라는 말이 어울리는 산지이다. 캘리포니아주만큼은 뜨겁지 않은 여름, 워싱턴주보다 온화한 겨울의 혜택을 받는 오리건주는 기품 있는 피노 누아가 자라나는 절묘한 기후조건을 갖추고 있다.

와인산업이 크게 발전한 것은 1960년대 이후지만 미국에서 가장 품질 좋은 와인을 만들 수 있는 지역이다. 근접하고 있는 워싱턴주와 달리 오리건은 포도의 품질이 해마다 다르기 때문에 와인은 각 생산연도의 특징이 나타난다. 다양한 토양과 미세기후를 갖춘 이 지역은 피노 누아 품종에 있어서 낙원이고 와인의 가격도 프랑스 부르고뉴의 위대한 와인과 견줄 만하다. 이곳에서 생산자는 기업가이기보다는 농부로 농원은 가족경영인 경우가 많고 유기농법을 실천하는 곳도 많다.

오리건은 대부분의 와이너리가 해안의 영향으로 서늘하고 습기가 많은 윌라미트 밸리 내 캐스캐이드산맥 서쪽에 모여 있으며 서늘한 기후를 좋아하는 피노 누아, 피노 그리, 소비뇽 블랑, 게뷔르츠트라미너, 리슬링을 주로 생산한다.

오리건 피노 누아 와인

3) 뉴욕(New York)

와인의 산지로서보다도 뉴욕 시티(New York City)로 유명한 주이다.

서부는 지중해 연안지역에 가까운 기후이지만 동부는 프랑스의 알자스 지방이나 독일 등의 중앙유럽을 연상시키는 혹독한 겨울을 맞이한다.

아메리카 대륙의 야생 포도품종인 비티스 라브루스카(Vitis Labrusca)의 원산지로 한랭한 대륙성 기후의 내륙부와 대서양에 인접한 롱아일랜드 지역으로 2개의 기후대에 걸쳐 있는 산지이다. 포도는 특이하게 아메리카 토착품종과 유럽계 품종, 프렌치 하이브리드(프랑스와 아메리카의 교배종) 3개의 비티스(Vitis)계 품종을 재배한다. 생산되는 와인은 대부분 국내시장용이고 이 산지는 특히 콩코드나 나이아가라 같은 아메리카의

교배종이 70%를 차지하고 있다.

1950년대 닥터 플랭크(Dr. Frank)에 의해 핑거 레이크(Finger Lake) 지방에서 샤르도네와 리슬링을 재배한 것이 비티스 비니페라 품종이 심어진 최초 기록이며 1970년부터 비티스 비니페라 품종을 본격적으로 재배하기 시작하였다.

주요 품종인 토착품종으로는 레드 와인용 콩코드(Concord), 스투벤(Stuben), 카토바(Catawba)가 있고 화이트 와인용 나이아가라(Niagara), 델라웨어(Delaware), 이자베라(IZabera)가 있다.

교배종으로는 레드 와인용 바코 누아(Baco Noir), 카스카드(Cascard)와 화이트 와인용 세이벨 블랑(Seybel Blanc), 울로라(Ourola), 비그노엘(Vignole)이 있다.

최근에 도입되기 시작한 비티스 비니페라 품종으로는 레드 와인용 피노 누아(Pinot Noir), 멜롯(Merlot), 렘베르거(Lemberger)가 있고, 화이트 와인용 샤르도네(Chardonnay), 리슬링(Riesling), 피노 블랑(Piont Blanc), 피노 그리(Pinot Gris)가 있다.

주요 산지는 핑거 레이크(Finger Lakes) 내륙부에 위치하고 있으며 뉴욕주 와인의 85%를 생산한다. 토착품종과 프렌치 하이브리드 품종이 많으며 비티스 비니페라 품종이 점점 증가하고 있다.

롱아일랜드(Long Island)는 동부인 대서양에 인접한 곳에 위치하며 비교적 새로운 산지로 이곳 또한 서서히 비티스 비니페라 품종이 증가하고 있다.

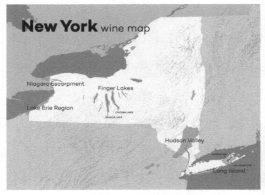

뉴욕 와인산지 & 와인

참 / 고 / 문 / 헌

손진호 · 이효정, 와인 구매 가이드 2, WB Barom Works

제7회 중앙 와인 학술 축제 캘리포니아 와인 – 중앙대학교 산업 교육원 와인 전문과정

최신덕 · 백은주 · 문은실 · 김명경 공역, The Wine Bible Karen Macneil, WB Barom Works

児島速人(2008), CWE Test Your Knowledge of Wine, ワイン教本, イカロス出版

日本 ソムリエ 協會教本, 社團法人 日本 ソムリエ 協會, 飛鳥出版

田辺由, 美のWine Book, 飛鳥出版

Hough Johnson & Jancis Robinson, The world Atlas of Wine, 세종서적

The Wine & Spirit Education Trust 編, Exploring wines & Spirits by Christopher Fielden, 上級ワイ
　　　ン教本, 柴田書店

https://gotchanews.co.kr/

https://namu.wiki/

https://www.frw.co.uk/

https://www.goodfruit.com/

https://www.kroger.com/

https://www.nataliemaclean.com/

https://www.wine-searcher.com/

Inside New York Wine Country | Wine Folly

wine21.com/

1 와인 역사

포도 재배의 역사는 1860년대까지 거슬러 올라간다. 당시 이리호의 필리 아일랜드 (Pelee Island)뿐만 아니라 브리티시 컬럼비아주의 오카나간 미션(Okanagan Mission) 근처에서 미사에 사용할 목적으로 포도가 재배되었다. 그러나 알코올 음료의 판매 및 배급을 통제하는 정부 전매품의 등장과 복잡한 정치 및 경제적 장벽으로 인해 와인산업의 발전이 1세기 이상 지연되었다. 1950년대 온타리오주에서 리슬링과 샤르도네의 브라이트 와인즈(Bright Wines)으로 시작되었다. 1974년에 이르러서야 온타리오주 남쪽의 나이아가라-온-더-레이크 지역 내에서의 설립과 더불어 도널드 지랄도(Donald Ziraldo)와 칼 카이저(Karl Kaiser)가 만든 이니스킬린 와인(Inniskillin Wines)으로 캐나다는 세계적 생산자의 위치를 차지할 수 있게 되었다.

캐나다 와인은 1980년대까지도 세계적으로 인정받지 못했다. 와인산업이 본격적으로 정착되어 번영하기 시작한 것은 1990년대이다. 1990년대 초부터 캐나다는 아이스와인의 일관된 품질로 국제적으로 유명해졌다. 온타리오는 포도나무에서 자연적으로 얼린 포도로 만든 맛있고 본질적인 캐나다 제품의 90% 이상을 생산한다. 또한 관련 법규의 개정으로 와이너리 소유 및 와인 판매가 좀 더 경제적으로 이루어질 수 있게 되었고, 신세계의 와인 생산에 대한 희망과 성공을 경험하기 시작한 이후였다. 비록 세계 와인 산업에서 주요 와인 생산국 대열에 끼지는 않지만, 서늘한 기후대의 영향을 받는 캐나

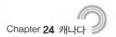

다의 와인산업은 아이스 와인이나 늦수확 와인을 위주로 국제적인 명성을 쌓으면서 틈새시장을 확보해 왔다.

2 재배 환경 및 특징

캐나다는 포도를 재배하기에 매우 추운 국가이다. 겨울에 춥기 때문에 봄에는 개화가 늦으며 상대적으로 물이 따뜻한 여름 햇빛을 저장하면서 가을에 무르익기가 연장된다. 토양은 모래 진흙으로 되어 있다. 나이아가라 지역은 서리의 위험이 적은데 이는 나이아가라의 급경사면 때문이다. 그렇지만 기온은 상대적으로 낮다.

캐나다 와인 생산량의 상당 부분을 차지하는 것은 비달 블랑(Vidal blanc), 바코 누아(Baco noir), 마레샬 포슈(Marechal Foch) 같은 프랑스-미국 잡종이다. 또한 이름이 잘 알려지지 않은 리슬링과 실바너의 교배종인 에렌펠저(Ehrenfelser) 같은 품종이다. 최근에는 리슬링, 샤르도네, 피노 그리와 같은 화이트품종이 부상하고 있다. 이 품종들은 드라이한 스틸 와인뿐만 아니라 스파클링 와인과 스위트 와인으로 탄생된다.

주로 생산하는 스위트 와인에는 두 가지 유형이 있다. 귀부균의 영향을 받은 귀부와인과 아이스 와인이 그것이다. 캐나다의 겨울은 해마다 아이스 와인이 생산될 수 있는 완벽한 기후조건을 가지고 있다. 이로 인해 세계 제1의 아이스 와인 생산자로 평가받는다. 캐나다의 아이스 와인은 보통 리슬링이나 비달 블랑의 동결된 포도로 만들어진다. 이 포도는 보통 영하 8℃ 이하의 한겨울에 수확하는데, 법규상 최소한 그 정도는 추워야 아이스 와인용 포도를 수확할 수 있기 때문이다.

동결된 포도를 압착하면 달콤하고 산도가 높으며 농축된 즙이 얼음에서 떨어져 나온다. 얼음은 버리고 농축된 즙으로만 와인을 만든 것이 바로 아이스 와인이다.

3   와인 생산지

캐나다에서 가장 중요한 와인 생산지역인 브리티시 컬럼비아(British Columbia)와 온타리오(Ontario)는 반대편에 위치하고, 거리상으로는 3,219km가량 떨어져 있다. 동부의 노바스코샤(Nova Scotia)와 퀘벡(Quebec)에서도 와인이 양조되지만, 생산량이 적어 상업적인 의미는 거의 없다.

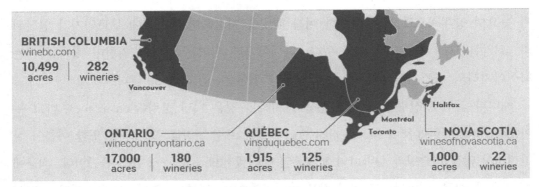

출처: https://thecanadian.cccj.or.jp/time-for-japan-to-buy-more-canadian-fine-wine
캐나다 와인산지

1) 브리티시 컬럼비아(British Columbia)

북위 50도에 위치하여 전 세계에서 가장 북쪽에 있는 와인 생산지 가운데 하나이다. 오카나간 밸리(Okanagan Valley), 시밀카민 밸리(Similkameen Valley), 프레이저 밸리(Fraser Valley), 밴쿠버 아일랜드(Vancouber Island) 등 4개의 와인구역으로 구성되어 있다. 와이너리는 약 200개로 대부분이 오카나간 밸리에 위치하고 있다. 온타리오보다 훨씬 더 북쪽에 있지만 독특한 미세기후와 지리적 특성 덕분에 종종 기온이 더 따뜻하다. 직선거리로 치면 태평양과 무척 가깝지만, 코스탈 산맥 뒤에 숨어 있는 오카나간 밸리는 특히 더 그렇다. 강수량이 부족하고 밸리 남단은 공식적으로 캐나다의 유일한 사막으로 분류되어 있다. 낮은 항상 햇볕이 잘 들고 건조한 반면, 밤은 매우 서늘하다.

(1) 오카나간 밸리(Okanagan Valley)

밴쿠버 동쪽으로 약 300킬로미터 떨어진 내륙에 있다. 기후는 국경 너머 워싱턴주 포도 재배지의 북쪽 연장선상에 있다. 이 긴 밸리의 남쪽 부분은 캐스케이드산맥이 비를 가져오고 서쪽 바람을 막아주어 반 사막과도 같다. 밸리의 큰 부분을 차지하는 오카나간호는 포도원을 겨울의 추위로부터 보호해 준다. 주변의 산세로 인해 낮과 밤의 큰 일교차를 만든다.

주요 품종으로 레드 와인은 메를로, 카베르네 소비뇽, 카베르네 프랑, 가메, 피노 누아 등이 있고, 화이트 와인은 샤르도네, 소비뇽 블랑 등이 있다. 토양은 빙하의 충적토 찌꺼기와 현무암, 석회암, 화강암, 편마암 등의 매우 복잡한 토대 위에 침식하는 화산 분출물 토양이다. 와인 스타일은 일교차 덕분에 무겁지 않은 숙성 와인이 가능하다. 이 지역의 비교적 짧은 역사와 다양한 품종은 매우 여러 종류 스타일의 와인을 생산한다.

주요 생산자는 블루 마운틴(Blue Mountain), 체다 크릭(Cedar Creek), 잭슨트릭스(Jackson-Triggs), 말리보어(Malivoire), 미션 힐(Mission Hill), 오소유즈 라로즈(Osoyoos Larose), 퀘일스 게이트(Quail's Gate), 샌드힐(Sandhill), 수막 리지(Sumac Ridge) 등이 있다.

2) 온타리오(Ontario)

브리티시 컬럼비아보다 규모가 더 크고, 약 140개가량의 와이너리가 있다. 생산되는 와인은 전체 생산량의 75%를 차지할 정도이다. 나이아가라 페닌슐라(Niagara Peninsula), 레이크 이리 노스 쇼어(Lake Erie North Shore), 펠리 아일랜드(Pelee Island)를 중심으로 와인이 생산된다. 와인 생산지역은 5대호에 속하는 온타리오호와 이리호(Erie lake) 기슭을 따라 펼쳐져 있다. 가장 남쪽에 위치해 있지만, 얼음 같은 남극의 바람 때문에 호수들의 난방 및 순화기능이 없다면 사실상 포도 재배가 거의 불가능하다. 온타리오 와인 재배지역들은 고대의 빙하가 퇴각하면서 형성되었으며, 배수가 잘되는 다양한 토양을 특징으로 한다.

(1) 나이아가라 반도(Niagara Peninsula)

나이아가라 폭포 근처이고 온타리오 호수 지류에 위치하며, 가장 많은 와인을 생산하고 있다.

이 지역은 세계에서 가장 넓은 아이스 와인의 생산지이만, 특히 리슬링 품종으로 만드는 드라이 와인과 레드 와인도 생산한다. 그 규모에 있어 나파밸리와 비교되는 이 지역은, 빈트너스 퀄리티 얼라이언스(Vintners Quality Alliance, VQA)가 통제하는 10여 개의 하위 원산지통제명칭을 수립하였다.

주요 품종으로 레드 와인은 피노 누아, 시라, 가메, 까베르네 프랑 등이 있고, 화이트 와인은 세이블(seyval), 비달, 리슬링, 샤르도네 등이 있다. 토양은 오래된 빙하 바닥으로 이루어져 있고, 경사면은 석회암이다. 와인 스타일은 보다 가벼운 드라이 와인과 산도 및 당도가 같이 있는 잘 농축된 아이스 와인 사이에는 매우 큰 차이가 있다.

주요 생산자는 케이브 스프링(Cave Spring), 클로 조단(Clos Jordanne), 헨리 오브 펠햄(Henry of Pelham), 이니스킬린(Inniskillin), 필리터리(Pillitterri) 등이 있다.

3) 퀘벡(Quebec)

와이너리는 프롱트낙 누아(Frontenac Noir), 블랑앤 그리(Blanc and Gris), 비달(Vidal), 세비블 블랑(Seyval Blanc), 마켓(Marquette)과 같은 다양한 저온 강건성 하이브리드 포도 품종과 소량의 비니페라(vinifera)를 사용한다. 이를 사용하여 건조하고 강화된 스파클링 및 스위트 와인을 생산한다. 생산지역은 몬트리올의 북동쪽과 남동쪽, 퀘벡 시티 주변에 집중되어 있다.

4) 노바스코샤(Nova Scotia)

노섬벌랜드 해협(Northumberland Strait) 해안과 비옥한 아나폴리스 밸리(Annapolis Valley) 사이에 위치해 있다. 새로운 비니페라 재배 추세에 따라 주로 하이브리드 포도로 테이블 와인과 디저트 와인을 생산한다. 주요 품종으로는 라카디(L'Acadie), 무스캇

(Muscat), 세이블 블랑, 루시 쿨만(Luciey Kuhlman), 레온 밀로(Leon Millot), 마레샬 포슈(Marechal Foch)가 있다. 이 지역은 스파클링 와인과 향기로운 화이트 타이달 베이(Tidal Bay) 와인을 전문으로 생산하는 것으로 유명하다.

4 주요 와인

1) 아이스 와인(Ice wine)

아이스 와인은 특별한 와인으로 세계 제1의 생산국이다. 나뭇잎이 떨어진 후 아주 오랫동안, 12월이나 1월의 첫 서리가 내릴 때까지, 포도가 포도나무에 달려 있다. 얼었다 녹았다를 반복하면서, 일종의 탈수가 일어나 포도의 모든 요소인 당도, 산도 및 기타 건조 요소들이 더 농축된다. 따라서 수확할 때 포도주스의 양은 일반 수확 포도의 5~10%밖에 되지 않는다. 포도수확은 기온이 약 영하 10도까지 떨어지는 밤에 하며, 압착기에 가져가면 아직 포도가 얼어 있는 상태이다. 압착을 마친 아주 달고 진한 포도주스는 몇 개월 동안 천천히 발효되어 화이트 와인이나 드물게 레드 와인을 만든다. 알코올 도수는 10~12%로 상대적으로 낮지만, 매우 향기롭고 당도가 높은 와인이 된다.

퀘벡주, 브리티시 컬럼비아주, 그리고 주로 온타리오주의 나이아가라-온-더-레이크 지역에서 생산된다. 이런 기술은 1980년대에 처음으로 이니스킬린(Inniskillin) 와이너리의 설립자인 칼 카이저(Karl Kaiser)에 의해 도입되었다. 캐나다에서는 'Icewine'으로 상표를 등록할 정도로 매우 중요한 의미이다.

잘 익은 복숭아향, 살구향, 파인애플향, 시트러스(Citrus)향을 연상시키는 풍미와 산도 및 당도의 균형미가 훌륭한 아이스 와인은 익힌 과일이나 과일 타르트(tart), 크렘 브륄레(creme brûlee) 등의 디저트와 좋은 매칭이 된다.

출처 : https://www.winesofcanada.com/
icewine_standards.html

출처 : https://travel.destinationcanada.com/en-us/
things-to-do/ontario-best-icewine

참 / 고 / 문 / 헌

김지혜, 세계의 유명 와인산지, 와인오케이닷컴, www.wineok.com

문화원형백과, 문화원형 디지털콘텐츠, http://www.nl.go.kr

윤화영 · 김문영, 그랑 라루스 와인백과, 라루스

www.thecanadian.cccj.or.jp

www.travel.destinationcanada.com

www.winesofcanada.com

CHAPTER 25 남아프리카공화국 (Republic of South Africa)

1 지역 개관

아프리카 대륙 남단에 위치하고 있고 포도밭은 지중해 지역을 닮은 기후와 풍토의 혜택을 받고 있다. 남아프리카공화국 와인은 18세기 유럽의 식탁을 장식하던 시절부터 유럽 너머로 건너간 최초의 뉴 월드 와인이라고 할 수 있다.

17세기 중반 케이프 식민지의 초기 총독 얀 벤 리벡이 네덜란드산 포도나무를 심을 것을 명령했다. 최초의 포도 열매는 1659년에 수확했다. 이처럼 포도의 최초 수확연도를 표기가 남아 있는 국가는 남아프리카공화국이 유일하다. 당초에 포도나무를 심은 자들이 양조법에 많은 지식을 갖고 있지 않았기 때문에 1686년에 낭뜨 칙령 폐지 후 망명한 위그노(Huguenot: 프랑스의 개신교 신자들을 가리키는 말로 역사적으로 프랑스 칼뱅주의자들로 알려졌다.)의 10세대 정도의 이주자에 의해 와인 생산이 활성화된다.

필록세라의 습격과 남아프리카공화국산 제품의 세계 규모의 보이콧인 아파르트헤이트(Apartheid: 남아프리카공화국의 극우 국민당 정권에 의하여 1948년에 법률로 공식화된 인종분리 즉, 남아프리카공화국 백인정권의 유색인종에 대한 차별정책을 말한다. 1990년부터 1993년까지 벌인 남아공 백인 정부와 흑인 대표인 아프리카 민족회의와 넬슨 만델라 간의 협상 끝에 급속히 해체되기 시작했고, 민주적 선거로 남아프리카공화국 대통령으로 당선된 넬슨 만델라가 1994년 4월 27일에 완전 폐지를 선언하였다.)의 위기에 의해 와인산업은 활기를 잃었지만 1990년대 초기 넬슨 만델라의 집권 후에 부활했다.

2 남아프리카공화국 와인의 특징

현재 아프리카 대륙 최대의 와인 생산국이고 신세계 와인 중에서 유럽에 가장 먼저 수출한 국가이다. 서늘한 바람이 부는 해안지대는 화이트 포도품종의 재배에 적당하고 내륙 지방은 레드 포도품종이 잘 자라는 떼루아이다.

3 포도품종

남아프리카공화국을 대표하는 레드 와인품종인 피노타주(Pinotage)는 1925년 스텔렌보쉬대학의 아브라함 이작 페롤드(Abraham Izak Perold) 교수에 의해 피노 누아(Pinot Noir)와 생쏘(Cinsalt)의 교배로 만들어진 품종으로 새로운 품종 중 하나다. 충분한 일조량과 건조한 뜨거운 기후는 이 품종을 잘 자라게 하고 검은 과실, 코코넛의 열매, 커피 등의 향기를 띠는 기품 있는 레드 와인을 만든다. 피노타주 단일 품종 또는 여러 품종과 블렌딩된 와인은 숙성을 거치면서 매력을 발산하는 장기 숙성형 와인이 된다.

피노타주 와인

전체 와인 중 60%가 화이트 와인, 40%가 레드 와인을 차지하고 있다.

레드 품종의 재배량은 까베르네 소비뇽, 쉬라, 멜롯, 피노타주 순이며 화이트 품종은 슈냉 블랑을 필두로 소비뇽 블랑, 샤르도네, 세미용이 뒤를 따르고 있다.

4 주요 생산지

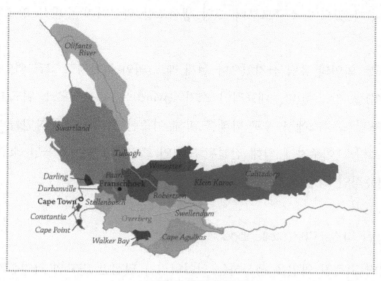

남아프리카 와인산지

　지역(Region)은 코스탈 리전 브레드 리버 지방, 오리판츠 리버의 4개 지방, 지방 이하의 디스트릭트(District)는 스텔렌보쉬, 팔, 콘스탄티아, 우스타 등 21개 구역, 디스트릭트 이하 소지역 워드(Ward)는 프랑스후크, 프레텐벡 등 64개로 구성되어 있다.

　또 자가 소츄 포도밭에서 재배에서 양조, 병입까지 한 와인을 에스테이트 와인(Estate Wine)으로 구분하고 있다.

1) 코스탈 리전(Costal Region)

(1) 케이프 포인트 디스트릭트(Cape Point District)

　바다에 근접한 산지로 우수한 소비뇽 블랑이 생산되고 대표적인 소지역(Ward)으로는 코스탄티아 워드(Constantia Ward)이다. 콘스탄티아 밸리는 케이프 타운에서 가장 가까운 와인산지로 18~19세기에 세계적 명성을 간직한 디저트 와인산지이다. 소수의 생산자들이 전통을 이어받아 고급 와인을 생산하고 있다.

(2) 팔 디스트릭트(Paarl District)

남아프리카공화국의 핵심 와인산지 중 하나이다. 남아공 최대 브랜드 와인인 네데버그(Nederburg)가 있으며 소규모부터 대형 생산조합 와인까지 수많은 양조회사가 위치하고 있다.

과거 화이트 와인의 유명 산지였으나 현재 레드 와인 주산지로 고급 와인을 생산하는 떼루아(테루아)를 갖고 있다. 대표적인 소지역(Ward)은 프랑스후크 워드(Franschhoek Ward)로 1688년 프랑스에서 종교 박해를 피해 이주한 위그노파 정착민들의 특성이 있는 곳이다. 프랑스 이주자에 의해 건설된 도시인 프랑스후크는 오늘날 소규모 와인 생산자들이 전통적인 와인을 생산하고 있다.

(3) 스텔렌보쉬 디스트릭트(Stellenbosch District)

100여 개의 고품질 와인을 생산하는 와이너리가 밀집한 최고의 와인산지이다. 17세기부터 이어진 오랜 양조 전통을 갖고 있으며 바다에 접한 포도밭에서부터 밸리의 경사지에 위치한 포도밭까지 우수한 떼루아에서 와인을 생산하고 있다. 이곳에 위치한 스텔렌보쉬 대학(Stellenbosch University)은 남아프리카공화국의 유일한 포도 재배 양조학과가 있는 대학으로서 우수한 연구가 이어지고 있다.

(4) 달링 디스트릭트(Darling District)

케이프 타운 북쪽의 우수한 산지로 서늘한 해안가 산지에서 우수한 소비뇽 블랑 와인을 생산한다.

(5) 스와트란드 디스트릭트(Swartland District)

과거 케이프 타운 북쪽의 밀 생산지로 유명하였으나 현재는 현대적 감각의 우수한 화이트 와인과 훌륭한 레드 와인을 생산하고 있다.

2) 브리드 리버 밸리 리전(Breede River Valley Region)

(1) 우스터 디스트릭트(Worcester District)

남아프리카공화국 최대 와인산지로 최대 브랜디 생산지이기도 하다. 대부분 기업 의뢰 상품이나 네고시앙 자체 브랜드 와인용으로 포도를 판매한다. 소량의 자체 병입 와인도 늘고 있으며 가격대비 가치가 좋은 산지이다.

(2) 로버트슨 디스트릭트(Robertson District)

전통적 와인산지로 과거 화이트 와인을 주로 생산해 왔으나 최근 쉬라, 까베르네 소비뇽 등의 레드 와인 생산이 늘고 있다.

3) 케인 카루 리전(Kein Karoo Region)

혹독하게 무더운 산지로 여름은 강수량이 거의 없으며 물을 충분히 공급할 수 있는 강가를 중심으로 포도밭이 위치한다. 강화와인이 유명하였으나 최근 슈냉 블랑으로 우수한 드라이 화이트 와인을 생산하고 있다.

4) 올리판츠 리버 리전(Olifants River Region)

케이프 서쪽 해안가를 따라 남북으로 이어진 산지로 빠르게 성장하고 있는 산지이다. 현대적 포도 재배 설비를 갖추고 대중적 와인을 생산한다.

참 / 고 / 문 / 헌

제8회 중앙 와인 학술 축제 남아프리카공화국 와인
https://en.wikipedia.org/
https://liondistributors.squarespace.com/
https://www.blogyourwine.com/
https://www.decanter.com/
https://www.wosa.co.za/

CHAPTER

26 아르헨티나(Argentina)

1 와인 개관

아르헨티나 와인은 예전의 대량생산 중심에서 고품질 와인으로 생산하려는 노력을 기울여 왔다. 와인 생산에 대한 철학을 변화시킨 것이다. 값싼 벌크와인 생산에 관심을 기울였으나 품질을 요구하는 세계시장의 흐름을 판단하고 와인 생산자들이 변화한 것이다. 아르헨티나 와인은 국내 소비가 90% 정도로 내수가 많다. 육류 소비량이 많고 남미의 유럽으로 평가되는 아르헨티나에서는 와인소비가 많은 것이다. 현재는 고품질 와인을 수출하고 있는 상황이다(Kevin Zraly, 2008: 156).

향후 아르헨티나 와인은 세계시장에서 경쟁력을 제고하여 가장 우수한 와인 생산국으로 평가될 것으로 예견되고 있다. 혹자는 제2의 파리의 심판이 프랑스와 미국의 계속되는 대결이 아니라 신세계 국가 중에서 다시 새로운 나라로 선정된다면 아르헨티나가 될 수도 있다는 전망도 내놓을 정도로 와인이 우수하다는 평가이다. 현지의 내수가 많아 국내에는 상대적으로 수입이 많지 않다는 평가이다.

안데스산맥 뒤편에 위치한 아르헨티나 와이너리들은 칠레와는 다르게 서늘한 해풍의 영향을 받지 못한다. 그러나 계곡지대는 포도를 재배하는 데 좋은 토양을 제공하고 있다. 고도 특유의 활력과 최적의 일조량을 갖추고 있다. 맛도 향이 풍부하고 균형이 잘 잡혀 있다는 평가이다(오펠리 네만, 2020: 195).

아르헨티나 와인은 16세기 중반 스페인에 의해 포도가 유입되어 재배되기 시작하였다. 아르헨티나는 살타, 멘도자, 라리오하 등 많은 산지들이 고산지대에서 생산된다는 특징을 지니고 있다. 살타 와인산지는 해발 3,000미터의 고지대이기도 하다. 그리고 안데스산맥으로부터 확보되는 관개수로[59]를 이용해 포도나무에 물을 공급한다는 특징을 갖고 있다.

아르헨티나에서 말벡은 의미가 크다. 아르헨티나에서 말벡은 전 세계에서 75%의 말벡을 생산하는 말벡 와인 국가로 성장하였다. 멘도자 지역은 아르헨티나 와인의 70% 이상이 생산되는 최고의 와인 생산지역이 되었다(소믈리에타임즈, 2019. 4. 25).

2	주요 품종

1) 화이트

(1) 토론테스(Torrontes)

아르헨티나의 대표적인 화이트 품종이다. 토착품종으로 드라인한 와인은 시트러스향, 감도가 있는 와인은 복숭아, 살구, 구아바, 파인애플 향이 난다. 뮈스까향, 스파이스, 레몬, 장미, 제라늄 등도 감지된다. 살타(Salta), 라리오하(La Rioja) 등에서 생산된다. 이국적이며 열대과일 등이 화려하게 발산되는 밸류와인으로 아르헨티나의 주목받는 품종이다. 원래는 스페인 품종이었으나 아르헨티나로 유입된 것으로 전해진다. 농도(Body)가 훌륭하고 향이 넘쳐 라리오하(La Rioja)의 것을 최상으로 친다(허용덕 외, 2009).

껍질이 두껍고 포도는 일찍 익는 품종이다. 신선한 산도가 유지되고 당도는 천천히 차올라서 최종 와인의 산도 밸런스는 매우 훌륭한 편이다. 가장 아로마틱한 품종[60]으로 평가된다. 향수를 연상케 하는 아찔한 꽃향수, 싱그러운 포도, 복숭아, 파인애플 향

---

59) 관개수로(Irrigation canal)는 논이나 밭에 물을 공급하기 위한 수로이다. 농작물을 경작하기 위해 논이나 밭 등에 필요한 물을 인근의 하천이나 저수지 등의 용수원으로부터 공급하기 위하여 설치하는 인공적인 수로이다(물백과사전).
60) 와인지식연구소에서는 비오니에, 게뷔르츠트라미너, 토론테스 품종을 가장 아로마틱한 품종으로 평가한다.

이 강렬하게 올라온다(와인지식연구소)는 평가이다.

천연향의 이국적이며 나름 바디감도 있는 토론테스 품종은 프란치스코 교황이 아르헨티나 추기경 시절 즐겨 시음했던 품종으로도 알려져 있다(고종원, 2020: 198). 매우 아로마틱하다.

(2) 비오니에(Vionier)

멘도자 지역에서는 비오니에를 생산한다. 시라와 블렌딩[61]하는 데 사용되는 품종이기도 하다.

이스까이 와인 : 시라, 비오니에 품종이 블렌딩되어 있다. 2019년 빈티지이다.

(3) 기타

소비뇽 블랑, 슈냉 블랑 등의 품종이 생산된다.

트리벤토 레이트 하비스트 와인 : 멘도사 지역에서 소비뇽 블랑, 비오니에 품종으로 생산된다.
늦수확하여 높은 당도가 특징인 디저트 와인이다.

2) 레드

(1) 말벡(Malbec)

아르헨티나의 대표 품종이다. 딸기향, 블루베리, 담배향 등이 감지된다. 멘도자(Mendoza)[62], 살타(Salta)에서 주로 생산된다. 색이 진하며 타닌성분이 많은 품종이다.

아르헨티나 말벡은 인기가 많으며 색이 진하고 미디엄 바디이다. 검은 과일향이 강한 드라이한 레드 품종이다. 프랑스의 말

트리벤토사의 말벡 와인 : 2019년 빈티지로 멘도사 지역 와인이다.
2021년 IWC에서 95점으로 금상을 수여받았다.

---

61) 트라피체사가 시라와 비오니에를 블렌딩하여 출시한 이스까이는 아르헨티나에서 알려진 와인이다. 로버트 파커로부터 출시와 함께 91점을 받았고 약 25년 이상 숙성이 가능한 유혹적인 시라라는 극찬을 받았다(금양 트라피체 와인설명서).
62) 멘도자 지역에서는 말벡, 까베르네 소비뇽, 토론테스, 샤르도네가 주요한 품종이다. 그리고 멘도자 지역에는 Maipu, Lujan de cuyo, Uco Valley로 구성된다. 말벡은 Lujan de cuyo, Uco valley, Salta지역이 대표적이다(Madeline Puckette and Justin Hammack: 178).

벡[63]보다는 타닌이 부드러운 편이다.

(2) 까베르네 소비뇽(Cabernet sauvignon)

말벡과 함께 많이 생산되는 품종이다.
검은 딸기, 모카, 담배잎 향 등이 감지된다.
타닌은 중간 정도이며 보통의 산도를 지닌
다. 멘도자에서 생산된다.

트리벤토사 까베르네 소비
뇽-말벡 블렌딩 와인 :
2018년 빈티지로 한정판 와
인이다.

(3) 시라(Syrah)

시라 품종은 풀바디하다. 보이젠베리[64], 정향, 자두, 코코아 등의 향이 감지된다. 산
후안(San Juan), 우코밸리(Uco valley)에서 생산된다. 멘도자 지역에서는 품질이 좋고
장기숙성이 가능한 시라를 생산한다.

(4) 피노누아(Pinor noir)

피노누아는 잘 익은 딸기, 미네랄, 자두향이 감지된다. 파타고니아(Patkgonia)[65], 우
코밸리(Uco valley)에서 잘 재배된다(Madeline Puckette etc., 2015: 178).

(5) 보나르다(Bonarda)

라리오하, 멘도자 지역에서 잘 재배된다. 카시스, 정향, 말린 그린 허브향 등이 감지된
다. 아르헨티나에서 한때는 두 번째로 많이 생산된 품종이었다((Madeline Puckette and
Justin Hammack, 2015: 178). 일조량이 많이 필요한 품종이다.

---

63) 프랑스에서는 오세후아로 불린다. 카오르 지방 등에서 생산된다.
64) 블랙베리, 라즈베리, 로건베리를 교배한 딸기이다(두산백과 두피디아).
65) 아르헨티나 와인산지 중에서는 가장 남쪽에 있는 리오 네그로(Rio Negro) 지방에 위치한다.

3) 기타

메를로(Merlot), 템프라니요, 산지오베제, 바르베라 등도 생산된다.

3 주요 산지

출처: 금양인터내셔날, 금양 브랜드북(KEUM YANG
BRAND BOOK- the best wine guide)

아르헨티나 와인산지

1) 멘도자

안데스산맥의 온화한 기후, 높은 일조량, 큰 일교차가 있다. 낮에는 햇볕을 통해 포도알갱이의 당도를 높인다. 밤에는 서늘한 온도로 포도가 천천히 무르익게 되며 와인에서 가장 중요한 산도도 잘 유지할 수 있다. 진하고 풍부한 과실향, 부드러운 탄닌, 좋은 산도를 지닌 포도로 성장한다(소믈리에타임즈, 2019.4.25).

해발고도 1,000~1,600미터의 높은 지대에서 생산되므로 일교차가 크고 낮에는 일조량이 좋고 뜨거운 태양으로 포도의 당도를 높여 알코올 도수가 상대적으로 높은 와인을 생산하게 된다.

멘도자 토양은 수백만 년 동안 이어진 안데스산맥의 침식으로 형성된 충적토(Alluvial)다. 토양구성과 조직이 매우 다양하다(와인21닷컴).

멘도자의 우코밸리(Uco valley)에서는 말벡, 시라가 잘 재배된다.

2) 산후안(San Juan)

시라가 잘 재배된다. 아르헨티나의 시라는 풀바디 와인으로 보이젠베리, 정향, 자두, 코코아 향이 감지된다(Madeline Puckette and Justin Hammack, 2015: 178).

3) 라리오하(La Rioja)

라리오하 지역은 토론테스 품종과 아르헨티나에서 두 번째로 많이 생산되는 아르헨티나 토착품종인 보나르다(Bonarda)[66] 품종이 잘 재배된다.

4) 살타(Salta)

살타 지역은 아르헨티나의 북부지대로 토론테스, 말벡이 잘 재배된다.

5) 파타고니아(Patagonia)

아르헨티나 남부지역으로 기온이 서늘하다. 지역이 빙하로 된 지역으로 알려져 있다. 서늘한 지역으로 피노누아가 생산된다.

---

66) 이 품종은 멘도자에서도 잘 재배되는 품종이다. 블랙커런트, 정향, 드라이한 피망향이 감지된다(Madeline Puckette and Justin Hammack, 2015: 178).

스페인 마을 : 아르헨티나는 약 260년 정도 스페인의 통치를 받았다. 스페인어를 사용한다. 사진은 강화도 화도면 소재 스페인 마을이다. 스페인 콘셉트로 레스토랑, 커피전문점, 오토캠핑장 등을 운영한다.

4 주요 와이너리

아르헨티나 멘도자에는 300개가 넘는 와이너리가 있다.

보데가 까테나 자파타(Bodega Catena Malbec)는 이탈리아 출신의 선구자적 와이너리이다. 이탈리아 마르께 지역 출신 이민자 니콜라스 까테나(Nicolas Catena)가 이주하여 와이너리를 개척하였다. 말벡 와인은 우리나라에서도 품질대비 가격경쟁력도 있어서 좋은 평가를 받고 많이 소비되었던 와인이다. 1902년에 설립되어 운영되는 가족경영 와이너리이다. 이 와이너리는 와인과 여행전문가가 선정한 최고 와인투어지 중 하나로 선정되기도 하였다. 빈야드 아카데미(Vinyards Academy)[67]가 선정한 올해의 와인 투어지 톱(TOP) 50중 5위를 차지하였다(THE GURU Global News: 2019.12.28).

보데가 라가르데는 멘도자 와이너리 가운데서도 가장 오랜 역사를 갖는다. 1897년에 설립되었다. 1970년대부터는 페스까르모나(Pescarmona)가문이 운영하고 있다(와인리뷰 블로그, 2022.11.30). 전통을 중요시여기며 철저하게 전통방식을 준수하는 곳이다.

---

67) 소믈리에와 여행전문가 등 400여 명으로 구성되었고 이 중 30여 명의 시사위원이 와인 맛과 분위기, 가격, 명성, 접근성 등을 포괄적으로 평가해 최고의 와인 투어지를 선정한다. 총 1,500개의 후보지 중 각각 7곳씩 투표해 총 50곳을 선정하였다(더구루, 2019.12.28).

자연친화적이며 지속가능한 농법을 추구한다. 그리고 품종은 말벡과 까베르네 프랑을 블렌딩[68]하여 와인의 경쟁력을 제고한다. 보데가 라가르데는 와인투어를 위한 방문객이 많은 곳이기도 하다.

라틴아메리카 최초의 프렌치 와이너리이다. 루한 데 쿠요 지역의 해발고도 1,070m의 포도밭과 가장 좋은 고도에 조성된 우코밸리의 높은 잠재력을 발견하여 멘도자 지역의 포도밭을 소유하며 아르헨티나의 스틸와인에 대한 비전을 보고 35년간의 와인 메이킹과 연구를 통해 1996년 테라자스 데 로스 안데스[69]가 탄생하였다(도윤, 2019.4.25).

테라자스 데 로스 안데스는 2018년 국제주류품평회(IWSC)에서 올해의 아르헨티나 와인 생산자상과 2018년 올해의 말벡 트로피상[70]을 수상하였다. 테라자스 포도원은 해발고도가 1,000m 이상으로 높다. 테라자스 포도원은 강한 햇빛을 받는다. 전반적으로 서늘한 기후와 큰 일교차로 천천히 익으며 알코올과 산미의

테라자스사 멘도사 말 벡 와인 : 2020년 빈티지로 높은 지대의 포도밭에서 생산된다.

균형을 찾는다. 타닌의 질감이 부드럽고 균형감이 좋다는 평가이다. 테라자스는 레제브 바 말벡 1백만 병을 포함하여 연간 4백만 병을 생산한다(정수지, 2019.4.29).

수산나 발보[71](Susana Balbo)와인즈는 1999년에 설립한 가족 양조기업이다. 수확 최적의 순간에 수확한다. 인위적인 산도조정을 피한다. 대표적인 자연 그대로의 와인양조를 추구하는 원칙을 내세우는 와이너리이다. 기존의 생산자들이 유명품종을 고수하는 방식이 아닌 독특한 스타일로 와인을 생산하고 프리미엄 명품와인을 만들어 성공하

---

68) 아르헨티나 트라피체사의 이스까이 와인은 잉카어로 둘이란 뜻으로 두가지 품종을 블렌딩한다. 말벡과 까베르네 프랑을 블렌딩하였다. 그리고 이후에는 시라와 비오니에를 블렌딩한 와인을 출시하고 있다. 멘도자 지역에서 생산한다. 트라피체사에서도 전통과 혁신을 추구하는 철학을 갖고 있다.

69) 럭셔리 그룹 LVMH(Louis Vuitton Moet Hennessy)산하의 와이너리로 샤토디켐, 샴페인 쿠르그, 돔페리뇽, 뵈브클리코 등과 함께 속해 있다. 이곳 와이너리는 포도품종별로 잘 자랄 수 있는 고도와 떼루아를 연구한다(소믈리에타임즈, 2019.4.25).

70) 파르셀 N° 2W로스 카스타뇨스 말벡 와인이다(wine21.com).

71) 양조학을 수석으로 전공하였다. 아르헨티나 와인협회회장을 3번 역임하였다. 토론테스를 잘 만들어 토론테스의 여왕으로 와인평가자와 비평가들로부터 별칭을 얻었다. 카테나 자파타에서 그룹 총괄 책임까지 맡았다.

였다. 2001년 벤 마르코[72) 와인은 170대 1의 경쟁을 뚫고 영국항공의 비즈니스석 와인으로 채택되며 품질력을 보여줬다(뉴시스, 2022.4.15.)는 평가이다.

트라피체는 아르헨티나의 유명한 와인 생산지인 멘도사에 있는 와이너리이다. 1883년에 설립되었다. International Wine and Spirit Competition에서 올해의 아르헨티나 와인 생산자로 선정될 만큼 뛰어난 양조 실력을 갖춘 생산자이다. 아르헨티나에서 가장 큰 생산자로 평가된다(aligalsa.tistory.com).

트라피체는 전통적인 프랑스 와인 양조법을 와인에 적용시켜 왔다. 아르헨티나에 7개의 와이너리를 보유하고 있다. 전 세계 최대 말벡 와인 생산자이며 전 세계 7위의 와인 생산자로 평가된다. 전 세계 103개국에 수출하며 아르헨티나 수출 1위로 수출량의 25%를 담당한다. 많은 세계 수상실적을 갖고 있다(까브드맹, 2022.8.21).

5 음식과의 조화

아르헨티나에서는 와인시음 시 빠리야(Parrilla)를 즐긴다. 정통 가우초 그릴(Gaucho Grill)에 보통 2시간 이상 은은하게 구워서 나오는 소고기 요리이다. 아르헨티나의 전통요리이다. 쇠고기 중에서도 특히 갈비뼈 부위를 통째로 구워 만든다. 아르헨티나는 소고기 소비량이 매우 높은 나라이다. 인구보다 많은 소를 방목해서 키운다. 꽃등심 같은 경우에도 1kg당 약 8천 원, 안심·등심은 1인당 300g을 3천 원 정도면 구입할 수 있다(mannitv.tistory.com: 2020.3.25).

아르헨티나는 남미의 유럽으로 불린다. 그만큼 와인과 육류, 특히 소고기의 소비가 많은 나라이다. 그래서 소고기는 와인과 잘 매칭되는 음식으로 보면 된다.

---

72) 멘도자 지역에서 생산된다. 말벡, 까베르네 프랑이 블렌딩되었다. 타닌감이 많고 풀바디하다. 가격은 소비자가 10만원 내외이다. 벤마르코 1999년 빈티지를 출시했을 때 미국의 모 주간지는 아르헨티나 와인계의 아바타인 수사나발보가 만든 최고의 와인으로 평가하였다. 수사나 발보 브리오스 싱글빈야드 2017은 멘도자 루한 데 쿠요에서 생산된다. 까베르네 소비뇽, 까베르네 프랑, 말벡, 쁘띠 베르도의 프랑스 보르도 스타일로 만들어진다. JS 평가점수 95점이다. 장기숙성용이며 블랙커런트, 블랙베리, 다크초콜릿, 담뱃잎, 삼나무향 등이 감지된다.

트라피체사 이스까이 와인 : 2019년 빈티지로 말벡과 까베르네 프랑 두 가지 품종이 블렌딩되었다. 이스까이는 잉카어로 2개를 뜻한다. 아르헨티나 와인의 경쟁력을 보여준 대표적인 와인이다.

트라피체사 말벡 와인 : 1883년 설립되었다. 멘도자에서 생산되었다. 2018년 빈티지이다. 오크 캐스크는 1만 5천 원~2만 원 정도의 밸류와인이다.

참 / 고 / 문 / 헌

고종원(2020), 와인 트렌드 변화에 관한 연구, 연성대학교 논문집, 제56집

고종원(2021), 와인테루아와 품종, 신화

까브드맹, 아르헨티나 No.1 와인그룹 트라피체, 2022.8.21

뉴시스, [와인이야기] 여성의 인생이 담긴 벤마르코 익스프레시보, 2022.4.15

도윤, 아르헨티나 멘도사의 보석, 테라자스(Terrazas), 소믈리에타임즈, 2019.4.25

두산백과 두피디아

물백과사전

오펠리 네만(2020), 와인은 어렵지 않아, Greencook

와인리뷰 블로그, 2022.11.30

정수지, 테라자스 데 로스 안데스 높게 더 높게, wine21.com, 2019.4.29

허용덕 외(2009), 와인 & 커피 용어해설, 백산출판사

Kevin Zraly(2008), Complete Wine Course, Sterling

Madeline Puckette and Justin Hammack(2015), Wine Folly, Avery

THE GURU Global News, 2019.12.28

aligalsa.tistory.com

mannitv.tistory.com

wine21.com

CHAPTER 27 칠레(Chile)

1 와인의 역사

칠레 와인은 4세기 전 스페인의 프란시스코 데 카라반테스(Francisco de Carabantes) 형제가 처음으로 포도나무를 심으면서 시작되었다. 칠레 최초의 유럽산 포도나무(즉, 비티스 비니페라)는 16세기에 스페인 정복자들과 선교단들이 멕시코를 거쳐 페루에서 가져온 스페인 품종들이었다. 그리고 18세기 이후 중요한 와인 수출국이 되었다. 19세기부터는 프랑스 품종을 심기 시작했다. 아주 오래전부터 포도 재배와 양조를 시작했지만, 오늘날 칠레 와인의 특색이 나타나기 시작한 것은 1851년 이후부터였다. 실베스트레 오차가비아(Silvestre Ochagavia)는 당시 주로 재배되었던 스페인 품종 대신에 보르도 지역의 품종을 선정해서 대체해 나갔다. 그가 들여온 품종은 카베르네 소비뇽, 카베르네 프랑(Cabernet Franc), 리슬링 등이었다. 그의 뒤를 이어 수많은 부유한 광산주가 와인산업에 관심을 갖게 되었으며, 이들은 새로운 품종의 도입 이외에 프랑스의 전문가를 초빙해서 최신 양조기술을 전수받았다. 그래서 칠레산 와인은 보르도의 양조공정을 많이 닮아 있다.

사실 포도의 품질이 뛰어나지만 양조기술은 이에 이르지 못하였다. 설비는 노후화되었고, 과학적 양조기술도 폭넓게 수용되지 못하였다. 오크통 속에서 와인을 숙성시키는 관행도 잘 지켜지지 않았고, 오크통에서 숙성시켜도 통이 낡고 보관상태도 좋지 않아 와인 맛을 제대로 내지 못하는 경우도 많았다. 그래서 1980년 이후 선진기술을 도입하고 프랑스의 양조 기술자들을 대거 초청하여 와인산업에 발전을 가져왔다. 1980년대 후반에는 칠레의 정치, 경제, 사회 정세가 급변하면서 와인산업에 대내외적으로 상당한 투자가 이루어졌다. 포도품질이 상당히 우수하기 때문에 미국과 프랑스를 비롯한 많은 외국 대기업이 칠레의 포도산업에 투자하였다. 칠레에 최초로 투자한 유럽의 저명한 와인 가문 중에는 스페인의 토레스(Torres) 가문과 보르도의 샤토 라피트 로칠드(Chateau Lafite-Rothschild)를 소유한 로칠드 가문도 있었다. 캘리포니아의 프란시스칸 양조회사(Franciscan Vineyards)뿐만 아니라, 보르도의 유명회사 역시 전문가를 파견하여 합작회사를 설립했다. 미국회사들은 양조기술자를 파견해서 와인의 생산공정을 철저히 감독하고 생산된 와인을 수입해 가고 있다. 이처럼 칠레산 와인이 성공할 수 있었던 것은 미국과 유럽 국가들이 자국산에 비해 품질은 좋지만, 훨씬 저렴한 와인을 대량으로 구입했기 때문이었다.

칠레 와인의 품질은 계속 개선되어 일본, 미국, 유럽 등지로 계속 세력을 확장하고 있다. 1990년대부터 세계시장에 등장하여 생산량 대비 수출 점유율 1위인 수출 주도형 와인 생산국이다. 칠레는 제3세계 와인 생산자에서 남미의 보르도로 격상되었다. 가격은 프랑스 와인에 비해 저렴하면서 품질은 우수하고 우리나라 음식에도 비교적 잘 맞아 2004년 칠레와 FTA협정 체결 이후 칠레 와인 수입이 계속해서 증가하고 있다.

2 재배환경 및 와인 특징

1) 재배환경

칠레는 포도 재배에 이상적인 자연환경을 가지면서, 땅값이나 노동력이 저렴하여 가격대비 훌륭한 와인이 생산되는 국가이다.

칠레는 자연적으로 외부 세계와 단절되어 있다. 동쪽면은 길게 뻗어 내린 안데스(Andes)산맥과 북쪽면은 아타카마 사막(Atacama Desert)이 있다. 그리고 서쪽면은 태평양과 연해 있으며, 남쪽으로 400마일에는 남극의 빙산지대가 위치하고 있다. 칠레는 길이가 대략 4,345km에 이르지만 폭은 매우 좁은 편으로, 가장 좁은 곳은 불과 154km 밖에 되지 않는다. 이러한 자연 경계선 안에 포도와 다른 과일을 재배하기에는 천혜의 자연환경이다. 또한 토양이 포도나무의 흑사병이라던 필록세라가 칠레에 침입하는 것을 막아주는 역할을 하였다. 토양에는 구리성분이 많이 함유되어 있어서 병균에 강하였다. 따라서 1860년 이전의 유럽 고유 포도나무로 재배하고 양조한 고전 와인의 맛이 남아 있는 지역이다.

칠레의 자연환경은 일교차가 크고 강수량은 매우 적은 편이다. 그러나 안데스산맥에서 녹아내린 빙하가 녹은 물은 부족한 부분을 보충해 주고 있으며, 거의 모든 경작지는 원하는 만큼의 물을 공급받는다. 이런 천혜의 조건 덕분에 홍수나 지진과 같은 천재지변이 일어나지 않는 한 포도작황은 매년 거의 동일하다. 따뜻하고 건조하며, 밝은 햇살이 비치는 날들은 지중해를 연상시킨다. 전반적으로 토양은 기름진 편으로 가볍고 모래와 점토 석회가 섞여 있지만, 안데스 경사면은 화강암이 더 많고 척박하다.

2) 와인의 특징

최근 화이트 품종이 증가하는 추세이긴 하지만, 와인 총재배량의 75%가 레드 와인을 생산하고 있다. 레드와 화이트가 섞인 50여 개의 품종이 재배되고 있지만, 7개 품종이 전체의 85%를 차지한다. 파이스(País)나 알렉산드리아 뮈스(muscat d'Alexandrie) 같은 몇몇 품종이 스페인 식민지 시절의 유산을 보여주긴 하지만, 최근에는 국제적인 다양한 품종들이 유행하고 있다.

(1) 레드 품종

칠레에서 재배되는 모든 포도품종 중에서 대표적인 것은 카베르네 소비뇽이다. 가격이 적당한 카베르네 소비뇽은 접근성이 뛰어나고, 민트, 블랙커런트(black currant), 올리브의 부드러운 풍미 안에 연기향이 은은하게 퍼지는 특징이 있다. 보르도의 2가지 품종인 메를로와 카르미네르(carmenere)가 그 다음을 이어 많이 재배되고 있다. 이 와인들은 확연한 식물향을 가지고 있으면서 부드럽다. 그 외에 시라, 피노 누아, 말벡 등도 인기를 얻으며 증가하는 추세이다.

(2) 화이트 품종

칠레산 샤르도네는 대체로 수준급이고 직설적인 편이며, 최근에는 비교적 단순하고 깔끔하며 맛있다는 평이다. 소비뇽 블랑의 경우에는 다른 국가와 비교하여 상당히 절제되어 있다.

대부분의 수출용 화이트 와인들은 샤르도네와 소비뇽 품종으로 만든 것이다. 샤르도네는 부드럽고 유연하며 노란 과일향이 다양한 와인을 만든다. 소비뇽은 샤르도네보다 더 많이 식재될 정도로 증가했는데, 이 많은 양의 포도나무에는 소비뇽 베르(sauvignon vert), 소비뇨 나스(sauvigno nasse) 등 다양한 패밀리 품종이 있다. 보다 시원한 지역에서는 가끔 강한 식물향이 있는 균형 잡힌 맛있는 와인을 생산한다. 화이트 품종으로 샤르도네, 소비뇽 블랑, 리슬링을 주로 재배하고 세미용, 피노 블랑, 트레비아노(trebbiano), 트라미너(Traminer), 로카 블랑카(loca blanca) 등이 있다.

3 와인등급

1995년 원산지명칭제도인 DO(Denominacion de Oriden)제도를 시행하였으나, 엄격한 규제를 하고 있지 않다. 재배지를 와인의 라벨에 명시하려면 적어도 75%의 포도가 해당지역에서 생산되어야 한다. 포도품종을 라벨에 표시하려면 적어도 그 품종을 75% 이상 사용해야 한다. 수확연도를 명시할 때에는 당해 연도산이 적어도 75% 이상은 되어야 한다.

1) 보통등급

와인 중에 가장 값이 싸고 대량 생산된다. 포도품종은 좋지만 아주 뛰어난 편은 아니다. 레드 품종은 주로 까베르네 소비뇽이며, 양조 후 빨리 소비해야 한다. 화이트 와인은 세미용으로 양조하는데 알코올 함량은 적은 편이다. 이런 종류의 와인에는 그란비노(Gran Vino)나 레세르바도(Reservado)라고 표기되어 있기 때문에 종종 이를 최고급 품질로 오인하기도 한다. 콘차이 토로 레세르바도(Conchay Toro Reservado)의 레드 와인과 화이트 와인, 산타 리타 우나 메다야(Santa Rita Una Medalla), 산타헬레나(Santa Helena)의 레드 와인과 화이트 와인, 가토 네그로(Gato Negro)의 레드 와인, 산 호세 (San Jose)의 레드 와인과 화이트 와인 등이 좋은 와인으로 평가되고 있다.

2) 중간등급

이 등급 와인의 맛과 향은 좋은 편이며, 라벨에는 귀족이나 유명인의 이름이 등장한다. 특히 레드 와인의 품질이 좋은 편이다. 대표적인 와인으로는 토레스 카베르네 소비뇽(Torres Cabernet Sauvignon), 산타 에밀라아나 카베르네 소비뇽 콘차이 토로(Santa Emiliana Cabernet Sauvignon Conchay Toro), 마쿨 동 루이스(Macul Dom Luis), 산타 카롤리나 트레스 에스트레야스(Santa Carloina Tres Estrellas) 등이 있다. 반면 화이트 와인은 그다지 뛰어나지는 않지만, 소비뇽 마쿨(Sauvignon Macul), 샤르도네 마쿨(Chardonnay Macul), 소비뇽 이 샤르도네 다 산타 리타(Sauvignon e Chardonnay da Santa Rita)는 좋게 평가된다.

3) 최고등급

가장 우수한 등급으로 오로지 레드 와인만 해당된다. 이 등급은 우수한 보르도산과 비교되지만 값은 훨씬 저렴한 편이다. 보르도처럼 새 오크통에서 숙성과정을 거치는데, 8~10년 이상 숙성된 것도 있다. 대표적인 와인으로 산타 리타 메달랴 레알(Santa Tita Medalla Real), 산타 리타 카사레알(Santa Rita Casa Real), 코우시토 마쿨 안티구아스 레세르바스(Cousiño Macul Antiguas Reservas), 마르케스 데 카사 콘차(Marques de Casa Concha), 동 멜초르(Dom Melchor), 산타 카롤리나 에스트렐랴 데 오로(Santa Carloina Estrella de Oro), 산타 카롤리나 레세르바 데 파밀리아(Santa Carloina Reserva de Familia), 카스띠요 데 몰리나 이 로스 바스코스(Castillo de Molina e Los Vascos) 등이 있다.

이외에 숙성기간 표기를 하는데, 그란비노(Gran Vino)는 6년 이상 숙성된 와인, 리 제르바(Resrva)는 4년 이상 숙성된 와인, 리제르바 에스페시알(Reserva Especial)은 2년 이상 숙성된 와인이다. 그러나 이에 대한 규제가 엄격하지 않아 저렴한 테이블 와인에 도 리제르바라는 표기가 있기도 하다. 이 밖에도 돈(Don), 도나(Dona)라는 표기가 있 으면 전통 있는 유명 와이너리의 장기 숙성 와인으로 프리미엄급 와인이라는 뜻이다. 품종도 라벨에 표기되는데, 일반적으로 75% 이상 사용된 품종을 단일품종 와인으로 표 기할 수 있다.

4 생산지역

칠레의 포도 재배지역은 4개의 권역, 13개의 지역, 소지역, 마을 단위로 점차 세분화 된다.

일반적으로 포도나무는 경작하기 쉬운 풍요로운 땅인 안데스산맥과 해안 주위 산 사 이에 있는 평지에 심어져 있었다. 그러다 차츰 잠재력이 많은 안데스 산악지대의 서쪽 경사면이나 태평양 근처나 보다 시원한 새로운 지역으로 옮겨가고 있다.

주요 와인산지는 산티아고 북부의 더운 지역인 아콩카구아(Aconcagua)와 주요 와이 너리들이 밀집해 있는 센트럴 밸리(Central Valley)이다. 센트럴 밸리의 포도밭은 산티 아고(Santiago)에서 남쪽의 마울라(Maule) 밸리까지 100,000ha 이상 펼쳐져 있다. 마이 포(Maipo)와 라펠(Rapel)이 13개 지역 중에서 가장 유명한 와인산지로 꼽힌다. 마이포 는 유명한 주요 양조장이 매우 많이 위치하고 있으며, 라펠은 마이포보다 기후가 선선

하고 파이스(País)품종을 재배한다. 라펠은 유명 소지역인 가차포알 밸리와 골차구아 밸리를 포함한다. 아콩카과는 칠레에서 가장 훌륭한 화이트 와인을 만드는 카사블랑카(Casablanca)와 산 안토니오(San Antonio)의 시원한 밸리 덕분에 매우 인기가 많다. 남부지역의 이타타(Itata)와 비오-비오(Bío-Bío)는 파이스 같은 다양한 전통 와인을 생산하는 지역이었다. 일조량이 많고 시원한 기후의 영향으로 최근 들어 전망 좋은 화이트 품종이 늘어나는 추세다.

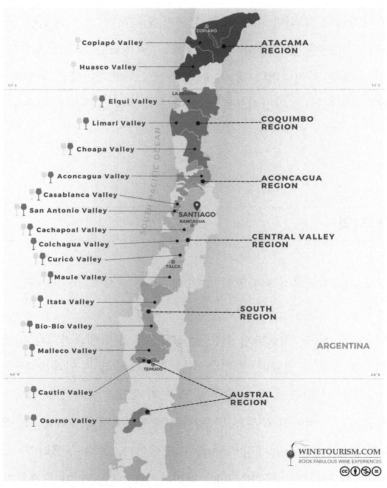

출처: https://www.winetourism.com/wine-country/chile/
칠레 와인산지

1) 센트럴 밸리(Central valley)

센트럴 밸리 중에서 가장 유명한 곳은 까베르네 소비뇽 생산지의 마이포 밸리다. 칠레에서 가장 오래된 와인 생산지 중 하나이며, 수도인 산티아고(Santiago)와 근접해 있어 많은 와이너리들이 본사를 두고 있다. 한편 카사블랑카 밸리는 최근에 떠오르기 시작한 유명 와인산지로, 칠레 최고의 와인을 만들어낼 잠재력을 지닌 곳이다. 모든 정상급 와인 생산자들이 이곳에서 샤르도네와 소비뇽 블랑을 중심으로 한 국제적인 품종을 재배하고 있다. 카사블랑카 밸리 북쪽의 아콩카구아 밸리는 칠레의 와인산지 중에서 가장 무더운 지역이다. 따라서 카베르네 소비뇽과 메를로 등이 잘 성장한다.

(1) 마이포 밸리(Maipo valley)

마이포 밸리는 칠레에서 가장 유명한 와인 생산지이다. 안데스산맥에서 뻗어 나와 해안까지 이어지고, 수도인 산티아고를 둘러싸고 있다. 수도에서 가까운 위치적 장점 때문에 19세기에 산티아고의 부유층들이 여러 와이너리들을 건립하였다. 이러한 와이너리는 오늘날 산타 리타(Santa Rita)나 콘차이 토로(Conchay Toro)처럼 칠레의 대표적인 와인기업으로 크게 성장하였다.

무덥고 건조한 지중해성 기후로 비는 거의 내리지 않고, 겨울에만 내린다. 이 지역은 여러 구역으로 구분된다. 가장 높은 지역인 알토 마이포(Alto Maipo)는 안데스산맥의 영향권하에 있다. 경사면에 위치한 포도밭은 일교차가 심해 구조가 매우 뛰어난 레드 와인을 생산한다. 산티아고의 남쪽과 남서쪽에 있는 센트럴 마이포(Central Maipo)와 퍼시픽 마이포(Pacific Maipo)는 보다 더운 날씨로 척박한 토양에서 부드럽고 과일향이 나는 잘 숙성된 와인을 만든다.

주요 품종으로 레드품종은 카베르네 소비뇽, 메를로, 카르미네르, 시라 등이고, 화이트품종은 샤르도네, 소비뇽 블랑 등이 있다. 토양은 점토와 석회로 구성된 충적토와 화강암이다.

와인의 특징으로 마이포는 잘 익은 과일, 향신료, 멘톨(menthol) 또는 구조감이 있는 유칼립투스(Eucalyptus)향이 난다. 대표적인 와인인 알마비바(Almaviva)는 매우 농축되

고 견고한 탄닌이 있는 카베르네 소비뇽 품종의 와인이다. 다른 레드품종들도 과일향이 나는 잘 익고 부드러운 와인을 생산한다. 화이트품종으로는 샤르도네가 매우 기분 좋은 부드러운 과일향을 자랑한다.

주요 생산자로는 알마비바(Almaviva), 콘차이 토로(Conchay Toro), 쿠지노 마쿨(Cousino Macul), 산타 알리시아(Santa Alicia), 산타 카롤리나(Santa Carolina), 산타 리타(Santa Rita), 운두라가(Undurraga), 비네도 차드윅(Vinedo Chadwick) 등이 있다.

(2) 라펠(Rappel)

라펠 지역은 북쪽에 칼차포알(Cachapoal), 남쪽은 콜차과(Colchagua)로 구역이 나뉜다. 콜차과는 최근 10년간 확장되어 레드품종을 95% 정도 재배하고 있다. 이곳은 따뜻하지만 대서양에서 불어오는 신선한 바람으로 서쪽은 시원하다. 밸리와 산악지대에 식재된 포도나무는 경사면 언덕에 펼쳐져 있다. 보르도품종은 콜차과에서 잘 재배되는데, 특히 클로 아팔타(Clos Apalta), 몬테스 알파(Montes Alpha)와 같은 칠레의 대표적인 와인을 생산하였으며 쉬라와 말벡도 전망이 밝은 편이다.

주요 품종으로 레드품종은 카베르네 소비뇽, 메를로, 카르미네르, 시라 등이 있고, 화이트품종으로 샤르도네가 있다. 토양은 점토와 석회로 구성된 충적토와 화강암 등이다. 와인의 특징으로 콜차과는 부드럽고 육감적인 레드 와인이 유명하다. 주요 품종인 카베르네 소비뇽으로 오래 숙성하면 맛있어지는 풀바디한 와인을 만든다. 또한 이 지역에서는 잘 농축되고 육즙이 가득한 메를로와 오래된 포도나무에서 생산되는 말벡이 있다. 화이트품종인 샤르도네는 단순하고 부드러운 편이다.

주요 생산자로는 카사 라포스톨(Casa Lapostolle), 카사 실바(Casa Silva), 에라수리스 오바유(Errazuriz Ovalle), 구엘벤추(Guelbenzu), 엘 아라우카노(El Araucano), 루르톤(Lurton), 로스 바스코스(Los Vascos), 루이스 펠리페 에드워즈(Luis Felipe Edwards), 산타 헬레나(Santa Helena), 시겔(Siegel), 비냐 몬테스(Viña Montes), 뷰 마넨(Viu Manent) 등이 있다.

(3) 카사블랑카 밸리(Casablanca valley)

새로운 재배지인 카사블랑카는 25년 전에 포도 재배를 하지 않았던 지역이다. 적당한 기후조건으로 새롭게 도약한 이 지역에서는 주로 좋은 밸런스의 신선하고 질 좋은 화이트 와인을 생산한다. 포도밭은 산티아고와 발파라이소(Valparaiso)항구 사이의 해안 근처에 4,000ha 이상 펼쳐져 있다. 태평양의 영향으로 아침이면 포도밭에 안개가 끼지만, 다른 곳에서는 예외적으로 봄에 생기는 서리로 인해 매우 안 좋은 영향을 미친다. 개관이 필수적인 데다 포도밭으로 개발하기 위한 비용이 발생하기 때문에 포도밭을 확장하는 데는 어려움이 있다. 포도밭은 해안지대의 들쑥날쑥한 경사면에 계단식으로 만들어져 있다.

주요 품종으로 레드품종은 피노 누아, 메를로, 카르미네르 등이 있고, 화이트 품종은 샤르도네와 소비뇽이 있다. 토양은 모래질, 석회암, 화강암으로 구성되어 있다.

와인의 특징으로 카사블랑카는 샤르도네와 소비뇽 블랑으로 만든 드라이한 화이트 와인으로 특화되어 있다. 이 와인은 우아하고 신선하며, 과일향이 풍부하고, 소비뇽 블랑에서는 식물향이 동반된다. 레드품종은 매우 적은 편이나, 최근 들어 피노 누아가 풍부하고 과일향이 가득하고 상큼한 맛을 내는 새로운 시도를 하고 있다.

주요 생산자로는 콘차이 토로(Conchay Toro), 코노 수르(Cono Sur), 로마 라르가(Loma Larga), 퀸테이(Quintay), 산타 리타(Santa Rita), 베라몬테(Veramonte) 등이 있다.

2) 세카노 중앙지대

발파라이소(Valparaiso)의 높은 지대에서 마울레(Maule)까지의 지역이다. 칠레 국내 와인 총생산량의 8% 정도를 점유하고 있다.

(1) 꾸리코(Curico)

안개와 심한 일교차 때문에 산도가 높은 포도가 잘 재배되는 지역이다. 샤르도네와 소비뇽 블랑 등의 화이트 와인이 유명하다. 또한 까베르네 소비뇽, 메를로, 피노누아 등과 같은 레드 와인도 생산된다.

(2) 마울레(Maule)

1980년대에 개발된 지역으로 토착품종인 빠이스(Pais)로 벌크와인(bulk wine)을 주로 생산한다. 최근에는 까베르네 소비뇽, 메를로, 까르미네르 등의 품종으로 확대되고 있다. 화이트 와인보다 레드 와인이 우수한 지역이다.

3) 세카노 남부지대

포도밭 해안산맥의 밑자락에 펼쳐져 있다. 칠레 최대의 재배지이며, 국내에서 대중적으로 가장 인기 있는 증류주인 피스코(Pisco)의 생산지로 유명하다.

대표 생산지인 비오비오(Bio-Bio)와 이타타(Itata)는 춥고 습하며 늪지가 많은 편이다. 생산되는 와인은 도자기에 담겨 판매되기 때문에 나름대로 특색이 있다. 역사적으로 파이스 품종을 사용한 벌크와인을 만들었으나, 최근에는 품질 향상을 위한 노력을 기울이고 있다.

(1) 비오비오(Bio-Bio)

최남단의 와인 생산지로 새롭게 주목받는 곳이다. 포도가 익어가는 시기에 따뜻한 낮과 차가운 밤의 일교차는 포도 재배에 좋은 영향을 미친다. 그러나 많은 강우량과 강풍 등의 악조건은 칠레의 타 지역에 비해 보다 세심한 관리와 인내를 요구한다. 따라서 차가운 기후에 비교적 잘 적응하는 품종인 소비뇽 블랑, 샤르도네, 피노 누아 등이 재배되고 있다.

(2) 이타타(Itata)

스페인 식민지 시절부터 항구도시인 꼰셉시온(Conception)에 와이너리가 형성된 지역이다. 과거와 현재가 공존하며 새롭게 발전하는 와인산지이다. 대표적인 품종은 모스

까델 데 알렉산드리아(Moscatel de Alexandria)이며, 까베르네 소비뇽, 샤르도네, 소비뇽 블랑 등도 재배되고 있다.

5   **주요 와인**

1) 알마비바(Almaviva)

    1883년 설립된 콘차이 토로(Conchay Toro)는 1997년 보르도의 필립 드 로칠드(Philippe de Rothschild)와 합작하여 살아 있는 영혼이라는 의미의 최고급 와인인 알마비바를 탄생시켰다.

    알마비바란 이름은 프랑스의 극작가인 보마르셰(Beaumarchais)의 작품 〈피가로의 결혼〉에 등장하는 알마비바 백작의 이름을 딴 것으로 보마르셰 필체를 그대로 옮겨와 라벨을 만들었다. 레이블의 도형은 칠레의 옛 선조 원주민인 마푸체(Mapuche)족에 경의를 표하는 의미로 디자인되었다. 양식화한 도형은 마푸체 문명에서 땅, 해, 달, 별, 우주 등을 의미한다.

    칠레 와인의 전형적인 풍부한 과일향과 보르도의 섬세함이 조화된 알마비바에 전 세계의 와인 전문가들이 주목하고 있다. 이 보르도 블렌딩 와인은 산티아고 남쪽에서 약 30km 떨어진 푸엔테 알토(Puente Alto)의 85ha에서 재배되는 까베르네 소비뇽이 주 품종이다. 신생 와이너리에서 양조되는 이 와인은 17~18개월간 숙성된 후 새 와인통에서 다시 숙성된다. 입안에서는 농축된 진하고 복합적이며 신선하고 매혹적인 과일향이 느껴진다. 보존할 가치가 있는 매우 구조감이 좋은 와인이다.

HIGHLY RECOMMENDED

95

VIÑA ALMAVIVA
Puente Alto 2016

출처 : https://www.almavivawinery.com/en/2019/12/almaviva-2016-named-in-wine-spectators-
top-100-wines-of-2019/

2) 세냐(Sena)

1995년 로버트 몬다비(Robert Mondavi)와 에두아르도 채
드윅(Eduardo Chadwick)은 매우 어려운 목표를 가지고 국제
합작투자를 시작했다. 칠레 와인산지의 잠재력을 최대한 활
용하고 다른 어느 곳과도 비교할 수 없는 세계적 수준의 아
이콘 수준 와인을 만드는 것이다. 그들은 꿈과 노력, 헌신을
공유하며 1997년 칠레 최초의 아이콘 와인인 세냐(1995)의
첫 번째 빈티지를 출시했다. 세냐(1995)는 카베르네 소비뇽
70%와 카르미네르 30%가 블렌딩되었다.

출처 : https://www.sena.cl/
Wines/sena/2014

몬다비와 합작해 만든 세냐는 두 가지 뜻이 있다. 첫째,
신호, 시그널이란 뜻은 세냐가 칠레 와인의 우수성을 전 세계에 알리는 신호탄이 될 것
이란 의미가 있다. 두 번째로, 로버트 몬다비와 에라주리즈(Errazuriz) 두 가문의 약속,
서명이란 뜻도 있다.

3) 카르미네르(Carmenere)

아르헨티나엔 말벡이 있고, 우루과이엔 타나트가 있지만 칠레는 딱히 꼽을 만한 품
종이 없었다. 프랑스의 두 과학자인 장 미셸 부르시코(Jean-Michel Boursiquot)와 클로
드 발라(Claude Valat)는 칠레산 메를로의 뿌리가 카르미네르와 같다는 것을 공식화했

다. 보르도에서 온 카베르네 패밀리인 이 품종은 필록세라 위기 이후 지롱드(Gironde)
에서 사라졌다. 19세기부터 칠레에 식재된 이 품종은 자신의 이름을 되찾았다. 이 와
인들은 진하고 식물의 향(파프리카와 숲의 향)과 함께 잘 익은 과일과 감초향이 매혹
적이다.

참 / 고 / 문 / 헌

고종원 외 4명(2013), 세계 와인과의 산책, 대왕사
고종원 외 8명(2011), 세계의 와인, 기문사
두산백과 두피디아, 두산백과, www.doopedia.co.kr
문화원형백과 와인문화, 문화원형 디지털콘텐츠, www.nl.go.kr
윤화영 · 김문영, 그랑 라루스 와인백과, 라루스
정보경, 와인오케이닷컴, www.wineok.com
최영수 외 5명(2005), 와인에 담긴 역사와 문화, 북코리아
www.almavivawinery.com
www.sena.cl
www.winetourism.com

CHAPTER 28 호주(Australia)

1 와인 개관

호주는 유럽 전체를 합친 것보다 훨씬 방대한 영토를 가진 국가이다. 전 세계에서 볼 수 있는 거의 모든 기후를 만날 수 있다. 호주 65곳의 와인산지에서 100여 종의 다양한 포도품종이 재배되는 것이 전혀 이상하지 않은 이유이다(마시자 매거진, 2021.11.17). 이는 호주의 다양한 기후로 인해 호주와인이 다양하고 차별화된 와인을 생산하고 있다는 의미로 보면 된다.

호주와인의 특징은 창의성과 호기심 그리고 새로운 품종의 식재와 블렌딩의 결과 창출이다. 다른 나라와는 다르게 새로운 실험정신과 도전으로 블렌딩의 결과를 도출한다던지 기존의 통상적인 관념을 깨고 새로운 지역에서 새로운 품종을 실험하는 노력을 하고 있다.

호주는 1788년[73] 처음으로 포도가 재배되었다. 1950년대에 생산기술이 크게 발전되었다. 기술과 설비 개선과 함께 품종, 토양의 연구로 호주만의 특색있는 와인을 선보이게 되었다. 그리고 세계시장에 큰 반향을 불러일으킨 펜폴즈사의 Grange 와인을 시작으로 품질이 급상승하게 되었다. 1985년 영국시장을 교두보로 하여 미국과 전 세계로 가성비 좋은 밸류와인을 공급하게 되었고 세계 5대 와인 교역국으로 부상하게 되었다(손진호 와인연구소, 2010: 158).

---

73) 호주의 와인산업이 시작된 해가 1788년이다(Vivino).

호주는 세계 생산량 7위, 수출량 4위의 와인 생산국으로 1788년 시드니 왕립식물원 자리에 포도 묘목을 심으면서 와인산업이 시작되었다. 1900년대 침체기를 보였으나 1970년대부터 고급와인을 생산하며 세계시장에 진입하였다. 여러 선진기술이 도입되고 생산설비가 향상됨과 동시에 독창적인 마케팅으로 세계시장에서 빠르게 성장하며 영국과 미국시장에서 호주와인의 인기는 프랑스 와인에 앞설 정도로 발전해 왔다(the bell News, 2022.3.23)는 평가이다.

호주와인은 현재도 가격대비 품질이 우수한 밸류와인으로 인식되고 있다. 우리나라에 수입된 호주와인들을 전반적으로 평가할 때 밸류와인의 가치가 높다. 2000년대 들어서는 새로운 품종[74]을 개발, 식재하고 컬트와인 등 고가의 전략을 펼친다는 평가이다.

호주와인은 기술의 발전과 와인메이커의 노력으로 기후의 제약을 극복하였다는 평가이다. 호주에서는 떼루아, 토양, 산지의 특성 등을 언급하는 경우는 거의 없고 집중적인 관개관리, 포도나무를 보호하기 위한 차광막 설치, 수확 시 냉장설비를 갖춘 트럭, 저온발효법 등의 기술 발전과 노동이 주로 언급된다는 설명이다. 자연을 길들이기 위한 노력이 결실을 맺고 개성있는 와인을 생산하게 되었다. 현재 호주의 고급와인은 세계 와인에 영향을 끼칠 만큼 좋은 품질을 자랑한다(오펠리 네만, 2020: 196)는 평가이다.

호주와인의 특징[75]은 다른 나라에 비해 소규모의 와이너리보다는 대규모 생산공정 등으로 대량 생산하는 공장형 와이너리가 많다는 점도 들 수 있다. 인지도 있는 브랜드와 와인의 경우 이러한 대규모 생산으로 만들어지고 있다는 점이다.

최근 호주에는 극심한 가뭄 등으로 포도나무가 말라 죽는 등의 일이 잦아 어려움이 많다고 한다. 미국 캘리포니아 산지의 어려움처럼 가뭄과 산불의 피해는 와인산지에 큰 피해와 어려움을 주고 있다. 호주도 산불로 오랜 시간 피해가 있었고 어려움을 겪었다는 점에서 향후 지속적으로 대책이 마련되어야 할 것으로 사료된다.

---

74) GSM, 리슬링 등의 품종이 대표적인 예이다(손진호 와인연구소, 2010: 158). 그르나슈(Grenache), 쉬라즈(Shiraz), 무드베드르(Moudvedre) 품종의 결합이다. 매우 강렬하며 진한 와인 스타일로 만들어진다.
75) 호주 와인은 나무수령이 거의 30년 이상이다. 그래서 중저가의 와인에서도 품질이 대체로 양호하며 밸류와인이 대부분이라고 할 수 있다. 이런 부분이 호주와인의 경쟁력이다.

참고

호주의 컬트와인

호주의 컬트와인은 펜폴즈 그랜지, 헨쉬케 힐 오브 그레이스, 크리스 링랜드 시라즈 드라이 그로운 바로사 랭지스(Chris Ringland Shiraz Dry Grown Barossa Ragnes)로 세계 최대 와인 검색 사이트 와인 서처가 선정한 고가의 호주와인 Top 10에 오른 최상급 와인이다. 크리스 링랜드는 1년에 1,500병 이내로 한정 생산하는 희소성 때문에 호주의 컬트와인으로 불리며 국내에는 20병 정도만 수입된다(매일이코노미, 2021.11.04).

메이필드 호텔에서는 호주와인 몰리두커와 함께하는 와인 디너를 선보였다. 남호주 맥라렌베일에서 생산한 컬트와인이다. 왼손잡이를 의미하는 몰리두커 와인은 왼손잡이로 인해 생기는 에피소드, 가족 스토리를 형상화한 라벨의 와인이다. 로버트 파커 99점, 와인스펙테이터 100대 와인으로 선정되었다는 설명이다(매일일보, 2023.2.3).

몰리두커(Mollydooker) 쉬라즈는 맥라렌베일을 대표하는 와인으로 더 복서 쉬라즈(The Boxer Shiraz)가 대표와인이다. 레이블을 보면 오른손에 낀 글러브도 왼손 글러브이다. 와이너리 부부가 왼손잡이로 와이너리 이름도 그렇게 탄생하였다(세계일보, 2023.2.19).

호주에는 2,000개 이상의 와이너리가 있다. 드라이하거나 달콤한 와인부터 스틸, 스파클링, 강화 와인까지 모든 유형을 양조한다. 대략 100여 개의 포도품종이 재배되고 있다(세계의 유명 와인산지; terms.naver.com).

---

2 | 와인품종

호주에서는 많은 다양한 품종들이 생산된다. 새로운 시도와 다양한 기후와 조건에 부합하는 품종이 식재되고 지속적으로 새로운 노력과 연구로 확장되는 상황이다. 즉, 호주는 새로운 각축장으로 변화와 발전의 지역으로 주목받고 있다.

1) 화이트

(1) 샤르도네

호주 화이트 와인의 대표품종이다. 서호주에서는 온화한 날씨로 샤르도네는 일반적으로 오크숙성을 하지 않는다. 그리고 이러한 샤르도네가 인기가 있다. 남호주에서는 더운 날씨로 버터향이 나는 샤르도네가 생산된다. 빅토리아주나 태즈메이니아 지역에서는 시원한 기후로 산도가 좋고 크림 같은 샤르도네가 생산된다(Wine Folly, 2015: 180).

호주 샤르도네 와인

사과향, 오렌지 제스트, 레몬 등의 아로마가 서늘한 지역의 좋은 샤르도네에서는 표출된다. 그레이프프루트(자몽), 캐슈넛[76], 정향 향신료, 미네랄 향 등이 나타난다.

남호주의 샤르도네는 오크숙성으로 인한 버터리(buttery: 버터향이 나는)한 특징을 지닌다.

최근에는 빅토리아 야라밸리, 태즈메이니아 등에서 좋은 샤르도네가 생산되고 좋은 평가를 받고 있다.

(2) 소비뇽 블랑

남호주의 소비뇽 블랑은 복숭아향의 특징을 지닌다. 남호주의 애들레이드 힐에서 소비뇽 블랑이 잘 재배된다. 서늘한 기후로 인해 잘 재배된다. 호주에서는 빅토리아주의 야라밸리, 태즈메이니아 등에서 잘 재배된다.

Dalrymplea 소비뇽 블랑 와인 : 태즈메이니아 2018년산 와인이다. 리퍼스강이 흐르는 지역에서 생산된다.

---

76) 견과류로 캐슈나무의 식용 씨이다. 인도, 브라질, 탄자니아 등에서 생산된다. 닭고기 등과 잘 어울린다는 평가이다.

(3) 세미용

호주의 대표적인 품종이다. 스틸와인은 보통 소비뇽 블랑과 블렌딩된다.

(4) 리슬링

상대적으로 남호주의 서늘한 지역에서 생산된다. 석유향이 감지된다. 호주의 대표적인 품종이다. 남호주 클레어밸리는 작지만 유명한 세계적인 생산지로 평가된다.

클레어밸리 리슬링 와인 : Rhynie Road 2018년산 와인이다. 현지에서 15~20호주달러에 구입가능하다.

(5) 뮈스카

뮈스카 블랑(Muscat Blanc)은 호주의 빅토리아주에서 잘 재배된다. 호주에서는 끈적이(Stickies: 스티키스)라고 불린다. 향긋한 꽃향기, 달콤함이 특징이다. 살구, 복숭아, 열대과일 풍미가 난다.

(6) 슈냉블랑

Chenin Blanc은 남호주 클레어 밸리(Clare Valley)에서 잘 재배된다.

(7) 비오니에

호주에서 특별한 블렌딩 시에 사용되기도 한다. 시라와 주로 블렌딩한다. 호주는 실험적인 품종의 블렌딩 등의 도전을 통해 와인의 완성도를 높이기도 한다.

야룸바사의 남호주 비오니에 와인 : 현지에서 대중적으로 15호주달러 내외에 판매되는 밸류와인이다.

(8) 피노그리

Pinot Gris는 남호주 라임스톤 코스트 등에서 생산된다.

호주에서는 추운 킹 밸리, 모닝턴 페닌슐라, 태즈메이니아에서 피노그리를 생산한다. 알자스 스타일을 추구한다. 베이 오브 파이어, 더 웬트 에스테이트, 타마 릿지, 갈란트, 퀠리 와인즈, 야비 레이트, 헨슈케, 페탈루나, 브리스데일 같은 생산자들이 생산한다(수지왕, 2022.8.15).

(9) 피아노(Fiano)

호주에서 주목할 비주류 품종으로 평가된다. 이탈리아 남부 캄파니아와 시칠리아에서 유래한 것으로 알려진다. 맥라렌베일, 특히 Coriole와이너리가 유명하다. 뉴사우스웨일스의 헌터밸리, 퀸즐랜드의 Granit Belt에서 피아노 품종이 실험적으로 생산된다(마시자 매거진, 2021.11.17).

(10) 베르멘티노(Vermentino)

비주류 품종이지만 주목된다. 원산지는 이탈리아 리구리아 지역이다. 리구리아 지역처럼 맥라렌베일에서는 해양에 인접하고 기후가 따뜻해서 잘 재배된다. 상큼한 풍미부터 질감이 풍부한 와인까지 다양한 스타일로 만들어진다(마시자 매거진, 2021.11.17).

(11) 베르데호(Verdelho)

베르데호는 애들레이드 힐즈 등 남호주에서 생산된다. 호주에서는 리슬링, 샤르도네 등과 블렌딩하기도 한다. 호주에서는 그르나슈, 쉬라즈, 마타로, 틴타 로리즈 등의 품종과 블렌딩하여 숙성하고 주정 강화와인을 생산하기도 한다.

(12) 마르산(marsanne)

빅토리아주에서는 비오니에 등과 블렌딩하여 와인을 생산한다. 남호주 맥라렌베일

에서도 재배된다.

미네랄, 시트러스, 복숭아 풍미가 좋다. 숙성 시 멜론, 자스민, 아카시아꿀 등이 감지된다. 모과, 살구향, 점성이 느껴지는 질감에 무게감도 있다. 볏짚 같은 색상과 황금빛, 흙냄새도 감지된다(wine21.com)는 평가이다.

(13) 그뤼너 벨트리너(Gruner Veltliner)

비주류 품종이지만 주목된다. 이 품종은 오스트리아에서 가장 많이 재배된다. 이와 유사하게 일교차가 큰 애들레이드 힐즈에서 잘 생장한다. 상큼한 미네랄 풍미가 과일 특징과 균형을 잘 이룬다(마시자 매거진, 2021.11.17)는 평가이다.

(14) 기타

피노블랑, 알바리뇨 등과 같이 호주의 생장환경에 잘 맞는 품종을 개발하고 있다.

2) 레드

(1) 쉬라즈

호주에서 가장 인기 있는 레드 품종이다. 쉬라즈는 풀바디의 높은 알코올 도수를 지닌다. 색은 진보라색 뉘앙스로 진하다. 베리향과 자두향이 주요 향이다. 호주의 더운 여름과 추운 겨울의 영향으로 복합미를 지닌다. 구조감

호주 남호주(바로사밸리) 쉬라즈 와인 : 2016년산이다. 항공기 면세에서 구입이 가능했고 현재는 국내 대형마트에서 구입할 수 있다. 가격도 3만 원 내외로 인하되었고 밸런스가 좋은 밸류와인이다.

도 좋다. 세계의 주요한 품종이다. 쉬라즈는 커피의 로부스트에 비유된다. 스파이시하며 약간의 감도도 있다(www.vivino.com)는 평가이다. 남호주 쉬라즈는 스모키하고 진하며 강하다.

(2) 까베르네 소비뇽

호주에서 많이 생산되는 레드품종이다. 대표적인 품종이다. 카시스, 뽕나무, 향신료, 삼나무 아로마, 잘 익은 과일향, 부드러운 타닌 등이 좋은 레드와인에서 감지된다.

울프 블라스 옐로 라벨 까베르네 소비뇽 와인 : 2018년 빈티지로 남호주에서 생산된 와인이다.

(3) 피노누아

호주에서 스파클링 와인[77]을 만들 때 사용된다. 호주에서는 서늘한 빅토리아주 야라밸리, 태즈메이니아 지역에서 주로 생산된다. 좋은 피노누아에서는 체리, 모카, 야생딸기, 크랜베리, 감초, 정향 등의 풍미가 표출된다. 타닌은 부드럽고 밸런스가 좋다.

데블스 코너 피노누아 와인 : 2020년 빈티지로 태즈메이니아 지역 생산 와인이다. 현지에서 가장 대중적이며 인기 있는 와인에 속한다. 약 25호주달러 정도이다.

(4) 산지오베제

Sangiovege는 이탈리아 피에몬테 지역처럼 석회질이 높은 토양에서 잘 자란다. 재배기간이 짧고 포도열매가 빨리 숙성한다. 생명력이 강한 품종이다. 검붉은색, 높은 산도의 과일향이 풍부하다.

호주에서는 남호주 지역에서 주로 생산된다. 맥라렌베일의 Coriole 와이너리에서 1985년 좋은 와인을 생산하였다.

---

77) 사르도네, 피노 뮈니에와 블렌딩 시에 사용한다.

(5) 바르베라

Barbera는 호주에서 비주류이나 부각되는 품종이다. 높은 산도와 낮은 타닌이 특징이다.

(6) 몬테풀치아노

Montepulchiano는 남호주 맥라렌베일, 애들레이드 힐스, 에덴밸리 등에서 생산된다. 이탈리아 품종인 알리아니코와 블렌딩하여 진한 풍미를 표출하기도 한다.

(7) 네로 다볼라

Nero d'Avola도 호주의 비주류로 부상하는 와인품종이다.

온기를 좋아하는 품종이다. 그래서 이 품종은 포도밭에서 땅에 가까운 낮은 높이에서 재배된다. 까베르네 소비뇽, 메를로 등과 블렌딩되기도 한다. 장기숙성용 와인으로 진한 색, 높은 알코올, 풀바디한 와인이 만들어지기도 한다. 블랙베리, 자두, 초콜릿 풍미와 높은 타닌 및 산도가 구조를 탄탄하게 한다(와인지식연구소).

(8) 템프라니요

Tempranillo도 호주의 비주류 품종으로 부상하고 있다.

펠폴즈사의 템프라니요 와인 : 2011년 빈티지로 맥라렌베일에서 생산되었다.
호주에서는 다양한 품종이 식재되고 생산된다.

(9) 무드베드르

까베르네 소비뇽, 그르나슈 등과 블렌딩[78]으로 많이 사용된다. 호주에서는 마타로(mataro)로 불린다.

---

78) 호주에서는 블렌딩을 통해 와인의 복합미를 올리고 힘찬 스타일로 만든다. 대표적인 것이 GSM(그르나슈, 쉬라, 무드베드르의 블렌딩이다.

(10) 기타

아시리티코, 투리가 나시오날, 가메, 뒤 리프/프티시라, 진판델, 까베르네 프랑 등이 호주 전역의 포도밭에서 재배된다. 호주의 생장환경에 맞는 신규품종을 개발[79]하고 있다(마시자 매거진, 2021.11.17). 쁘띠 베르도도 남호주 지역에서 생산된다.

남호주 애들레이드 플레인스 쁘띠 베르도 와인 : 2019년 빈티지로 더운 곳에서 잘 자라는 품종의 와인이다. 소비자가격은 5만 원 내외이다.

3 지역고찰

1) 남호주

포도주 생산량이 가장 많은 곳이다. 대규모 양조장 밀집지역으로 평가된다. 호주는 가족와이너리 외에도 대규모 공장형태로 규모 있고 생산량 많은 와인 브랜드들이 많다. 특히 이곳은 쉬라즈의 특화된 지역으로 알려져 있다.

남호주는 쉬라즈를 중심으로 호주의 최대산지의 명성이 있다. 덥고 강한 일조량의 특징이다. 바로사 밸리, 클래어 밸리, 에덴 밸리가 전통적으로 유명한 산지이다.

출처 : 금양인터내셔날 금양 브랜드북(KEUM YANG BRAND BOOK- the best wine guide)

---

79) 호주에서 독립적으로 운영되고 있는 과학 연구기관이 CSIRO(Commonwealth Scientific and Industrial Research Organisation)이다(마시자 매거진, 2021.11.17).

(1) 바로사 밸리

가. 지역 특성

이곳은 호주에서 가장 덥고 건조한 지역이다. 쉬라즈로 유명한 호주의 대표산지이다. 손 수확 등 좋은 와인을 위해 기울이는 노력이 있는 곳이다. 고목에서는 좋은 와인을 생산되고 있다.

펜폴즈 쿠룽가 힐 쉬라즈 와인 : 2018년산으로 남호주 바로사 밸리에서 생산된다. 1944년에 펜폴즈사는 설립되었다. 호주에서 가장 대표적이고 유명한 브랜드이다.

Barossa valley[80])에는 제이콥스 크리크, 펜폴즈, 울프 블라스, 피터르만, 살트램, 알룸바, 올랜도, 토브랙, 헨쉬키 등의 와인제조업체들이 많다.

특히 펜폴즈는 규모가 다른 제조업체와 비교하여 중간 정도이지만 가장 큰 명성을 지닌 와이너리로 평가된다.

나. 주요 품종

가) 화이트

(가) 세미용

농축미가 있는 스타일이다.

(나) 샤르도네

바로사의 이든 밸리 지역에서 샤르도네가 생산된다.

(다) 리슬링

독일의 리슬링과 달리 드라이한 느낌의 리슬링이 특징적이다. 이든 밸리 지역에서 생산된다.

---

80) 미국의 나파밸리로 표현된다. 가장 뛰어난 와인을 생산하는 지역이라는 의미이다.

(라) 소비뇽 블랑

애들레이드 힐, 바로사 밸리, 맥라렌베일 등에서 생산된다.

나) 레드

(가) 쉬라즈

호주의 바로사 밸리의 쉬라즈는 필록 세라를 피한 덕분에 수령이 100년이 넘은 포도나무들을 쉽게 볼 수 있고 이곳에는 이런 올드바인 쉬라즈가 몰려 있다. 덥고 건조한데다 뿌리가 땅속 깊은 곳까지 파고들면서 다양한 성분과 미네랄을

랑그메일사 바로사 밸리 쉬라즈 와인 : 2017년산 빈티지로 진한 풍미가 감지된다.

흡수해 깊은 맛을 내는 올드바인까지 있어서 호주에서 가장 농축미를 갖춘 파워풀한 쉬라즈를 만들 수 있다. 블랙베리 등 검은 과일과 블랙페퍼 등 향신료, 알싸한 흙내음, 스모키함 그리고 높은 알코올 도수로 대변되는 쉬라즈가 생산되는 바로사 밸리는 호주 쉬라즈의 대명사가 되었다(최현태, 2019.5.26; 세계일보)는 전문가 평가이다.

(나) 까베르네 소비뇽(Cabernet Sauvignon)

바로사 밸리의 까베르네 소비뇽의 품질은 좋다. 색이 짙고 과일향이 풍부하다. 초콜릿향이 감지된다.

피터 르만사의 바로사 밸리 까베르네 소비뇽 와인 : 2020년 빈티지로 장기저장성 와인이다.
가격은 3~4만 원 내외이다.

(다) 메를로(Merlot)

이 지역의 메를로는 매력 있는 것으로 평가된다. 그랜트버지 와이너리는 이 지역 메를로의 개척자로 불린다.

(2) 맥라렌베일

가. 지역 특성

해안으로부터 30km 거리에 있는 와인산지이다. 해양성 기후를 나타낸다. 그래서 지중해의 포도품종이 잘 자란다. 서늘한 해양성 기후로 인해 레드 와인은 탄닌이 매우 부드럽다는 평가이다. 최근에는 유기농 와인 생산도 증가하고 있다(Wine trails Australia & New Zealand, 2018: 77).

맥라렌베일은 흑후추향, 다크초콜릿 느낌이 좀 더 강하다[81]. 맥라렌베일[82]의 와인역사는 180년이 넘는다. 2023년 1월 현재 맥라렌베일 와이너리는 180곳이다. 포도품종은 쉬라즈 비중이 58%이다. 카베르네 소비뇽 19%, 그르나슈 5%, 샤르도네 5%, 메를로 3%이다. 포도 병충해 필록세라를 피한 곳으로 올드바인 즉 고목이 잘 자란다. 포도품종은 피아노(Fiano), 베르멘티노(Vermentino), 산지오베제, 바르베라, 몬테풀치아노, 네로 다볼라, 템프라니요도 잘 자란다(최현태, 세계일보, 2023.2.19).

더 복서 와인 : 2020년 빈티지로 쉬라즈 와인이다. 맥라렌베일 지역의 왼손잡이 복서를 의미하는 Molydooker The Boxer는 알코올 도수 16.2%의 상대적으로 높은 와인이다.
포도는 맥라렌베일과 랭혼 크릭 지역에서 재배되었다.
와인에 질소가 들어 있어 흔들어 질소를 없앤 뒤에 시음해야 하는 색다른 와인이다.

맥라렌베일은 특히 이탈리아 품종이 많다는 점이 눈에 띈다. 이민자 등으로 인해 이탈리아의 영향을 많이 받은 것으로 보인다. 햇살이 잘 비추는 기후, 지형적으로 유사한

---

81) 맥라렌베일 지역의 왼손잡이 복서를 의미하는 Molydooker The Boxer(2020)는 쉬라즈 100%, 알코올 도수 16.2%의 상대적으로 높은 와인이다. 포도는 맥라렌베일과 랭혼 크릭 지역에서 재배되었다. 미국산 오크 새 배럴 43%, 1년 배럴 35%, 2년 배럴 22%에서 발효와 숙성되었다(비노클럽 Vinoclub블로그). 가격은 6만 원 후반대이다. 2020년 빈티지는 와인스펙테이터 92점을 받았다. 비비노 평점은 4.1이며 세계 및 맥라렌베일 지역 2% 내에 속한다(www.vivino.com). 이 와인을 시음해 보면 블랙체리, 자두 그리고 특히 다크초콜릿과 감초의 풍미가 매우 진하고 강하다. 구운 오크향도 감지된다. 알코올 도수도 감지된다. 풀바디하며 강한 뉘앙스가 특징이다. 호주의 강렬한 쉬라즈를 느낄 수 있는 와인이다. 프랑스 북부 론 와인을 능가하는 와인을 만들려는 목표가 있는 와인으로 프랑스 북부론의 에르미타주와 코티로티의 강한 뉘앙스가 감지되는 와인으로 평가하고자 한다. 단, 조화로운 밸런스는 다소 부족하다는 생각이다.
82) 호주 최고의 쉬라즈, 까베르네 소비뇽, 그르나슈, 메를로, 샤도네이, 소비뇽 블랑, 리슬링도 많이 생산된다.

환경에서 잘 자라는 품종을 식재한 것으로 판단된다.

이곳은 지중해성 기후로 일조량, 고도 그리고 바다 입구에서 부는 바람 등 국지적인 다양성이 있다는 평가이다. 그리고 모래가 많은 충적토, 모래, 진흙의 토양이다(그랑 라 구스 와인백과).

나. 주요 품종

남프랑스, 이탈리아, 스페인 지역의 포도들이다. 쉬라즈, 그르나슈, 무드베드르, 몬테풀치아노, 템프라니요, 산지오베제, 바르베라, 네로 다볼라의 레드품종과 비오니에, 루산느, 마르산느, 피아노, 베르멘티노 화이트 품종이다. 최근에는 레드품종이 우세하다. 전체 와인의 약 85%를 차지한다(Wine trails Australia & New Zealand, 2018: 77).

투핸즈 앤젠스 쉐어 쉬라즈 와인 : 맥라렌베일에서 생산된다. 와인애호가들로부터 좋은 평가와 구입이 많았던 와인이다. 2018년산으로 4만 원 내외에 구입 가능하다. 수상 실적이 많다.

다렌버그 쉬라즈, 그르나슈 와인 : 맥라렌베일에서 생산된다. 2015년 빈티지이다.
다렌버그사는 1912년에 설립되어 가성비 좋고 품질 좋은 호주 와인을 생산한다.
로버트 파커는 남호주의 쉬라즈, 그르나슈 등을 가장 경쟁력 있는 와인으로 평가하기도 하였다.

(3) 쿠나와라(Coonawarra)

가. 지역 특성

쿠나와라 지역[83]은 테라로사 토양으로 진하고 좋은 까베르네 소비뇽을 생산한다. 테라로사는 석회암 위에 부서지기 쉬운 붉은 점토(그랑 라루스 와인백과)이다.

지하 석회암과 테라로사 토양으로 진하고 묵직한 장기숙성용 까베르네 소비뇽을 생산하는 지역이다.

---

83) 쿠나와라 토양은 독특한 테라로사로 세계에서 가장 질 좋은 적포도주를 생산하는 곳으로 명성이 높다. 애들레이드와 멜버른 중간 지점에 라임스턴 코스트(Limestone Coast)가 있다. 이 지역에 발달한 수많은 포도밭의 천연 필터 역할을 하는 석회암의 이름을 딴 해안이 라임스턴 코스트이다(죽기 전에 꼭 봐야 할 자연환경 1001; terms.naver.com).

나. 주요 품종

가) 화이트

샤르도네, 리슬링이 생산된다.

나) 레드

(가) 까베르네 소비뇽

호주에서 가장 좋은 까베르네 소비뇽을 생산하는 지역 중 하나이다. 호주의 까베르네 소비뇽의 특색인 민트, 유칼립투스의 향취가 감지된다.

이 지역의 와인 스타일에서는 블랙커런트향이 감지되며 농축된 와인을 느끼게 된다(그랑 라루스 와인백과).

남호주의 까베르네 소비뇽은 프랑스의 보르도처럼 좋은 와인품종으로 생산된다. 남호주에서도 특히 쿠나와라(Coonawarra) 지역의 까베르네 소비뇽의 품질이 좋다.

(나) 기타

메를로, 쉬라즈가 생산된다.

쿠나와라 발라브스 와인 : 2016년 빈티지로 블렌딩된 와인이다.

(4) 애들레이드 힐

가. 지역 특성

태즈메이니아, 빅토리아 북부지역과 함께 호주의 서늘한 3대산지이다. 와이너리는 약 50개 정도이다. 온화한 해양성 기후로 겨울에 강우가 집중된다. 포도밭 해발고도는 400~700m의 구릉지대이다. 다양한 중간기후와 미세기후를 지닌다. 일교차가 커서 자연 산도가 높다. 우아하고 생동감 있고 신선하고 복합적인 와인을 생산한다(정수지, 와인21 공식블로그: 2023.7.28).

고도가 해발 400m로 높아서 일교차가 크다. 그래서 좋은 산도를 지닌 샤르도네 등이 생산된다(최현태, 2019.5.26.).

애들레이드 힐[84]은 시내에서 차로 30분 거리에 있다. 로프티 산맥(Mt. Lofty Ranges)에 형성된 길이 70km, 폭 30km의 좁은 협곡으로 해발고도가 400~710m로 상당히 높다. 시원하고 건조한 여름과 가을의 충분한 일조량으로 포도는 천천히 익으면서 맛과 향의 집중도가 뛰어나고 산도와 당도의 밸런스가 좋다(최현태, 2023.7.29)는 평가이다.

펜폴즈 매길 에스테이트(Penfolds' Magill Estate)를 방문해 유명한 와인을 시음하고 175년 이상 이어져 내려온 와인 제조 역사에 대해 배우는 것이 추천된다(호주관광청; Australia.com).

나. 주요 품종

가) 화이트

(가) 샤르도네

샤르도네 생산지로서 호주에서 명맥과 전통적인 우위를 지니고 있는 곳이 애들레이드 힐이다. 서늘한 기후로 인해 샤르도네도 잘 재배된다. 좋은 산도를 지닌다. 좋은 샤르도네는 프랑스 부르고뉴 와인의 수준으로 평가되기도 한다.

다렌버그 폴리 스파클링 와인 : 프랑스 샹파뉴 방식의 스파클링 와인이다.
에들레이드 힐이 생산지로 샤르도네, 피노누아, 피노 뫼니에 등이 블렌딩되었다.

(나) 소비뇽 블랑

호주의 소비뇽 블랑의 기준이 될 정도로 에들레이드 힐에서는 잘 재배된다(정수지, 와인21 공식블로그: 2023.7.28).

서늘한 기후대로 소비뇽 블랑이 잘 재배된다. 일교차가 커서 좋은 산도의 와인을 생산한다.

---

84) Adelaide Hills은 호주 국가문화재에 등극한 그랜지(Grange)를 생산하는 펜폴즈 와이너리가 이곳에 위치하고 있어서 생산지로 명성을 갖고 있다(세계일보, 2023.7.29).

(다) 기타

아르네이스, 그뤼너 벨트리너, 피아노 등이 생산된다.

나) 레드

(가) 쉬라즈

자두, 라즈베리, 블랙베리 등 과실향이 좋다. 유칼립투스, 감초향도 감지된다.

(나) 까베르네 소비뇽

서향, 북향에 관계없이 까베르네 소비뇽은 완숙할 정도로 잘 자란다. 붉은 과일, 후추 향이 감지된다.

(다) 피노누아

서늘한 기후로 인해 피노누아가 잘 재배된다. 좋은 피노누아는 부르고뉴에 버금간다는 평가도 받는다.

(라) 기타

메를로, 산지오베제, 네비올로, 몬테풀치아노 등이 생산된다.

(5) 클래어 밸리

Clare valley는 호주 리슬링의 본산으로 평가된다. 까베르네 소비뇽, 쉬라즈의 경쟁력도 보여주는 지역이다.

웨이크 필드 와인 : 2017년 빈티지로 클레어 밸리에서 생산되었다. 까베르네 소비 뇽 품종이다.
수상 실적이 많다. 절제된 힘과 우아한 와인으로 평가된다.

청량한 화이트 와인, 특히 리슬링의 명성이 높다. 오번(Auburn)과 클리어(Clare) 마을 사이에 이어지는 32킬로미터 구간의 리슬링 트레일(Riesling Trail)을 자전거를 타고 달리는 것이 추천된다(www.australia.com)ko-ko).

(6) 에덴 밸리

Eden valley는 구릉지대로 1847년 조셉 길버트에 의해 포도나무가 심어졌다. 리슬링이 유명하며 쉬라즈, 샤르도네도 잘 재배된다. 기온은 바로사 밸리보다 낮고 수확 시 시원한 상태에서 이뤄진다는 평가이다. 토양은 하층토로 풍화된 바위에서 생성되었고 색은 회색에서 갈색을 띤다. 찰흙 모래에서 점토 찰흙의 토양이다. 철광석 자갈, 석영 자갈 그리고 암석 조각은 표면과 표면 아래에 나타난다(wine21.com).

세펠츠필드 에덴 밸리 리슬링 와인 : 2018년 빈티지와인이다.

고도 370~500미터 지역이다. 서늘한 기후지대이다. 샤르도네는 부드럽고 농축된 와인으로 평가된다. 19세기 독일에서 이민 온 사람들에 의해 리슬링이 심어졌다. 리슬링은 단단하고 산도가 좋다. 신선하며 감귤류, 규석의 향이 난다. 쉬라즈는 과일 잼, 향신료, 유칼립투스 향이 나며 부드럽고 감미로운 구조감이 느껴진다는 평가이다. 훈세케(Hunscheke) 등이 주요 생산자이다(그랑 라루스 와인백과).

리슬링(Riesling)은 만생종이다. 좋은 리슬링 와인은 저장성이 좋다는 특징이 있다. 리슬링은 산도와 당도가 가장 잘 결합된 화이트 와인으로 경쟁력을 지닌다.

(7) 랭혼 크릭

Langhorne Creek은 최근 부상하는 와인산지이다. 좋은 쉬라즈를 생산한다. 알코올 도수 15도의 풍미 좋고 밸런스가 뛰어난 와인이 생산된다. 바다에서 불어오는 해풍으로 여름의 낮기온을 낮추고 습도를 올린다. 이러한 환경의 영향으로 포도가 잘 성장한다. 쉬라즈와 까베르네 소비뇽이 잘 자란다(고종원, 2021: 212).

하디사의 쉬라즈 와인 : 1853년 시작된 하디사의 윌리엄 하디 와인으로 2019년 빈티지이다. 랭혼 크릭, 라임스턴 코스트 지역의 쉬라즈로 생산되었다. 현지에서는 약 15~20호주달러로 구입 가능하다.

과일향이 좋은 품질에 부드럽고 풍부한 미디엄 레드 와인이 생산된다. 블라스, 하디, 올랜도, 사우스코프 같은 와인회사들에 의해 블렌딩된 와인들이 많이 생산된다(와인21 닷컴).

2) 빅토리아

가. 지역 특성

대표산지인 야라밸리는 상대적으로 서늘한 지역이다. 그러나 습한 기후대를 보이기도 한다. 와인의 포도밭은 50~400m 고도를 형성한다. 포도밭이 층층이 햇빛을 받기 위해 형성되어 있다.

빅토리아 산지는 상대적으로 소규모 양조장들이 밀집되어 있다.

야라밸리(Yarra valley)에서는 서늘한 기후로 명성 있는 피노누아와 샤르도네를 생산한다. 좋은 쉬라즈, 까베르네 소비뇽 와인도 생산한다.

나. 주요 품종

가) 화이트

(가) 샤르도네

빅토리아주의 샤르도네는 대표적인 화이트 품종으로 크리미한 특징을 지닌다. 최근 야라밸리 등 빅토리아주의 샤르도네는 좋은 평가를 받고 있다. 서늘한 지역에서 생산되는 샤르도네는 최근 태즈메이니아 지역의 샤르도네와 함께 좋은 평가를 받는다.

(나) 소비뇽 블랑

이 지역의 소비뇽 블랑은 감귤향이 느껴지는 특징을 지닌다. 프랑스 루아르 지역처럼 소비뇽 블랑에서 구스베리[85], 라임향이 감지된다.

---

85) 까치밥나무과의 식물이다.

나) 레드

(가) 쉬라즈(Shiraz)

빅토리아주에서도 쉬라즈는 호주의 대표적인 품종이다. 쉬라즈는 풀바디하고 알코올이 높다. 베리 자두향이 감지된다. 호주의 가장 더운 여름과 추운 겨울의 영향으로 복합적이며 구조감도 좋다. 세계적인 인기 품종이다. 쉬라즈는 로부스트하고 스파이시하다. 그

트루칼라즈 와인 : 야라밸리에서 생산된다. 까베르네 소비뇽, 쉬라즈, 메를로 블렌딩와인이다.
이지역에서도 블렌딩을 통해 완성도를 높이는 노력을 하고 있다.

리고 감도가 있다. 그러나 야라밸리의 쉬라즈가 타 지역과 다른 점은 끈끈하고 진한 호주 특유의 쉬라즈보다는 건조하면서 세밀한 프랑스 북부 론의 쉬라즈와 비슷한 느낌의 뉘앙스[86]를 지니는 것이다.

(나) 까베르네 소비뇽

야라밸리의 까베르네 소비뇽은 좋은 평가를 받는다. 좋은 까베르네 소비뇽은 상품성이 좋다.

트루 칼라즈 까베르네 소비뇽 와인 : 야라밸리에서 생산되는 수상 실적이 좋은 밸류와인이다.

(다) 피노누아

빅토리아주 야라밸리에서는 피노누아가 잘 재배된다. 이 지역의 피노누아는 산딸기향과 정향의 특징을 지닌다. 크랜베리, 체리 향도 감지된다. 빅토리아 지역의 피노누아는 자두향의 특징을 지닌다.

3) 뉴사우스웨일스

호주의 메독으로 불린다. 헌터 밸리[87] 지역이 포함된다. 이 지역은 호주에서 포도나

---

86) 야라밸리의 신흥 와이너리로 부상하고 있는 Rob Dolan Shiraz를 시음하면 이러한 느낌을 받을 수 있다. 다소 특별한 경험이 된다. 야라밸리의 상대적으로 서늘한 기후의 영향도 있다고 사료된다.
87) 헌터 밸리(hunter valley)는 1825년부터 포도를 생산하고 쉬라즈, 샤르도네, 세미용 등을 주로 생산하고 있다

무가 처음 재배된 지역으로 200년의 역사를 지녔다.

헌터밸리에서는 세미용이 세계적인 품질로 평가받는다. 샤르도네도 인기가 있다. 까베르네 소비뇽도 경쟁력 있다. 까베르네 소비뇽은 과일향과 산도를 잘 보존하기 위해 저녁 이후에 포도를 수확한다는 명시를 하고 있다.

호주의 도전정신이 이곳에서도 보여진다. 블렌딩 와인[88]이 일반화되어 생산된다는 평가이다(고종원, 2021: 216).

좋은 세미용와인은 저장성이 좋다는 평가를 받는다. 샤르도네는 인기 있다. 쉬라즈 외에도 까베르네 소비뇽은 알코올 도수가 높고 베리향, 블랙커런트(까시스)향이 감지된다. 메를로는 Yenda지역에서 생산된다. 옐로 테일은 호주의 밸류와인으로 부드럽고 실키하다는 평가이다. 자두, 멀베리 향이 감지되며 스파이시하다는 평가이다(고종원, 2021: 217).

4) 태즈메이니아(Tasmania)

다양한 품종을 생산하며 특히 스파클링 와인의 경쟁력을 지닌 지역이다. 최근 샤르도네, 피노누아, 소비뇽 블랑 와인이 부각되고 있다.

(1) 지역 특색

스파클링[89]과 화이트 와인의 산지로 최근 비상한 관심을 끌고 있는 곳이다. 뉴질랜드와 같은 위도로 서늘하고 일교차가 크다 보니 피노누아 등이 잘 자란다.

서늘한 기후대는 빅토리아주와 비슷하다. 그래서 피노누아는 자두향의 특징, 샤르도네는 크리미함이 특징이다. 그리고 소비뇽 블랑은 감귤향의 특징을 지닌다(Madeline Puckette and Justin Hammack, 2015: 180).

---

88) 헌터밸리의 부로켄우드 2019년의 와인은 소비뇽 블랑, 세미용이 블렌딩되었다. 리치, 청사과향이 나는 와인으로 현지에서는 15호주달러 정도이며 밸류와인이다.
89) 호주 최고의 스파클링 산지로 평가된다. 소비뇽 블랑, 샤르도네, 피노누아가 잘 재배되는 곳이다. 전통방식으로 태즈메이니아 방식이라고 부른다.

(2) 주요 산지

가. North West

작고 획기적인 와인 생산자들이 위치한다.

나. Tawar Valley

북부 중앙지역이다. 가장 크고 오래된 와인지역이다. 섬 북동부에 위치한다. 피노누아, 소비뇽 블랑, 샤르도네, 피노 뮈니에가 주요 품종이다.

다. Pipers River

북동지역으로 스파클링 와인이 주로 생산된다. 피노누아, 샤르도네, 리슬링이 주로 생산된다. 태즈메이니아의 주요 생산자들이 이곳에 위치한다.

라. East Coast

이 지역은 풍부한 해산물로 알려진 곳이다. 피노누아, 샤르도네가 주로 재배된다.

마. Coal River Valley

남동부지역이다. 날씨가 상대적으로 태즈메이니아에서는 따뜻하다. 그래서 까베르네 소비뇽이 잘 재배된다. 국내에 수입된 Nocton Vineyard의 피노누아, 스파클링 와인 등도 이곳에서 생산되었고 호평을 받고 있다.

바. Derwent Valley

호바트시가 가깝다. 남동부에 위치한다. 강과 코스트라인에서 포도 재배에 좋은 영향을 받는다. 비오디나미 생산자가 많은 산지이다.

사. Huon Valley

비옥한 토양을 갖춘 지역이다. 좋은 와인을 생산한다. 품평회 등에서 수상 실적을 많이 갖고 있다. 남동부로 태즈메이니아 최남단의 생산지역이다(레고, 호주 태즈메이니아 와인 자료1, 2020.11.26).

(3) 품종

가. 레드

가) 피노누아

서늘한 지역으로 태즈메이니아에서는 피노누아가 잘 알려져 있다. 프랑스 부르고뉴 마을단위 피노누아로 생각될 정도로 품질 좋은 품종을 생산한다는 평가이다.

로어링 비치사 피노누아 와인 : 2018년 빈티지이다. 현지에서는 20~25호주달러로 구입이 가능하다. 호주에서는 일반적으로 10~25호주달러선에서 와인을 구입한다.

나) 메를로

메를로도 태즈메이니아 지역에서 생산된다. 프랑스 보르도 우안의 페트뤼스 와인처럼 진하고 타닌감이 좋은 메를로 품종이 생산된다.

태즈메이니아 메를로 와인 : 2018년 빈티지로 녹통사가 만든 와인이다.
메를로는 내륙 외에 이곳에서도 생산된다.

나. 화이트

가) 소비뇽 블랑

소비뇽 블랑은 태즈메이니아 지역의 대표적인 화이트 품종이다. 서늘한 지역의 기후와 잘 매칭되어 생산되는 품종이다.

나) 샤르도네

샤르도네도 태즈메이니아에서는 좋은 풍미를 내는 품종이다. 피노누아 못지 않게 프랑스 부르고뉴 마을단위의 샤르도네만큼 경쟁력이 있다는 평가도 받고 있다.

태즈메이니아 녹통 샤르도네 와인 : 2021년 빈티지이다. 최근 태즈마니아 와인 가운데 샤르도네가 부각되고 있다.

다. 주요 생산자

태즈메이니아에서 국내에 최근 수입된 NOCTON은 경쟁력 있는 생산자로 평가된다.

5) 서호주

(1) 지역 특색

이곳의 날씨는 온난한 기후를 형성한다. Margaret River 지역은 훌륭한 까베르네 소비뇽을 중심으로 쉬라즈, 소비뇽 블랑을 생산한다. 최근에는 리슬링도 잘 재배하고 있다.

(2) 주요 품종

가. 화이트

가) 샤르도네

프랑스 보르도와 유사하다는 평가를 받는 마가렛 리버는 호주에서 샤르도네 생산지로 각광받고 있다. 그리고 오크 숙성을 하지 않는 샤르도네 스타일의 특징을 보인다.

나) 소비뇽 블랑

화이트 품종 가운데 소비뇽 블랑도 잘 재배되는 지역이다.

다) 리슬링

보르도 지역과 비슷하다는 평가를 받은 지역이 서호주이다. 이곳에 리슬링은 독일의 리슬링처럼 휘발성 냄새가 감지된다.

서호주의 리슬링 와인 : 2020년 빈티지이다. 레이블이 재미있다. 와인명은 SUM이다.

나. 레드

가) 까베르네 소비뇽

서호주의 까베르네 소비뇽은 프랑스의 보르도처럼 좋은 와인품종으로 생산된다. 특히 마가렛리버(Margaret River) 지역의 까베르네 소비뇽의 품질이 좋다.

서호주의 까베르네 소비뇽은 풀바디 하지 않고 다소 가벼운 느낌의 바디감을 갖는다. 잘 익은 검은 과일향과 제비꽃향이 감지되며 산도가 지속적이다(Madeline Puckette and Justin Hammack, 2015: 180).

서호주 마가렛리버 까베르네 소비뇽 와인 : 휴스턴 2018년 빈티지이다. 이 회사는 현지에서도 대중적이며 오랜 역사를 지닌 밸류와인을 생산한다. 국내에서도 만날 수 있다. 가격은 국내에서 1만 5천~2만 원대로 구입 가능하다. 마가렛리버는 프랑스 보르도와 같은 떼루아를 갖고 있다는 평가이다.

나) 메를로

프랑스의 보르도처럼 이곳에서는 까베르네 소비뇽과 메를로 블렌딩 와인이 우아하다는 평가를 받는다.

케이프 멘텔 와인 : 마가렛리버 지역의 2018년도 빈티지 와인이다.
품종은 쉬라즈, 까베르네 소비뇽 블렌딩 와인이다.

6) 퀸즐랜드

Queenland는 열대습윤지역으로 브리즈번 북쪽에 위치한다. 사우스 버네트가 대표 산지이다. 쉬라즈, 샤르도네가 주요한 품종이다(고종원, 2021: 215).

4 호주 와인투어

호주 멜버른 근교의 야라밸리는 호주에서도 상대적으로 서늘하고 날씨가 변덕스럽고 타 지역의 더운 기운의 분위기와는 다른 지역이다. 구름이 자주 보이는 날씨이다. 그래서 서늘한 기후에서 잘 자라는 피노누아가 잘 재배된다.

Yarrow wood(야라우드)와이너리는 아름다운 계곡이 보이는 언덕 위에 위치한다. 쉬라즈 수상 실적이 있는 인지도 있는 와이너리이다. 거위를 만나게 되는 자연 친화적인 와이너리이다. 현대식 테이스팅 장소와 근처에 초콜릿 공장과 판매점이 있어서 색다른 경험이 가능한 곳이다.

그리고 야라밸리 최초의 와이너리[90]인 Yering station(예링 스테이션)은 전통 있는 와이너리이다. 한국에도 피노누아를 비롯해서 그동안 와인이 공급되었던 와이너리이다. 테이스팅룸에는 갤러리가 있다. 그림이 벽에 걸려 있고 와인 시음과 함께 별도로 개인적으로 감상할 수 있다. 그리고 통유리로 된 레스토랑이 있고 주위의 전망이 좋은 곳이다.

도멘 샹동(Domaine Chadon)[91]은 호수와 멋진 레스토랑으로 잘 알려져 있다. 와인 박물관이 있다. 오픈 시간은 10시 30~4시 30분까지이다. 야외에 멋진 포도밭의 경관이 펼쳐진다. 테라스에서 식사와 함께하는 테이스팅이 선호된다. 우리나라에도 수입되어 시음할 수 있는 와인이고 프랑스 샹파뉴에서 경쟁력을 갖는 모엣 샹동에서 투자해서 만든 와인으로 관심을 갖게 하며 품질도 좋은 와인을 생산한다.

드 보틀리(De Bortoli)와이너리는 쉬라즈의 경쟁력을 지닌다. 산책하기 좋고 건물도 예쁘다는 평가이다. 레스토랑, 테이스팅룸을 갖추고 있다. 국내에도 드 보틀리 와인이 수입되어 가성비 좋은 와인으로 평가된다.

남호주에는 대표적인 부띠끄 와이너리인 다렌버그가 있다. 전통적인 양조방식을 고수한다. 호주에서는 독창성과 창의성[92]을 인정받는 와이너리이다. 멕라렌베일에 위치한다. 1912년 조셉 오스본에 의해 설립되어 가족경영으로 운영된다. 호주에 있는 12개의 가족경영 와이너리 중 하나이다.

---

90) 1889년 파리 와인박람회에서 그랑프리를 차지함으로써 품질의 우수성을 보여준 와이너리이다(www.chaeumtour.com.au). 빅토리아주 야라밸리의 대표 와이너리로 인정받고 있다.

91) 전 세계에서 3군데밖에 없는 프랑스 모엣&샹동에 의해 1986년에 설립된 최고의 품질을 갖는 스파클링 와인을 생산하는 와이너리이다. 건물과 부지가 예쁘다는 평가이다(www.chaeumtour.com.au). 3곳은 호주, 아르헨티나, 캘리포니아 지역이다.

92) 쉬라즈와 비오니에를 블렌딩하는 파격적인 시도 등을 의미한다.

5 대표 생산자 및 산지

1) 펜폴즈 그랜지(Penfolds Grange)

호주정부가 2001년 50번째 빈티지 생산을 기념하여 국가 문화재로 등록한 와인이다. 호주의 국보급 와인으로 불린다. 펜폴즈 그랜지는 영국인 의사 크리스토퍼 로손 펜폴즈(Dr. Christopher)가 호주로 이주하면서 역사가 시작된다. 호주와인의 살아 있는 전설로 불리는 호주 대표 와이너리이다. 처음에는 환자를 치료하기 위해 달콤하고 알코올 도수가 높은 주정 강화와인을 생산하였다. 1844년 매길 에스테이트(Magill Estate)에 펜폴즈를 설립하면서 역사가 시작된다(최현태, 2019; 세계일보).

펜폴즈 맥스 쉬라즈 : 남호주에서 생산된 2020년 빈티지 와인이다. 병 색깔이 붉은색으로 특이하다.

1951년[93]에 처음 만들어진 이래 꾸준히 그 품질은 전 세계적으로 인정받고 있다. 특히 비유럽국가 중 처음으로 올해의 와인으로 선정되어 호주와인의 위상을 드높였다. 1999년에는 20세기를 빛낸 와인에 선정되어 명실상부 호주 최고의 와인회사로서의 위치를 확고히 하고 있다. 호주와인의 아이콘 와인이다(wine 21.com).

---

93) 첫 와인을 생산하였다. 펜폴즈 그랜지는 장기숙성 잠재력과 균형감, 미각의 중점도 등 와인을 느끼는 여러 측면에서 혁신적인 시도였다. 당찬 도전임에도 불구하고 이사회로부터 혹평과 프로젝트를 중단하라는 통보를 받는 등 위기를 겪기도 하였다. 천신만고 끝에 호주 와인대회에 출품한 그랜지 1955빈티지는 대성공을 거뒀다. 이를 시작으로 그랜지 1990빈티지는 전 세계에서 50여 개의 금메달을 수상하며 국제적 인정을 받기 시작하였다. 2022년 그랜지의 70번째 빈티지를 한국에 출시하였다(the bel News, 2022.3.23). 밸런스와 농축미 등이 매우 뛰어난 최고의 와인이다.

참 / 고 / 문 / 헌

고재윤의 스토리가 있는 와인, 매일이코노미, 2021.11.04

고종원 교수의 세계와인 이야기- Australia, 도전과 창의성으로 무장한 신세계와인의 대표주자, 호
　　　텔앤레스토랑, 2015.3

고종원(2021), 와인테루아와 품종, 신화

그랑 라루스 와인백과

마시자 매거진, 호주와인의 숨겨진 비밀 병기, 비주류 품종을 파헤친다, 2021.11.17

비노클럽 블로그

세계의 유명 와인산지

손진호 와인연구소(2010), 손교수와 함께 배우는 와인의 세계, 와인교육총서 1

수지왕 블로그, 피노그리 피노 그리지오, 2022.8.15

오펠리 네만(2020), 와인은 어렵지 않아, Greencook

와인21 공식블로그; 2023.7.28

와인지식연구소

정수지, 호주와인산지 돌아보기- 역동성과 혁신의 상징, 애들레이드 힐스, 와인21 공식블로그,
　　　2023.7.28

죽기 전에 꼭 봐야 할 자연환경 1001

최현태, 복잡한 와인은 싫다. 카니발처럼 신나게 즐기는 맥라렌베일 쉬라즈, 세계일보, 2023.2.19

최현태, 호주 최초 와인이 신이 빚은 샤르도네 어떤 맛일까, 세계일보, 2023.7.29

최현태, 호주에 국가문화재로 지정된 와인이 있다, 세계일보, 2019.5.26

호주통계국: Australian Bureau of Statistics-OIV 2015

the bell News, 호주 국보금 와인 펠폴즈, 그랜지 70번째 빈티지 한국출시, 2022.3.23

Wine trails Australia & New Zealand, Lonely Planet, 2018

Madeline Puckette and Justin Hammack(2015), Wine Folly -The Essential Guide to Wine-, Avery

terms.naver.com

wine21.com

www.australia.com〉ko-ko

www.vivino.com

PART 2 와인국가

CHAPTER

29 뉴질랜드(New Zealand)

1 와인의 역사

뉴질랜드 최초의 포도나무는 1819년으로 성공회 선교사에 의해 재배되었으며, 주로 미사주를 위한 포도 재배였다. 최초의 와인은 1839년으로 스코틀랜드인 제임스 버스비 (James Busby)에 의해 만들어졌다. 그러나 와인산업이 정착되기까지 다시 1세기 반이 지나야 했다. 당시 선구적인 와인 생산자들의 대부분은 포도 재배의 경험이 없는 영국 이주민이었다. 또한 20세기를 전후해 수십 년 동안 철저한 금주운동으로 인해 와인문화를 확립하는 데 큰 장애가 되었다. 각종 병충해, 와인재배 및 양조 기술의 부족으로 와인산업이 발달하지 못했다.

1930년대 후반부터 본격으로 와인을 생산하기 시작하였다. 1970년대 비티스 비니페라(Vitis Vinifera)의 변종이 미국 교배종을 대체하여 들어오면서 말보로(Malborough)와 같은 새로운 지방에 대한 시도가 있었다. 과거 부드러운 와인이 주류를 이루었던 생산 추세가 점진적으로 드라이한 와인으로 전환되었다. 1973년부터는 남섬에서도 포도를 재배하기 시작하였다. 1986년 와이너리의 4분의 1이 없어지는 조정기를 거친 후에 변혁은 계속되어 샤르도네와 소비뇽 블랑 같은 품종을 심게 되었다. 이로써 향이 강하고 청량한 스타일의 와인들을 숙달된 기술로 생산하기 시작함으로써 뉴질랜드 와인이 명성을 얻게 되었다. 1999년부터는 생산량이 4배로 증가했는데, 이는 수출 물량 600%의 신장과 함께 국내 소비가 가파르게 상승하였기 때문이다. 신세계 와인 생산국 중 가장

늦게 와인을 생산하기 시작하였지만, 세계 11위의 와인 수출국이 된 주목받는 신흥 와인 생산국이 되었다.

2 자연환경

뉴질랜드는 북섬과 남섬으로 이루어져 있으며, 두 개의 섬이 남북으로 1,500km에 걸쳐 자리하고 있다. 그 밖에 연안의 수많은 작은 섬들로 이루어진 포도원은 전 세계에서 가장 남쪽에 위치해 있다. 해양성 기후로 서쪽에서 불어오는 습한 바람과 남극의 찬 바람에 영향을 받는다. 날씨는 호주보다 더 시원하고 온난하지만, 서해안 지역은 훨씬 더 습하다. 처음으로 포도 재배가 활발해졌던 북부 끝 지방은 반열대 유형의 비교적 덥고 습한 기후를 보인다. 남극과 가까운 남부는 보다 선선하지만 햇살이 강해서 상쾌하고 향기로운 와인을 생산하는 데 완벽한 기후조건을 갖추고 있다.

북섬의 기온은 보르도(Bordeaux)와 비슷하지만 강수량은 더 많은 편이다. 반면에 남섬은 북섬에 비하여 기온이 낮지만 건조한 편이다. 거의 대부분의 토양이 무겁고 점토질에 배수가 안 되는 토질이어서 습한 기후와 맞물려 때로는 포도 나뭇잎이 무성해지는 경우가 있다. 이렇게 되면 질병에 걸릴 확률도 높아지고 많은 와인에서 느껴질 정도의 식물향이 생성된다. 반면, 말보로(Malborough)나 혹스베이(Hawke's Bay) 등지와 같이 배수가 잘되는 자갈 토질지역에서는 관개시설이 필수적이다.

서늘하고 한결같은 기후 덕분에 포도는 오랜 성장기를 거치며 균일하고 부드럽게 익어 어디서든 3~5월에 이루어지는 수확기가 되면 절정에 이른다. 오랜 성장기는 순수한 풍미를 지닌 우아한 와인을 만드는 데 큰 역할을 한다. 서늘한 기후는 포도에 천연 산도를 부여해 산뜻하고 상큼한 와인을 만드는 데 도움을 준다. 강수량이 많아 곰팡이가 발생하는 것이 문제였으나, 1980년대부터 밀도를 낮추는 기술을 도입하여 방지하고 있다.

3 주요 품종

　뉴질랜드는 독일과 날씨가 비슷하기 때문에 1960년대부터 독일품종인 뮐러투르가우 (Muller-Thurgau)가 심어졌다. 이후 소비뇽 블랑(Sauvignon Blanc), 샤르도네, 피노누아가 심어져 뉴질랜드를 대표하는 3가지 와인품종이 되었다. 그중 맛이 매우 풍부하고 산도가 강한 편인 뉴질랜드의 소비뇽 블랑은 세계 최고 수준으로 열대 과일향이 가득하고 달콤한 맛과 향기로운 꿀맛이 나는 것으로 유명하다. 독일보다 드라이한 타입의 리슬링, 피노그리, 게뷔르츠트라미너도 재배되고 있다. 화이트 품종이 전체 포도밭의 80% 이상을 차지하지만 레드 와인으로 카베르네 소비뇽, 메를로, 시라도 생산된다. 1990년대부터 리슬링을 제외한 독일품종들은 거의 사라졌고, 소비뇽 블랑과 샤르도네 등이 우세하다. 특히 최근에는 피노 누아가 총재배면적의 80% 이상을 차지하고 있다.

1) 화이트 품종

　재배되는 20종가량의 포도품종 가운데 가장 유명한 것이 소비뇽 블랑과 샤르도네이다. 소비뇽 블랑이 가장 대표적인 화이트품종으로 자리잡고 있다. 주로 오크통이 아닌 스테인리스 스틸 탱크에서 양조되어 청명하고 날카로운 산도가 돋보인다. 신선한 라임(lime)과 구스베리(gooseberry), 다양한 녹색 채소류와 허브(herb)의 풍미, 열대 과일의 향을 지니고 있다.

　또한 샤르도네는 탁월한 농도를 지닌 와인으로 양조되며, 일부는 오크통 숙성을 진행하고 있다. 종종 피노 누아와 블렌딩하여 스파클링 와인으로 양조된다. 이렇게 생산되는 와인은 탁월한 섬세함을 자랑하며, 이 중 최고 와인들은 질 좋은 샴페인과 필적할 만한 수

출처: https://www.newzealand.com /int/plan/business/cloudy-bay-epi curean-experience/

준이다. 피노 그리, 리슬링, 게뷔르츠트라미너 등은 말보로, 와이파라와 오타고 등의 선

선한 지방에서 성장세가 뚜렷이 나타나고 있다. 주로 드라이한 와인으로 양조되며, 일부 훌륭한 주정 강화와인으로 양조되기도 한다.

2) 레드 품종

메를로와 특히 피노 누아 생산이 남섬에서 점차 증가하고 있다. 카베르네 소비뇽, 메를로를 기반으로 하는 우수한 와인이 있다면, 피노 누아는 보르도 표준에 가까운 우아한 스타일로 숙성이 잘 되는 데 적합하고, 청량함과 농도, 향의 섬세함 등을 갖추고 있다. 1990년대 말까지만 해도 포도원의 75%가량이 화이트 와인을 만드는 청포도품종을 재배했지만, 피노 누아가 뛰어난 가능성을 보이면서 점차 재배영역을 확대해 나가고 있다.

4 와인등급

뉴질랜드는 프랑스의 AOC처럼 포도품종에 따른 재배지역이라든가 해당 포도의 생산량, 포도양조방식, 와인 숙성기간 등을 규제하는 엄격한 법률체계가 없다. 다만, 뉴질랜드에도 라벨링과 와인 생산의 일정한 측면을 통제하는 규정은 있다.

첫째, 포도품종이 라벨에 표기될 경우 와인의 75% 이상은 해당 품종으로 구성된다. 실제로 뉴질랜드의 와인은 대부분 표기된 품종의 비율이 85~100%에 이른다.

둘째, 라벨에 두 개의 품종이 표기될 경우에는 중요도에 따라 나열된다. 뉴질랜드에서 라벨에 카베르네-메를로라고 표기되어 있다면, 메를로보다 카베르네가 더 많이 함유되어 있다는 뜻이다.

셋째, 라벨에 지역이나 구역 또는 산지를 표기할 경우 와인의 75% 이상은 해당 장소에서 생산해야 한다는 규정이 있다.

빈티지는 그해에 수확한 와인으로 만들었을 때만 표기한다.

| 5 | 주요 와인산지 |

북섬의 와인산지로는 혹스베이(Hawke's Bay), 기즈번(Gisborne), 오클랜드(Auckland), 황거레이(Whangarei) 등이 있다. 남섬의 와인산지는 말보로(Marlborough), 넬슨(Nelson), 크라이스트처치(Christchurch) 등이 있다.

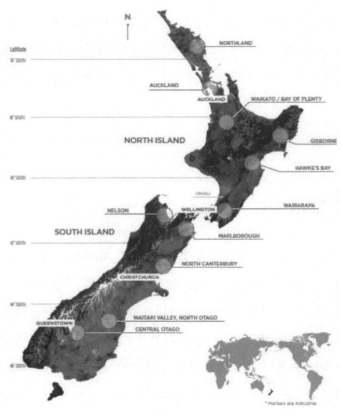

출처: https://nzwinedirectory.co.nz/wine-regions/
뉴질랜드 와인산지

1) 북섬

북섬은 오랫동안 와인 생산에 집중해 왔으나, 상대적으로 생산량은 감소하였다. 이는 남섬에서 더욱 시원하고 드라이한 와인을 생산하는 와이너리가 증가하였기 때문이다.

(1) 오클랜드(Auckland)

따뜻한 해양성 기후와 풍부한 진흙토양을 가지고 있다. 북부 끝 지점에 있는 노스랜드(Northland)와 오클랜드(Auckland) 지역에서는 보르도 품종으로 레드 와인을 생산한다. 와이헤케(Waiheke)는 카베르네 소비뇽, 메를로, 까베르네 프랑 등 3개 품종으로 생산한 우수한 레드 와인으로 명성이 높다. 와이카토(Waikato)와 베이 오브 플렌티(Bay of Plenty) 지역은 소비뇽 블랑으로 전향하고 있다.

(2) 기즈번(Gisborne)

와인 생산지 중 가장 따뜻한 동쪽 지역으로 남동쪽의 산맥으로부터 보호받는 위치에 포도밭들이 자리 잡고 있다. 풍부한 일조량과 함께 충적 양토의 토양이 특징으로 화이트 와인이 우세하다. 와인 생산량으로는 세 번째로 큰 지역이다. 샤도네이(샤르도네)의 본거지라 할 수 있으나, 일부 탁월한 게뷔르츠트라미너(Gewurztraminer)도 찾아볼 수 있다.

(3) 혹스베이(Hawke's Bay)

북섬의 동부 해안에 위치하고 있으며, 19세기 중반에 마리스트(Marist) 선교사에 의해 와인재배가 시작된 역사적인 지역이다. 최근에 뉴질랜드 레드 와인의 표준이 되는 역할을 한다. 1990년대 말 포도 재배자들은 혹스베이 토양이 복잡하다는 것을 이해하고, 이를 이용하기 시작했다. 경관은 해안을 따라 산들이 산맥을 형성하여 서풍과 비옥한 연안 평야에서 불어오는 바람으로부터 포도나무들을 보호해 주고 있다. 일조량이 풍부하고 890mm의 강우량을 보인다.

최근에 소비뇽 블랑이 샤르도네를 제치고 재배 면적 기준 1위에 등극했다. 따뜻하고 자갈이 많은 토양에서 재배하는 메를로, 카베르네 소비뇽 등 레드 와인의 대표 산지 중 하나이다. 주요 품종으로 화이트 품종은 소비뇽 블랑, 샤르도네, 피노 그리 등이 있으며, 레드 품종은 메를로, 피노 누아, 카베르네 소비뇽, 시라 등이 있다.

메를로와 비교적 우아하고 구조적이며 묵직한 탄닌을 겸비한 카베르네로 양조된 레드 와인들이 유명하다. 종종 오크통 숙성을 통해 부드러워지고 숙성하기에 좋은 잠재력

을 지니고 있다. 소비뇽 블랑과 샤르도네는 남섬 와인들보다 풍부하고 깊은 느낌이며, 일부는 배럴(barrel)통 양조를 잘 견뎌낸다.

주요 와이너리로는 빌란시아(Bilancia), 크래기 레인지(Craggy Range), 에스크 밸리 (Esk Valley), 밀스 리프(Mills Reef), 새크리드 힐(Sacred Hill), 테 마타(Te Mata), 테 아 와(Te Awa), 트리니티 힐(Trinity Hill) 등이 있다.

(4) 와이라라파(Wairarapa)

이 지역의 기후는 남섬의 말보로와 비슷하다. 그러나 말보로 지역보다 약간 더 시원 하고 습기가 있으며, 여름 낮시간 동안은 조금 더 따뜻하고 가을에는 시원한 밤이 지속 된다. 유서깊은 최고의 와인 생산지역으로 마틴버러(Martinborough)가 있으며, 삐노 누 아가 가장 많이 생산된다.

(5) 와이카토(Waikato)/플렌티 만(Bay of Plenty)

오클랜드 남쪽에 위치한 와이카토와 플렌티 만은 비록 작은 와인 생산지이지만, 점 차 그 영역을 넓혀 나가고 있다. 두 지역은 모두 적절히 온난한 기후를 보이며, 토양은 진흙 하층토 위에 찰흙이 깔려 있다. 주로 생산되는 품종은 샤르도네, 까베르네 소비뇽, 소비뇽 블랑 등이 있다.

2) 남섬

뉴질랜드 전체 11개의 와인 재배지 중 7개의 산지가 남섬에 있다.

(1) 말보로(Marlborough)

1876년 뉴질랜드의 한 정착자가 말보로(Marlborough)에 있는 메도뱅크(Meadowbank) 에 포도나무를 심었다. 그러나 20세기의 대부분 동안 뉴질랜드의 남쪽 섬은 곡식을 재 배하고 생산량을 늘렸다. 1973년에 와인 생산자인 몬타나(Montana)가 말보로에 작은 포도원을 세웠다. 몬타나는 관개의 부족으로 와인 생산에 어려움을 겪었지만, 1980년에 탄생한 말보로 소비뇽 블랑(Marlborough Sauvignon Blanc)은 독특한 강렬함을 지니고 있었다. 이러한 노력으로 1990년에 말보로가 혹스베이·기즈번과 같이 와인을 많이 생산하는 지역이 되면서 결실을 맺게 되었다. 뉴질랜드 와인의 절반 이상을 생산하고 있고, 대표적인 와인의 주공급원이다. 최고 소비뇽 블랑의 본산지가 되었다. 북서쪽의 넬슨(Nelson) 지역도 재배지 중 50%가 소비뇽 블랑이다. 1980년대 이후 국제대회에서 많은 상을 받게 되면서 세계적으로 인정받게 되었다. 남섬에서도 가장 따뜻한 기온을 지니고 뉴질랜드 전체 포도밭의 42%를 차지하며, 70여 개의 와이너리가 설립되어 있다. 이 지역에서는 스파클링 와인도 생산되고 있으며, 적합한 자연환경으로 인해 프랑스 자본이 이곳에 스파클링 와이너리를 설립하려고 노력하고 있다. 대부분의 포도밭들은 해안을 따라 널리 산재해 있다. 따라서 낮 동안에는 강하고 따뜻한 햇볕을 받고, 저녁에는 바다로부터 불어오는 쌀쌀한 바람의 영향을 받는다. 와인지역으로 특별한 이유는 긴 낮과 시원한 밤, 밝은 햇빛 그리고 건조한 가을이 복합되어 있기 때문이다. 포도는 낮은 온도에서 가을비가 많을 경우에 익는 데 어려움이 있을 수 있지만, 이 지방에서는 특히 익는 기간이 길다. 그러나 말보로의 가장 중요한 차이는 토양이다. 63번 고속도로 북쪽의 토양은 남쪽보다 훨씬 신생 토양이며, 젊고 돌이 많은 토양의 포도원은 배수에 가장 좋다.

모든 와인들은 향기의 농도와 청량감으로 특징지어진다. 소비뇽 블랑은 생기 있고, 향이 풍부하며, 녹색 과일과 신선한 잔디의 풍미가 있으며, 상큼한 산미가 있다. 좋은 샤르도네는 밸런스가 좋고, 청량감이 있으며, 우아함과 농도의 최고점에까지 도달할 수 있다. 피노 누아는 어린 와인으로 마시는 것이 좋고, 톡 쏘는 느낌에 과일향이 나고 기분 좋은 생동감을 준다.

주요 와이너리로는 클라우디 배이(Cloudy Bay), 델타(Delta), 프롬(Fromm), 헤르조그(Herzog), 잭슨 에스테이트(Jackson Estate), 킴 크로포드(Kim Crawford), 스테이트 란트(State Landt), 테라빈(TerraVin), 토후 와인즈(Tohu Wines), 빌라 마리아(Villa Maria), 와이라우 리버(Wairau River) 등이 있다.

(2) 캔터베리(Canterbury)/와이파라(Waipara)

캔터베리(Canterbury)는 와이파라 밸리와 같이 급성장 중이며, 매혹적인 리슬링, 샤르도네, 피노 누아 등이 주종을 이룬다. 남섬의 서부 해안 말보로 남쪽에 위치한 포도재배 면적은 5년 만에 3배로 증가했다. 캔터베리 지역은 크라이스트처치(Christchurch) 시를 에워싼 드넓은 평야와 도시에서 북쪽으로 50킬로미터 정도 떨어져 위치한 와이파라 구릉지역으로 구성되어 있다. 기후는 선선하고 바람이 있으며, 일조량이 많고 습하지 않아 토양은 가볍고 척박하여 리슬링과 피노 누아 같은 품종에 이상적이라 할 수 있다. 이 두 품종이 실제 생산의 대부분을 차지하고, 특히 와이파라 지역에서 현재 눈부신 성장세를 보이고 있다.

주요 품종으로 화이트는 리슬링, 소비뇽 블랑, 피노 그리, 샤르도네 등이며. 레드는 피노 누아 등이 있다. 생산되는 와인의 절반은 리슬링으로 강하며 산미가 있고, 깨끗한 느낌에 미네랄과 레몬 터치가 있고 최상품들은 입안에서 풍부하게 느껴진다. 다른 특산물은 피노 누아로서 과일향이 풍부하고 스파이시(spicy)하면서 경쾌하고 청량하며, 때로 대단히 맑은 와인이 만들어진다.

주요 와이너리는 벨힐(Bell Hill), 마운트포드(Mountford), 페가수스 베이(Pegasus Bay), 와이파라 힐즈(Waipara Hills), 와이파라 웨스트(Waipara West) 등이 있다.

(3) 오타고(Otago)

세계에서 가장 남쪽에 위치한 포도밭으로 남섬 안쪽으로는 유일한 곳이다. 전체의 5%밖에 생산하지 않던 이 산악지방은 몇 년 만에 가장 매력 있는 지역 중 하나가 되었다. 이는 피노 누아의 탁월한 품질 덕분이다. 계곡의 바닥 부분과 비탈진 언덕 등 다양한 지형에 고도는 300m를 넘지 않는 곳에 포도나무가 심겨 있는데, 이는 냉해의 위험 때문이다. 기후는 대륙성으로 여름은 짧고 건조하며, 일조량이 매우 많고 낮과 밤의 일교차가 큰 편이다. 포도의 성숙기가 다른 곳보다 짧지만, 태양광의 방사가 매우 강렬하기 때문에 피노 누아의 성숙에 좋은 조건을 제공한다.

주요 품종으로 화이트 품종에는 피노 그리, 샤르도네, 리슬링, 소비뇽 블랑 등이 있고, 레드품종에는 피노 누아 등이 있다. 여러 가지 스타일의 피노 누아가 있기 때문에 와인들도 종종 대단히 풍부한 과일향이 있고, 스파이시한 느낌과 함께 숙성 유형과 기간에 따라 다소 강렬한 나무향을 지닌다. 대부분은 탄닌이 거의 느껴지지 않지만, 청량하고 구조가 강한 존재감이 있다. 어린 와인일 때부터 아주 매력적이며, 가장 농축이 잘된 와인의 경우 5년에서 10년까지 보존이 가능하다. 화이트 와인은 상쾌하고 대부분 향이 강하다.

주요 와이너리로는 아니스필드(Annisfield), 챠드 팜(Chard Farm), 펠튼 로드(Felton Road), 마운트 에드워드(Mount Edward), 마운트 모드(Mount Maude), 마운트 디피컬티(Mt. Difficulty), 올센(Olssens), 록번(Rockburn) 등이 있다.

6 주요 와인

1) 소비뇽 블랑(Sauvignon Blanc)

뉴질랜드 와인의 정체성을 상징하는 품종은 소비뇽 블랑이다. 뉴질랜드 소비뇽 블랑은 전 세계 다른 어떤 지역과도 비교할 수 없다. 이 와인은 신선한 라임, 야생 허브, 구스베리(gooseberry), 올리브, 녹차, 멜론 등 다양한 식물의 풍미를 지닌다. 뉴질랜드 소비뇽은 망고나 패션프루트의 뉘앙스를 풍기기도 하는 등 이국적인 열대과일의 느낌도 지니고 있다.

남섬에 있는 말보로 지역은 소비뇽 블랑의 중심지이며, 소비뇽 와인에 대한 품질의 기준이 되어 왔다. 브란콧 에스테이트(Brancott Estate)에 의해 이곳에 처음 소비뇽이 심어진 것은 1973년이다. 말보로의 소비뇽 블랑은 풍부하고 잘 익은 과일향이 있어 마시기에 편하며, 간혹 고추향도 맡을 수 있고 구스베리향, 강한 레몬과 열대과일의 느낌도 준다.

브란콧과 클라우디 베이(Cloudy Bay)는 꾸준히 품질로 승부하는 뉴질랜드 소비뇽의 원조 와인 생산자이다. 그리고 빌라 마리아 (Villa Maria), 잭슨 에스테이트(Jackson Estate), 로손스 드라이 힐즈(Lawsons Dry Hills) 등은 꾸준히 최상급 와인을 생산하고 있다. 서늘한 지역에서는 상쾌하고 순수하며 신선한 향과 풍미를 유지하기 위해 양조 시 새 오크통를 사용하는 경우가 거의 없다. 극소수 와인들은 오크통 발효와 숙성을 하는 경우도 있는데, 헌터(Hunter)와 베버사우어(Vavasour)는 스타일리시한 오크통 숙성 소비뇽 블랑을 만든다.

출처 : https://www.oysterbaywines.com/our-wines/marlborough-sauvignon-blanc/

2) 피노 누아(Pinot Noir)

뉴질랜드를 대표하는 적포도품종을 들라면 단연 피노 누아다. 서늘한 기후에서 최상급 피노 누아 와인을 만드는 대표적인 국가다. 말보로, 마틴보로, 센트럴 오타고는 뉴질랜드의 피노 누아 산지 중 핵심지역이다. 피노 누아는 스타일과 품질, 풍미 면에서 미국 오리건주의 피노 누아와 유사하다고 평가받기도 한다. 오늘날 뉴질랜드 최고의 와인은 날카로운 산도, 풋내음 나는 과일 향, 매끄러운 질감 등이 서로 균형을 이루고 있다. 마틴보로는 최고급 피노 누아를 생산하는 곳으로, 좋은 빈티지의 리저브 와인은 우아하고 풍부한 점에서 부르고뉴 프리미에 크뤼(Premier Cru)가 지닌 품질과 견줄 만하다. 드라이 리버(Dry River), 테 카이랑가(Te Kairanga), 오크 숙성한 아타 랑기(Ata Rangi)의 피노 누아는 높은 품질을 자랑한다.

출처 : https://atarangi.co.nz/journal/thoughts-on-pinot-noir-day

참 / 고 / 문 / 헌

김지혜, 세계의 와인 생산자들, 와인오케이닷컴, http://www.wineok.com/

두산백과 두피디아, http://www.doopedia.co.kr

문화원형백과, 문화원형 디지털콘텐츠, http://www.nl.go.kr

윤화영 · 김문영, 그랑 라루스 와인백과, 라누스

정보경, 세계의 와인 생산자들, 와인오케이닷컴, http://www.wineok.com/

www.atarangi.co.nz

www.newzealand.com

www.nzwine.com

www.nzwinedirectory.co.nz

www.oysterbaywines.co

CHAPTER 30 한국(Republic of Korea)

1 와인의 특징

한국와인은 양조용 포도 재배가 어렵고 주로 식용포도의 재배가 이뤄지는 환경에서 와인재배자들의 노력과 헌신으로 경쟁력을 제고한 사례가 많다는 점이 특징이다. 환경적으로 떼루아(테루아)가 적합한 지역들도 있지만 어려운 환경에서 최선을 다해 노력한 공로가 인정된다고 평가하고자 한다.

현장에서의 수고 외에도 이러한 노력들의 일환을 보면 국내외 전시회[94]에 참가하며 국내 및 세계대회에 지원하여 수상하는 노력과 실적들을 알 수 있다.

한국에서 테루아가 좋은 지역은 해안가에 위치한 대부도 지역일 것이다. 구릉지역에 서해안의 바다에서 미세먼지와 해풍 그리고 포도를 식혀주는 바람이 불고 무더운 여름철의 기후가 포도를 완숙시키는 테루아를 지닌 지역으로 평가할 수 있다.

식용포도는 양조용으로는 적합하지 않은 것이 포도껍질이 얇고 씨가 적어서 양조용과는 대조적이다. 그리고 한국의 기후가 여름에 많은 비가 와서 다른 나라의 대표적 기후인 서안 해양성 기후 그리고 지중해성 기후의 평균 강수량 500~800mm 정도가 아닌 1,000~1,200mm로 우리나라는 비가 상대적으로 많다는 점도 제약적이다. 그리고 여름철 집중호우 등은 포도를 완숙시키는 여름의 포도 재배에 악조건이다.

---

94) 국내의 와인 및 식품 축제의 예로는 2023년 서울 카페 & 베이커리 페어(3월 중 SETEC), 2023 서울 국제 주류 & 와인박람회(6월 중 코엑스), 2023 팔도밥상페어(7월 중 수원컨벤션센터) 등이다.

그럼에도 불구하고 좋은 와인을 만들기 위한 지역과 재배자들의 노력은 대단하다고 사료된다. 한국의 포도는 포도품종 외에도 머루, 감, 오미자, 사과, 배 등 과실로 만드는 것도 현재 와인으로 취급하므로 같이 다루고자 한다.

부안의 솔지제빵소 : 우리나라는 세계적인 추세에 맞춰 커피와 빵에 대한 선호도와 이용이 증가한 상황이다. 마니아와 수요가 크다. 솔지제빵소는 지방에 위치함에도 선호도가 크다. 소금빵과 소금커피가 유명하다.

2 주요 품종

한국와인은 기본적으로 우리나라 식용포도인 캠벨얼리, 머스캣베일리에이(MBA), 거봉, 청수 등으로 만든다. 양조용 포도가 아님에도 한국의 재배자들은 많은 노력을 통해 완성도 있는 와인을 만들고 있는 것이다.

한국와인은 한국 땅에서 재배한 과실을 파쇄 및 발효한 술이다. 한국와인은 우리 땅에서 재배한 포도, 사과, 감, 딸기, 다래, 머루, 복숭아, 살구 등 과일을 잘게 부숴 발효한 술이다. 같은 과실이라도 복분자주, 오디주[95], 매실주 등은 한국와인으로 분류하지 않는다. 우리나라 주세법상으로는 와인이든 아니든 이 모두를 과실주로 칭한다. 와인은 과일 자체를 발효해 만든다. 반면 혼성주는 발효와 증류과정을 이미 거친 주정 또는 증류주에 과일을 우려내거나 과일즙을 섞어 만든다(김성실, 2021.11.23).

---

95) 오디는 뽕나무 열매이다.

단양 소노문 리조트 와인판매부스 : 와인투어를 할 수 있는 이벤트 행사를 한다.
가성비 있는 와인들을 준비하여 판매한다.

3 주요 지역

1) 대표 지역와인

우리나라 와인의 지명도가 있는 곳은 경기도 안산 대부도 그랑꼬또이다. 이곳은 소위 떼루아(Terroire)[96]가 가장 좋은 곳이다. 해안에서 불어오는 해풍이 포도를 익히는데 역할을 하고 작은 구릉과 언덕지역이 가장 이상적인 햇빛을 받을 수 있다.

그리고 전통적으로 포도 재배가 잘 되는 충북 영동, 경북 영천 지역이 가장 활성화된 와인 생산지역으로 인식되고 있다. 경북 김천지역도 좋은 포도를 생산한다. 경북 경산도 오래전부터 포도를 생산하고 와인을 만들고 있다. 대표적인 브랜드가 마주앙[97]이다. 독일과의 기술제휴를 통해 완성도 높은 와인을 만들어 왔으며 모젤 지방 스타일이다.

---

96) 인간의 포도 재배 노력을 기조로 하여 태양, 배수가 잘되는 토양, 강우량, 해풍과 강바람, 고도, 수확기의 일조량, 우박과 서리 및 비 피해가 없는 자연환경 등 전반적인 포도 재배에 영향을 미치는 총체적인 요소를 떼루아라고 한다.
97) 1977년 5월부터 국산 와인 1호인 마주앙은 스페셜 화이트와 레드를 출시하였다. 스크루 방식은 한국 가톨릭 미사에서 성찬 전례용 미사주로 사용된다. 1996년 두산백화를 거쳐 현재 롯데칠성음료 주류부문이 생산을 맡고 있다. 미사주는 100% 국산 포도를 사용한다. 경북 경산시에 전용 농장을 운영하여 이곳에서 포도를 길러 수확한다. 한국천주교 주교회의에서는 마주앙의 미사주 사용에 대해 교황청에 승인요청을 하여, 바오로 6세 교황에 의해 1977년에 승인을 받아서 46년이 지난 현재까지 사용하는 중이다. 교황청에서 미사주로 승인받기 위해서는 아무런 첨가물을 넣지 않은 순수한 포도 원액만을 사용한 와인이어야 한다(나무위키, 2023.4.30).

출처: 광명동굴

한국 와인산지

마주앙 미사주 : 1977년부터 생산되었다. 2017년 빈티지로 알코올 12%이다. 700ml로 스크루 캡이다. 로마 교황청으로부터 승인을 받아 사용하고 있다.
이 와인에는 포도 외에는 다른 첨가물이 들어가서는 안 되는 규정을 준수하고 있다.
캠벨얼리 품종으로 만들며 마주앙 미사주는 한식과도 잘 어울린다는 평가를 받는다.

감와인으로 유명한 청도와인, 사과로 좋은 와인을 만드는 예산과 의성, 다래, 배로 와인을 만든 횡성, 머루로 좋은 와인을 만드는 임실, 무주 지역의 경쟁력도 좋다.

우리나라의 많은 지역에서 와인이 생산된다. 많은 노력과 수고로 한국와인의 경쟁력이 제고되고 있다. 강원도 홍천의 청향으로 만드는 스파클링 와인도 좋은 평가를 받는다.

이하 지역은 최근에 필자가 방문한 특별한 곳으로 경쟁력을 지니고 있어서 소개하고자 한다.

무주의 붉은 진주 머루와인 : 시력에 좋다는 효능 등이 있다.
대통령 취임 만찬주로도 사용된 와인이다. 가격은 2만 5천 원대이다.

홍천의 너브내 스파클링 와인 : 청향으로 만든다. 청수보다 알은 작지만 피가 두툼하며 여운이 길게 남는 와인으로 전문가 평가가 있다. 소비자가격은 5만원 중반 정도이다. 알코올 12도이다.

2) 안동 264와인

안동에서는 264 청포도 와인이 유명하다. 우리나라의 애국 시인 이육사의 고향이 이곳 안동 도산면으로 와이너리가 이곳에 위치한다. 와이너리는 경북 안동시 도산면 백운

로 157에 소재한다.

청포도 와인을 생산하며 포도품종은 청수[98]품종이다. 최근 우리나라에서 많이 재배되는 품종이다. 안동의 도산면은 여름철에 매우 무덥고 겨울에는 극한의 추위로 알려진 곳이다. 여름의 무더운 기후 그리고 화강암이 부서져 생성된 척박한 마사토 토양에서 청포도품종 청수가 재배된다. 이곳 와이너리 담당자와 와인전문가의 의견도 여름철 매우 더운 기후가 청수가 잘 자랄 수 있는 조건이라는 설명이다.

이육사 시인은 내 고장 7월은 청포도가 익어가는 계절이라고 표현하였다. 예로부터 안동시 도산면 이 지역이 청포도가 잘 자라는 고장임을 보여주는 아름다운 시구로 평가된다.

264와인은 객관적으로 최근 경험한 우리나라 와인 가운데 매우 우수하다고 평가할 수 있는 화이트 와인으로 가치가 크다고 사료된다.

(1) 264와인[99]

가. 미디엄 드라이 절정

청수 100%이다. 약간의 당도를 지닌 미디엄 드라인 와인이다. 시음 시 밸런스가 좋고 화이트 와인으로 밸런스가 이상적인 우수한 와인으로 평가하고자 한다. 해산물 외에도 보쌈 등 육류와도 잘 어울린다. 아로마틱한 향과 적절한 산도가 좋다. 청사과, 시트러스, 라임, 레몬, 배향 등이 감지된다.

주요 대회에서 수상 실적이 있다. 특히 아시아

264 청포도 와인 절정 : 미디엄 드라이와인이다. 알코올 도수 13.5%로 청수 품종으로 만든다.

와인트로피 금상, 베를린 와인트로피 대회에서 금상, 대한민국주류 대상 등을 수상하였

---

98) 우리나라에서 개발하여 우리 기후 풍토에 적합한 청포도품종이다. 머스켓 품종의 종류로 평가된다. 안동의 경우 척박한 환경에서 만들어지고 풍부한 과일향, 산뜻한 산미 그리고 약간의 쓴맛이 조화를 이루고 있다. 음식과의 매칭(안동한우, 안동고등어, 안동 헛제사밥 등도 좋다고 사료된다. 실제적으로 음식과 매우 조화롭고 와인의 밸런스도 좋은 우수한 와인으로 평가하고자 한다.

99) 264와인은 오프라인 소매점 외에도 음식점 등에서도 판매된다. 특히 신라스테이 서울 및 수도권 일부 지점에서 판매되는 것을 볼 때 경쟁력 있는 와인으로 평가할 수 있다.

다. 알코올 도수 13.5%이다.

나. 드라이 와인 광야

당도가 적은 드라인 와인으로 청수품종 100%로 만든다. 알코올 도수 12.5%이다. 드라이한 와인인 만큼 절정보다는 간결하면서도 청수품종 본연의 향취가 잘 발산되는 와인이다. 풍부한 과일향 그리고 산뜻한 산미가 좋다.

다. 미디엄 스위트 꽃

청수품종 100%로 생산한다. 알코올 도수는 11.5%이다. 적당한 당도를 지닌 미디엄 스위트 와인으로 디저트나 애피타이저 와인으로도 좋다.

264와이너리 전경 : 안동시 도산면에 위치한다. 이곳은 매우 무더운 기후를 나타낸다.

264와인 내부 모습 : 청수로 만든 화이트 와인이 3종류로 제조되어 판매된다.

3) 영월 예밀와인

영월군 김삿갓면에는 캠벨얼리[100] 품종으로 와인을 만든다. 정통 유럽산 효모로 발효, 숙성하여 포도 본연의 색과 향이 풍부하다는 설명이다. 특히 방문 시 담당 센터장님에게 특징을 물어보았을 때 동강의 자갈밭과 구릉[101]의 특성이 있다고 한다. 배수가 잘 되는 토양이라는 것이다. 그리고 이곳에는 여름에 무더워서 포도 재배가 잘 되는 지역이라는 것도 테루아의 특성으로 보면 될 것이다.

예밀와인은 약 2주간 알코올 발효와 1년 이상 와인숙성 전용 저장고에서 15도 이하로 저온숙성의 과정을 거친다고 한다. 포도 외에는 일절 첨가하는 것이 없고 물과 주정만 사용하여 발효시키는 와인(감삿갓 예밀와인)이라는 설명이다.

이곳을 방문하면 와인족욕 체험을 할 수 있다. 비용은 2만 원이며 예밀와인 2종의 시음도 가능하다. 족욕의 효능이 면역력을 증가시키고 심신을 편안하게 하고 피부미용에도 도움이 된다고 한다. 와인마니

예밀와인 족욕체험장 : 와인을 재료로 하여 족욕체험을 할 수 있다. 테이스팅도 병행해서 할 수 있는 시설을 만들어 놓고 있다.

아들에게는 특별한 시간이 된다. 시음과 특별한 체험을 하게 되는 것이다.

힐링센터 입구에는 Maison de Yemil By Salon de Lim 레스토랑이 있다. 와인레스토랑으로 방문 시에는 휴장한 상황으로 조만간 오픈한다는 설명이다. 화덕피자, 곤드레크림 리조또가 주요 메뉴이다.

---

100) 유럽과 아메리카 대륙의 특성이 어우러진 아무렌시스종의 캠벨얼리는 독특한 향미를 갖고 있다는 설명이다(김삿갓 예밀와인).

101) 예밀2리는 해발고도 300m가 넘는 산자락에 위치한 마을이다. 높은 곳은 700m가 넘는다. 덕분에 일교차가 크고 일조량이 풍부해 당도가 높고 향 좋은 포도가 생산되는 분명히 좋은 와인을 만들 수 있는 터이다(박만수 예밀와인 연구소장: 농민신문, 2020.10.8).

(1) 예밀와인

가. 예밀와인[102] 프리미엄 드라이

캠벨포도와 국산 머루를 블렌딩하였다. 특유의 산미가 조화를 이룬다는 설명이다. 산미와 바디감을 높이기 위해 만들어졌다고 한다. 한우, 삼겹살과 잘 어울린다고 한다. 알코올 도수 13%이다.

나. 예밀와인 드라이

풍부한 탄닌성분으로 약간의 무게감이 있는 맛의 특징을 지닌다. 색이 진하다. 특유의 산미가 조화를 이룬다. 떫은맛은 강하지 않다. 2019년 대한민국주류대상에서 와인부문 대상을 수상하였다. 한우, 삼겹살 등 한식과 잘 어울린다는 설명이다. 알코올 도수 13%이다.

다. 예밀와인 스위트

스위트 와인의 주원료인 캠벨얼리 중 포도와 가장 적합한 효모를 사용하였다는 설명이다. 갈비찜, 불고기, 간장 조림된 음식과 잘 어울린다는 설명이다. 스위트한 뉘앙스가 있다. 캠벨얼리 특유의 향도 감지된다. 음식도 상기 설명한 당분이 있는 음식과 잘 매칭되는 것으로 판단된다. 2021년 대한민국주류대상에서 와인부문 대상을 수상하였다.

예밀와인 로제 : 375ml로 구입할 수 있다. 캠벨얼리의 감도와 뉘앙스가 잘 느껴진다.

라. 예밀와인 로제

레드 와인 제조과정에서 껍질을 제거하고 발효시켜 만든 로제와인이다. 장밋빛 색과 향이 화사하다는 설명이다. 시음해 보면 특유의 캠벨얼리향이 감지된다. 잡채, 전

---

102) 최근 방문 시 경험한 와인으로 다소 자세하게 소개하고자 한다.

등 한식과 케이크 등의 디저트 음식과 잘 어울린다는 설명이다. 2020 한국와인대상 골드상 수상, 2022 대한민국주류대상에서 와인부문 대상을 받았다. 방문 시 전문가 평가 중 캠벨얼리의 특성을 가장 잘 갖춘 와인이라는 평가도 있었다.

마. 예밀와인 청향

청포도를 발효시킨 와인으로 연한 황금색, 신선한 맛을 지니고 생선, 채소류, 부드러운 치즈와 잘 어울린다는 설명이다. 알코올 도수 12%이다(Winery YEMIL 브로슈어 참고). 이 와인은 방문 시 겨울철로 소진되어 시음과 구입이 어려웠다.

예밀와인 전경 : 영원군 김삿갓면에 소재한 예밀와인에서 운영하는 레스토랑 모습이다.
겨울철 방문 시에는 준비로 휴장 중이었다.

4) 김해 산딸기 와인

오직 김해에서만 맛볼 수 있는 산딸기 와인으로 홍보한다. 스위트와인과 드라이와인 두 종류를 생산한다. 스위트와인은 살짝 달고 스모키한 맛이 느껴지는 섬세한 뒷맛을 강조한다. 375ml 2만 원이 소비자가격이다. 드라이와인은 깔끔하고 강한 뒷맛을 강조한다. 750ml는 소비자가격 4만 9천 원에 판매한다.

김해와인 스위트 산애딸기 375ml[103]는 알코올 도수가 11%이다. 2021년 국립농산물품질관리원 국무총리상을 받았다. 2020년에는 자랑스러운 임업인 대상, 친환경 생태농업인 우수상을 수여받았다. 산딸기 100% 김해 특산물인 토종산딸기를 발효한 전통방식

---

103) 375ml 한병에 산딸기 1kg로 만들어진다.

의 와인으로 주정, 첨가물이 들어가지 않았다는 설명이다. 대한민국 신지식 농업인장이 만든 농부의 꿈이 담긴 국내 유일한 산딸기로 만든 정통와인이라는 설명이다.

신어산 산기슭에 있는 산딸기닷컴[104]은 가재, 장지도마뱀들이 사는 청정지역이다. 화학비료를 사용하지 않는 친환경 농장에서 생산한다. 국립농산물 품질관리원에서 지정한 대한민국 대표 농장이다. 김해는 국내 산딸기의 70%가 생산된다.

참고로 김해 낙동강레일파크에 위치한 산딸기와인동굴의 와인동굴보관소는 13~16도의 온도로 산딸기 와인 보관하기에 최적의 환경이다. 와인동굴보관소는 낙동강레일파크와 연결되어 있다. 기차로 만든 레스토랑 및 카페가 와인동굴 입구까지 연결되어 있다. 기차로 된 열차카페가 나름 인상적으로 보인다.

산딸기는 6월에 한시적으로 맛볼 수 있는 면역력에 좋은 귀한 과실이다. 산딸기 안에는 안토시안이 풍부하여 체내에 쌓인 활성산소를 제거해 주는 역할을 한다. 폴리페놀과 함께 사포닌 성분도 있어 혈관의 노폐물을 제거해 준다. 에스트로겐을 촉진시키는 피토에스트로겐 성분이 많이 함유되어 있다. 산딸기는 모든 과실 중에 계절의 첫 열매로 면역력에 좋다(산딸기닷컴)는 설명이다. 보통 레드 와인에서 갖추고 있는 폴리페놀, 안토시아닌을 기본적으로 갖추고 있다는 차원에서 좋은 과실로 평가하고자 한다.

김해 산딸기 와인 : 스위트한 와인으로 알코올 11%로 디저트와인에 좋다. 2019년산 와인이다.

산딸기 와인[105]은 단맛, 신맛이 어우러져 향이 진하고 뒷맛이 깔끔하다는 설명이다. 탄닌의 떫은맛도 있다. 산딸기 와인은 따뜻한 기운을 갖는 술로 알려져 있다는 설명이다. 대중성이 있고 밀도감도 좋다는 평가도 받는다. 아이스 와인처럼 낮은 온도에 시음하면 좋다는 평가이다. 육류, 생선 등과 잘 매칭된다. 희귀한 와인으로 제조가 까다롭다는 설명이다(산딸기닷컴).

산딸기 드라이 와인은 뒷맛이 깔끔하고 강한 게 특징이다. 기름지고 매콤한 요리와 잘 어울린다는 평가를 한다. 오리 불고기, 한우와 잘 어울린다는 설명이다.

---

104) 양조회사 대표는 최석용이다. 식품 이학박사, 식품 명인이다.
105) 산도, 당도, 탄닌까지 갖추고 있어서 밸런스를 잘 나타내고 있다는 평가를 할 수 있다.

산딸기 스위트 와인을 시음해 보면 호박색으로 단향이 올라온다. 바디감이 좋고 탄닌감도 좋다. 디저트와인으로 경쟁력을 지니고 있다. 알코올이 다소 느껴진다. 11%의 알코올을 지닌다. 산도도 좋다. 이는 음식과 잘 매칭된다는 의미이다. 와인의 깊이와 무게감 즉 바디감이 있다. 항암효과가 좋은 딸기로 만든 우리나라 와인의 특별한 경험이 가치있다고 사료된다.

김해관광포털에서 산딸기닷컴에 관련해 제공한 김해 산딸기 와인체험 기사를 보면 다음과 같은 내용으로 정리할 수 있다. 김해의 산딸기는 복분자의 색이 검붉고 씨가 많아 먹을 수 없지만, 이곳 산딸기는 예쁜 선홍색에 씨도 작아 바로 따서 먹을 수 있다. 맛도 훨씬 달고 새콤하다. 알싸한 산딸기가 전 세계에서 가장 많은 곳이 이곳으로 여겨진다. 김해 상동에 산딸기가 심어진 것은 무려 40년이 넘는다. 산딸기와인은 휘발성이 강해 빨리 취하고 빨리 깬다. 유기농으로 가치도 있다.

산딸기 열매와 와인효모, 정제수 등으로 만들어진다. 갓 따온 산딸기를 와인 효모와 함께 으깬 다음 시원한 곳에서 일주일에서 열흘 정도 발효시킨다. 찌꺼기를 걸러내고 원액만으로 2차 발효를 시킨다. 효모가 작용하면서 당이 발효되어 알코올 성분으로 변화한다. 이 상태로 10일을 더 뒀다가 미세찌꺼기를 한번 더 걸러내면 와인 원액이 완성된다. 13~14℃로 유지된 보관실의 숙성탱크에서 6개월 이상 저온 숙성시킨다. 색은 황금빛이 난다. 1년에 품질과 명성 유지를 위해 1만 병만 출고한다. 가격이 국내 와인보다 상대적으로 비싼 것은 유기농과 수작업으로 인한 수고 등으로 설명한다(www.gimhae.go.kr).

김해 산딸기 와인 레스토랑 : 와인동굴로 들어가는 길에 레스토랑 겸 카페가 위치한다.
산딸기를 연상하게 하는 색으로 기차를 활용하고 있다.

5) 문경 오미자 와인

우리 농산물로 세계 최고의 명주를 만들어 간다는 모토로 홍보한다. 오미나라를 설립한 이종기 대표는 대한민국 최초의 위스키 마스터 블렌더이며 40년여 세월을 좋은 술 만드는 데 전념한 한국의 대표적인 양조 및 증류 전문가로 소개한다.

오미나라는 세계 최초로 오미자 와인을 개발하였다. 오미자 스파클링 와인은 유일하게 오미나라에서만 생산한다. 오미로제는 2012 핵안보 정상회의, 2013년 세계조정선수권대회, 2014년 ITU전권회의, 2015년 세계군인체육대회, 2014 세계물포럼, 2018 평창패럴림픽에서 만찬주로 사용되었다.

OmyNara는 농업법인(주) 제이엘 오미나라로 운영된다. 경상북도 문경시 문경읍 새재로 609에 소재한다. 오미자는 한국 고산지대가 원산지로 해발 300m 이상의 청정지역에서 생산된다. 오미자의 학명은 Schisandrae Fructus이고 프랑스어로는 Maximowciczia typica라고 불리는데 최상의 맛이라는 의미이다. 한방에서는 오래전부터 약재로 사용되었다. 오미자의 성분 중에 리그난의 쉬잔드린(Schisandrin)과 고미신(Gomisin)성분은 독성물질에 의한 간 손상을 막아 간을 보호하고, 알코올 대사를 촉진하여 혈중 알코올 농도를 낮추어주는 효과가 있다. 풍부한 유기산과 당분은 피로회복에 좋고 떫은맛은 무기질 성분에 의한 것으로 신경안정에도 좋다. 호흡기에 좋은 작용을 하여 해소에 사용하면 기침을 멈추게 하는 효과가 있다. 또한 근골격계 퇴화와 치아 소실 방지 등 노화 개선에 효과가 있다(오미나라 Taste of Life 설명서)는 설명이다.

오미자는 목련과의 낙엽 활엽 덩굴나무의 열매로 5가지 맛 즉, 단맛, 신맛, 쓴맛, 짠맛, 매운맛을 느낄 수 있다. 피로회복에 좋다는 평가이다. 오미자는 간과 위의 건강 유지, 갈증해소, 권태감과 뻐근함 해소 및 건망증에 좋고, 면역력 향상 및 감기 예방, 숙취해소, 스트레스 해소, 자궁 건강 유지, 집중력 향상 및 사고력 증진, 체력향상 및 피로해소, 치매예방, 폐질환 및 기관지 염증 예방 및 치료 등에 좋다(www.well-being-action. com>entry)는 평가를 받고 있다.

오미나라 와이너리 방문 시 오미자는 우리나라에서만 재배된 고유의 과일이란 설명을 들었다. 그리고 매운맛이 오미자 와인에서 탄닌 성분 때문임을 알게 되었다. 오미자는 발효와 숙성이 매우 까다로워서 3년 이상의 시간106)이 소요되는 포도와 비교해 어려운 과정이 있다는 설명이다. 와인은 유럽산 오크통에서 오크숙성을 6개월, 24개월 정도 시킨다고 한다. 특히 오미나라의 와인 중 완성도가 가장 높은 오미로제 결의 경우 프랑스의 샹파뉴 방식으로 만든다는 설명이다. 와인 병도 프랑스 샹파뉴 지방의 에페르네에서 직접 가져와 생산한다고 한다. 그동안의 노력의 결과107)로 근자에는 수익성이 좋아지고 있어 보람이 있다는 것이 회사 측의 설명이다(김형호 고문 투어 안내에 근거하여 작성).

상파뉴 스타일의 와인병 : 오미로제에서는 프랑스의 에페르네 지역에서 샴페인 병을 직접 구입해서 현재 사용하고 있다. 와인병을 쌓은 모습이 인상적이다.

오미로제 결은 정통 샴페인 공법108)으로 제조한 세계 최초의 오미자 스파클링 와인이다. 알코올 함량은 12%이며, 5~8℃ 서빙온도를 추천한다. 가격은 국내에서 가장 높은 가격대로 소비자가 15만 원이다. 오미로제 수상내역을 보면 2021 국제우수미각상, 2021 대한민국주류 대상, 2021 청와대 국빈만찬주, 2017 우리술품평회 수상 등이다. 코리안 돔 페리뇽을 지향한다.

시음을 하면 산도와 당도 그리고 타닌을 표출하는 매운맛의 밸런스가 매우 좋은 스파클링 와인이다. 오미로제 연에 비교하면 바디감도 잘 갖추고 있

---

106) 오미자는 유기산 함량이 많고 천연방부제 역할을 하는 성분이 함유되어 있어 발효가 어렵다. 그래서 정통 와인제조 공법으로 오랜 시간을 발효하여 1,000일의 기다림 끝에 완성된다.

107) 오미나라에서는 오미자 와인 외에도 사과와인을 제조 후 샤랑트식 동 증류기를 이용하여 증류한 후 오크통에서 숙성하여 만든 문경바람 오크와 백자(도자기로 숙성하여 사과 본연의 맛과 향을 즐길 수 있음), 고운달 오크와 백자가 있다. 오크통에서 숙성하여 오미자 증류주 본연의 향과 오크향, 바닐라향과 허브, 스파이스향이 풍부한 고품격 증류주인 고운달 오크와 고운달 백자(오미자와인을 제조한 후 샤랑트식 동 증류기를 이용하여 증류한 후 백자에서 숙성시킨 오미자 증류주로 화이트 초콜릿, 과일, 허브향이 나며 부드러운 목넘김이 특징)가 있다(오미나라 Taste of Life 설명서; www.omynara.com). 오미자 와인과 증류주를 중심으로 경쟁력 있는 오미자 와인과 증류주를 생산하는 데 노력을 다하였다.

108) 전통 샴페인 제조방식으로 만들어진다. 1차 발효된 와인을 병에서 2차 발효하고 찌꺼기를 모아 제거 후 와인을 채워 코르크로 봉하여 고품질의 스파클링 와인이 완성된다.

다. 국내의 주요 호텔 등 한국와인의 경쟁력을 인정하는 곳에서 판매되고 있다.

오미로제 연은 샤마트 공법, 즉 샤르마방식[109]으로 제조한 청량한 느낌의 오미자 스파클링 와인으로 소비자가는 5만 원이다. 알코올 함량은 8%이다. 수상내역을 보면 2019, 2020 대한민국주류 대상, 2018 평창패럴림픽 건배주, 2012 핵안보정상회의 공식 만찬주로 선정되었다.

오미로제 프리미어는 정통 발효공법과 오크통 숙성으로 제조한 오미자 스틸와인이다. 알코올 함량은 12%로 서빙온도는 10~15℃가 권장된다. 드라이한 스타일로 오크숙성을 18개월 이상 하였다. 2019, 2020, 2021 대한민국주류 대상을 받았다. 소비자가격은 3만 9천 원이다.

오미로제 투게더는 오미자의 매혹적인 선홍색과 향과 맛을 느낄 수 있는 대중적인 스틸와인이다. 알코올 함량은 12%, 서빙온도는 10~15℃가 권장된다. 소비자 가격은 2만 6천 원이다. 일반적인 오미자 와인인 투게더는 밸런스도 좋고 가격대비 우수한 와인으로 평가하고자 한다. 가성비 외에도 여행 중 시음 전후 부담없이 좋은 시간으로 기억되는 밸류와인이다.

문경 오미로제 오크 숙성실 : 오미자는 3년 정도 숙성시켜야 좋은 와인이 된다고 한다.

---

109) 발효된 와인을 압력탱크에서 2차 발효한 뒤 여과, 병입하여 완성된다.

오미로제 투게더 : 스위트하며 오미자의 맛과 향을 잘 표출하고 있다. 375ml를 16,000원에 구입할 수 있는 밸류와인이다.

워커힐호텔 와인판매점 : 1층에 있는 에노테카 와인숍으로 와인의 큰 사이즈 병들이 전시되어 있다.

6) 김천 수도산 와인

수도산 와이너리는 김천시 증산면 금곡리3길 29에 소재한다. 23년 전 백승현 대표가 이곳 수도산에 수도산 와이너리를 오픈하여 산머루로 크라테 와인을 생산하고 있다. 2001년부터 시작한 수도산 와이너리는 해발 1,317m 수도산에서 직접 농사를 지은 산머루110), 청수 등의 포도로 와인을 생산한다.

수도산 와이너리 입구 안내판 전경 : 해발 500미터 정도의 밭에서 산머루를 재배하여 포도를 생산한다. 물이 풍부하고 배수가 잘되는 지역이다.

---

110) 산머루는 포도보다 열매는 작다. 그러나 10배 이상의 칼슘, 인, 철분, 회분을 함유한다. 특히 항산화작용을 하는 폴리페놀, 안토시안 성분을 다량으로 함유하는 장점을 지닌다.

3년이란 긴 시간 동안 숙성기간을 거쳐 만드는 유기농와인이다. 미국산 오크통을 사용하여 산머루를 숙성시킨다는 점에서 특이하고 와인메이커의 독특함과 철학이 담긴 와이너리로 차별화되어 왔다. 기존에 머루를 오크 숙성시키는 경우가 없었던 상황에서 매우 독특한 숙성방식을 통해 좋은 와인을 생산하여 주목받아 왔다.

크라테(Krate)는 화산분화구(Crater)라는 지형적 특성에 한국와인이라는 정체성을 더한 수도산 와이너리의 대표 브랜드이다. 그동안의 많은 수상 실적을 통해 와인의 가치와 수준을 평가받고 있다. 2023년 우리술품평회에서 최고의 술로 대통령상을 수상하였다.

와인의 가치를 인정받아 2019년에 더 플라자호텔 입점, JW메리어트호텔 입점, 인터콘티넨탈호텔 입점, 롯데월드 타워 81층 비채나 입점 등의 결과를 내었다. 2017년 대한민국 와인페스티벌 골드상, 2018년 한국와인 대상(농림부장관상), 2020년 한국와인베스트 10 선정, 2021년 한우페어링 한우갈비 대상, 2021년 대한민국주류 대상 Best of Best, 2022년 한국와인대상 그랜드 골드, 2022년 대한민국주류 대상, 2022년 독일 베를린 와인 골드(수도산 와이너리 브로슈어 참고) 등의 많은 수상실적을 자랑한다.

백승현 대표는 앞으로도 대를 이어서 경쟁력 있는 와이너리를 구축하고자 하는 꿈과 목표를 갖고 있다. 그동안의 오크 숙성의 결과로는 새 오크통의 경우 7~8주, 두 번째 사용 시에는 10개월, 세 번째는 20개월, 네 번째는 30~40개월 사용한다고 한다. 많은 시간과 농부의 땀의 결실의 노하우로 보인다.

3년의 숙성과 6개월의 병입 숙성을 통해 안정화 후 와인을 출시한다. 긴 시간의 숙성은 머루 탄닌의 쓴맛을 부드럽게 하는 역할을 하게 된다고 한다. 기본적으로 산머루[111)]는 산도가 좋아 오랜 시간 저장이 가능하다는 점도 장점이다.

이곳의 떼루아를 중시한다고 한다. 이 지역은 일교차가 크다고 하며 토양의 배수가 잘된다고 한다. 그리고 자연재해가 있는 경우에는 피해가 많다고 한다. 2023년의 빈티지는 상대적으로 좋지 않을 것으로 전망했었다. 비가 여름철에 많이 왔기 때문이다. 작황 상황의 차이로 인해 빈티지가 차이가 나며 특히 산머루 와인의 경우 최고의 해는 2015년이라고 한다(와이너리 방문 시 백승현 대표의 설명 참고).

---

111) 산머루는 생김새가 포도와 비슷하지만 크기와 색깔 면에서 차이가 있다. 열매가 포도보다 작고 껍질이 얇으며 색이 까만 편이다. 신맛이 강하고 수분이 많아서 잘 뭉개진다. 생식력이 좋아 음지나 양지를 가리지 않고 잘 자란다(주간조선, 2023.10.7).

수도산 와이너리 와인바 전경 : 10년 전 세워진 건물로 여름에는 시원하고
겨울에는 방한이 잘되는 조립식 건물이라고 한다.

와이너리 숙성공장, 와인체험장, 와인바가 별도로 세워져 있다.

와인체험장 입구 : 23년의 노력이 결실을 맺은 와인을 경험할 수 있는 공간으로
오너의 자신감과 자부심을 느낄 수 있다.

산머루로 만든 와인은 두 종류이다. 산머
루 크라테 프리미엄 드라이는 알코올 도수
11.5%로 산도가 좋다. 이는 저장성으로 연결
된다. 밸런스가 좋다. 오크 숙성으로 바닐라
향이 감지된다. 알코올, 산도, 타닌이 잘 조화
된 밸런스가 좋은 와인으로 평가하고자 한다.

산머루 크라테 프리미엄 드
라이 와인 : 진한 색으로 밸
런스가 좋고 오크숙성을 통
한 바닐라향도 감지된다.
2019년 빈티지는 양호하다
고 평가한다.

산머루 크라테 미디엄 드라이 와인은 알코올 11.5% 이다. 산도도 좋다. 베리향이 잘 드러난다. 세미 스위트로 감도를 지닌다.

산머루 크라테 레드 스위트는 11.5%로 산도도 좋다. 375ml로 붉은빛을 띤다. 달콤한 포도향, 탄닌과 산미감이 조화롭다는 평가이다. 산머루와 스페인의 포도인 모나스트렐, 템프라니요[112] 등을 첨가하여 생산한다는 점에서도 고무적이라는 판단이다.

시음해 보면 감도가 있지만 바디감이 좋고 탄닌이 잘 녹아 있는 와인으로 산머루 와인은 대체로 한우나 갈비와 잘 조화된다는 느낌을 갖게 된다. 머루의 껍질과 씨의 압착을 통해 와인에 진한 색, 향과 풍미가 잘 느껴진다.

크라테 자두와인 : 김천의 특산물을 와인으로 상품화하였다. 가장 이상적으로 지역 농산물인 자두를 특화한 와인으로 평가할 수 있다(사진은 크라테 브로슈어).

크라테 로제 미디엄 드라이와인은 알코올 11.5%이며 375ml이다. 산도도 좋다. 산도측정을 보면 수도산 와이너리 제품 중 가장 높다. 산머루와 샤인머스캣이 블렌딩되었다. 과일향, 아로마가 풍부하고 우아하다는 평가이다.

크라테 화이트는 청수품종으로 생산하였다. 아카시아꿀, 배향, 청사과, 레몬향이 난다. 산도와 당도 그리고 청량감이 매력적이라는 평가이다. 알코올 11.5%이고 용량은 375ml이다.

김천대학교에서 생산되었던 자두와인의 단종으로 인해 크라테 자두와인이 생산되었다고 한다. 알코올 도수는 8.5%이고 375ml이다. 잘 익은 김천자두를 사용하였으며 저온 발효시킨 와인이다. 자두 본연의 달콤한 맛과 향이 살아 있다. 감칠맛나는 깔끔한 피니쉬 와인이라는 설명이다(수도산 와이너리 크라테 와인 설명 브로슈어 참조).

---

112) 스페인의 대표 품종들을 식재하고 있다는 점에서도 일반적이지 않다. 그러나 우리 땅에는 우리 품종이 잘 식재된다는 결론을 갖고 있다는 백승현 대표의 설명이다.

375ml의 대부분의 와인은 2만 5천 원이 소비자가격이다. 주력상품인 산머루 크라테 2종은 소비자가격이 6만 5천 원이다. 타 와이너리의 와인 가격과 비교해서 상대적으로 높지만 가격에 비례하는 품질과 우수성을 지니고 있다는 판단이다.

수도산 와이너리 전경 : 일교차가 있고 배수가 잘되는 지역으로 충분한 일조량이 산머루, 청수 등 포도품종을 잘 익게 한다. 산머루의 경우, 수확을 늦게 하여 당도를 높이고 알코올 도수를 높게 하는 역할을 하게 한다. 이탈리아 베네토의 아파시멘토[113] 방식을 도입하여 효과를 높이고 있다.

참 / 고 / 문 / 헌

고종원 외(2018), Workbook WINE, 신화

김성실의 역사 속 와인, 오래된 미래의 맛, 한국와인, 한국일보 라이프, 2021.11.23

김해관광포털, 김해 산딸기 와인체험

나무위키, 2023.4.30

박만수 예밀와인연구소장: 농민신문, 2020.10.8

산딸기닷컴

수도산 와이너리, 크라테 와인 설명 브로슈어

오미나라 Taste of Life 설명서

주간조선, 2023.10.7

Winery YEMIL 브로슈어

www.gimhae.go.kr

www.omynara.com

www.well-being-action.com〉entry

---

113) 이탈리아 베네토 지방에서 수확한 포도송이를 대나무발 위에서 3~4개월간 말려 수분을 줄이고 당도를 높인 뒤 와인을 만든다. 이러한 제조법을 아파시멘토(Appassimento)라고 한다. 알코올 도수가 높고 색이 진하며 강렬한 맛을 내는 와인이 된다. 수확을 늦추어 10월 말에서 11월 초까지 기다리다 수확하는 아마로네 와인의 제조방식으로 크라테와인을 한국의 아마로네라고 하는 사람도 있다(주간조선, 2023.10.7)고 한다.

CHAPTER 31 일본(Japan)

1 지역 개관

일본의 와인 양조는 메이지 유신 시기(1870년) 서구문명의 유입과 함께 시작되었다. 한편으로 일본 토착 야생 포도품종이나 코슈 품종 등의 역사(718년 대선사 유래설)는 깊지만 일본에는 와인 외의 니혼슈(일본주, 日本酒)가 확고히 자리 잡고 있어 포도는 식용으로만 머물며 양조 발전이 없었다.

문헌에는 포르투갈의 선교사가 16세기 중반에 일본에 이르렀고 영주에게 진상했다는 기록이 남아 있다. 가와카미 젠베(上善兵衛: 1868~1944)는 일본 와인 포도의 아버지라고 불리는 인물로 근대 일본에서 처음 포도품종의 교배 연구를 해서 일본을 대표하는 적포도품종 MBA를 1927년에 만들었고 화이트 와인을 상징하는 품종은 중국원산으로 생각되는 코슈이다. 1970년대에 주종 수입이 자유화된 시점에 이르러 일본인은 국산 와인보다도 먼저 세계 각지의 와인을 음미하게 되었다.

수입 와인도 쌀밥 중심의 식문화 특성 속에 스위트 와인이 대중적으로 각광받게 되었다. 달콤하면서 마시기 쉬운 와인은 당시 일본에서 서양 이미지를 동경하는 이미지로 생활에 스며들었다. 그러나 이후 본격적인 와인 시장 확대 시기에는 오히려 장벽이 되는 원인이 되기도 하였다.

이와 같은 시기 야마나시 대학교 부설 와인연구소 등이 설립되어 일본에서 가장 오래전부터 재배되어온 품종 중 하나인 코슈(Koshu)품종을 비롯하여 육종 연구로 교배종 육성에 힘을 기울이고 포도 재배와 와인 양조를 습득하기 위하여 프랑스에 인력을 파견한다.

그 결과 머스캣 베일리 A(Muscat Bailey A), 블랙 퀸(Black Queen) 등을 개발하였고 이러한 연구 성과를 바탕으로 포도 재배자와 일본 와인 양조자의 양조기술이 발전하여 현재는 세계에서 인정받는 품질의 와인을 생산하고 있다.

산지는 북해도와 혼슈에 집중되어 있다. 최고의 떼루아는 도쿄 남서에 있는 후지산 맥의 화산성 토양이다. 시장은 국내생산량의 80%를 점하고 5대 기업에 거의 독점되어 있어 와인 대부분은 남미에서 수입한 포도액을 베이스로 하여 양조하고 있다. 이 때문에 외국산 포도액을 사용해서 국내에서 양조한 와인도 라벨에 국산와인으로 표기 가능하였다가 2018년 10월 30일부터는 일본 와인으로 표시할 수 없게 되었다. 포도 재배면적은 전체의 5% 이하이지만 그래도 유럽품종에 의해 흥미 깊은 와인이 나타나고 있다. 일본에서는 주정의 광고 선전이 법으로 규정되어 있지 않기 때문에 와인 광고를 TV에서 보이는 경우가 많다.

2 일본 와인의 특징

흔히 일본을 "작은 섬나라"라고 얘기하지만 일본 전체 면적은 한반도 4배의 면적으로 북에서 남으로 길게 위치하며 산맥 등과 함께 다양한 기후대를 가지고 있다.

일본의 양조용 포도 재배는 북부 홋카이도에서 남부 규슈까지 폭넓게 분포하고 있으며 포도품종에 적합한 테루아(Terroir)에 맞는 품종을 재배한다.

또한 최근의 경향으로 보다 서늘한 기후를 찾아서 고도가 높은 곳에서 포도 재배가 시작되고 있다.

일본은 전체를 과실주로 호칭하며 과실주, 감미과실주로 구분한다.

과실주(果實酒)는 과실을 원료로 해서 발효시킨 술로 알코올 20도 미만의 술을 가리키고 감미과실주(甘味果實酒)는 과실주에 당분, 브랜디를 첨가하여 스위트하면서 알코올이 높은 주정 강화와인을 가리킨다.

3 포도품종

1) 코슈(Koshu)

코슈 품종은 껍질은 핑크빛을 띠고
향기와 미감이 부드러우나 강렬한 특징
은 없다. 감미가 있는 와인을 만드는 경
우가 많지만 최근에는 포도에 부족한 산
미를 효모로 보충하고 그 후 쉬르 리(Sur
Lie) 등의 양조법을 적극적으로 사용하

코슈 와인 홈페이지

여 바디감과 풍미를 보강한 좋은 품질의 드라이 코슈 와인을 생산하고 있다.

2) 머스캣 베일리 A(Muscat Bailey A)

Bailey(베일리)* Muscat Hamburg(머스캣 함부르크)을 교배해서 만든 품종으로 병충
해에 강하고 일본 기후에 적합한 양조용 포도품종이다.

3) 유럽 & 미국 품종

유럽계 비티스 비니페라(Vitis Vinifera) 품종으로는 샤르도네, 소비뇽 블랑, 리슬링,
뮐러투르가우, 케르너 등의 화이트 품종과 까베르네 소비뇽, 까베르네 프랑, 멜롯 등의
레드 품종이 있으며 미국계 비티스 라브루스카(Vitis Labrusca) 품종으로 나이아가라
(Niagara) 등의 품종도 다량 재배하는 것이 이색적이다.

그 외에 개발된 육종 포도로는 까베르네 산토리, 야마 소비뇽 등이 있어 각각의 개
성 있는 와인을 생산하고 있다.

4 주요 생산지

일본 와인산지

　특이하게도 일본은 주요 산지별 협동조합을 중심으로 원산지 제도를 만들었다. 야마나시현, 야마카타현 와인 주조 조합 인증실, 나가노현 원산지 호칭 관리제도 등이 있다. 포도 생산량은 전체에서 야마나시현 26%, 나가노현 14%, 야마가타현 10% 순이다.

1) 야마나시(Yamanashi)

일본 와인의 중심지로 최근 코슈 품종으로 쉬르 리 양조기법, 오크통 숙성 등의 도입이 성공적 평가를 받고 있으며 그 외 멜롯, 까베르네 소비뇽, 등 유럽계 포도품종과 육종 품종, 머스캣 베일리 A의 와인도 생산하고 있다.

또한 "야마나시 누보 축제"를 매년 동경, 오사카, 야마나시현에서 개최해 일식과의 마리아주 등을 통해 적극적으로 홍보하고 있다.

야마나시 누보 축제

2) 나가노(Nagano)

원산지 호칭 관리제도를 일본 최초로 도입한 곳으로 전통적으로 비티스 라브루스카 (Vitis Labrusca)종인 나이아가라, 캠벨, 콩코드 등 미국계 품종이 많다. 최근 멜롯과 샤르도네 품종이 증가하는 추세이다.

3) 동북부 지방(Eastern North)

야마가타현에 와이너리가 집중되어 있다. 품종은 머스캣 베일리 A가 대량 재배되고 유럽계 비티스 비니페라 품종도 재배하고 있다.

5 일본 와인의 현황

일본 와인은 특유의 장인정신을 기반으로 산토리 등 특정 와이너리가 높은 발전을 이루어 왔지만 일반적으로 같은 비티스 비니페라 품종으로 생산되는 유럽 와인과 비교해서 비교 우위를 갖기는 힘들다.

또 가격에 세금을 부과하는 한국과 달리 총중량에 세금을 부과하는 종량세의 주세법으로 가격적인 면으로도 수입 와인과 가격 경쟁력에서 떨어지는 것이 현실이다.

산토리(Suntory)의
프리미엄 와인 토미(Tomi)

하지만 일본 내의 자국 와인소비는 메르시앙, 산토리 같은 대형 주류 회사가 와이너리를 소유, 생산하여 세계의 유명 품평회에서 많은 상을 수상하고 양질의 대표 와인을 생산하는 등 와인 문화산업을 발달시키고 있다.

또한 한편으로는 지방의 중소 생산자들과의 공조, 더불어 단순한 외국 브랜드 선호가 아닌 "일본 와인에는 일본 와인"이라는 미식 개념과 높은 문화수준의 소비자 인식이 와인 기반산업을 잘 받쳐주고 있다.

메르시앙 와인

참 / 고 / 문 / 헌

児島速人(2008), CWE Test Your Knowledge of Wine, ワイン教本, イカロス出版

田辺由(2009), 美のWine Book, 飛鳥出版

日本 ソムリエ 協會教本, 社團法人 日本 ソムリエ 協會, 飛鳥出版

Christopher Fielden(2009), The Wine & Spirit Education Trust 編, Exploring wines & Spirits, 上級
　　　ワイン教本, 柴田書店

코슈 와인 홈페이지

http://wine.jp/nouveau/

32 중국(China)

1 지역 개관

동양의 초강대국이던 중국에서 포도 재배가 부흥했던 때는 지금으로부터 2000년경 전이었다. 그 후 근대의 와인 생산국으로서는 세계적으로 거의 무명의 존재였다. 그랬던 중국이 지금 세계의 와인 생산국으로 발돋움을 하고 있다. 2013년 757,000ha였던 포도밭 면적이 2017년 870,000ha로 14.9%나 증가하여 세계 3위를 기록한다. 와인 생산량도 2017년 기준으로 10,800hl를 기록하여 남아프리카공화국과 함께 공동 세계 7위를 차지하였다. 와인 소비도 크게 늘어 현재 세계에서 다섯 번째로 큰 와인 소비국이 되었다.

최근의 연구에서 6000년 전의 맥주나 여러 가지 술의 유적이 발견된 중국은 발효음료의 발상지로 보인다. 가장 유명한 중국의 역사서『사기』에 따르면 비티스 비니페라 품종으로 만든 최초의 포도주 양조는 2000년 전으로 거슬러 올라간다. 중앙아시아로 파견된 장건이라는 외교관이 기원전 126년에 현재의 우즈베키스탄에 있는 빅토리아 지방을 원산으로 하는 포도나무를 가져온 것이 최초의 기록으로 남아 있다. 중국 최초의 "현대식 와이너리" 장유(Changyu)는 1892년 화교 기업가 장 비쉬(Zhang Bishi)가 산둥성에 설립하였다. 와인은 오랫동안 중국문화에 뿌리내리지 않았지만 1949년에 중화인민공화국 건국으로 오랜 내전이 끝나고 새 시대를 맞이한 것처럼 와인의 역사도 전환되었다. 급성장하는 도시 중산층을 비롯하여 와인 소비층에게 와인은 서구화를 보여주는 척도 중 하나가 되었다. 최초의 와인 붐은 프랑스 보르도 와인에서 시작되었다. 2000년

대 보르도 와인이 시장을 장악하기 시작하였고 곧이어 부르고뉴 와인이 그 자리를 대체했다. 이 시기는 와인 선물 거래와 수백 개의 샤또 투자에 중국의 거대자본이 시장을 흔들던 시기였다.

현재는 자유무역협정 FTA 덕분에 칠레와 호주가 시장을 장악하고 있다.

2 중국 와인의 특징

개혁개방의 경제정책이 가속된 1992년 중국은 와인 수입국으로 보였지만 수년 전부터 강력한 생산자로서 두각을 나타내고 있다. 현재 중국 와인은 전문가의 눈을 끌 정도의 두각을 나타내고 있다. 상당한 소비량을 기대할 수 있는 인구의 규모와 함께 프랑스보다 17배나 넓은 국토라는 좋은 조건이 구비되어 있어 앞으로도 그 성장은 약해지지 않을 것이다.

3 포도품종

보르도 와인에 대한 선호가 큰 중국인들의 소비성향에 맞춰 품종과 와인 메이킹 테크닉도 보르도 지역의 영향을 많이 받았다. 그래서 카베르네 소비농과 카르미네르(Carmenere), 메를로, 마슬란(Marselan)이 중국에서 생산되는 주요 포도품종이다. 이 중 마슬란은 남프랑스를 원산지로 하는 품종으로 백분병(powdery mildew)에 강해 산동성과 같이 습도가 높은 곳에 매우 적합한 품종이며 카베르네 계열 품종의 특징을 많이 보여준다.

4 주요 생산지

중국 와인산지

주목할 만한 와인 생산지역은 산둥, 후베이 산시, 닝샤 등이 있다. 가장 큰 생산지역은 산둥으로 140개 이상의 와이너리가 있으며 중국 와인의 40%를 생산한다.

1) 산둥(Sandong)

해양성 기후로 배수가 잘 되는 남향이다. 최초의 현대식 와이너리인 장유 와이너리가 있으며 중국 와이너리의 1/4이 이곳에 있다. 와인 관광상품도 유명하며 프랑스 보르도의 1등급 와이너리인 샤또 라피트가 이곳 산둥성 펑라이에 샤또 롱 다이를 설립하여 와인을 생산하고 있다.

샤또 롱 다이 와인   장유 와인

2) 후베이(Hubei)

산둥성 다음의 생산지역으로 북경에서 동북쪽으로 100km 떨어진 곳에 위치한다. 기후는 건조하며, 일조량이 유난히 많고, 연강수량은 413mm로 포도 재배에 적절하다. 주품종은 메를로와 카베르네 소비뇽이다. 포도원은 만리장성 양옆으로 5만 헥타르 정도 조성되어 있고 대표 와이너리 중 하나인 그레이트 월 와인 그룹이 자리 잡고 있다.

그레이트 월 와인

3) 산시(Shanxi)

대표적인 와이너리로 그레이스 빈야드(Grace vineyard)를 들 수 있다. 스파클링 와인과 중국 최초의 알리아니코와인을 생산했다.

4) 닝샤(Ningxia)

황사가 시작되는 곳으로 매우 건조한 대륙성 기후를 지닌다. 큰 일교차에 연강수량은 200mm로 적어 포도 재배에 이상적이다. 주품종은 카베르네 소비뇽, 카베르네 저니쉬트, 리슬링, 샤르도네 등이다.

닝샤 와인

5) 신장(Xinjiang)

중국 서부 위그르 자치구에 위치하며 중국에서 가장 오래된 와인 생산지다. 신장은 평균 해발고도 154m에 매우 건조한 여름과 추운 겨울을 지닌다. 주품종은 피노누아, 리슬링, 샤르도네다.

참 / 고 / 문 / 헌

Hugh Johnson & Jancis Robinson, The World Atlas of Wine, Greencook
Jules Gobert-Turpin, Adrien Grand Smith=Bianchi et al., la Carte des Vins.
https://en.wikipedia.org/
https://mashija.com/
https://winery.ph/
https://www.afoodieworld.com/
https://www.wine21.com/

3

PART

와인 소믈리에 실무

　소믈리에(프랑스어: sommelier)는 레스토랑 등에서 협의적 의미로는 주로 와인만을, 광의적 의미에서는 모든 주류 및 음료에 관한 전문적 서비스를 제공하는 사람을 말한다. 본격적으로 소믈리에란 직업이 성장하기 시작한 시기는 18세기 말 프랑스에 많은 레스토랑이 등장하면서부터이다. 이때부터 현재의 직업군이 형성되기 시작하였다.

　오늘날에는 미식(美食), 즉 가스트로노미(Gastronomy) 산업에서 전문직으로 각광받는 직업으로 성장하게 되었다.

　소믈리에란 직업을 단지 레스토랑에서 와인 추천, 오픈하고 디캔팅 서비스를 제공하고 와인과 음식의 마리아주를 연출하는 것이 전부라고 생각하는 경향이 있지만 그것은 소믈리에 업무의 일부분이라고 할 수 있다.

　여기서는 소믈리에의 업무를 크게 레스토랑 소믈리에, 전문 테이스팅, 와인평가 및 자기 계발, 마리아주 연출로 나누어 알아보겠다.

CHAPTER 01 레스토랑 소믈리에

1 레스토랑 소믈리에의 업무

1) 와인 구매자

전 세계 와인 중 자신이 근무하는 레스토랑에 어울리는 와인을 선별해야 한다. 마리 아주, 고객 성향, 품질, 가격 등 다각도의 능력을 갖추고 있어야 한다. 와인 리스트 작성은 해당 레스토랑 업무 중에서 가장 우선시된다.

2) 경영자

소믈리에는 레스토랑의 음료 매출과 이윤을 담당하는 음료 전문 디렉터다. 총괄경영 자라 할지라도 음료에 대한 지식이나 관리를 할 수 있는 능력과 경험이 많지 않기에 음 료 관련 매출과 이윤 창출에 가장 큰 영향력과 책임을 맡게 된다.

때문에 음료 마케팅을 통한 와인 및 음료 매출을 극대화하는 것이 가장 주요한 업무 이다. 타깃 고객층을 파악하고 어떤 와인을 구비할 것인지, 와인 및 음료 재고를 어느 정도로 유지하여 재무 부담을 줄일지, 또한 적정량을 선물 구매하여 향후의 가격 충격 을 회피할 것인지 등의 재무업무가 큰 비중을 차지한다.

고객의 입장에서 생각하고 고객 서비스의 방법 등을 연구하여 고객 만족을 제공하는 것도 소믈리에의 업무이지만 그런 업무를 통해 결국 레스토랑의 음료 매출 활성화를 통 한 이윤을 창출하는 것이 궁극적인 목표이다.

3) 전문 서비스 제공자

상황별 맞춤 와인을 제시할 수 있는 전문지식과 접객 서비스 역량을 갖추고 있어야 한다. 영한 와인을 서비스하는 브리딩, 올드 와인을 서비스하는 디캔팅 등 와인의 가치를 높여 고객의 만족도를 충족시키는 서비스 방법 등 와인 서비스의 전문성을 갖추어야 한다.

또한 시음능력을 바탕으로 와인이 상품으로써 가치를 갖는 생명력의 주기를 판단하여 최상의 재고 와인 컨디션을 유지해야 한다.

4) 트렌드 리더(trend leader)

프랑스, 이태리 같은 전통적 와인 생산국의 소믈리에는 전통을 지키는 것만으로도 클래식한 서비스를 제공하는 서비스 제공자가 될 수 있다.

그러나 와인 소비국가의 소믈리에는 다양한 관점과 시대의 흐름을 읽는 시야가 필요하다. 소비자의 필요보다 가치를 자극하는 마케팅이 필요하다. 가치가 소비를 창출하는 시대이다.

현재는 SNS를 통해 자신의 경험을 과시하는 소비형태가 증가하고 있다. 이에 따라 전통적인 와인 글라스 리델에서도 자사의 와인 글라스의 스템 부분에 색깔을 넣어서 블랙 타이, 레드 타이 등의 새로운 상품을 기존 글라스의 2배 이상의 가격으로 판매하고 있다. 특정 가격 이상의 와인 주문 시 특별 글라스를 제공할 수도 있고 예약 내용에 따라 고객 맞춤별 세팅을 통해 추가음료 매출을 꾀할 수도 있다.

리델 소믈리에 레드 타이 시리즈

샴페인 세팅

2 소믈리에 고객 서비스의 사이클

1) 고객 최초 접점 서비스

고객과의 최초 접점으로 가벼운 인사와 함께 주문을 받는 시점이다.

가벼운 대화를 통해 테이블의 흐름을 파악하고 추천 음료를 제안할 수 있다.

테이블의 호스트에게 메뉴와 함께 와인리스트 및 음료리스트를 먼저 제공하여 음료를 권한다.

주문을 받을 경우 테이블의 상황을 최우선으로 고려해서 추천해야 한다. 와인과 음식의 조화를 알기 쉽게 설명하면서 고객의 신뢰를 얻으면서 음료 매출 활성화를 추구한다.

이 과정을 통한 고객의 기호도 파악 및 서비스 순서 숙지 등 테이블의 고객 정보를 직원들과 공유하여 이후 서비스에 만전을 기하도록 한다.

서비스로 고객은 최고의 가치를 느끼게 하고 지속적 재방문을 통해 매출이 발생하는 선순환 구조를 만들어야 한다.

2) 글라스 선택

글라스는 투명하면서 무늬가 없는 것이 이상적이라고 설명하는 경우가 많다. 하지만 레스토랑에서는 와인이 갖는 최대한의 매력을 표출하는 글라스가 좋은 글라스이다. 글라스 선정은 중요한 업무로 글라스에 따라 와인의 맛과 풍미가 확연히 달라진다.

일반적으로 레스토랑에서 사용하는 글라스는 립(Lip), 볼(bowl), 스템(Stem), 베이스(Base)로 이루어진 글라스이다.

이러한 글라스에도 해당 와인 및 품종에 적당한 여러 가지 글라스가 있다. 립(Lip)이 얇을수록 보다 섬세한 미감을 느낄 수 있지만 그만큼 깨지기 쉽기 때문에 주의 깊게 다루어야 하며 손 망실 비용을 고려해야 한다.

(1) 보르도 와인 전용 글라스

보르도 와인은 풍부한 탄닌이 매력적인 와인이다. 커다란 와인 글라스 안에서 스월링을 통해 공기와 접촉시켜 탄닌을 부드럽게 즐길 수 있도록 만들어졌다.

볼(bowl)이 클수록 향이 오래 지속되고 와인이 립 쪽으로 모아지게 만들어진 튤립 스타일 글라스로 미감에서 탄닌의 깊은 맛을 즐길 수 있게 해준다.

(2) 부르고뉴 와인 전용 글라스

부르고뉴 와인은 향을 최우선으로 고려하는 글라스로 활짝 피어 있는 특유의 아름다운 튤립 모양으로 제작된다. 부르고뉴 특유의 특징인 향을 충분히 즐길 수 있도록 만들어졌다.

립 쪽이 좁은 보르도 글라스와 달리 활짝 펼쳐져 있는 형상을 하고 있는 모습이 부르고뉴 튤립 글라스이다.

풍부한 향과 함께 미감에서 신선한 산미를 즐길 수 있게 해준다.

(3) 키안티/리슬링 전용 글라스

상큼한 산미와 탄닌의 조화로움을 즐길수 있는 이태리 키안티 클라시코 전용 글라스이다. 부드러운 미감을 즐길 수 있어 화이트 와인 글라스로 사용이 가능한 다목적 글라스이다.

(4) 샴페인 플루트 글라스

샴페인을 비롯하여 발포성 와인 전용 플루트 글라스로 끊임없이 솟아오르는 기포를 눈으로 즐기면서 입안에서 상쾌한 버블감을 오랫동안 즐길 수 있다.

글라스에 세제가 남아 있다면 샴페인의 기포는 즉시 사라져 버리기 때문에 샴페인 잔의 경우 잔존 세제 유무는 무엇보다 중요하다.

(5) 포트 와인 전용 글라스

3Oz(90ml) 이하로 제공되는 글라스로 입구가 좁고 몸통 부분이 넓다. 잔 속의 향을 안쪽으로 모아주어 향을 즐기면서 달콤하고 묵직한 포트 와인의 맛과 향을 즐길 수 있다.

(6) 리델 "O"시리즈(까베르네 소비뇽 전용)

스템(stem)이 없는 아웃도어나 격식 없는 자리에 어울리는 글라스로 스템이 없을 뿐 볼(Bowl)과 립(lip)은 리델의 정수를 그대로 담은 테이스팅 전용 글라스이다.

(7) 커스텀 와인 글라스

정통 레스토랑 와인잔이 아닌 개인 소장형, 맞춤형 와인 글라스로 레터링을 와인잔에 새기거나 글라스에 색을 넣는 등의 개성 만점 글라스이다. 선물용이나 SNS용으로 인기를 끌고 있다.

3 레스토랑 용품 관리 및 마케팅

1) 글라스 관리 유의사항

많은 레스토랑에서 초기에 높은 등급의 글라스를 사용하다가 손망실 비용을 감당하지 못하고 차후에는 낮은 등급의 글라스를 사용하는 경우가 많다.

글라스는 기본적으로 소모품임을 명심해야 한다. 아무리 좋은 글라스와 브랜드라 할지라도 관리를 감당할 수 없다면 차선책을 고려해야 한다.

글라스 같은 경우 다른 기자재들과 달리 한번 구매한 후 다른 브랜드로의 전환이 쉽지 않다. 또한 공급이 원활해야 하며 앞으로의 가격 인상폭 또한 예측해야 한다.

경영자의 재무관점에서 본다면 같은 브랜드의 스탠다드급인 레스토랑 시리즈 정도를 선택하여 고객 가치를 유지하면서 재무상황에 악영향을 끼칠 요소를 차단해야 한다.

보르도 레드, 부르고뉴 레드, 키안티/리슬링 전용 글라스 정도만 구비하면 여러 상황별 변주가 가능하다.

2) 코르크스크루의 종류와 선택

윙 스크루는 일반 가정집에서 사용되는 초보자용 스크루이고 전동 스크루는 코르크에 스크루를 대고 버튼을 누르면 자동으로 코르크가 뽑히는 전자동 방식이다.

소믈리에 나이프는 소믈리에의 중요한 장비로 전문적으로 능숙하게 사용해야 한다

올드 빈티지용 스크루에는 아 쏘(Ah! So)라고 불리는 두 개의 날을 갖는 두날 스크루가 있다.

와인의 상태에 따라 차이가 있지만 30년 정도 숙성된 와인의 경우 오픈 시 코르크 마개가 잘게 부서지는 경우가 생긴다. 이 스크루는 정가운데를 꽂고 뽑는 방식이 아니라 병과 코르크 사이 양쪽에 날을 조심스럽게 꽂아 넣어 빼내는 형식으로 코르크의 손상 없이 오픈하는 방법이다.

"아 쏘(Ah So)"라고 불리는 이유는 와인을 오픈하는 모습을 보고 이렇게 말했다는 것에서 유래한다.

"Ah! So!!! It does work!!"(아! 그렇게 쓰는 거구나!)

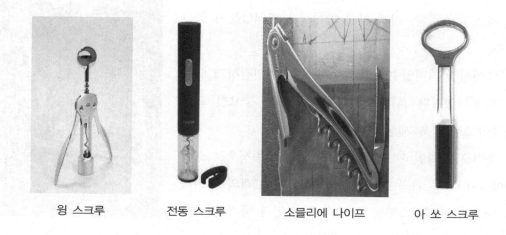

| 윙 스크루 | 전동 스크루 | 소믈리에 나이프 | 아 쏘 스크루 |

3) 마케팅

(1) 코키지(Corkage)

요즘 레스토랑 경영의 화두는 "코키지(Corkage: 고객 반입 와인(BYO))" 허용 여부이다. 음식과 음료를 판매하는 레스토랑에서 특히 이익을 남기는 음료 반입은 음료 매출을 포기해야 하는 경영상 딜레마에 빠지게 하는 어려운 요소이다. 그럼에도 고객의 레스토랑 선택 시에 코키지 차지 여부와 금액이 레스토랑 선택의 기준이 되기도 하기 때문에 경영상에 기준이 필요하다. 1테이블에 1병, 1병 주문 시 1병 코키지 프리 등 여러 경영방식이 각 업장별로 도입되고 있다. 또 다른 문제는 코키지 이용 시 글라스가 손 망실되었을 때의 기준 또한 정립되지 않은 곳이 많다는 점이다. 때문에 코키지 이용 시 손 망실에 대한 명확한 기준 제시가 필요하다. 해당 글라스 가격 또는 일정 금액 변상 등 여러 방법을 예로 들 수 있다. 또한 코키지 이용 시 낮은 등급의 글라스 제공 등의 영업기준이 설정되어야 영업 외의 손실을 최소화할 수 있다.

4 와인 서비스 방법

서비스 방법을 결정하기 위해서는 우선 와인의 상태를 확인해야 한다. 적정 환경 안에서 보관되었는지 확인한다.

오래된 빈티지일수록 내외부적 충격에 민감하기 때문에 이동되었거나 흔들린 정황이 있는지도 중요한 고려사항이므로 더욱 세심한 확인이 필요하다.

육안으로 확인하기에는 한계가 있어 최종적으로 소믈리에 테이스팅 과정이 필요하다. 시음은 고객의 동의하에 소믈리에 테이스팅을 실시한 후 설명과 함께 적합하다고 판단한 서비스 방법을 추천한다.

1) 일반적인 와인 서비스

고객이 와인 라벨을 볼 수 있는 위치에서 병을 세운 상태로 오픈한다.

소믈리에 나이프로 캡슐을 제거, 냅킨으로 마개 주위를 잘 닦는다.

스크루를 정중앙에 기준을 잡고 시계방향으로 돌리면서 밀어넣는다.

이때 코르크를 관통하여 코르크 조각이 와인 속으로 떨어지지 않게 주의한다.

스크루를 지렛대 형식으로 사용하여 코르크를 뽑은 뒤 스크루에서 제거한다.

코르크 냄새를 코로 맡아 이상 여부를 확인 후 고객에게 확인시킨다.

고객 허가하에 소믈리에 테이스팅을 실시하여 와인의 이상 여부를 최종 확인한다. 마개 주위를 다시 잘 닦은 후 호스트 테이스팅을 시작으로 와인 서비스를 진행한다.

와인 서비스하면서 와인에 대한 세부설명을 곁들여 테이블의 분위기를 좋게 만든다.

2) 브리딩 서비스 : 영 빈티지(Young Vintage) 와인 서비스

영한 빈티지 중에서 탄닌이 거칠고 묵직한 스타일의 와인인 경우에 공기와 접촉시키는 산화작용을 통해 와인의 맛을 부드럽게 만드는 과정을 브리딩(breathing)이라고 한다.

브리딩은 오픈한 와인의 산화를 촉진시켜 각성시키는 작업이라는 측면 외에도 음용에 적당한 온도로 끌어올리는 수단이 되기도 하며 퍼포먼스를 통해 와인 서비스의 가치를 더해주는 표현이 될 수도 있다.

이 과정을 통해 떫고 향이 닫혀진 와인의 경우 단순했던 향이 풍부해지고 복잡성이 강해진다. 미감에서는 탄닌이 부드러워지고 맛의 풍부함이 강조되어 후각과 미감에서 전체적인 균형을 이루는 상태가 된다.

그러나 만약 탄닌이 약하거나 충분히 숙성된 와인을 브리딩할 경우 향이 날아가고 와인의 신선함이 사라지게 되며 미감에서 절정을 지나 산미만 강조되는 시든 맛이 되므로 주의해야 한다.

◆ 브리딩 서비스 순서

① 고객 테이블에 와인에 어울리는 글라스를 준비한다.

② 브리딩에 필요한 부수기재(시음용 글라스, 코르크용 접시, 냅킨, 칵테일 냅킨) 등을 서비스 테이블인 게리동에 준비한다.

③ 셀러에서 와인을 가져온 후 와인 프레젠테이션을 통해 고객에게 와인을 설명하며 확인을 받는다.

④ 캡슐 제거 후 마개를 닦고 코르크를 뽑는다.

⑤ 코르크 확인 후 다시 마개를 닦고 호스트께 확인시켜 드린다.

⑥ 고개의 허가하에 소믈리에 테이스팅을 실시한 후 브리딩 여부를 제안한다.

⑦ 고객 승락 후 까라프 브리딩을 실시한다.

⑧ 호스트 테이스팅 후 와인을 순서대로 서비스한다.

간단한 소개와 설명   와인 오픈   브리딩 서비스

3) 올드 빈티지(Old Vintage) 와인 서비스

장기간 숙성된 와인인 경우 자연적인 안정화 과정으로 앙금(세디먼트: Sediment)이라는 결정이 생긴다. 디캔팅(Decanting)은 이러한 앙금을 제거하여 맑은 와인을 고객에게 제공하는 서비스 방법이다. 디캔팅의 주목적은 앙금 제거이며 숙성 중에 생긴 약간의 이취도 날려주고 서비스 퍼포먼스(Performance) 효과로 와인의 가치를 극대화할 수 있다는 것이다.

◆ 디캔팅 서비스 순서

① 고객 테이블에 와인에 어울리는 글라스를 준비한다.

② 디캔팅에 필요한 부수기재를 서비스 테이블인 게리동에 준비한다.(부수기재는 바스켓, 촛대, 초, 접시, 성냥, 냅킨 등을 들 수 있다.)

③ 와인을 셀러에서 바구니(Basket)에 싣는다. 이때 와인을 세우거나 흔들지 않도록 주의한다. 바구니로 운반할 때 와인을 세우거나 흔들리지 않게 조심스럽게 운반한다. 올드 빈티지의 와인일수록 앙금이 연기처럼 액체에 녹아 있는 듯한 모습을 보이므로 가능한 한 진동이나 충격을 주어선 안 된다. 촛불을 켠다. 성냥을 사용하는 경우 반드시 와인 오픈 전에 성냥을 켜야 성냥의 황 냄새가 와인에 영향을 주는 상황을 방지할 수 있다. 조심스럽게 바구니에 담긴 와인을 오픈한다. 오래된 와인일수록 캡슐 제거 후 코르크의 이물질을 잘 닦고 오픈 후 코르크 테이스

팅 실시 후 호스트에게 확인시켜 드린다.

④ 고객 허가하에 소믈리에 테이스팅을 실시하고 디캔팅 여부를 제안한다. 와인 병의 병목을 촛불 위에 위치시키고 올드 빈티지 전용 오리 디캔터에 천천히 따른다. 병목을 주시하면서 따르다가 병목 위에 침전물이 보일 때 침전물이 디캔터 안에 들어가지 않도록 즉시 멈춘다. 디캔터 안의 맑은 와인을 호스트 테이스팅 후 서비스 순서대로 제공한다.

'디캔팅'에서 가장 주의할 사항은 와인이 디캔팅 과정을 견딜 수 있는가 하는 점이다. 아주 오래 숙성되어 자신의 생명력을 초과한 경우나 젊은 와인이라 하여도 유통과정 등의 악조건으로 정상보다 약해진 경우가 있을 수도 있기 때문에 소믈리에 테이스팅을 통해 알맞은 서비스 방법을 제안해야 한다.

디캔팅은 단순한 침전물을 거르는 작업이 아닌 소믈리에로서의 오랜 기간의 경험을 활용하여 와인을 최고의 상태로 서비스하는 세심한 전문작업이다.

오래된 빈티지의 와인이라 할지라도 디캔팅으로 와인에 좋지 않은 영향이 예상되는 경우에는 고객에게 완곡히 설명하여 바스켓 상태로 서비스 제공을 추천하며 의향을 여쭈어본다.

단순히 보르도 와인 몇 년부터 디캔팅을 실시하고 부르고뉴 와인은 섬세하니까 브리딩을 하지 않는다. 이러한 공식은 존재하지 않는다.

소믈리에가 항상 시음을 거르지 않아야 하는 이유 중 하나가 서비스 퀄리티를 항상 최고로 유지하기 위함이란 사실을 명심해야 한다.

바스켓 선택   조심스럽게 운반   디캔팅 서비스

5   디캔터의 종류와 선택

와인의 종류, 컨디션, 테이블의 성격 등에 따라 디캔터(Decanter)도 달리 선택해야
한다.

1) Duck Decanter(오리 디캔터)

일반적인 올드 빈티지 전용 디캔터로 급격하게 산소가
유입되는 것을 막아주는 기능을 갖고 있다.

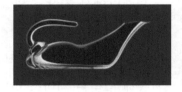

2) Carafe Decanter(까라프 디캔터)

일반적으로 영한 와인의 브리딩 전용 디캔터로 산소 유입을 극대
화한 디캔터이다. 위대한 빈티지 등의 상황에 따라 올드 와인을 브리
딩할 경우에도 사용할 수 있다.

3) Pomerol Decanter(뽀므롤 디캔터)

올드 빈티지 중에서 특히 프랑스의 뽀므롤(Pomerol) 마을 와인
전용 디캔터로 과도한 산소 유입을 막아준다.

6   적정 서비스 온도

와인을 적정온도보다 차갑게 제공할 경우 신선한 느낌의 과실향 등의 아로마가 첫
향에 강하게 표출된다. 전반적으로 드라이하고 신선하게 느껴지며 미감에서 균형미를
느낄 수 있다.

특히 화이트 와인의 경우에 산미가 좀 더 강하게 느껴진다. 반대로 레드 와인의 경우 향은 잘 느껴지지 않으며 미감에서 떫은맛, 쓴맛이 강하게 느껴진다.

반대로 적정온도보다 높게 제공할 경우 화이트, 레드, 스위트 모두 와인의 향이 더욱 강하게 발산되며 숙성된 풍미 등 복합성을 보다 강하게 느낄 수 있다.

화이트 와인의 산미는 상대적으로 부드럽게 또는 약하게 느껴지고 레드 와인은 전체적으로는 섬세함이 억제되고 쓴맛, 떫은맛이 더욱 부드럽게 느껴지게 된다. 스위트 와인은 단맛이 강하게 느껴진다.

일반적으로 낮은 온도에는 화이트 와인의 장점이, 높은 온도에서는 레드 와인의 장점이 표출된다.

통상적으로 오늘날 레드 와인이 너무 높은 온도에서 제공되는 이유는 실온을 상온으로 인식하는 오해에서 비롯된다.

뒤표의 보기처럼 보르도의 그랑크뤼(Grand Cru) 와인 또한 20℃ 이하에서 서비스할 것을 추천한다.

반면 화이트 와인은 너무 차갑게 서비스되는 경우가 많다. 이 경우에는 가끔씩 버킷(Bucket)에서 병을 **빼내어** 적정온도를 맞추면서 서비스할 것을 추천한다. 와인 서비스 시 이런 이유를 곁들여 설명하면서 제공한다면 스몰 토크(small talk)의 특별한 케어로 테이블의 분위기가 더욱 좋아진다.

와인 보관에 이상적인 조건으로 온도는 12~14℃, 습도는 70~75%, 진동이 없고 냄새가 없는 어두운 곳에서 빛이나 바람이 코르크에 직접적으로 닿지 않도록 하며 병의 밑부분을 손으로 잡을 수 있도록 눕혀서 보관할 수 있는 곳이다.

이러한 장소가 바로 까브(Cave: 와인 저장고)인데 현실에서는 거의 불가능하니 와인 셀러(Wine Cellar)을 이용하는 것이다.

혹시 자신의 집에 지하실이 있다면 아주 훌륭한 천연 개인 셀러 역할을 할 것이다.

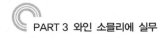

◆ 일반적인 와인 추천 제공온도

Sweet, Semi Sweet Wine	4~8	Vouvray Moelleux, Sauterne
Dry	6~12	Muscadet, Chablis
Dry	10~12	Chablis Grand Cru
Orange(Light)	10~12	
Dry	10~13	Montrachet, Corton Charlemagne
Vin Jaune	14~16	Arbois, Chateau-Chalon
Orange(Full)	14~16	
Rose		
Dry	8~10	Tavel
Semi Sweet	6~8	Anjou
Red		
Light Red	12~14	Beaujolais, Macon, Vin Nouveau
Bourgogne	14~16	Bourgogne Red, Bourgogne Red Grand Cru
Rhone	16~18	Cote du Rhone
Bordeaux	16~18	Bordeaux Red
Port	16~18	
Bordeaux Grand Cru	18~20	Bordeaux Grand Cru, Pomerol

02 전문 테이스팅

1 전문 테이스팅

1) 테이스팅의 정의

우선 와인을 즐긴다는 개념은 단순 드링킹 (Drinking)과 맛을 분석한다는 의미인 테이스팅 (Tasting)으로 구분할 수 있다.

드링킹(Drinking)의 경우 와인은 음식이 있으면 마리아주를 즐기면서 더욱 좋은 상승효과를 즐길 수 있다.

하지만 테이스팅(tasting)의 경우에는 와인 분석에 감각을 집중하기 위하여 가급적 외부 환경을 철저히 통제해야 하기 때문에 빵 약간과 생수 1병이 제공된다.

이 장에서는 전문 테이스팅을 다루고자 한다.

레스토랑의 테이블이 아닌 와인 전문가로서 소비자에게 정보를 전달하는 와인 전문가로서의 소믈리에 업무를 살펴보자.

2) 전문 테이스팅의 목적

전문 테이스팅의 목적은 주제에 따라 다르지만 품질 평가를 통해 주어진 상황과

목적에 맞는 와인을 소비자에게 추천하는 구매 가이드의 성격이 가장 강하다고 말할 수 있다.

주어진 와인을 시각, 후각, 미각, 테이스팅을 통한 테이스팅 노트를 작성, 대중들이 보다 알기 쉽고 즐겁게 와인을 즐길 수 있게 도와주는 기준을 제시한다. 점수로 평가하는 방법과 해설을 곁들이는 방법이 있다.

테이스팅은 선입관을 갖지 않고 개인의 취향이 반영되지 않은 중립적인 입장과 긍정적이고 열린 마인드로 임해야 한다. 와인 테이스팅을 통해 와인의 과거, 현재, 미래를 평가할 수 있다.

3) 테이스팅 환경

백색 형광등으로 충분히 밝으면서 덥지도 춥지도 않으면서 냄새와 소음이 없는 공간으로 흰색 테이블보, 백지, 타구 통(spited bowl) 등을 구비한 시음환경이 필요하다.

아시아 와인 트로피 테이스팅 테이블

4) 와인 테이스팅 노트(Wine Tasting Note)

블라인드 Sheet 세부 선택항목

세부향기 선택항목				
1. 꽃/과일 향				
1-1. 꽃향	1) 장미	2) 제비꽃	3) 아카시아	4) 엘더플라워	5) 꿀
1-2. 녹색과일	6) 사과	7) 구스베리	8) 서양배	9) 모과	10) 포도
1-3. 감귤류	11) 자몽	12) 레몬	13) 라임	14) 감귤류 껍질	
1-4. 핵과일	15) 복숭아	16) 살구	17) 황도		
1-5. 열대과일	18) 파인애플	19) 멜론	20) 바나나	21) 패션프루트	22) 리치
1-6. 붉은과일	23) 딸기	24) 레드커런트	25) 레드 체리	26) 라스베리	27) 자두
1-7. 검은과일	28) 블랙베리	29) 블랙커런트	30) 블랙체리	31) 블루베리	
1-8. 말린과일	32) 건포도	33) 말린 자두	34) 말린 무화과	35) 딸기잼	36) 체리 캔디

2. 야채/허브/스파이시

2-1. 미성숙향	37) 피망	38) 잎사귀향	39) 토마토	40) 감자	
2-2. 풀향	41) 잔디	42) 아스파라거스	43) 블랙커런트잎	44) 낙엽	
2-3. 허브향	45) 민트	46) 유칼립투스	47) 라벤다	48) 회향풀	49) 딜
2-4. 야채향	50) 당근	51) 콩	52) 올리브	53) 셀러리	
2-5. 스파이시	54) 계피	55) 정향	56) 생강	57) 육두구	58) 바닐라
	59) 후추	60) 감초	61) 바질	62) 월계수잎	63) 고수

3. 발효/숙성/기타

3-1. 견과류	64) 헤이즐넛	65) 구운 아몬드	66) 호두	67) 커피	68) 초콜릿
3-2. 구운 향	69) 훈제향	70) 구운 빵	71) 캐러멜		
3-3. 나무향	72) 오크	73) 삼나무	74) 백단나무	75) 오래된 나무	76) 아카시아나무
3-4. 발효향	77) 이스트	78) 비스킷	79) 빵	80) 토스트	81) 효모 찌꺼기
3-5. 유제품향	82) 버터	83) 치즈	84) 크림	85) 요구르트	
3-6. 숙성향	86) 야채	87) 버섯	88) 건초	89) 젖은 낙엽	90) 담배
3-7. 동물향	91) 가죽	92) 사냥고기	93) 젖은 강아지	94) 부엽토	95) 고양이 오줌
3-8. 미네랄	96) 땅	97) 페트롤	98) 고무	99) 타르	100) 돌
	101) 철	102) 젖은 스웨터			

품종 선택항목

1. 레드 와인 or 로제와인품종

1) 카베르네 소비뇽	2) 메를로	3) 말벡	4) 시라(쉬라즈)	5) 피노누아
6) 네비올로	7) 템프라니요	8) 피노타주	9) 까르미네르	10) 그르나슈
11) 캠벨얼리	12) MBA	13) 머루	14) 오미자	

2. 화이트 와인 or 스파클링 와인품종

1) 샤르도네	2) 소비뇽 블랑	3) 리슬링	4) 피노 그리지오	5) 아르네이스
6) 마카베오	7) 파렐야다	8) 자렐로	9) 비오리카	10) 트라자두라
11) 루레이로	12) 아린토	13) 아잘	14) 모스카델 드 세투발	

한국국제소믈리에협회 소믈리에 자격검정 블라인드 Sheet 1

와인명	(White Wine)

※ 해당되는 항목의 번호에 "∨" 표시를 하십시오.

평가항목		배점	점수
1. 외관			
1-1. 투명도	① 아주 맑음　② 맑음　③ 흐림　④ 조금 탁함　⑤ 탁함	1점	
1-2. 색농도	① 엷음　② 중간(-)　③ 중간　④ 중간(+)　⑤ 진함	2점	
1-3. 색상	① 레몬-그린　② 레몬　③ 황금색　④ 황색(Amber)　⑤ 갈색	2점	
2. 향			
2-1. 향의 상태	① 문제없음　② 곰팡이향　③ 휘발산향　④ 산화향　⑤ 이산화황	1점	
2-2. 향의 강도	① 가벼움　② 중간(-)　③ 중간　④ 중간(+)　⑤ 뚜렷함	2점	
2-3. 세부향기	※ 세부향기 선택항목에서 3개 선택하여 번호기입 (　　　　　　　)	7점	
3. 맛			
3-1. 당도	① 드라이　② 오프 드라이　③ 미디엄 드라이　④ 미디엄 스위트　⑤ 스위트	1점	
3-2. 산도	① 낮음　② 중간(-)　③ 중간　④ 중간(+)　⑤ 높음	2점	
3-3. 타닌	① 가벼움　② 중간(-)　③ 중간　④ 중간(+)　⑤ 높음	2점	
3-4. 알코올	① 4~8.9%　② 9~11.9%　③ 12~13.9%　④ 14~15.9%　⑤ 16% 이상	1점	
3-5. 바디	① 가벼움　② 중간(-)　③ 중간　④ 중간(+)　⑤ 무거움	1점	
3-6. 뒷맛	① 짧음　② 중간(-)　③ 중간　④ 중간(+)　⑤ 오래 지속	1점	
3-7. 균형	① 불균형　② 보통　③ 좋음　④ 균형이 잘 잡힘　⑤ 완전함	2점	
4. 평가			
4-1. 품종	※ 품종을 선택항목에서 선택하여 모든 번호기입 (　　　　　)	15점	
4-2. 생산국가	① 프랑스 ② 이탈리아 ③ 스페인 ④ 독일 ⑤ 미국 ⑥ 칠레 ⑦ 뉴질랜드 ⑧ 호주 ⑨ 아르헨티나 ⑩ 남아프리카공화국 ⑪ 포르투갈 ⑫ 몰도바 ⑬ 대한민국	15점	
4-3. 생산연도	① 2019 ② 2018 ③ 2017 ④ 2016 ⑤ 2015 ⑥ 2013 ⑦ NV	15점	
4-4. 숙성잠재력	① 너무 어림 ② 적정함 ③ 장기숙성가능 ④ 노화	10점	
4-5. 음식과 와인	① 붉은 육류 ② 흰 육류(가금류 등) ③ 생선 ④ 갑각류 ⑤ 채소 ⑥ 구운 채소 ⑦ 흰 송로버섯 ⑧ 소프트 치즈 ⑨ 중간 치즈 ⑩ 하드 치즈 ⑪ 절인 고기 ⑫ 밀가루 음식 ⑬ 디저트　※ 2개 선택	10점	
4-6. 서비스온도	① 6~8℃ ② 9~10℃ ③ 11~12℃ ④ 13~14℃ ⑤ 15~16℃ ⑥ 17~18℃	10점	
총　계		100점	

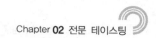

한국국제소믈리에협회 소믈리에 자격검정 블라인드 Sheet 2

와인명	(Red Wine)

※ 해당되는 항목의 번호에 "∨" 표시를 하십시오.

평가항목		배점	점수
1. 외관			
1-1. 투명도	① 아주 맑음　② 맑음　③ 흐림　④ 조금 탁함　⑤ 탁함	1점	
1-2. 색농도	① 엷음　② 중간(-)　③ 중간　④ 중간(+)　⑤ 진함	2점	
1-3. 색상	① 레몬-그린　② 레몬　③ 황금색　④ 황색(Amber)　⑤ 갈색	2점	
2. 향			
2-1. 향의 상태	① 문제없음　② 곰팡이향 ③ 휘발산향④ 산화향　⑤ 이산화황	1점	
2-2. 향의 강도	① 가벼움　② 중간(-)　③ 중간　④ 중간(+)　⑤ 뚜렷함	2점	
2-3. 세부향기	※ 세부향기 선택항목에서 3개 선택하여 번호기입 (　　　　　　　)	7점	
3. 맛			
3-1. 당도	① 드라이　② 오프 드라이　③ 미디엄 드라이　④ 미디엄 스위트　⑤ 스위트	1점	
3-2. 산도	① 낮음　② 중간(-)　③ 중간　④ 중간(+)　⑤ 높음	2점	
3-3. 타닌	① 가벼움　② 중간(-)　③ 중간　④ 중간(+)　⑤ 높음	2점	
3-4. 알코올	① 4~8.9%　② 9~11.9%　③ 12~13.9%　④ 14~15.9%　⑤ 16% 이상	1점	
3-5. 바디	① 가벼움　② 중간(-)　③ 중간　④ 중간(+)　⑤ 무거움	1점	
3-6. 뒷맛	① 짧음　② 중간(-)　③ 중간　④ 중간(+)　⑤ 오래 지속	1점	
3-7. 균형	① 불균형　② 보통　③ 좋음　④ 균형이 잘 잡힘　⑤ 완전함	2점	
4. 평가			
4-1. 품종	※ 품종을 선택항목에서 선택하여 모든 번호기입 (　　　　　　)	15점	
4-2. 생산국가	① 프랑스 ② 이탈리아 ③ 스페인 ④ 독일 ⑤ 미국 ⑥ 칠레 ⑦ 뉴질랜드 ⑧ 호주 ⑨ 아르헨티나 ⑩ 남아프리카공화국 ⑪ 포르투갈 ⑫ 몰도바 ⑬ 대한민국	15점	
4-3. 생산연도	① 2019 ② 2018 ③ 2017 ④ 2016 ⑤ 2015 ⑥ 2013 ⑦ NV	15점	
4-4. 숙성잠재력	① 너무 어림 ② 적정함 ③ 장기숙성가능 ④ 노화	10점	
4-5. 음식과 와인	① 붉은 육류 ② 흰 육류(가금류 등) ③ 생선 ④ 갑각류 ⑤ 채소 ⑥ 구운 채소 ⑦ 흰 송로버섯 ⑧ 소프트 치즈 ⑨ 중간 치즈 ⑩ 하드 치즈 ⑪ 절인 고기 ⑫ 밀가루 음식 ⑬ 디저트　※ 2개 선택	10점	
4-6. 서비스온도	① 6~8℃ ② 9~10℃ ③ 11~12℃ ④ 13~14℃ ⑤ 15~16℃ ⑥ 17~18℃	10점	
총　계		100점	

2 전문 테이스팅(블라인드 테이스팅: Blind Tasting) 작성 방법

1) 시각적 평가(Sight)

시각으로 확인할 수 있는 사항으로 색조에서 색상과 깊이, 투명도 및 광택을 눈물에서의 점도 등으로 와인의 외관 상태를 추정할 수 있다.

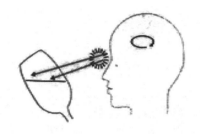

단, 상황에 따라서는 시각적 정보를 주지 않기 위해 육안으로 확인 불가능한 블랙 글라스를 사용하기도 한다.

(1) 색조

와인의 중심부와 가장자리의 색조를 비교해서 와인의 전반적인 생산지와 숙성 정도를 추정할 수 있다.

원산지 비교사항 중 구대륙 와인은 서늘한 기후로 같은 품종이라도 일반적으로 더운 기후의 신대륙 와인에 비해 색조의 깊이가 덜한 것을 알 수 있다.

숙성도에서 일반적으로 화이트 와인은 최초 노랑, 초록빛을 띤 노란색 등에서 시작되어 숙성이 진행될수록 색상이 연노랑이나 황금빛에서 탁한 갈색의 노화된 레드 와인의 색조로 진행된다. 레드 와인은 최초 보랏빛을 띤 레드, 진한 레드, 밝으면서 생기를 띤 루비레드색 등에서 시작되어 숙성이 진행될수록 석류빛 가넷, 벽돌색으로 색상이 점점 탁해지면서 연한 색조의 노화된 화이트 와인의 색조로 진행된다.

일반적인 화이트나 레드인 경우 숙성 마지막 단계의 색조인 진한 갈색에 이르면 와인이 생명력을 잃은 갈변상태로 예상한다. 하지만 예외적으로 고급 스위트 화이트 와인, 주정 강화 레드 와인에서는 완전히 숙성된 와인의 깊은 맛을 즐길 수 있다.

화이트 와인에서는 샤또 디켐, 헝가리 토카이 에센시아, 독일의 트로켄베렌아우스레제 등의 최고급 귀부와인과 독일의 아이스 와인을 예로 들 수 있으며 레드 와인에서는 주정 강화와인인 포르투갈의 포트와 마르살라, 프랑스의 천연감미 와인, 리꿰르 와인 (VDN, VdL) 등을 들 수 있다.

(2) 색상의 강도

와인색의 농축도와 색조의 변색 정도로 색의 집중도와 색의 숙성도를 추정하는 순서 이다.

일반적으로 색상이 진하고 깊다면 일반적으로 구조감 있고 비교적 영한 와인이고 색 상이 연하고 변색이 진행되었다면 일반적으로 구조감이 약하거나 숙성이 진행된 와인 으로 추정할 수 있다.

(3) 투명도

와인이 외관상 깨끗한지 보관상태의 문제점은 없는지 알 수 있다. 현재는 와인의 변 질보다는 양조상의 성격을 추정하는 과정이다. 일반적인 컨벤셔널 와인(Conventional Wine)이라면 와인은 투명할 것이고 내추럴 와인(Natural Wine)의 경우에는 탁한 경우 가 많을 것이다.

(4) 광택

와인의 빛나는 정도를 말하며 와인의 산도와 알코올을 추정할 수 있다.

(5) 점도

스월링(Swirling)은 사전적 의미로 "소용돌이, 소용돌이치는 모양"을 뜻한다. 와인용 어로는 "와인을 잔에 따른 후 공기와 섞어 향을 발산시키기 위해 잔 속의 와인을 잔 벽 을 타도록 둥글게 돌려주는 행동"을 말한다. 스월링 후 벽면을 타고 내려오는 와인의 눈물(Tears), 다리(Legs)라고 부르며 이 형태를 보고 알코올 함량과 글리세린의 정도를 추정할 수 있다.

2) 후각적 평가(Nose)

향은 휘발성을 가진 화학적 입자로서 공기를 타고 코에 전달되며 부케는 여러 가지 아로마가 융합된 상태를 말한다. 향은 아로마(aroma)와 부케(bouquet)로 나뉜다.

일반적으로 영한 와인일수록 아로마가 먼저 표출되는 경향이 있으며 숙성된 와인의 경우에는 부케가 먼저 표출되고 아로마가 가려져 있다가 나중에 서서히 표출되는 경우가 많으나 반대의 경우도 있다.

향을 구성하는 요소에는 여러 가지가 있지만 향을 판단하기 위해서는 하나하나의 요소를 단독적으로 잡아내기보다는 대분류, 중분류, 소분류로 구분해서 서서히 좁혀가는 방법이 좋다.

예를 들면

◆ 화이트 와인 풍미 > 화이트 와인 과일 계열 > 감귤 계열 > 레몬 순을 들 수 있다.

최종적으로 지식을 바탕으로 그 향이 포도품종 자체에서 유래했는지 양조에서 유래했는지, 떼루아(Terroir)에서 유래했는지의 이유를 분석한다.

향기는 큰 테마로 나눌 수 있다. 첫째, 과일과 꽃향 둘째, 야채와 허브의 스파이시 계열 셋째, 발효와 숙성 넷째, 기타 향 계열로 나누어진다.

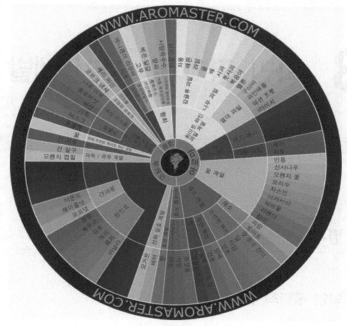

와인 아로마 휠

3) 미각적 평가

첫째로 당도, 산도, 탄닌, 알코올 표현 등이 있다.

다음은 전체적인 미각의 표현과 평가로 당도, 산도, 탄닌, 알코올 간의 밸런스, 와인의 무게감을 표현한다, 마지막으로 피니쉬(Finish)에서 뒷맛(여운: aftertaste)의 길이를 참고해 전반적인 품질을 평가한다.

시각, 후각, 미각에서 얻어진 정보를 종합적으로 고려하여 논리적으로 와인의 원산지, 품종, 빈티지, 양조방법 등을 추론한다.

또 앞으로의 숙성 잠재력과 서비스 온도 및 서비스 방법을 추천하며 최상의 페어링을 위한 요리를 추천한다.

CHAPTER 03 와인 평가 및 자기 계발

1 와인 평가

1) 시음회 및 와인 품평회 참가

　정기적인 시음회와 세미나, 와인 품평회에 참가
해야 한다.

　와인 생산국의 소믈리에와 달리 와인 소비국의
소믈리에는 와인이라는 상품과 소비자의 연결을 도
와주는 가교의 역할이 무엇보다도 중요하다.

　소비자에게 와인을 소개하는 역할은 와인의 저변

아시아 와인 트로피 국제 심사위원단

을 확대할 수 있는 중요한 기회이다. 항상 주기적인 품평회에 참석해서 항상 일정 수준
이상의 테이스팅 능력을 유지하면서 새롭게 조명되는 와인산지, 토착 품종, 와인메이커,
새로운 양조기술 및 국제 와인시장의 흐름 등에 주의를 기울이고 습득하는 탐구심과 적
극성을 가져야 한다.

◆ **국제와인품평회 – 아시아와인트로피(Asia Wine Trophy)**

　세계적으로 권위 있는 베를린와인트로피와 대전마케팅공사 주체로 개최하는 국제적
인 와인품평회이다. 아시아와인트로피는 국제와인기구 O.I.V의 엄격한 규정에 따른 철
저한 블라인드 테이스팅 결과에 따라 그랜드 골드(Grand Gold 92점 이상), 골드(Gold

85점 이상), 실버(Silver 82점 이상), 기타 특별상(80점 이상)을 부여하며, 전체 출품 와인의 30%까지 입상할 수 있다. 심사위원은 다양한 분야의 와인관련 전문가들로 국제와인기구 O.I.V의 규정에 따라 과반수는 외국인으로 구성된다.

유럽에서도 접하기 힘든 각국의 지역 토착 포도품종 테이스팅 경험을 할 수 있다.

참가하는 심사위원은 다양한 와인의 테이스팅을 경험하고 생산자는 블라인드 테이스팅(Blind Tasting) 심사로 자신의 와인이 140여 명으로 구성된 국제심사위원으로 평가받는 기회를 갖는다.

수상된 와인에는 아시아와인트로피의 그랜드 골드, 골드, 실버의 해당 스티커를 부착하여 판매하며 형제 품평회인 베를린와인트로피, 포르투갈 와인트로피와 함께 공신력 있는 와인 품평회로 인정받고 있다.

2) 마리아주(Marriage: Food Fairing) 품평회

위에서 언급한 품평회가 와인만을 평가하는 품평회라면 이 품평회는 특정 재료, 음식을 선정하고 그 음식에 어울리는 와인을 출품한 와인 중에서 선별하고 선정 이유를 코멘트하는 등 소비자의 직접적인 마리아주 가이드 역할을 하는 품평회 방식이다. 예를 들면 치킨에 어울리는 와인, 해산물(대게,

와인 앤 푸드 페어링 페스티벌 전문가 콘테스트

흰살, 붉은 살 생선 부문)에 어울리는 와인, 중식에 어울리는 와인, 한우에 어울리는 와인 등의 마리아주 품평회를 들 수 있다.

수상한 와인들은 지정된 레스토랑에 리스트 업(list up)되어 소비자는 추천 가이드에 따라 마리아주를 즐길 수 있다.

2 자기 계발

모든 산업이 그러하듯 와인업계도 새로운 정보가 유입되고 산업에 반영되어 발전한다. 때문에 지속적인 지식 습득은 물론 미식산업 관련업계 동향과 소비자의 소비형태 등 산업 전반의 흐름에 항상 주목하고 있어야 한다.

1) 자격증 취득

지속적인 자기 계발이 필요하며 그 방법으로 자격증 취득을 들 수 있다. 자격증 취득은 자신의 성취감을 달성하면서 실력을 쌓는 수단이 되며 이를 통해 소믈리에 대회에 도전하는 디딤돌이 될 수 있다.

디플로마 소믈리에 A.S.I

◆ A.S.I.(Association de la Sommellerie Internationale): 국제소믈리에협회

1969년에 설립되어 현재까지 57개의 회원국에 약 5만여 명의 소믈리에를 보유한 소믈리에협회로서 세계 베스트 소믈리에 대회를 비롯하여 각

대륙별로 유럽 베스트 소믈리에 대회, 아메리카 베스트 소믈리에 대회, 아시아-오세아니아 베스트 소믈리에 대회를 주관하는 명실상부 가장 공신력 있는 소믈리에 협회이다. 위 협회에서 인증하는 Diploma Sommelier A.S.I는 국제소믈리에협회가 공인하는 디플로마 소믈리에임을 증명한다.

소믈리에 대회

현재 대한민국에는 3개의 소믈리에 대회가 있다. 소펙사(Sopexa)가 주관하는 한국소믈리에대회, 와인 비전과 영국의 C.M.S(영국마스터소믈리에위원회)가 주관하는 Korea Sommelier of the Year, 그리고 한국국제소믈리에협회(K.I.S.A)가 주관하는 한국국가대표소믈리에경기대회이다.

한국소믈리에대회는 프랑스 와인 최고 소믈리에를 선발하는 대회이며 Korea Sommelier of the Year는 영국의 마스터소믈리에위원회의 심사로 올해의 한국소믈리에를 선발한다.

국제소믈리에협회(K.I.S.A)가 주관하는 국가대표 소믈리에 경기대회는 해마다 3명(1위, 2위, 3위)의 한국 국가대표 소믈리에를 선발하고 3년에 한 번씩 9명의 국가대표를 대상으로 왕중왕 선발전을 거쳐 A.S.I(국제소믈리에협회)가 주관하는 대륙 별 대회인 "아시아 & 오세아니아 베스트

제3회 아시아 & 오세아니아 베스트 소믈리에 경기대회(홍콩)

소믈리에 대회"와 전 세계 대회인 "세계 베스트 소믈리에 대회"에 출전하는 대한민국 국가대표를 선발하고 있다.

◆ K.I.S.A(Korea International Sommelier Association): 한국국제소믈리에협회

(사)한국국제소믈리에협회(K.I.S.A: Korea International Sommelier Association)는 국제소믈리에협회(A.S.I)의 회원국으로 한국을 대표하는 단체이며 1997년 7월 12일에 정식 회

원국으로 가입된 한국 유일의 협회이다. 2002년 5월 2일에 정식으로 창립총회를 개최한 비영리협회로서 국내 소믈리에들의 자질 향상과 와인, 전통주, 먹는 샘물, 티(茶)문화 정착에 목적을 두고 있다. 또한 국제소믈리에협회(A.S.I)와의 교류, 국내외 국제소믈리에경기대회 시행 및 참여, 국내 민간등록 소믈리에자격인증제도 시행, 소믈리에자격증 소유자의 전문적인 보수교육, 전통주, 와인, 워터, 티(茶) 관련 연구사업 및 와인문화 보급, 전통주, 와인과 관련된 식품 위생과 식당의 위생환경 지도, 와인관련 출판사업, 국제와인소믈리에학술대회 등 기타 협회의 발전에 필요한 제반사업을 전개하고 있다.

3 소믈리에 영역 확대

대회를 통하여 입상한 소믈리에는 공신력 있는 소믈리에로 평가받는다. 근무 업장은 소믈리에 대회 입상을 대외 마케팅에 활용하고 고객들의 소믈리에 전문 서비스에 대한 신뢰로 추천 와인 주문 등으로 영업 매출 활성화 효과를 누린다.

제3회 아시아 & 오세아니아 베스트 소믈리에 경기대회(홍콩)

입상자 본인은 근무 업장에서의 연봉, 직급 승진은 물론 와인 품평회 심사위원, 강연, 저서 집필 등 자신의 능력을 발휘할 수 있는 기회를 갖게 되고 대외적으로 활동영역이 넓어진다.

또한 레스토랑과 바에서 와인을 소개하고 서비스하는 정통적인 업무 외에도 수입사, 대형 와인숍, 대기업 구매부(백화점, 마트), 외식사업체, 와인 관련 오픈 프로젝트팀, 업계 스카우트 등 식음료 전반에 걸쳐 여러 방면으로 프로모션(promotion)도 가능하다. 이처럼 앞으로도 와인시장의 성장과 함께 더 많은 기회를 가질 수 있다.

04 마리아주(Marriage) 연출

1 마리아주(Marriage) 연출

1) 마리아주의 정의

와인과 음식의 궁합을 영어권에서는 푸드 페어링(food fairing)이라고 하지만 프랑스에서는 와인과 음식의 결혼, 즉 "마리아주(marriage)"란 단어로 표현한다.

얼마 전까지만 해도 이런 말이 어색하게 들렸지만 지금은 와인과 함께 다양한 음식문화를 경험하고 배우고 실천하는 문화생활을 통해 폭넓게 확산되어 친숙한 단어가 되었다.

프랑스 속담 "와인이 없는 식탁은 태양이 없는 세상과 같다."는 말처럼 다양한 음식문화 중에서도 서양음식에서 와인 없이 음식만 즐긴다는 것은 상상하기 힘들 정도다.

와인은 다른 주류와 달리 풍부한 향과 적당한 산도 및 알코올 등의 조화로 이루어져 음식과의 조화가 뛰어나다.

와인과 음식은 조화롭게 상호 보완해 주는 역할을 한다. 식사 전에는 식욕 증진을, 식사 중에는 분위기의 윤활유로, 식사 후에는 소화를 돕는 등의 폭넓은 역할을 한다.

2) 마리아주(Marriage)의 원리

(1) 맛에 맞춤 와인 선택

신맛의 소스를 곁들인 음식에는 산미가 높은 화이트 와인을 곁들여야 맛의 상승효과를 얻을 수 있다.

짠맛이 있는 음식은 미네랄이 풍부한 와인과 매칭하면 좋은 조화를 이룬다. 음식의 짠맛은 보통 소금에서 유래하며 보통 애피타이저 등 식전 요리에서 중요 요소인데 산미가 있고 미네랄을 함유한 드라이 화이트 와인이 잘 어울린다. 대표적인 와인으로 프랑스의 샤블리, 독일의 모젤 리슬링 등을 들 수 있다.

달콤새콤한 맛이 특징인 탕수육의 경우 동질성을 갖는 달콤새콤한 독일 모젤 지방의 리슬링 카비네트(카비넷), 리슬링 슈페트레제 등급 와인이 조화를 이룬다.

단맛이 있는 음식, 특히 디저트류에는 디저트보다 더 높은 당도를 갖는 디저트 와인을 곁들여야 디저트에 와인이 압도당하지 않고 더 좋은 맛의 상승효과를 얻을 수 있다. 이때 와인과 디저트가 풍미 면에서 서로 동질감이 있어야 더 좋은 마리아주를 연출한다.

매운맛은 서양에서는 통각으로 분리되며 아시아에서만 사용되는 맛이다. 보통 서양인들의 미각에서 매운맛은 통증으로 인식하며 입안을 씻어내기 위해 스위트 와인을 마시지만 아시아인의 미각에는 탄닌이 강하지 않고 붉은 과일향이 풍부하면서 알코올이 다소 높은 레드 와인이 잘 어울린다. 대표적인 예로 프랑스 꼬뜨 뒤 론 남부지방의 그르나슈 품종을 중심으로 사용하는 A.O.C 꼬뜨 뒤 론 레드 와인이 잘 어울리며 그 예로 그 지방의 지공다스 와인을 들 수 있다.

(2) 조리법에 따른 와인 선택

가. 삶기(Steamed)

재료의 특성을 해치지 않는 가장 부드러운 조리법으로 와인은 심플하게 스테인리스 스틸로 양조한 와인이 잘 어울린다. 대표적인 예로 스파클링 와인으로는 이태리의 프로

세코, 화이트 와인으로는 뉴질랜드 소비
농 블랑 등을 들 수 있다.

나. 튀기기(Fried)

기름에 튀긴 요리의 느끼함을 씻어주
는 상큼한 화이트 와인이 잘 어울리며 튀
김 특유의 바삭한 식감을 고려해서 드라이한 화이트 스파클링 와인이 잘 어울린다. 이
태리 프로세코, 스페인의 까바, 프랑스의 크레망, 신세계의 일반적인 스파클링 와인 등
을 들 수 있다.

다. 볶음(Stir-Fried)

요리의 재료와 소스에 따라 화이트, 레드를 선택한다. 심플하고 하얀 소스를 곁들인
생선, 돼지고기라면 독일 모젤 지방의 드라이 리슬링 화이트 와인을, 흰 살코기에 고춧
가루 같은 강한 향신료를 곁들인 경우에는 부드럽고 과일향이 풍부한 프랑스 보졸레 지
방의 가메이 품종의 레드 와인이 잘 어울린다.

라. 구이(Pan or Grill)

팬으로 구운 요리는 심플하고 드라이한 화이트 와인이 잘 어울리며 그릴로 구운 경
우에는 오크 에이징을 한 무거운 스타일의 레드 와인이 잘 어울린다. 구세계, 신세계
비티스 비니페라 품종의 풀바디 와인 스타일이라면 잘 어울릴 것이다.

마. 국물(Soup)

탕과 조림 등의 국물요리에는 굳이 와인을 매칭하지 않고 다른 음료를 매칭하는 편
이 더 나을 수 있다. 여러 가지 음료를 상황에 맞게 활용하는 다양성이 필요하다. 그래
도 와인을 마시고 싶다면 전통적인 매칭으로 스페인의 드라이 쉐리 와인과 입안을 깔끔
하게 하는 스파클링 정도가 어울릴 것이다.

2 와인과 음식의 마리아주

1) 일품요리 와인 마리아주

와인과 음식의 성격을 먼저 파악하는 것이 중요하다. 완벽하게 맞는 표현은 아니지만 흔히 "생선에는 화이트 와인, 붉은 고기에는 레드 와인"이라는 포괄적 추천이 그 대명사처럼 전해진다.

대표적인 예는 다음과 같다.

(1) 육질이 단단하고 맛이 풍부한 붉은 살 스테이크: 풀바디하고 탄닌이 풍부한 레드 와인

　　ex 구세계: 보르도 와인, 스페인 리오하 등

　　　신세계: 미국 캘리포니아, 칠레, 호주 등의 품종 와인(까베르네 소비뇽, 멜롯, 쉬라) 등

(2) 육질이 부드러운 흰살 육류(돼지, 닭): 미디엄 바디의 산도가 있는 레드 와인 또는 산미가 있는 화이트 와인

　　ex 구세계: 이태리 키안티 클라시코, 산지오베제 레드 와인; 프랑스, 독일의 리슬링 등

　　　신세계: 리슬링 등

(3) 생선, 해산물: 산미가 있는 신선한 화이트 와인

　　ex 구세계: 프랑스 샤블리, 이태리 소아베, 스페인 리하스 바이샤스 등

　　　신세계: 뉴질랜드 소비뇽 블랑 등

(4) 신맛이 강한 드레싱이 가미된 샐러드: 가볍고 산도가 높은 드라이 화이트 와인

ex▸ 구세계: 이태리 소아베, 스페인 리하스 바이샤스

신세계: 뉴질랜드 말보로, 소비뇽 블랑 등

(5) 짠맛이 있는 치즈: 귀부 포도로 만든 스위트 와인

ex▸ 구세계: 보르도 소테른 등 / 신세계: 레이트 하비스트 등

(6) 특정 지역 토속요리

ex▸ 향토요리와 와인은 같이 발전하므로 해당 지방 와인

2) 코스 요리 와인 마리아주

아페리티프부터 시작하여 콜드 애피타이저(스타터), 수프, 핫 애피타이저, 메인요리, 치즈, 디저트, 커피 또는 티로 이어지는 코스 구성의 각 요리에 어울리는 와인을 추천한다. 와인 한 가지로 추천 요청 시에는 메인요리에 어울리는 와인을 추천한다.

(1) 아페리티프(Aperitif)

아페리티프는 프랑스어로 식사 전에 마시는 술, 즉 식욕 촉진을 위한 음료이다. 알코올로 식욕을 끌어올릴 수 있도록 진베이스(진토닉 등)나 보드카 베이스(그레이 하운드 등)의 알코올 도수가 높은 칵테일이 좋다. 높은 알코올과 상큼한 산미는 대표적인 식욕 촉진 요소이다.

와인은 드라이하고 가벼운 화이트 와인 또는 스파클링 와인이 잘 어울린다.

화이트 와인은 오크통 숙성을 하지 않은 가벼운 스타일이 좋고 특별한 행사라면 품격을 올려주는 고급 샴페인이 잘 어울린다.

보통 식사 테이블 착석 전 리셉션 행사에서 한입 크기로 구성된 카나페, 치즈, 올리브 등과 함께 제공된다.

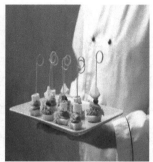

(2) 콜드 애피타이저/스타터(Cold Appetizer/Starter)

첫 코스로 제공되는 음식으로 식욕을 돋우기 위해 메인 식사 전에 나오는 간단한 요리를 뜻하며 미국·영어에서 주로 사용한다. 식사의 시작을 알리는 요리로서 영국 영어에서는 스타터라고 부르며 정통 프렌치 레스토랑에서는 불어로 오르되브르(hors-d'œuvre)라고 표기한다.

대표적인 애피타이저 요리와 어울리는 와인은 다음과 같다.

가. 아스파라거스: 녹색 허브 뉘앙스의 화이트 와인으로 대표적인 와인 소비뇽 블랑 품종을 추천한다.

나. 푸아그라: 코스 첫 요리의 파테형태로 제공될 경우에는 샴페인을 추천하고 화이트 와인으로는 단맛이 과하지 않은 오프드라이 스타일의 프랑스 알자스의 게뷔르츠트라미너를 추천한다.

다. **훈제연어**: 연어를 연기로 훈연하고 소금에 재운 요리
로 기름진 연어에 특유의 훈연향과 소금의 짠맛이 특
징적인 요리이다. 프랑스 샤블리, 프랑스 쌍세르의
소비뇽 블랑, 독일의 드라이 리슬링 등 산미가 있으

면서 토양에서 유래하는 특유의 미네랄이 느껴지는 와인을 추천한다. 심플한 뉴
질랜드 소비뇽 블랑도 무난하게 어울린다.

라. **샐러드(Salad)**: 보통 스타터로써 제공되며 상큼한 드레싱이
곁들여진 샐러드에는 산도가 높은 스페인 리하스 바이샤스
의 비뉴 베르드, 뉴질랜드 말보로 소비뇽 블랑, 독일 모젤의
드라이 리슬링을 추천한다.

(3) 수프(Soup)

일반적으로 유럽에서 수프가 코스에 포함되는 경우가 아주 적은 편이나 한국에서는
코스 요리에 일반적으로 제공되고 있다. 이것은 한국의 국물문화가 코스에 녹아든 형태
로 볼 수 있다. 기본적으로 와인은 액체이므로 일반적으로 액체류에 액체를 매칭하지
않으나 다음과 같이 몇 가지 추천할 수 있다.

가. **부야베스**: 생선과 해산물이 듬뿍 들어간 프로방스 지방
특유의 수프로 지역성에 맞게 프랑스 프로방스산 화이
트나 로제 와인을 추천한다. 수프가 메인요리인 경우
에는 특히 프로방스의 방돌 로제를 추천한다.

나. **크리미 차우더**: 스페인의 드라이 쉐리 와인을 필두로 상큼
한 샤르도네 품종 와인이나 산미가 있는 드라이 화이트 와
인을 추천한다.

(4) 핫 애피타이저(Hot Appetizer)

가. **크림소스를 곁들인 넙치구이:** 좋은 식재료를 사용한 요리이므로 요리의 격에 맞추어 오크 숙성한 프랑스 부르고뉴의 고급 화이트 와인 뿔리니 몽라셰, 샤샤뉘 몽라셰, 뫼르쏘. 또는 신세계 와인으로는 미국의 고급 캘리포니아 샤르도네 화이트 와인을 추천한다.

나. **버터 소스를 곁들인 농어구이:** 좋은 식재료를 사용한 요리이므로 요리의 격에 맞추어 오크 숙성한 프랑스 부르고뉴의 고급 화이트 와인 뿔리니 몽라셰, 샤샤뉘 몽라셰, 뫼르쏘. 또는 지역 특산요리에 맞춰 알자스의 그랑크뤼 리슬링을 추천한다. 신세계 와인으로는 미국의 고급 캘리포니아 샤르도네 화이트 와인을 추천한다.

다. **바비큐 연어구이:** 탄닌이 가볍고 섬세한 프랑스 부르고뉴 피노 누아, 프랑스 보졸레 가메이 품종의 레드 와인, 신세계의 멜롯 품종 와인, 진판델 등 탄닌이 섬세하고 바디감이 라이트한 레드 와인을 추천한다.

라. **팬 프라이드 푸아그라:** 흙 내음과 미네랄이 풍부하고 바디감이 묵직한 스타일의 프랑스의 뽀므롤 레드 와인을 추천한다. 신세계 와인으로는 멜롯 고유의 품종을 느낄 수 있는 미국 캘리포니아 나파 밸리의 멜롯 레드 와인을 추천한다.

(5) 메인요리(Main Dish)

가. **송아지 스테이크:** 탄닌이 강하지 않은 구세계의 프랑스 부르고뉴, 이태리 키안티

의 레드 와인을 추천한다. 신세계 와인은 메를로, 피노누아, 품종의 레드 와인을
추천한다.

나. **오리구이**: 가벼운 붉은 살 색감과 부드러운 육질의 요리로서 구세계 와인은 탄닌
이 섬세한 프랑스 부르고뉴의 지브리 샹베르탱(샹베르땡), 본 로마네 등 고급 부
르고뉴 와인, 이탈리아 피에몬테의 숙성된 바롤로, 바르바레스코 와인을 추천한
다. 신세계 와인은 캘리포니아 나파 밸리의 피노누아 품종 와인을 추천한다.

다. **가금류(Givier)**: 풍미가 강한 야생 조류의 요리로서 프랑스 보르도, 부르고뉴, 북
부 론, 스페인 리오하 등 구세계의 고급 레드 와인을 추천한다.

라. **비프 스테이크**: 프랑스 북부 론 지방의 레드 와인, 보르도의 고급 풀바디 레드,
신세계의 풀바디 레드 와인 등 거의 모든 레드 와인을 추천한다. 다만 적어도 미

디엄 바디 이상의 레드 와인을 추천한다.

마. 구운 양고기: 고급 보르도 레드 와인, 신세계의 품종 와인 중 카베르네 소비뇽, 멜롯 등으로 양조한 묵직하고 풀바디한 고급 레드 와인을 추천한다.

◆ 세부 고려사항

가. 소스(Sauce): 메인요리 마리아주에서 또 하나의 중요한 요소이다.

일반적으로 영한 레드 와인일 경우 요리는 레드 와인 소스, 숙성된 레드 와인인 경우 버섯 소스, 좀더 오랜 숙성으로 쿰쿰한 풍미가 있는 와인은 블랙 트러플 소스가 잘 어울린다.

호주 쉬라즈나 루아르의 까베르네 프랑 같은 매콤하고 풋풋한 풍미의 레드 와인인 경우 후추 소스를 곁들이면 요리와 와인의 일체감을 느낄 수 있다.

◆ 채식주의자 메뉴 및 와인 추천

채식주의자에게 와인을 추천할 경우에는 동물성 식품의 허용 범주가 중요하다. 알러지 등 신체적 이유 또는 동물성 식품을 먹지 않는 채식주의자는 와인 양조과정에서 계란 흰자, 물고기 부레 등의 동물성 물질을 사용하는 일반적인 와인은 마실 수 없다. 이 때문에 채식주의자용 비건(Vegan) 와인이나 동물성 물질을 사용하지 않은 내추럴 와인을 추천해야 한다.

100% 채식주의자인 경우 육류 스테이크의 대체요리로 버섯 스테이크를 추천한다.

채식주의자 중에서 가장 많은 수가 속하는 락토 오보(Lacto-Ovo)인 경우 유제품까지 섭취 가능하므로 숙성된 프랑스의 생떼밀리옹 와인을 추천한다.

버섯의 질감이 고기의 질감과 유사하여 와인의 바디감과 어울리며 버섯 특유의 풍미가 숙성된 생떼밀리옹 와인의 부드러운 탄닌과 함께 표출되는 와인의 흙, 버섯 향과 일체감의 조화를 일으킨다.

(6) 치즈(Cheese)

"치즈와 와인의 마리아주는 항상 옳다"라는 주장이 당연하게 여겨지지만 의외로 치즈와 와인은 서로를 돋보이게 해줄 수도 서로를 파괴할 수도 있기에 고려해야 할 사항이 많다. 그중에서도 치즈의 원료가 되는 원유(소우유, 양우유, 염소우유), 제조방법, 숙성방법을 주의 깊게 고려해야 한다.

일반적으로 와인과 까망베르, 브리 치즈 등을 곁들여 먹는 경우가 흔하다. 잘 어울린다고 생각하지만 어울리지 않는 마리아주이다.

까망베르와 브리 모두 화이트 와인에 더 동질성을 갖는 치즈이기 때문이다. 때문에 조화로운 마리아주를 위해서는 이 치즈와 레드 와인 사이를 이어주는 빵과 잼이라는 매개체가 필요하다. 이 매개체 덕분에 서로 이질적이었던 까망베르, 브리 치즈와 레드 와인 사이에 연결고리가 생긴다.

일반적으로 치즈와 와인의 조화에서 대부분의 치즈는 화이트 와인의 성질과 동일한 풍미와 미감에서도 동질성과 상쇄성을 갖고 있다. 치즈의 고소한 풍미와 맛은 화이트 와인의 오크 숙성에서 나오는 버터 풍미와 기름진 맛과 어우러진다. 맛에서는 숙성에서 생성된 짠맛과 드라이 화이트 와인의 신맛은 서로 간의 맛을 증폭시키며 스위트 와인의 단맛은 치즈의 짠맛을 상쇄시키는 마리아주를 완성시킨다.

코스 요리에서 보통 메인요리 다음으로 치즈 코스가 구성되어 있다. 이때 나오는 치즈 및 메인요리와 제공된 레드 와인을 함께 마시는 경우 좋은 조화를 위해 검붉은 과일의 맛과 풍미를 갖는 잼이나 과일 꿀리(Coulis, 과일 퓌레)와 말린 무화과나 견과류 등을 곁들이면 더욱 훌륭한 마리아주를 경험할 수 있다.

◆ 치츠 플레이트와 와인 마리아주

브리(Brie): 풀바디한 샤르도네 와인을 추천한다. 과일향이 풍부한 신선한 레드 와인 중에서는 프랑스 부르고뉴의 피노누아, 보졸레의 가메이 품종 와인을 추천한다.

까망베르(Camembert): 오크통 숙성을 한 부르고뉴 화이트 와인, 캘리포니아 샤르도네 와인을 추천한다. 과일향이 풍부한 신선한 레드 와인 중에서는 프랑스 부르고뉴의 피노누아, 보졸레 가메이 품종 와인을 추천한다.

샤비뇰(Chavignol): 프랑스 루아르 지방의 원통형태의 소형 염소치즈로 염소우유 자체의 산도로 인해 톡 쏘는 신맛이 강하다. 지역성에 맞추어 프랑스 루아르의 소비뇽 블랑을 추천한다.

뮌스터(Munster): 프랑스 알자스, 로렌 지방에서 3주간의 치즈 숙성기간 동안 정기적으로 우유와 소금물을 치즈 표면에 바르면서 숙성시키면 색상은 점차 오렌지빛에 적색을 띠며 미감에서 은은한 단맛과 진한 우유의 풍미가 어우러지게 된다. 지역성에 맞추어 알자스산 게뷔르츠트라미너를 추천한다.

블루치즈(Blue Cheese): 강렬한 짠맛과 자극적인 풍미는 일반적인 드라이 화이트 와인 및 레드 와인과 극단적인 상극을 보여준다. 이러한 치즈의 짠맛과 강한 풍미에는 스위트 와인이 잘 어울린다. 레이트 하비스트를 포함한 귀부와인, 아이스 와인까지도 조화롭게 어울린다. 그중 고급 블루 치즈인 로크포르(Roquefort)에는 전통적으로 프랑스의 고급 소테른, 스틸턴은 포르투갈의 포트와인이 전통적인 추천 와인이다.

(7) 디저트(Dessert)

가. **과일 타르트 계열 디저트:** 신선한 화이트 디저트 와인으로 레이트 하비스트, 영한 노블렛 와인, 알자스 방당주 따르디브, 독일 모젤의 리슬링 아우스레제 등의 미디엄 스위트 정도 이상의 당도를 가진 와인과 좋은 궁합을 이룬다.

나. **초콜릿 계열 디저트:** 포르투갈의 포트와인, 프랑스 루시옹의 반뉠스 등 레드 주정 강화와인과 환상적인 궁합을 보여준다.

(8) 커피 또는 티(차)(Coff or Tea)

프렌치 레스토랑이 유행이었던 시절에는 시가 바(Cigar Bar)에서 포트와인으로 마무리하고 담소를 나누는 것으로 마무리를 지었으나 현재 미식산업에서 시가 바가 사라졌고 건강 음료로 커피와 고급 차문화가 급격하게 성장하였다. 미식의 마무리를 고급 스페셜티 커피(Specialty Coffee), 영국 웨지우드(Wedg-

wood)의 고급 홍차와 다기 세트 또는 중국 운남성의 만송, 노반장 등의 명품 보이차를 선택하여 품격을 높일 수 있다. 알코올을 좀 더 즐기길 원한다면 고급 꼬냑이나 아르마냑을 커피에 살짝 넣어서 즐기길 추천한다.

3 아시아 요리와 와인 마리아주

1) 한국

아시아 요리와 와인의 마리아주에서 가장 난이도가 높은 요리이다.

한식은 짠맛, 단맛, 매운맛, 신맛, 감칠맛 등을 모두 표출하는 어디에도 없는 복합성을 띠기 때문이다.

최근 한류문화의 전 세계적인 유행과 더불어 한국 음식이 세계에 널리 소개되고 있다. "한식의 세계화"를 통한 성장보다 K-POP을 비롯한 문화를 통한 성장이 비약적으로 이어진 상황이다.

한국 음식의 특징은 다른 국가와는 크게 2가지의 큰 차이점을 보여준다. 한식은 주요 요리와 함께 반찬이라는 별도의 사이드 디쉬가 동시에 제공된다. 온갖 다양한 맛과 질감, 풍미가 한꺼번에 제공되기 때문에 식사를 어떻게 해야 하는지 방법부터 어려워한

다. 제공된 다양한 음식을 자신이 조
립해서 먹는 요리이다. 이것이 첫 번
째 이슈이다. 한식의 중심이 되는 김
치에 대한 이슈가 두 번째이다.

김치는 소재로는 배추라는 식물이
기에 화이트에 가깝고 양념인 고춧가
루 성분은 레드 와인의 풍미에 가깝
다. 게다가 서양에서는 통각이라 여기는 매운맛 때문에 와인과의 마리아주를 해친다고
말한다.

와인과의 조화에서 서양에서 가장 금기시하는 매운맛과 신맛이 동시에 테이블 중심
의 맛을 이루기 때문에 와인과의 마리아주를 어렵게 한다. 이에 서양의 여러 와인 전문
가들은 한식과 와인 마리아주에서 김치를 **빼야** 한다고 주장하기도 한다. 이 점은 상황
에 따라 적합한 방법이기도 하지만 김치를 요리해서 제공하는 방법도 있다.

김치를 팬으로 볶아서 김치볶음이라는 요리로 만들면 와인과 어울리는 연결고리가
생성된다. 특히 이를 이용한 김치 볶음밥과는 깔끔한 프랑스의 샤블리 샤르도네 와인이
깔끔한 마리아주를 연출한다.

세 번째 이슈는 김치와 같이 고추장은 한국 요리에만 존재하는 고유의 양념이다.

서양인들에게는 매운맛을 약간의 단맛의 와인으로 마리아주를 만들어주고 한국인에
게는 매운맛 자체를 즐길 수 있게 이에 맞는 마리아주를 추천한다.

① **고추장 소스를 곁들인 비빔밥**: 주재료가 야채와 쌀이
므로 음식의 바디감이 라이트하고 고추장의 매콤한
풍미와 얼얼한 미감이 특징인 요리이다. 요리의 바디
감과 풍미, 특징적인 미감과 여운을 고려해야 한다.
이에 신선한 붉은 과일향을 가지며 탄닌이 거칠지 않

고 알코올이 받쳐주는 와인이 어울린다. 프랑스 A.O.C 꼬뜨 뒤 론의 그르나슈 품
종 레드 와인 또는 스페인 후미야(Jummia) 마을의 모나스트렐(Monastrell) 품종

의 레드 와인을 추천한다.

② 육회: 육회의 재료는 소고기이므로 레드 와인이 잘 어울릴 것 같지만 육회에는 화이트 와인이 잘 어울린다. 이유는 굽거나 익히는 조리법이 아닌 생고기 그 자체이기 때문이다. 육회에는 이외에 여러 가지 양념과 함께 참기름으로 마무리하는데 참기름

등 재료의 풍미에 가려지지 않는 풍미와 산미를 지닌 와인이 잘 어울린다. 대표적으로 독일 모젤 또는 라인가우의 드라이 리슬링 품종 와인, 프랑스 샴페인 지방의 잘 숙성된 샴페인을 예로 들 수 있다.

2) 일본

재료 본연의 특징을 섬세하게 표현하는 일본 요리의 풍미는 와인에서도 순수하고 섬세한 와인을 페어할 때 마리아주를 극대화할 수 있다. 일반적으로 스파클링 와인을 포함하여 화이트 와인은 오크 숙성을 하지 않은 라이트한 바디의 와인이 가장 잘 어울린다.

① 스시: 일반적으로 사케가 가장 잘 어울리며 와인으로는 원료인 쌀의 풍미가 특징적인 일본의 샤르도네 와인과 잘 어울린다. 다른 국가의 와인으로는 오크통 숙성을 하지 않은 심플하고 산미가 있는 화이트 와인을 추천한다.

② 참치 뱃살, 연어 등 기름진 붉은 생선 사시미: 가벼운 바디의 프랑스 부르고뉴의 피노누아 또는 미국 캘리포니아 또는 오리건의 피노누아, 뉴질

랜드 피노누아를 추천한다.

③ 데리야키소스의 야키토리: 달콤하면서도 간장 풍미의 소스가 진한 요리로 잘 숙성된 프랑스 부르고뉴의 피노누아 또는 달콤한 과일향 풍미를 가지며 미감에서 알코올의 여운이 남는 레드 와인인 미국 캘리포니아 소노마의 진판델 품종 와인을 추천한다.

3) 중국

중국은 전통적으로 동시에 여러 메인요리가 제공되는 상차림이다. 따라서 광범위한 풍미와 질감이 존재하여 와인 마리아주에 어려움이 있다. 이 경우 완벽한 마리아주를 이루는 와인을 찾기보다는 여러 가지 와인에 두루 어울릴 수 있는 다용도 와인을 선택하는 것이 중요하다. 일반적으로 중식에는 화이트 와인과 로제 와인이 어울리고 그중에서도 약간 단맛이 있는 오프 드라이 스타일의 와인이 잘 어울린다. 중국 요리는 다양한 재료를 사용하는데 와인 마리아주에서 가장 중요한 요소인 소스와 풍미에 초점을 맞춰야 한다.

① 육류의 색이 진한 중국 음식: 전통적으로 중국 샤오싱주(Shàoxīngjiǔ)가 가장 잘 어울리며 와인의 경우 육류와 함께 조리된 소스에 진한 과일 풍미가 풍부하고 알코올 도수가 높은 신세계 레드 와인이 어울린다. 신세계 품종 와인으로 미국 캘리포니아의 진판델, 오스트레일리아 쉬라즈, 아르헨티나의 말벡을 추천한다.

② 진한 소스의 생선과 해산물 요리: 소스의 강렬한 맛과 풍미가 특징이므로 샴페인, 스파클링 와인 화이트 와인에서는 풍미가 풍성한 프랑스 꼬뜨 뒤 론 남부지방의 샤또네프 뒤파프 화이트 와인 그리고 같은 지방의 따벨 로제 와인을 추천한다.

③ 달고 신맛이 나는 돼지고기 탕수육: 살짝 달콤하고 상큼한 산미 두 가지를 갖고 있는 독일 모젤 지방의 카비네트 리슬링 또는 다른 관점으로 스위트하고 향신료 풍미가 강한 프랑스 알자스의 게뷔르츠트라미너 품종 와인을 추천한다.

4) 동남아시아

최근 동남아시아 음식이 점차 대중화되고 있다. 태국, 베트남, 라오스를 공유하는 향신료의 음식 범주로 묶어서 마리아주를 소개해 본다.

일반적인 동남아시아 음식은 강한 향신료의 풍미가 특징이기 때문에 이에 어울리는 풍미가 강한 화이트 와인이 어울린다. 화이트 와인으로는 독일 모젤, 라인가우의

리슬링, 오스트리아의 그뤼너 벨트리너, 프랑스 알자스의 게뷔르츠트라미너를 추천하고 로제 와인으로는 프랑스 꼬뜨 뒤론 지방의 따벨 로제 또는 약간의 단맛이 있는 프랑스 루아르 지방의 로제 당주를 추천한다.

4　음식 친화적인 와인

　여러 가지 음식이 제공된 경우에는 특성이 강하지 않은 와인이 잘 어울린다. 오크
숙성하지 않은 샤르도네, 피노 그리지오, 소비뇽 블랑, 리슬링, 샴페인, 피노누아, 가메
이, 바르베라 드라이 로제 와인 등을 추천한다.

5　와인 친화적인 음식

　와인이 중심이 된 상황에는 화이트, 로제, 레드 어느 와인과도 잘 어울리는 음식이
필요하다. 대표적으로 로스트 비프, 버섯 리조또, 붉은 육류 찜, 야생 조류, 고기 로스
트, 파르메산 치즈, 허브 로스트 치킨, 송아지 슈니첼, 갑각류 찜, 토끼고기 찜, 그릴 치
즈 샌드위치 등을 들 수 있다.

6　레스토랑에서 간단한 와인 선택 기준

　고급 레스토랑에서는 대개 소믈리에가 상주하
고 있지만 부재 중이거나 자신이 주도적으로 주문
하고 싶을 때는 약간의 지식을 갖추는 편이 좋다.

①　제일 원칙은 무난하게 가격이든 색깔이든
　　양조방법이든 뭐든 중간적인 성격의 와인을 선택한다. 가격이라면 하우스 와인,
　　색깔이라면 로제 와인, 양조방법이면 심플하게 스테인리스 스틸에서 양조한 와
　　인을 선택한다.

② 극단적인 와인 선택을 피해 위험부담을 줄이는 방법으로 화이트 와인인 경우에는 프랑스 샤블리 또는 오크 숙성을 하지 않은 샤르도네, 뉴질랜드의 소비뇽 블랑 품종의 와인이 좋다. 레드 와인인 경우에는 신세계의 품종 와인으로 멜롯 또는 과일 풍미의 까베르네 멜롯을 블렌딩한 와인이 좋다.

③ 구세계 와인으로 이탈리아 토스카나 지방의 키안티 와인은 탄닌과 산미를 적절히 갖고 있어 특히 여러 음식과 무난하게 조화를 이룬다.

④ 복잡하고 매칭하기 어려운 식재료를 사용한 메뉴인 경우에는 샴페인 또는 스파클링 와인을 선택하면 무난하다. 탄산성분이 있는 스파클링 와인은 다양한 음식과 여러 가지 음식에 두루 매칭할 수 있는 성격을 갖고 있다.

⑤ 고급스럽게 즐기고 싶다면 샴페인이 좋다. 샴페인은 일반적으로 화이트, 레드 품종을 같이 사용하므로 두 가지 품종의 특성을 갖고 있어 음식의 포용력이 넓다.

⑥ 특정 나라의 요리 전문 레스토랑에서의 와인 선택 시에는 그 나라의 그 지방 와인을 택하는 것이 좋다. 음식과 와인은 서로 호흡하며 발전하기 때문에 실패 확률이 적다.

참 / 고 / 문 / 헌

김의겸 · 최민우 · 정연국 공저, 와인 소믈리에 실무, 백산출판사
대유 라이프㈜, 리델 글라스, 디캔터 이미지 제공
로드 필립스(2002), 도도한 알코올 와인의 역사, 시공사
사진작가 이운식님 이미지 사진 제공
소펙사 코리아, 프랑스 와인산지 지도 · 사진 제공
손진호, 손교수와 함께 배우는 와인의 세계
오펠리 네만, 와인은 어렵지 않아
와인 푸드 페어링, 존 사보, 시그마북스
이효정, 와인과 음식의 조화
최병호 · 최희진, 최신 와인 소믈리에 이해
최신덕 · 백은주 · 문은실 · 김명경 공역(2010), The Wine Bible, Karen Macneil, WB Barom Works
휴 존슨 · 잰시스 로빈슨, The world Atlas of Wine, 와인 아틀라스, 세종서적

飯山敏道(2005), Grand Atlas des Vignobles de France, 飛鳥出版

児島速人(2008), CWE Test Your Knowledge of Wine, ワイン敎本, イカロス出版

日本 ソムリエ 協會敎本, 社團法人 日本 ソムリエ協會, 飛鳥出版

田辺由(2009), 美のWine Book, 飛鳥出版

佐藤秀良・須藤海芳子・河清美(2009), Vins AOC de France, 三星堂

Christopher Fielden(2009), Exploring wines & Spirits, 上級ワイン敎本, 柴田書店

K.I.S.A(국제소믈리에협회) 블라인드 시트자료 제공

Wine Tasting, Musee Sato Yoichi

Wines of the world DK

Asia wine Trophy 사진제공

Hongkong Sommelier Association 사진제공

http://ebook.ehyundai.com/

http://www.djwinefair.com

https://bigbanyanwines.com/2015/12/29/4-basic-wine-and-food-pairing-rules

https://blog.daum.net/

https://chantallascaris.co.za/

https://dk.asiae.co.kr/

https://ifreebsd.ru.com/

https://insanelygoodrecipes.com/

https://m.blog.naver.com/jollyholly

https://mobile.twitter.com/hashtag/givier

https://moodysbutchershop.com/

https://nl.pinterest.com/

https://onedaywithous.tistory.com/

https://sosexywines.com/

https://v.daum.net/

https://wine.lovetoknow.com/

https://www.bbcgoodfood.com/

https://www.delish.com/

https://www.drinkmemag.com/

https://www.facebook.com/374739973080596/

https://www.facebook.com/topshelf.kl/photos

https://www.funshop.co.kr/

https://www.istockphoto.com/

https://www.localnaeil.com/

https://www.madamforu.com/

https://www.sommeliertimes.com

https://www.thespruceeats.com/

https://www.townandcountrymag.com/

https://www.tripadvisor.com/

https://www.wine21.com/

https://www.winetraveler.com/

https://www.youtube.com/

https://www.yummly.co.uk/

Tangsuyuk - Korean sweet and sour pork - FutureDish

www.aromaster.com/ aroma wheel

리델 글라스 이미지 까브 드 뱅 제공

세 · 계 · 의 · 와 · 인 · 과 · 함 · 께

PART

4

와인관광

01 와인관광의 개요

와인에 대한 관심이 높아지고 와인에 대한 선호도가 증가하면서 와인 교육, 와인 동호회 활동, 와인 관련 축제 및 이벤트, 와인 관련 상품들에 대한 관심이 늘어나고 있다. 특히 최근에는 와인교육과 시음하는 것을 넘어서 와인의 생산지를 직접 찾아가서 와이너리(winery)를 투어하면서 와인 양조과정과 와인 생산을 직접 경험하고자 하는 욕구가 높아지고 있다.

이처럼 현대의 관광객들은 단순히 보고, 휴식을 취하는 과거의 관광형태에서 벗어나 본인이 좋아하는 분야를 중심으로 집중적으로 체험하고 지식을 함양할 수 있는 형태의 관광을 선호하는 것으로 조사되고 있다. 일반적인 관광 목적과는 달리 개인마다 특별히 관심을 가지고 있는 분야에 대하여 지식 및 경험을 확대하고, 관광활동에의 참여를 통하여 자아를 실천하는 매우 특별한 의미의 선별적 관광을 선호한다. 이처럼 와인투어는 특별관심분야 관광(SIT: Special Interest Tourism)의 개념을 가지고 있다. 유명 해외 와인산지로 전문가와 함께 떠나는 와이너리 관광의 경우 특수목적관광의 하나로 국내에서도 꾸준히 인기를 얻고 있다. 전통적으로 유명한 프랑스, 이태리와 같은 유럽지역을 비롯하여 호주, 미국, 남아공, 칠레 등을 포함한 신세계 와인 생산지를 중심으로 와인관광에 대한 관심이 높아지고 있다. 이러한 유럽에서의 와인관광은 와인과 향토음식 간의 결합을 포함하는 문화와 관광과의 결합으로 관심을 받고 있다.

Hall(2000)은 와인 관광을 "와이너리와 포도원, 양조장, 와인 쇼 방문, 와인 축제, 와인 시음회뿐만 아니라 지역을 경험하는 것"이라 정의하였다. 또한 "와인관광은 고객 지향적이고 동시에 와인 관광객이 와인을 소비하고 테이스팅하고 구매할 수 있도록 와인의 매력을 개발하고 판매할 수 있는 전략을 도모하는 행동양식"이라 하였다. Getz(2006)는 와인 애호가들은 좀 더 많은 정보를 접한 상태에서 와인을 구매할 수 있으며, 와이너리가 아니면 구하기 힘든 와인을 시음하거나 직접 방문하지 않으면 얻을 수 없는 현장학습을 제공한다. 소규모로 비즈니스를 하는 생산자들에게는 와인을 홍보할 수 있는 혁신적인 기회라고 볼 수 있다. 와인산지의 경제효과를 올릴 수 있는 좋은 틈새 마케팅의 역할을 함과 동시에 그들의 문화를 알릴 수 있는 무한한 성장가능성을 지니고 있다.

CHAPTER 02 와인관광 사례

1 헝가리 와이너리

동유럽 국가인 헝가리에서는 화이트 와인인 토카이 와인[1]이 유명하다. 그리고 오스만제국 침공을 막은 헝가리의 영웅 도보 이슈트만 장군은 8만 명의 침입을 2천 명의 군사로 막은 역사를 갖는다. 천년 고도 에게르는 우리나라로 보면 경주와 같은 곳이다.

이때 유명한 와인의 전설이 생긴다. 도보 장군이 적의 침입을 막기 위해 군사들에게 나눠준 레드 와인은 한껏 흥분된 상태에서 전투를 치르게 했다. 오스만제국의 병사들이 보기에 황소의 피를 마시고 필사의 항전을 한다고 생각하게 되었다. 입과 얼굴에 묻어 있는 와인이 마치 황소의 피처럼 보였기 때문이다. 그래서 와인의 별칭이 '황소의 피 (Egri Bikaver[2])'가 되었다.

에게르성을 지키기 위해 큰 도자기(항아리)에 헝가리 국민음식인 굴라시수프를 적들에게 뿌리기까지 했다고 한다. 가히 결사항전으로 로마제국을 무너뜨린 오스만제국의 공격으로부터 성을 지켰고 와인의 붉은색으로 인해 황소의 피라는 별칭이 생기게 되었다는 것이 역사적 사실과 함께 흥미롭다.

---

1) 프랑스 루이 14세는 토카이 와인을 와인의 왕, 왕의 와인이라고 칭했다. 스위트한 디저트 와인이다. 당도에 따라 등급에 차이가 있다.

2) 에게르 지방에서 만든 황소의 피로 에그리 비커베르는 특유의 맛이 감도는 좋은 와인으로 알려져 있다. 귀부와인인 토카이 와인과 함께 헝가리의 대표와인으로 알려져 있다.

2   프랑스 보르도 와이너리

1) 샤또 라투르(Chateau Latour) 투어

보르도 특등급 와인 가운데서도 가장 힘차고 웅장하다는 평가를 받는 와인이 샤또 라뚜르이다. 와인 제조 시 침용과정을 2개월 이상 거쳐 집중도가 매우 높은 와인이다. 오케스트라에 비유되는 조화와 하모니의 와인이기도 하다. 세귀르 가문에서 1993년 게 링그룹에 약 1,400억 원에 인수되었다. 온화한 날씨가 펼쳐지는 포도밭은 경사진 언덕 에 위치한다. 자갈, 점토질 토양으로 유기농으로 전환하여 2018년에 인증을 받았다. 수 확 시에는 50~60여 명의 인부들이 수작업으로 포도를 수확한다.

와인은 선물시장에서 미리 판매했으나, 와인을 조기 오픈하여 제대로 된 향과 맛을 음미할 수 없어서 선물판매인 앙 프리미어를 폐지하였다고 한다. 8~12년 숙성 후 판매 하고 있다. 품질이 아래인 세컨드 와인은 6~8년을 숙성시켜서 판매한다. 이는 품질에 대한 엄격한 관리차원으로 보면 된다.

1960년 스테인리스 스틸 탱크를 보르도 최초로 도입하였다. 샤또 라투르는 100% 새 오크통을 사용한다. 세컨드 와인인 레 포르 드 라투르(Les Forts de Latour)는 로버크 파 커가 보르도의 그랑그뤼(특등급) 4등급에 비유할 정도로 품질이 좋다고 평가하였다. 샤 또 라투르는 묵직한 바디, 입안이 얼얼할 정도의 타닌감의 특징을 지닌 최고의 와인으 로 평가된다.

이 와인은 국내에서도 삼성 이건희 회장이 전경련회의에서 만찬주로 내놓아 유명해 졌고, 김대중 대통령이 방북 시 정상회담에서 김정일이 만찬주로 제공하여 더욱 유명해 진 보르도 포이악 지역의 와인이다. 여운이 길며 풍부한 향이 특징이다. 남성적인 와인 으로 불리며 까베르네 소비뇽의 껍질과 씨가 타닌 성분에 영향을 미쳐 완성도가 높다는 평가이다. 1855년 이 와인은 특1등급으로 선정되었다. 메를로, 까베르네 프랑, 쁘띠 베 르도 품종이 블렌딩된다. 블랙체리, 블루베리, 까시스, 감초, 자두 등의 복합적인 맛이 며 강렬한 와인의 특징을 갖는다.

프랑스 보르도 우안 생떼밀리옹의 라니오트
세밀리옹 와이너리 입구 : 그랑크뤼 클라세 와인
등급을 지닌 와이너리이다.

생떼밀리옹 리니오트 세밀리옹 와인밭 전경

3 조지아 와이너리

참좋은여행의 아제르바이잔 / 조지아 / 아르메니아 3국 13일 상품에서는 조지아 투어
시 와이너리[3]가 포함된다. 카헤티는 5천년 전 와인의 발상지로 카헤티 와이너리를 방
문한다. 와이너리에서 중식과 시음을 한다.

카헤티는 조지아 와인을 상징한다. 전체 조지아 와인의 60%를 생산한다. 최대 와인
산지로 조지아 와인의 맛과 양조방식의 전통을 지켜온 곳이다. 카헤티 와인산지는 알라
자니라는 강을 끼고 형성되어 있다. 영양분과 수분이 풍부하며 배수가 잘되는 토양에서
포도를 수확한다. 그리고 흑해의 따스한 바람과 시리아 고원의 햇빛이 더해져 조지아
와인의 특별한 맛을 얻을 수 있다는 설명이다(m.verygoodtour.com).

포도 재배에는 충분한 일조량과 햇빛이 중요하다. 그리고 바람의 영향으로 포도 병충해
를 줄이며 강은 바람과 미세먼지 등의 영향을 통해 포도의 완숙을 돕는 역할을 하게 된다.

---

3) 최근 여행상품을 보면 프랑스, 이탈리아, 포르투갈 등 와인에 대한 관심이 높아지면서 투어여정 가운데 와인에 관련된
지역 통과 시 와이너리 방문 및 와인시음과 구매를 할 수 있도록 상품 일정을 구성하고 있는 경향이 여행상품 가운데
많다는 특징이 보여진다.

도기에서 발효하고 숙성시키는 방식의 조지아 와인

조지아 와인의 역사는 6천 년이 넘는다. 그래서 와인의 발원지, 와인의 요람으로 평가되기도 한다. 조지아의 전통와인 제조법은 유네스코 무형유산으로 등재되어 있다. 조지아에서 수확한 포도는 송이째로 도기(크베브리 항아리)에 넣고 봉인하여 만든다. 도기에 밀랍을 하는 것도 특징이다.

우리나라 김치와 무를 김장독에 넣어 발효시키고 겨울 동안 숙성시키는 것도 조지아 와인의 발효 및 숙성과 비슷하다고 사료된다. 독특한 조지아만의 제조방식이 조지아 와인의 특별한 맛과 향을 창출한다. 조지아 와인은 세계 5천 종 포도품종 가운데 525종이 조지아 토착품종으로 밝혀지기도 하였다. 조지아 사람들은 수많은 토착품종을 지닌 사실을 매우 자랑스러워한다. 국내에 사페라비(Saperavi)품종이 수입되어 애호가들이 시음을 경험한 와인이기도 하다. 역사가 오래된 조지아의 대표 적포도품종이다. 조지아 와인은 조지아를 나타낼 만큼 의미가 있다는 평가이다. 조지아 와인은 조지아의 전통문화이다.

참 / 고 / 문 / 헌

고종원 외 5명(2023), 주제여행상품, 백산출판사

정담은·김홍범(2018), 와인교육 경험에 따른 소비자의 와인 선택 행동 차이에 관한 연구, 관광연구저널, 32(9): 51~66.

Getz, D., & Brown, G.(2006), Benchmarking wine tourism development: The case of the Okanagan Valley, British Columbia, Canada, International Journal of Wine Marketing, 18(2): 78-97.

Hall, C. M., Johnson, G., Cambourne, B., Macionis, N., Mitchell, R., & Sharples, L.(2000), The Maturing wine tourism product: An international overview, Wine tourism around the world, pp.1-23.

Thanh, T. V., & Kirova, V.(2018), Wine tourism experience: A netnography study, Journal of Business Research, 83: 30-37.

저자
약력

고종원

경희대학교 국제경영전공(경영학박사)
서울대학교 보건대학원 식품외식경영자과정 이수
중앙대학교 와인어드바이저/ 와인마스터과정 수료
연세대학교 세계와인과정 이수
일본 OGM 와인전문과정 수료
미국호텔협회 총지배인(CHA)/ 와인소믈리에 자격
미국레스토랑협회 외식경영전문가(FMP) 자격 취득
숭실대 경영대학원 식음료경영학과 와인과정 최우수강사
(사)한국평생능력개발원 식음료자격취득검정위원회
    심사위원장
M이코노미(MBC), 한국관광신문 논설위원(와인칼럼 기고)
한국외식음료협회 와인소믈리에/ 커피바리스타 심사위원
한국산업인력공단 국가기술자격 조주기능사 실기심사위원
프랑스 Kov Commanderie(와인기사작위)
한국와인소믈리에협회 편집이사/ 이사
현) 연성대학교 호텔관광과 교수
    연성대 와인소믈리에/ 와인마스터과정 주임교수
    주제여행포럼 공동위원장/ 회장

세계와인수업(백산출판사, 2023), 와인테루아와 품종
    (신화, 2021)
와인 트렌드변화에 관한 연구(연성대, 2020) 등 저서,
    논문 다수

김경한

경희대학교 대학원 호텔경영학전공(관광학박사)
더 프라자호텔 연회팀장
㈜투어리즘코리아 대표이사
한국와인소믈리에학회 회장
호텔지배인자격증시험 출제위원
건양대학교 글로벌경영대학 학장
현) 한국호텔리조트학회 부회장
    건양대학교 호텔관광학과 교수

이정훈

세종대학교 일반대학원 호텔관광경영학과 박사과정
    수료
제3회 A.S.I 아시아 & 오세아니아 베스트소믈리에
    경기대회 대한민국 국가대표(Semi-finalist)
제10회 한국 국가대표 소믈리에 경기대회 왕중왕전
    준우승
제9회 한국 국가대표 소믈리에 경기대회 우승
A.S.I(국제소믈리에협회) 공인 Diploma Sommelier A.S.I
    대한민국 1호 Sommelier
프랑스 농식품진흥공사 Sopexa 공인 Sommelier
영국 C.M.S(Court of Master Sommelier) 공인 Somm
프랑스 U.D.S.F(B.A): 프랑스(보르도 & 아키텐)
    Sommelier협회 공인 Sommelier
독일 Mosel Wein Sommelier협회 공인 Sommelier
(사)한국국제소믈리에협회 공인 Master Sommelier
Berlin Wine Trophy, Asia Wine Trophy 심사위원
Asia Wine & Spirit Award Champion Sommelier Panel
현) Grand Walkerhill Hotel Sommelier
    (사)한국국제소믈리에협회 기술분과위원
    (사)한국국제소믈리에협회 부회장(자격 검정)
    소믈리에 자격 검정 필기 & 실기 심사위원
    국가 대표 소믈리에 경기대회 필기 & 실기 심사
    위원
    연성대학교 평생교육원 와인 소믈리에 과정 소믈리에
    실기 강사

와인의 세계(기문사, 2017), 음료의 모든 것(지식인, 2021)
    등 다수
내추럴 와인의 지각된 가치, 태도 및 구매의도 영향관계
    에서 관여도의 조절 효과

세계의 와인과 함께

2024년 2월 20일 초판 1쇄 인쇄
2024년 2월 28일 초판 1쇄 발행

지은이 고종원 · 김경한 · 이정훈
펴낸이 진욱상
펴낸곳 (주)백산출판사
교 정 성인숙
본문디자인 구효숙
표지디자인 오정은

등 록 2017년 5월 29일 제406-2017-000058호
주 소 경기도 파주시 회동길 370(백산빌딩 3층)
전 화 02-914-1621(代)
팩 스 031-955-9911
이메일 edit@ibaeksan.kr
홈페이지 www.ibaeksan.kr

ISBN 979-11-6567-790-9 93570
값 33,000원